石油高职高专规划教材

# 电厂锅炉设备及运行

（富媒体）

主　编　张亚君　罗　龙
副主编　孙　瑾　周李娜　毕启玲
主　审　徐　昊

石油工业出版社

## 内 容 提 要

本书主要内容包括锅炉基础知识、锅炉设备及系统、锅炉机组启动、锅炉机组运行及调整、锅炉停运及保养、锅炉运行故障及防治等。在讲解锅炉设备及配套系统的基础上,结合仿真系统,重点讲解锅炉机组相关操作的要求和步骤。

本书可作为高等职业院校热能动力工程类专业学生用书,也可以作为职业资格和岗位技能培训教材。

图书在版编目(CIP)数据

电厂锅炉设备及运行:富媒体/张亚君,罗龙主编.
—北京:石油工业出版社,2023.12
ISBN 978-7-5183-6384-1

Ⅰ.①电… Ⅱ.①张…②罗… Ⅲ.①火电厂-锅炉运行-高等职业教育-教材 Ⅳ.①TM621.2

中国国家版本馆 CIP 数据核字(2023)第 196174 号

出版发行:石油工业出版社
　　　　　(北京市朝阳区安华里2区1号楼　100011)
　　　　　网　　址:www.petropub.com
　　　　　编辑部:(010)64523694
　　　　　图书营销中心:(010)64523633
经　　销:全国新华书店
排　　版:三河市聚拓图文制作有限公司
印　　刷:北京中石油彩色印刷有限责任公司

2023年12月第1版　2023年12月第1次印刷
787毫米×1092毫米　开本:1/16　印张:21.75
字数:588千字

定价:56.00元
(如发现印装质量问题,我社图书营销中心负责调换)
版权所有,翻印必究

# 前言

本书为新形态工作手册式教材，以培养学生的操作能力为主线，本着"理论知识难度适宜，增加实践操作，突出创新应用，教学信息化"的原则，将锅炉机组理论知识和操作过程分解成若干任务详细讲解。

随着经济的快速发展，我国发电行业迅猛发展，截至2022年，全国发电装机容量达到25.64亿千瓦，其中火电装机容量13.32亿千瓦，占全国发电装机容量的52%，火电是我国主要的电力来源。其中超临界直流煤粉锅炉机组在火力发电厂得到了广泛的应用，本书操作部分便以应用广泛的350MW燃煤煤粉直流锅炉为例进行论述。

本书项目1至项目3介绍锅炉设备及系统的相关基础知识，在内容上降低理论难度的同时保证知识的系统性和完整性，为后续设备操作打下基础。结合职业教育的性质、任务和目标，项目4至项目7重点讲解锅炉启动、锅炉运行调节、锅炉停运及保养、锅炉运行故障及防治，从锅炉辅机设备的操作到辅助系统操作，再到锅炉的操作过程，层层递进，知识结构符合学生的学习规律。

教学过程采用项目式教学方法，每个项目下设多个任务，操作过程配套相应操作卡，真实再现现场操作过程，并在操作过程中融入理论知识，加深学生对操作过程的理解，做到理论教学和实践教学融为一体，实现学生的知识目标和技能目标。本书还配有操作过程微课，扫二维码即可观看，便于学生随时随地学习。

本书共分为7个项目，项目1、项目3由克拉玛依职业技术学院张亚君编写，项目4和项目5由克拉玛依职业技术学院罗龙编写，项目2由克拉玛依职业技术学院周李娜编写，项目6由克拉玛依职业技术学院毕启玲编写，项目7由克拉玛依职业技术学院孙瑾编写，附录操作卡部分由华电克拉玛依发电有限公司乔明威编写，华电克拉玛依发电有限公司徐昊担任主审。

由于编者水平有限，书中难免有疏漏之处，敬请读者批评指正。

编者
2023年12月

# 目录

## 项目 1　电站锅炉基本知识　1
### 1.1　电站锅炉的构成及工作过程　1
### 1.2　电站锅炉的参数及安全经济技术指标　4
### 1.3　锅炉分类及型号　6

## 项目 2　燃料与锅炉热平衡　10
### 2.1　燃煤成分及其特性　10
### 2.2　燃料的燃烧计算　18
### 2.3　锅炉热平衡　22
### 2.4　液体和气体燃料　32

## 项目 3　锅炉设备及系统　35
### 3.1　锅炉受热面　35
### 3.2　自然循环的流动特性及安全性　58
### 3.3　燃烧原理和燃烧设备　67
### 3.4　给水系统　87
### 3.5　风烟系统　91
### 3.6　制粉系统　94
### 3.7　吹灰系统　110

## 项目 4　锅炉启动　117
### 4.1　锅炉启动基本知识　117
### 4.2　锅炉试验　122
### 4.3　直流锅炉启动特性　135
### 4.4　锅炉启动前的检查和准备工作　140
### 4.5　锅炉辅机设备及系统投运　145
### 4.6　锅炉上水　151
### 4.7　锅炉冷态清洗　154
### 4.8　锅炉点火　157
### 4.9　锅炉热态清洗　162
### 4.10　锅炉升温升压　164
### 4.11　温（热）态启动　172

## 项目 5 锅炉运行调节 ... 177

5.1 锅炉运行监测与调节 ... 177
5.2 直流锅炉强制流动特性 ... 185
5.3 直流锅炉运行特性 ... 191
5.4 直流锅炉运行参数调节 ... 199
5.5 锅炉燃烧调整 ... 213

## 项目 6 锅炉停运及保养 ... 221

6.1 锅炉停运的分类和规定 ... 221
6.2 锅炉停运操作 ... 223
6.3 锅炉停运后的保养 ... 230

## 项目 7 锅炉运行故障及防治 ... 234

7.1 锅炉 MFT ... 234
7.2 锅炉燃烧事故 ... 239
7.3 给水流量低 ... 244
7.4 锅炉"四管"泄漏 ... 247
7.5 蒸汽参数异常 ... 257
7.6 风烟系统故障 ... 261
7.7 制粉系统故障 ... 268
7.8 炉内结渣与防治 ... 271
7.9 尾部受热面的积灰、磨损和低温腐蚀与防治 ... 275

## 附录 1 锅炉设备启动操作 ... 282

## 附录 2 锅炉运行调节操作 ... 323

## 附录 3 锅炉停运操作 ... 326

## 附录 4 锅炉故障处理 ... 330

## 参考文献 ... 342

# 项目 1　电站锅炉基本知识

## 项目描述

本项目主要学习电站锅炉组成、工作过程以及电站锅炉的基本知识。利用锅炉模型和电厂仿真系统，培养学生对锅炉和电厂的初步认知能力。

## 1.1　电站锅炉的构成及工作过程

### 教学目标

**1. 知识目标**

（1）掌握电站锅炉组成。
（2）掌握电站锅炉汽水系统和燃烧系统各部分作用。
（3）掌握电站锅炉工作过程。
（4）掌握火力发电厂的生产过程。

**2. 能力目标**

（1）能够讲述电站锅炉各部分的作用。
（2）能够讲述火力发电各设备的作用及能量转换过程。

**3. 素质目标**

（1）通过本项目的学习，为培养工程人员在从事技术工作中应具备的素养和品质奠定基础。
（2）培养学生刻苦钻研业务、爱岗敬业的精神。
（3）通过对电站锅炉构成的学习，培养学生分析问题与解决问题的能力，通过解决问题获得的成就感来提升学生对本专业学习的兴趣。

### 任务描述

锅炉的初步认知是掌握锅炉设备的第一步。利用锅炉模型和锅炉机组仿真运行系统，熟悉锅炉结构、锅炉机组各系统组成及工作过程，培养学生对锅炉的初步认知能力。

## 相关知识

电力是国民经济和人民生活重要的能源。目前我国大规模的发电方式主要有火力发电、水力发电、光伏发电、风力发电和核能发电五种。火力发电在我国电力供应中占主导地位。火力发电主要过程是将燃料的化学能转变为蒸汽的热能，然后由蒸汽的热能转变为汽轮机转动的机械能，最终将机械能通过发电机的励磁转变为电能。其中化学能转变为热能的过程是在锅炉内完成的，锅炉是火力发电厂的核心设备。

### 1.1.1 锅炉的构成

锅炉是能量转换装置，它通过燃烧将燃料的化学能转化为热能，进而将热能传递给水，以产生热水或蒸汽。锅炉由锅炉本体设备、锅炉辅助设备及附属系统组成。下面以燃用煤粉的自然循环汽包锅炉为例，介绍电站锅炉的构成。

锅炉本体设备分为"锅"和"炉"。锅炉机组的"锅"是指锅炉的汽水系统，由汽包、下降管、水冷壁、过热器、再热器、省煤器、联箱、导管及各受热面等承压部件组成，用以完成水变为过热蒸汽的吸热过程。"炉"是指锅炉的燃烧系统，它的主要任务是使燃料在炉内充分燃烧，放出热量。燃烧系统由炉膛、燃烧器、空气预热器、烟道、炉墙构架等非承压部件组成，用以完成煤的燃烧放热过程。将两者有机地结合起来所形成的整体即为锅炉。

**1. 汽水系统**

（1）汽包：安装在锅炉顶部的圆筒形压力容器，接受省煤器来的给水以及水冷壁出口的汽水混合物，其下部是水、上部是蒸汽，并将水冷壁中产生的饱和蒸汽输送至过热器。

（2）下降管：汽包分离出的水从下部流出，进入下降管并通过水冷壁下联箱分配到水冷壁的各上升管中。

（3）水冷壁：布置在燃烧室内四周，由许多平行的管子（因管内工作介质向上流动，也称为上升管）组成。其主要任务是吸收燃烧室中的辐射热，使水冷壁管内的水汽化产生蒸汽，是锅炉的主要蒸发受热面。

（4）过热器：主要是利用烟气的热量将饱和蒸汽加热成具有一定温度的过热蒸汽。

（5）再热器：将在汽轮机中做过部分功的蒸汽引回锅炉再次进行加热，提高温度后，再送到汽轮机中继续做功，以提高汽轮机工作的安全可靠性和经济性。

（6）省煤器：安装在锅炉尾部烟道中，它是利用烟气的热量加热给水，以提高给水温度，降低排烟温度，节约燃料消耗。

**2. 燃烧系统**

（1）炉膛：也叫燃烧室，由炉墙和水冷壁围成的空间，燃料在其中燃烧。

（2）燃烧器：将燃料和空气以一定的速度喷入燃烧室，并实现燃料与空气良好的混合，达到迅速完全的燃烧。

（3）空气预热器：布置在锅炉尾部烟道中，利用烟气余热加热空气。空气经过预热后再送入炉膛和制粉系统，对于燃烧、干燥和输送煤粉都十分有利。

## 1.1.2 锅炉的工作过程

锅炉设备需要有配套辅机来完成整个燃烧放热和工质吸热过程。辅助设备包括送风机、引风机、给煤机、磨煤机、排粉机、除尘器及烟囱等。

自然循环煤粉锅炉的构成及工作过程如图1-1所示。

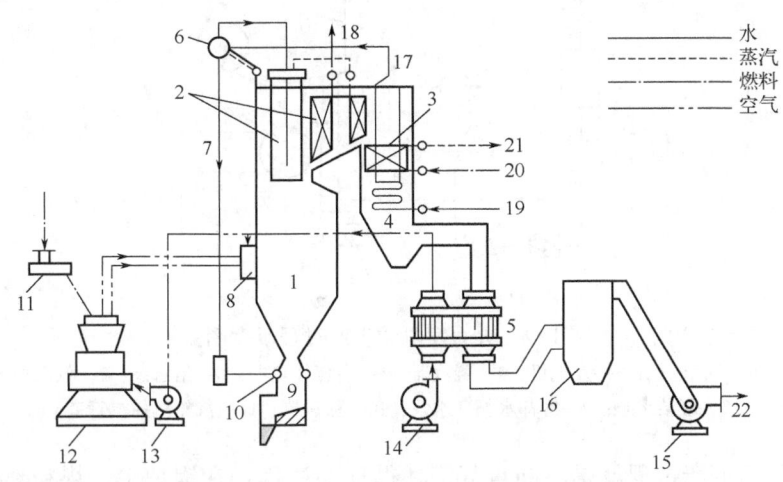

图1-1 自然循环煤粉锅炉的构成及工作过程

1—炉膛；2—过热器；3—再热器；4—省煤器；5—空气预热器；6—汽包；7—下降管；8—燃烧器；9—除渣装置；10—水冷壁下联箱；11—给煤机；12—磨煤机；13—排粉机；14—送风机；15—引风机；16—除尘器；17—省煤器出水；18—过热蒸汽出口；19—由给水泵来水；20—汽轮机高压缸排气；21—再热蒸汽出口；22—排烟至烟囱

输煤传送带将经过初步破碎并筛选的煤输送至煤斗中，经给煤机送入磨煤机中磨制成粉；来自大气的空气由送风机送入空气预热器预热，一部分进入磨煤机中干燥并携带煤粉，作为一次风进入炉膛燃烧放热，另一部分从二次风喷口送入炉膛和燃料混合继续燃烧放热。燃烧产生的烟气经水平烟道、垂直烟道、除尘器及引风机，通过烟囱排入大气。该工作过程即为煤粉炉的燃烧过程。

在锅炉燃烧的同时，给水经给水泵进入省煤器加热后引入汽包，汽包中的锅水进入下降管，由下联箱分配至水冷壁，吸收炉膛内燃料燃烧所释放的辐射热量，进一步加热蒸发，水冷壁出口的汽水混合物汇合后进入汽包并进行汽、水分离，分离出的水再次进入下降管到水冷壁吸热蒸发，饱和蒸汽离开汽包进入过热器加热成过热蒸汽，过热蒸汽经过热器出口联箱通过主蒸汽管道送入汽轮机做功。过热蒸汽在汽轮机高压缸部分做功后，又回到锅炉再热器再次加热，提高温度后送往汽轮机的中、低压缸继续膨胀做功。该工作过程即为煤粉炉的汽水加热过程。燃料燃烧和汽水吸热同时进行，完成发电站锅炉的能量转换过程。

## 1.1.3 电站的工作过程

图1-2为火力发电的生产过程示意图。将燃料送入锅炉中燃烧，燃料燃烧释放出热量将水加热蒸发并形成饱和蒸汽，饱和蒸汽进一步加热后成为具有一定温度和压力的过热蒸

汽,过热蒸汽通过蒸汽管道进入汽轮机膨胀做功,带动发电机的转子一起旋转发电。蒸汽在汽轮机中做功后排入凝汽器,并在凝汽器中冷凝成为凝结水,凝结水经凝结水泵升压后打入低压加热器,利用汽轮机的抽汽将其加热后送入除氧器,凝结水和补给水在除氧器中加热除氧后由给水泵升压,经高压加热器进一步提高温度后送回锅炉。

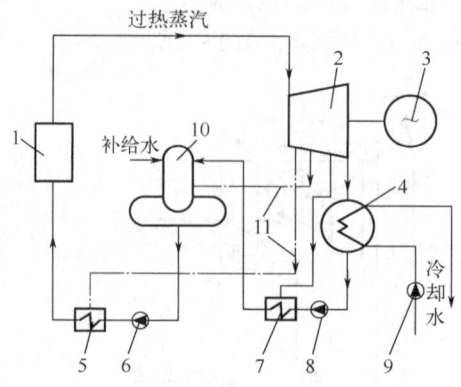

图 1-2　火力发电的生产过程示意图

1—锅炉；2—汽轮机；3—发电机；4—凝汽器；5—高压加热器；6—给水泵；7—低压加热器；
8—凝结水泵；9—冷却水循环水泵；10—除氧器；11—汽轮机抽汽管道

火力发电厂的生产过程就是不断重复下述循环的过程：在锅炉中,煤粉燃烧使水蒸发产生高温、高压的蒸汽,将化学能转变为热能；蒸汽在汽轮机中冲转汽轮机转子,由热能转变为机械能；在发电机中,由汽轮机主轴带动发电机主轴转动,切割磁力线产生电能。锅炉、汽轮机和发电机被称为火力发电厂的三大主机。

## 1.2　电站锅炉的参数及安全经济技术指标

### 教学目标

**1. 知识目标**

(1) 掌握锅炉容量、蒸汽参数、给水温度的概念。
(2) 掌握锅炉安全、经济技术指标的概念。

**2. 能力目标**

(1) 能够理解锅炉参数的含义。
(2) 能够理解锅炉安全、经济技术指标的含义。

**3. 素质目标**

(1) 通过本项目的学习,培养学生理论联系实际的工程意识。
(2) 通过学生自主学习完成学习任务,培养其独立思考的习惯。
(3) 培养学生自我分析、发现问题、解决问题的能力。

## 任务描述

锅炉容量、蒸汽参数、给水温度是表征锅炉工作特性的重要参数,理解锅炉容量、蒸汽参数、给水温度的含义,是学生学习锅炉知识的基础。锅炉安全、经济技术指标是表征锅炉运行好坏的依据。

## 相关知识

### 1.2.1 锅炉的参数

锅炉的主要技术参数是指锅炉容量、锅炉蒸汽参数和锅炉给水温度等,它们可以说明锅炉的基本工作特性。

**1. 锅炉容量**

锅炉容量,即锅炉蒸发量,指锅炉在维持连续正常生产时每小时所生产的蒸汽量,也就是锅炉出口的蒸汽流量,它是反映锅炉生产能力大小的基本特性数据,常用符号 $D$ 表示,单位为 t/h。习惯上,电厂锅炉容量也用与之配套的汽轮发电机组的电功率来表示,如 300MW 机组锅炉是指汽轮发电机组的功率是 300MW、锅炉容量为 1000t/h。

在大型锅炉中,锅炉容量又分为额定蒸发量和最大连续蒸发量。额定蒸发量(boiler economic continue rating, BECR)是指在额定蒸汽参数、额定给水温度并保证热效率时所规定的蒸汽量。最大连续蒸发量(boiler maximum continue rating, BMCR)是指在额定蒸汽参数、额定给水温度、使用设计燃料的条件下,长期连续运行时所能达到的最大蒸发量。一般 $BMCR = (1.03 \sim 1.2) BECR$。

锅炉容量是说明锅炉产汽能力大小的特性数据。

**2. 锅炉蒸汽参数**

锅炉蒸汽参数一般指锅炉在额定工况或最大连续工况下,过热器出口过热蒸汽的压力和温度,分别用符号 $p$、$T$ 表示,单位分别为 MPa、℃。例如,300MW 汽轮发电机组配套的亚临界压力锅炉,其蒸汽压力为 16.8MPa(表压力),主蒸汽温度和再热蒸汽温度为 540℃。

锅炉设计时所规定的蒸汽压力和温度称为额定蒸汽压力和额定蒸汽温度。额定蒸汽压力是指蒸汽锅炉在规定的给水压力和负荷范围内长期连续运行时应予保证的蒸汽压力。额定蒸汽温度是指蒸汽锅炉在规定的负荷范围、额定蒸汽压力和额定给水温度下长期连续运行所必须保证的出口蒸汽温度,单位是℃。对于具有再热器的锅炉,蒸汽参数还应包括再热蒸汽压力、再热蒸汽温度和再热蒸汽流量。

锅炉蒸汽参数是说明锅炉蒸汽规范的特性数据。

**3. 锅炉给水温度**

锅炉给水温度是指给水在省煤器入口处的温度。不同蒸汽参数的锅炉其给水温度也不相同。例如，100MW 汽轮发电机组配用的高压锅炉，其给水温度为 210～230℃；300MW 汽轮发电机组配用的亚临界压力锅炉，其给水温度为 270℃左右。

锅炉给水温度是说明锅炉给水规范的特性数据。

### 1.2.2　锅炉的安全经济技术指标

发电厂的安全经济性在很大程度上取决于锅炉的安全经济性。要提高锅炉的安全经济性，就要求锅炉在运行中尽可能不出事故并保持长时间稳定运行，同时降低燃料和自身电能消耗。锅炉的安全经济性常用下述指标衡量。

**1. 锅炉的安全技术指标**

（1）连续运行的小时数等于两次检修之间运行的小时数。

（2）锅炉事故率 $= \dfrac{\text{事故停运小时数}}{\text{总运行小时数}+\text{事故停运小时数}} \times 100\%$。

（3）可用率 $= \dfrac{\text{运行总小时数}+\text{备用小时数}}{\text{统计期间总小时数}} \times 100\%$。

（4）利用率 $= \dfrac{\text{运行总小时数}}{\text{统计期间总小时数}} \times 100\%$。

（5）额定容量利用率 $= \dfrac{\text{折算成额定容量的总运行小时数}}{\text{统计期间的总小时数}} \times 100\%$。

目前，国内比较好的安全技术指标是：事故率<1%，可用率约为 90%。

**2. 锅炉的经济技术指标**

（1）锅炉热效率。锅炉热效率又称锅炉效率，是指锅炉有效利用热量（输出热量）占锅炉输入热量的百分数，是表明锅炉运行经济性的主要技术指标，用符号 $\eta$ 表示，现代大型锅炉热效率一般在 90%以上：

$$\eta = \dfrac{\text{有效利用热量}}{\text{锅炉输入热量}} \times 100\%$$

（2）锅炉耗电率。锅炉耗电率是指生成 1t 蒸汽所耗用的电量，单位为 kW·h/t。锅炉耗电量主要是指磨煤机、送风机、引风机和给水泵等各种转动机械设备所耗用的电能。

（3）锅炉钢材耗用率。锅炉钢材耗用率是指锅炉单位蒸发量所耗用的钢材吨数，它是衡量机组经济性的一个重要指标。

## 1.3　锅炉分类及型号

### 教学目标

**1. 知识目标**

（1）掌握锅炉分类方法。

(2) 掌握锅炉型号的含义。

**2. 能力目标**

(1) 能够根据锅炉分类，描述不同锅炉的特点。
(2) 能够根据锅炉型号描述锅炉的参数。

**3. 素质目标**

(1) 培养学生实事求是、认真严谨的工匠精神。
(2) 培养学生获取信息、归纳总结信息的能力。
(3) 在学习的过程中，学生以小组形式完成学习任务，培养学生的团队协作意识。

## 任务描述

锅炉的分类有多种，学习锅炉不同的分类方法，提高对锅炉的认识能力。通过学习电站锅炉型号，掌握锅炉容量、参数、规格的意义。

## 相关知识

### 1.3.1 锅炉分类

电厂锅炉根据其工作条件、工作方式和结构形式的不同，可有多种分类方法。下面介绍几种主要的分类方法。

**1. 按锅炉出口的蒸汽压力分类**

按照锅炉出口蒸汽压力的高低，锅炉可分为低压、中压、高压、超高压和亚临界压力、超临界压力、超超临界压力等类型。我国常规电厂锅炉的分类见表1-1。

表1-1 我国常规电厂锅炉的分类

| 锅炉类别 | 压力，MPa | 温度，℃ | 锅炉容量，t/h | 发电机组额定功率，MW |
|---|---|---|---|---|
| 低压 | 2.45 | 400 | 20 65 | 1.5~3 |
| 中压 | 3.82 | 450 | 35~130 | 3~12 |
| 高压 | 9.8 | 510<br>540 | 220/230<br>410 | 50<br>100 |
| 超高压 | 13.7 | 555/555<br>540/540 | 400<br>670 | 125<br>200 |
| 亚临界压力 | 18.3 | 540/540 | 1025 | 300 |
| 超临界压力 | 25.3 | 545/545 | 1000~2650 | 300~800 |
| 超超临界压力 | 27 | 600/600 | 1970~3100 | 660~1030 |

注：在以分数形式表示蒸汽温度时，分子为过热蒸汽温度，分母为再热蒸汽温度。

低压锅炉主要用于工业锅炉，发电功率不小于300MW的锅炉都采用亚临界压力或超临界压力的锅炉。亚临界及以上压力的锅炉都采用中间过热，都装设有再热器。

### 2. 按介质在水冷壁中的流动特点分类

水冷壁内介质的流动方式与其他受热面是有差异的。省煤器内的工作介质是单相的水，水的流动是靠给水泵的压头强制流动的。过热器和再热器中的工作介质是单相的蒸汽，蒸汽的流动是靠进口蒸汽的压力来强制流动的，这些受热面内的工作介质流动都是强制流动，一次通过，并不往返循环。而水冷壁内的工作介质是两相的汽水混合物，可以是循环的，也可以是一次通过的。

按工作介质在水冷壁内的流动方式可以将锅炉分成自然循环锅炉、强制循环锅炉、直流锅炉和复合循环锅炉。如果水冷壁内工作介质的流动是由下降管与水冷壁内介质的密度差造成的，则为自然循环锅炉。如果是在水泵的压头作用下流动，则为强制循环锅炉。直流锅炉是强制循环锅炉的一种，没有汽包，正常负荷下，水冷壁出口水全部转变为蒸汽，超临界压力锅炉汽水密度差为零，必须采用直流锅炉。

### 3. 按所用的燃料分类

按所用的燃料不同，锅炉可分为燃煤锅炉、燃油锅炉和燃气锅炉。燃油和燃气锅炉虽然燃烧系统简单、自动化程度高、污染小，但燃料运行成本非常高，因此，我国电站锅炉大部分采用燃煤锅炉。

### 4. 按炉内燃烧过程的气体动力学原理分类

按照炉内燃烧过程的气体动力学原理类不同，锅炉可分为火床锅炉、室燃锅炉（煤粉锅炉、燃油锅炉、燃气锅炉等）、旋风锅炉和流化床锅炉等。

（1）火床锅炉：固体燃料以一定厚度分布在炉排上进行燃烧的锅炉为火床锅炉。

（2）室燃锅炉：燃料以粉状、雾状或气态随同空气喷入炉膛中进行燃烧的方式称为火室燃烧方式，用火室燃烧方式来组织燃烧的锅炉称为室燃锅炉。

（3）旋风锅炉：燃料和空气在高温的旋风筒内高速旋转，细小的燃料颗粒在旋风筒内悬浮燃烧，较粗的燃料颗粒被甩向筒壁液态渣膜上进行燃烧的锅炉称为旋风锅炉。

（4）流化床锅炉：燃料在流化风的作用下，燃料在炉膛具有流体动力特性，这种锅炉称为流化床锅炉。

### 5. 按锅炉排渣的相态

按锅炉排渣的相态不同，锅炉可分为固态排渣锅炉和液态排渣锅炉两种。固态排渣锅炉是指从锅炉炉膛排出的炉渣呈固态，煤粉锅炉常采用固态排渣方式。而液态排渣锅炉是指从炉膛排出的炉渣呈液态，旋风锅炉常采用液态排渣。

### 6. 按燃烧室内的压力分类

按燃烧室内的压力不同，锅炉可分为负压燃烧锅炉和压力燃烧锅炉两种。负压燃烧锅炉是指炉膛出口烟气静压力小于大气压力的锅炉，而压力燃烧锅炉则是指炉膛出口烟气静压力大于大气压力的锅炉。

## 1.3.2　锅炉型号表示

锅炉型号是指锅炉产品的容量、参数、性能和规格。我国电站锅炉目前采用三组或四组字码表示其型号。一般中、高压锅炉用三组字码表示。例如：HG-410/9.8-1 型锅炉，其中第一组字码是锅炉制造厂名称的汉语拼音缩写，HG 表示哈尔滨锅炉厂（SG 表示上海锅炉厂，DG 表示东方锅炉厂）；型号中的第二组字码为分数，分子表示锅炉容量（t/h），分母表示过热蒸汽压力（MPa）；型号中第三组字码表示产品的设计序号。

超高压以上的机组均采用蒸汽中间再热，锅炉设备中包含再热器，故采用四组字码，其表达形式如下：

$$\times\times-\times\times\times/\times\times\times-\times\times\times/\times\times\times-\triangle\times$$

第一组符号是制造厂家；第二组分子是锅炉容量（t/h），分母为锅炉出口过热蒸汽压力（MPa）；第三组数字的分子和分母分别表示过热蒸汽温度和再热蒸汽温度（℃）；最后一组中，符号表示燃料代号，数字表示锅炉设计序号。煤、油、气的燃料代号分别是 M、Y、Q，其他燃料代号是 T。

例如：HG-1025/18.2-540/540-PM7 型锅炉，表示哈尔滨锅炉厂制造，容量为 1025t/h，过热蒸汽压力为 18.2MPa，过热蒸汽温度为 540℃，再热蒸汽温度为 540℃，设计燃料为贫煤，设计序列号为 7（该型号锅炉为第 7 次设计）。

## 思考题

(1) 锅炉本体由哪些部分组成？
(2) 简述锅炉的工作过程。
(3) 简述火力发电厂的生产过程。
(4) 什么是锅炉的额定蒸发量？
(5) 描述锅炉安全技术指标有哪些？
(6) 什么是锅炉的热效率？
(7) 说明 HG-1180/25.4-YMI 各部分的含义。

# 项目 2 燃料与锅炉热平衡

## 项目描述

燃料的性质影响电厂锅炉运行的安全性、经济性,锅炉燃烧过程好坏影响锅炉运行的经济性。学生学习燃料成分,掌握燃料燃烧计算以及锅炉的热平衡,理解锅炉各项热损失产生的原因,培养学生分析锅炉工作经济性和安全性的技能,同时为锅炉燃烧调整提供理论支持。

## 2.1 燃煤成分及其特性

### 教学目标

**1. 知识目标**

(1) 掌握煤的元素成分及其性质。
(2) 掌握煤的工业分析。
(3) 掌握煤的成分分析基准。

**2. 能力目标**

(1) 能够分析煤的成分对燃烧的影响。
(2) 能够理解煤的不同分析基准的含义。
(3) 能够根据煤的成分分析判别煤的种类。

**3. 素质目标**

(1) 培养学生安全、责任意识。
(2) 培养学生良好的表达和沟通能力。
(3) 学习燃料的知识,培养学生节能意识。

### 任务描述

掌握锅炉元素分析和工业分析的差别和联系。分析理解煤的各种成分对锅炉燃烧的影响。理解锅炉不同成分分析基准的意义。掌握煤的发热量的概念。通过燃料基础知识的学习，培养学生分析锅炉燃烧过程的能力。

## 相关知识

### 2.1.1 燃料介绍

通过燃烧可以产生热量的物质称为燃料。目前所用的燃料可分为两大类：一是核燃料，二是有机燃料。电站锅炉大都是燃用有机燃料。所谓有机燃料，就是能与氧发生强烈化学反应并放出大量热能的物质。有机燃料按其物态可分为固体、液体、气体三大类；也可按其获得的方法不同分为天然燃料和人工燃料两大类；按其用途可分为动力燃料和工艺燃料两大类。电站锅炉是耗用大量燃料的动力设备，只有不断地向炉内供给燃料，才能保证生产连续不断地进行。锅炉工作的安全性和经济性，与燃料性质密切相关，燃料种类不同，锅炉燃烧方式、炉膛结构和布置以及运行方式也不同。燃料成分及性质是锅炉设计和运行的重要依据，对于锅炉设计及运行人员，必须了解锅炉燃料的组成成分、性质及其对锅炉工作的影响，才能保证锅炉运行的安全性和经济性。

在选用燃料时应遵循以下原则：

（1）火力发电厂一般应燃用其他部门不便利用的劣质燃料，尽可能不占用其他工业部门所需的优质燃料。

（2）尽可能采用当地燃料，就地利用资源，向外输送电力，可以减轻运输负担，也可以促进各地区天然资源的开发利用。

（3）提高燃料的使用经济效果，节约能源。

（4）尽量减少燃料燃烧生成物对环境的污染。

### 2.1.2 煤的元素分析及性质

煤来源于古代植物。由于地壳变迁，地面上的植物残骸被埋在地层深处，经过长期的细菌、生物、化学作用和地热高温、岩层高压以及缺氧、变质作用，使植物中的纤维素、木质素发生脱水、脱甲烷、脱一氧化碳等反应，而后逐渐成为含碳丰富的可燃化石，就是煤。我国煤炭储量极为丰富，煤是电厂锅炉的主要燃料。

煤是由有机化合物和无机矿物质、水分组成的一种复杂物质。要掌握煤的性质和进行锅炉有关计算，就必须了解煤的组成成分。为了使用方便，可按元素分析法和工业分析法研究煤的组成及性质。

用化学分析方法对煤中所含的化学成分进行全面测定称为元素分析。经元素分析，煤中所含元素达三十多种。一般将燃料中的不可燃矿物质都归入灰分，这样，煤中对燃烧有影响的成分包括碳（C）、氢（H）、氧（O）、氮（N）、硫（S）五种元素和灰分（A）、水分（M）两种成分，其中碳、氢和部分硫是可燃成分，其余都是不可燃成分。

**1. 碳（C）**

碳是煤中主要的可燃元素，也是煤发热量的主要来源。煤中碳的质量分数一般为40%~95%。

1kg 碳完全燃烧生成二氧化碳（$CO_2$），约放出 32700kJ 的热量。1kg 碳如果不完全燃烧生成一氧化碳（CO），只能放出 9270kJ 的热量。

煤中的碳一部分与氢、氧、氮和硫结合成挥发性有机化合物，其燃点较低、易着火。而其余呈单质状态的部分称为固定碳（游离碳）。固定碳燃点高、不易点燃、燃烧缓慢、火苗短、难燃尽，但发热量大。煤的地质年代越长，炭化程度越深，含碳量就越高，固定碳的含量相应也越多，点燃及燃烧就越困难，且火苗较短。

### 2. 氢（H）

氢是煤中发热量最高的可燃元素。煤中氢元素含量不多，质量分数一般为 3%~6%。1kg 氢完全燃烧生成水，能放出 120000kJ 的热量（扣除水的汽化潜热后剩余的热量）。随着煤的炭化程度加深，氢的含量逐渐减少。氢一部分与氧结合成为稳定的化合物，不能燃烧；另一部分存在于可燃有机物中，称为游离氢，这部分氢极易点燃，燃烧迅速，火苗也较长。因此，含氢量多的煤点燃及燃尽都较容易。

### 3. 氧与氮（O、N）

煤中的氧和氮是不可燃元素，为煤的内部杂质。煤中的氧由两部分组成：一部分为游离存在的氧，它能助燃；另一部分氧与煤中的碳、氢结合，呈化合物状态，如 CO、$CO_2$、$H_2O$，不能助燃。煤中含氧量多时，其可燃元素相对减少，煤的发热量就会因此降低。

煤中氧含量随煤种的变化很大，质量分数从最低 1%~2%，到最高可达 40%。煤的地质年代越长，炭化程度越深，煤的含氧量越少；炭化程度越浅的煤氧含量越多。

煤中氮的含量很少，质量分数一般为 0.5%~2%。通常条件下，氮可以视作一种惰性元素，但煤中的氮在氧气供给充分、高温条件下，会生成污染大气的有害气体——氮氧化物（$NO_x$）。更严重的是当 $NO_x$ 与碳氢化合物在一起受到太阳光紫外线照射时，会产生一种浅蓝色烟雾状的光化学氧化剂，它在空气中的浓度超过一定值后，对人体和植物都十分有害。所以，氮是会造成环境污染的有害元素。在电厂锅炉的设计中，要设法（如降低燃烧温度、采用分级燃烧、采用循环流化床燃烧方式等）降低 $NO_x$ 的生成量。

### 4. 硫（S）

硫是煤中的有害元素，煤中硫的质量分数为 0.5%~8%。煤中的硫以三种形态存在：有机硫（与碳、氢、氧等元素结合成化合物）、黄铁矿中的硫（与铁元素组成的硫化铁）及硫酸盐中的硫（与钙、镁等元素组成的各种盐类）。前两种硫均能燃烧并放出热量，称为可燃硫或挥发硫，而硫酸盐中的硫不能燃烧，一般都归入灰分。在我国，煤中硫酸盐硫含量很少，常以全硫代替可燃硫。1kg 硫完全燃烧生成二氧化硫（$SO_2$）时，能放出 9050kJ 的热量。

如果 $SO_2$ 中的一部分进一步氧化成 $SO_3$，它们与烟气中的水蒸气结合在一起生成亚硫酸或硫酸蒸汽，后者一旦凝结在锅炉低温金属受热面上，便造成金属的腐蚀。烟气中的 $SO_3$ 在一定条件下还可造成过热器、再热器烟气侧的高温腐蚀，缩短金属受热面的使用寿命。硫的氧化物随烟气排入大气，会造成大气污染，损害人体健康和农作物的生长。此外，煤中的硫化铁质地坚硬，不易研磨，在制粉时会使磨煤机部件严重磨损。为了减轻磨煤机的磨损，应在煤进入磨煤机之前或在煤粉制备过程中，利用硫化铁密度大的特点将其分离除去。

**5. 灰分（A）**

煤中的各种矿物杂质，在煤燃烧后形成灰分。灰分是煤中主要的不可燃成分。各种煤中的灰分含量变化很大，质量分数多在10%~50%之间。煤中的灰分由内在灰分和外在灰分组成。内在灰分来自古代植物自身所含的矿物质；外在灰分来自煤形成期间从外界带入的物质以及在开采、运输中混入的矿物杂质。

煤中的灰分对锅炉工作有很大的影响。煤中的灰分增加，可燃元素的含量相对减少，这样不仅降低了煤的发热量，而且会妨碍可燃物与氧的接触，影响煤的燃烧与燃尽程度；灰分增加，还会使炉膛温度下降，燃烧不稳定，增加不完全燃烧热损失；当灰粒随烟气流过受热面时，如果烟气流速高，会使受热面磨损严重；如果烟气流速低，会使受热面积灰，传热效果减弱，排烟温度升高，排烟热损失增加，锅炉热效率降低，积灰严重时还会堵塞低温受热面的通道，导致引风机电耗增加，影响锅炉的正常运行；当灰分熔点低时，熔融灰粒会粘结在高温受热面上形成结渣，影响锅炉的安全性和经济性；灰分增多，还会增加锅炉的燃煤消耗量并增加煤粉制备的能量消耗。此外，清除灰渣还需要有除灰设备，增加了电厂的运行维护费用。

**6. 水分（M）**

水分是煤中的主要不可燃成分，也是一种有害杂质。煤中的水分含量相差很大，其质量分数少的仅有3%左右，多的可达50%~60%，且随着煤地质年代的增长而减少。煤中水分由表面水分和内在水分组成。表面水分又称为外在水分，它是在开采、储运过程中受雨露冰雪影响而进入煤中的，可以通过自然干燥除去。去掉表面水分后煤所具有的水分，称为内在水分（或固有水分），内在水分不能通过自然干燥除掉，必须将煤加热至105~110℃，并保持一定的时间，才能除去。外在水分和内在水分之和称为全水分。

煤中水分对锅炉工作也有一定的影响。水分存在会使煤中的可燃元素的含量相对减少，而且水分蒸发还要吸收汽化潜热，所以水分会使煤的实际发热量降低；水分多对煤的点燃、燃烧十分不利，还会增加不完全燃烧热损失；煤中水分多会使燃烧生成的烟气容积增大，造成排烟热损失及引风机耗电量增加；煤中水分多还会影响煤的磨制，堵塞煤粉管道；水分多还会引起低温受热面的积灰与腐蚀。

## 2.1.3 煤的工业分析

煤的元素成分分析是锅炉热力计算的依据，但是不能说明各种元素成分在煤中组成何种化合物，也不能确定煤的燃烧特性，且煤的元素分析方法需要复杂的设备、较高的技术和较长的分析时间。所以，发电厂从运行角度出发一般采用较简单的工业分析法。

煤的工业分析是利用煤在加热燃烧过程中的失重进行定量分析，以测定煤中的水分（M）、挥发分（V）、固定碳（FC）和灰分（A）的质量分数。工业分析成分的测定是在实验室中进行的，其方法步骤如下：先把除去表面水分的煤作为试样，将该试样放入105~110℃的恒温箱内加热1.5~2h，失去的质量就是水分含量；然后把上述失去水分的试样置于温度保持在（900±10）℃的马弗炉内，在隔绝空气情况下加热7min，失去的质量即为该煤的挥发分含量，煤在失去水分和挥发分后的剩余部分称为焦炭；最后将焦炭置于电炉内，在空气供应充分的条件下加热到（815±10）℃灼烧约 2h，所失去的质量即为固定碳含量，剩余部分则为灰分含量。

### 1. 挥发分（V）

把失去水分的煤样在隔绝空气的条件下加热到一定温度时，煤中的有机物质会分解成气体析出，这些析出的气体称为挥发分。挥发分不是煤中的固有物质，而是煤加热分解后析出的产物。挥发分主要由可燃气体组成，如氢气（$H_2$）、一氧化碳（CO）、甲烷（$CH_4$）、硫化氢（$H_2S$）及其他碳氢化合物等，还有少量氧气（$O_2$）、氮气（$N_2$）、二氧化碳（$CO_2$）等不可燃气体。

不同种类煤的挥发分含量和开始析出的温度各不相同。随着煤的炭化程度加深，挥发分的含量逐渐减少，挥发分的析出温度不断提高。烟煤的挥发分开始析出的温度大致为190℃，无烟煤为 380~400℃。

挥发分的特点是容易点燃和燃烧，且能促进焦炭的燃烧。这是因为挥发分着火后会对焦炭进行强烈的加热，促进其迅速着火燃烧，同时使焦炭变得疏松多孔，与空气接触的面积增大，这就加速了煤的燃烧过程的进行。含挥发分多的煤易着火，燃烧快，火焰长。因而挥发分的含量是评定煤燃烧性能的一个重要指标。

### 2. 固定碳（FC）

煤中水分和挥发分析出后剩下的固体物质称为焦炭，焦炭除去灰分就是固定碳。各种煤的物理性质差别很大，有的比较松脆，有的则结成不同硬度的焦块。

焦结性是煤的一个重要特性，它对锅炉工作有一定影响。燃烧强焦结性煤时，焦炭成块状，使空气阻力增加，影响煤的燃烧，同样增加了燃烧损失。煤粉炉燃烧强焦结性煤时，易引起炉内结渣。

## 2.1.4 煤的成分分析基准

煤中的水分与灰分的含量常受外界影响而变化，从而引起其他成分的含量也随之发生变化。为此要确切地反映煤的特性以及使各种煤的分析结果具有可比性，不仅需要知道煤的各种成分含量，而且还需要知道各成分含量的基准（即所处状态和条件）。通常采用的基准有以下四种。

### 1. 收到基

收到基是以收到状态的煤为基准对煤进行分析所得的各种成分的质量分数。对进厂原煤或入炉前的煤都应按收到基计算各项成分。收到基以下角标 ar（as receive）表示，有

$$元素分析 \quad C_{ar}+H_{ar}+O_{ar}+N_{ar}+S_{ar}+A_{ar}+M_{ar}=100\% \tag{2-1}$$

$$工业分析 \quad FC_{ar}+V_{ar}+A_{ar}+M_{ar}=100\% \tag{2-2}$$

式中，$C_{ar}$、$H_{ar}$、$O_{ar}$、$N_{ar}$、$S_{ar}$、$A_{ar}$、$M_{ar}$、$FC_{ar}$、$V_{ar}$ 是煤中 C、H、O、N、S、A、M、FC、V 各成分的收到基的质量分数。

### 2. 空气干燥基

空气干燥基用来确定煤的真实内在水分。空气干燥基是以经自然干燥除去外在水分的煤

为基准,以下角标 ad (air dry) 表示,有

元素分析 $\quad C_{ad}+H_{ad}+O_{ad}+N_{ad}+S_{ad}+A_{ad}+M_{ad}=100\%$ (2-3)

工业分析 $\quad FC_{ad}+V_{ad}+A_{ad}+M_{ad}=100\%$ (2-4)

式中,$C_{ad}$、$H_{ad}$ 等是煤中 C、H 等各成分的空气干燥基的质量分数。

### 3. 干燥基

以假想无水状态的煤为基准,计算煤中各成分的组合称为干燥基,以下角标 d(dry) 表示。由于已不受水分的影响,灰分质量分数比较稳定,可用于比较两种煤的含灰量,有

元素分析 $\quad C_d+H_d+O_d+N_d+S_d+A_d=100\%$ (2-5)

工业分析 $\quad FC_d+V_d+A_d=100\%$ (2-6)

式中,$C_d$、$H_d$ 等是煤中 C、H 等各成分的干燥基的质量分数。

### 4. 干燥无灰基

以假想无水、无灰状态的煤为基准,计算煤中成分的组合称为干燥无灰基,以下角标 daf (dry ash free) 表示,有

元素分析 $\quad C_{daf}+H_{daf}+O_{daf}+N_{daf}+S_{daf}=100\%$ (2-7)

工业分析 $\quad FC_{daf}+V_{daf}=100\%$ (2-8)

式中,$C_{daf}$、$H_{daf}$ 等是煤中 C、H 等各成分的干燥基无灰基的质量分数。

干燥无灰基因为无水、无灰,故剩下的成分便不受水分、灰分变动的影响,是表示碳、氢、氧、氮、硫各成分质量分数最稳定的基准。挥发分和燃料发热量也常用干燥无灰基表示,并作为燃料分类的依据。煤的成分及其与分析基准间的关系如图 2-1 所示。

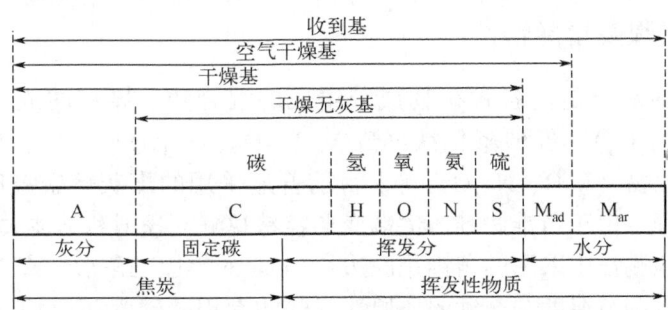

图 2-1 煤的成分及其与分析基准间的关系

## 2.1.5 煤的发热量

煤的发热量是煤的重要特性之一,是指单位质量的煤完全燃烧时所放出的热量,用符号 $Q$ 表示,单位是 kJ/kg。在不同的环境条件下,煤燃烧所释放的发热量是不相同的。

煤的发热量常用下列三种规定值表示:

(1)弹筒发热量($Q_b$)是在实验室中用氧弹式量热计测定的实测值。测定方法是将约 1g 的煤样置于氧弹中,氧弹内充满压力为 2.8~3.2MPa 的氧气,点火燃烧,然后使燃烧产物冷却到煤的原始温度(20~50℃),在此条件下单位质量的煤所放出的热量即为弹筒发热量。这时,煤样中的碳完全燃烧生成 $CO_2$;氢燃烧并经冷却生成液态水;硫和氮在氧弹内瞬

时燃烧温度达1500℃左右，与过剩氧作用生成三氧化硫$SO_3$和$NO_x$，并溶于事先置于氧弹内的水中，形成硫酸和硝酸。生成酸的反应要放出热量，因而弹筒发热量要比在锅炉实际燃烧中煤释放的热量要高，故实测出来的弹筒发热量还要换算成煤的空气干燥基高位发热量和低位发热量后才能使用。

（2）高位发热量（$Q_{gr}$）是指单位质量的煤完全燃烧时所放出的热量，它包括煤完全燃烧所生成的水蒸气全部凝结成水时放出的汽化潜热，称为高位发热量，单位为kJ/kg。煤在常压空气流中燃烧时，其中的硫只能生成$SO_2$，氮则会转化为游离氮，因此，煤在空气中燃烧便与氧弹内的燃烧生成物不同。煤样在氧弹内燃烧时产生的热量（即弹筒发热量）减去硫和氮生成酸的校正值后所得的热量，即为高位发热量。

（3）煤的低位发热量（$Q_{net}$）是指单位质量的煤完全燃烧时所放出的热量，其中不包括煤完全燃烧所生成的水蒸气凝结成水时放出的汽化潜热，单位为kJ/kg。现代大容量锅炉为防止尾部受热面低温腐蚀，排烟温度一般在110℃以上，烟气中的水蒸气不会凝结，汽化潜热未被利用。因此，在锅炉的有关热力计算中采用低位发热量。

各种不同种类的煤具有不同的发热量，并且往往差别很大，同一燃烧设备在相同的工况下，燃烧发热量低的煤，其煤耗量就大；反之，燃烧发热量高的煤，其煤耗量就小。所以不能简单地用实际煤耗量的大小作为比较设备运行经济性好坏的依据。为了使设备运行经济性具有可比性，引用了标准煤的概念。所谓标准煤，是指收到基低位发热量为29310kJ/kg（7000kcal/kg）的煤。

## 2.1.6 煤灰成分及煤灰熔融特性

**1. 煤灰成分及煤灰熔融特性**

煤燃烧后生成的灰分是由各种矿物成分组成的混合物。煤灰的成分主要有二氧化硅（$SiO_2$）、氧化铝（$Al_2O_3$）、各种氧化铁（$FeO$、$Fe_2O_3$、$Fe_3O_4$）、钙（镁）氧化物（$CaO$、$MgO$）及碱金属氧化物（$K_2O$、$Na_2O$）等。目前普遍采用的煤灰熔融温度测定方法主要有角锥法和柱体法两种。由于角锥法锥体尖端变形容易观测，我国和其他大多数国家都采用此法测量灰熔点。实验测量中采用的角锥是底边长7mm的等边三角形、高20mm的三角锥体。

将锥体放在可以调节温度并充满弱还原性气体的专用硅碳管高温炉或灰熔点测定仪中，以规定的速率升温，角锥法就是根据目测灰锥在受热过程中形态的变化所对应的特征温度来表示煤灰的熔融特性，如图2-2所示。

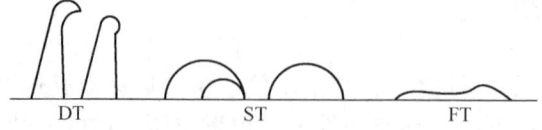

图2-2 煤灰的熔融特性示意图
DT—变形温度；ST—软化温度；FT—熔化温度

通常用变形温度、软化温度、熔化温度这三个特征温度来表示灰的熔融特性：

（1）变形温度DT（deformation temperature）：灰锥顶端开始变圆或弯曲时所对应的温度。

(2) 软化温度 ST（softening temperature）：灰锥锥体顶点弯曲至锥底面或锥体变成球形或高度不大于底面边长时所对应的温度。

(3) 熔化温度 FT（flow temperature）：灰锥锥体熔化成液体并能在底面流动或厚度在 1.5mm 以下时所对应的温度。

在锅炉技术中多用 ST 作为熔融特性指标，或称为灰熔点。各种煤的 ST 一般为 1100~1600℃，通常把 ST≤1200℃ 的煤灰称为易熔灰，ST>1400℃ 的煤灰称为难熔灰。

煤灰的熔融性对锅炉运行的经济性和安全性有很大影响。对于固态排渣煤粉炉，当燃用灰熔点低的煤时，容易引起受热面结渣。结渣不仅影响传热，降低锅炉热效率，严重时使炉内燃烧工况恶化，甚至大块焦渣落下砸坏冷灰斗的水冷壁管而被迫停炉。对于液态排渣煤粉炉，当燃用灰熔点高的煤时，容易造成炉底排渣口流渣困难，影响锅炉正常运行甚至被迫停炉。当灰粒温度低于软化温度时，在受热面上只能形成疏松的弱黏聚性灰渣，容易脱落；当灰粒温度高于软化温度时，固态的颗粒将变成熔融状态，具有较强的黏性，与受热面接触时会黏附在受热面上形成结渣，导致传热恶化，严重时影响锅炉的正常运行。所以，对于固态排渣煤粉炉，为了防止炉膛出口处的高温对流受热面结渣，要求炉膛出口烟温应比灰的软化温度低 50~100℃；而对于液态排渣炉，为了保持灰渣熔化成液态从炉底渣口排出，要求炉膛下部烟温应高于灰的液化温度。

**2. 影响煤灰熔融性的因素**

煤灰的熔融特性参数是锅炉炉膛设计的重要依据之一，也是影响运行锅炉结渣的主要因素之一。影响煤灰熔融性的因素是多方面的，主要有煤灰的化学成分、煤灰周围高温介质的性质及煤中灰分含量。

1) 煤灰的化学成分

煤灰的化学成分比较复杂，分为酸性氧化物（如 $SiO_2$、$Al_2O_3$、$TiO_2$）、碱性氧化物（如 $Fe_2O_3$、$CaO$、$MgO$、$Na_2O$ 和 $K_2O$）等。一般来说，煤灰中高熔点成分（$SiO_2$、$Al_2O_3$、$CaO$、$MgO$）含量越多，煤灰的熔点越高；相反，低熔点成分（$FeO$、$Na_2O$、$K_2O$）含量越多，则煤灰的熔点越低。灰分中的各种成分在单一存在状态下本身熔点较高，但煤灰成分结合为共晶体或共晶体混合物时，会使煤灰熔点降低。

2) 煤灰周围高温介质的性质

煤灰周围高温介质的性质对煤灰熔融性有较大影响。当介质中存在还原性气体（如 CO）时，这些气体与煤灰中的高价氧化铁（$Fe_2O_3$）相遇，就会使高价氧化铁还原成低熔点的氧化亚铁（$FeO$），并可能与其他氧化物形成共熔体，使煤灰熔点降低。煤灰熔点随含铁量的增加而迅速下降，煤灰在还原性介质气氛中比在氧化性气氛中，其熔点会降低 200~300℃。

3) 煤中灰分含量

当煤灰的成分与其所处周围高温介质性质相同而煤中灰分含量不同时，煤灰的熔点也会发生变化。煤灰量越多，煤灰中各种成分相互接触就越频繁，在高温下产生化合、分解、助熔作用的机会也会增多，从而使煤灰的熔点降低。

## 2.1.7 煤的分类

我国煤炭资源丰富，种类繁多，煤因其形成过程及年代上的差别，即所谓"煤化程度"

不同，其成分比例会很不相同，燃烧特性上也会有很大的差异。为了能够合理地使用各类煤，应对煤进行科学分类。我国动力用煤主要参照 $V_{daf}$、$M_{ar}$、$A_{ar}$ 等来进行分类。

（1）无烟煤。无烟煤的地质演化年代最久，其特点是含碳量很高，挥发分含量很小，挥发分的质量分数 $V_{daf}$ 一般小于 10%，故无烟煤不易点燃，燃烧缓慢，燃烧时无烟且火焰很短。无烟煤的干燥无灰基中碳的质量分数达 95%~96%，含氢量少，其发热量为 20930~25120kJ/kg，焦炭无焦结性。无烟煤表面具有黑色光泽、密度较大，且质硬不易研磨，储存时不易风化和自燃。

（2）贫煤。贫煤的性质介于无烟煤与烟煤之间。其炭化程度比无烟煤稍低，$V_{daf}$ 为 10%~20%，也较难点燃、燃尽，燃烧时火焰短，焦炭无焦结性。

（3）烟煤。烟煤的特点是含碳量较无烟煤低，挥发分含量较多，$V_{daf}$ 一般为 20%~40%，故大部分烟煤都易点燃，燃烧快，燃烧时火焰长。烟煤发热量较高，达 18850~27210kJ/kg，多数具有或强或弱的焦结性。烟煤表面呈灰黑色，有光泽，质松易碎，储存时会自燃。灰分、水分含量较高，发热量较低（18850kJ/kg 以下）的烟煤称为劣质烟煤。燃用劣质烟煤除应在燃烧上采取适当措施外，还应考虑受热面积灰、结渣和磨损等问题。烟煤在我国各地均有，是锅炉燃煤中数量最多的一种煤。

（4）褐煤。褐煤是形成年代最短的煤，其特点是含碳量不高，挥发分含量很高，$V_{daf}$ > 40%，故极易点燃，燃烧时火焰长。又因其水分、灰分及氧的含量均较高，故发热量低（10500~14700kJ/kg），焦炭无焦结性。褐煤外表多呈棕褐色，褐煤质脆易风化，储存时极易发生自燃。

## 2.2 燃料的燃烧计算

### 📚 教学目标

**1. 知识目标**

（1）掌握煤燃烧理论空气量计算原理。
（2）掌握燃烧过剩空气系数的概念。
（3）掌握烟气量计算过程。

**2. 能力目标**

（1）能够分析过剩空气系数意义。
（2）能够分析煤燃烧实际烟气量的组成。
（3）理解烟气组分分析原理及操作步骤。

**3. 素质目标**

（1）培养学生的安全意识，引导学生注意生产安全，自觉服从规章制度，建立良好的安全生产意识。
（2）通过燃料计算，理解燃烧过程，培养学生节能意识。

## 任务描述

掌握锅炉煤燃烧过程中的空气量和烟气量的计算过程，有助于加深学生对燃烧过程的理解。通过分析不同燃烧工况下的空气量和烟气量，培养学生理解锅炉燃烧过程，提高锅炉操作的技能。

## 相关知识

锅炉燃烧计算的主要任务是确定燃料完全燃烧所需的空气量、燃烧生成的烟气量。燃烧计算是进行锅炉设计、改造以及选择锅炉辅机的基础，也是正确进行锅炉经济运行调整的基础。

### 2.2.1 燃料燃烧所需空气量及过剩空气系数

燃烧是燃料中可燃成分（C、H、S）与空气中的氧气（$O_2$）在高温条件下所发生的强化学反应并放热的过程，因此，燃烧所需空气量可根据燃烧的化学反应关系进行计算。计算中把空气与烟气中的组成气体都当成理想气体，即在标准状态（101325Pa 和 0℃）下，1kmol 理想气体的容积等于 22.4$m^3$。本书中气体若未指明均为标准状态下。

**1. 理论空气量**

1kg（或 1$m^3$）收到基燃料完全燃烧而又没有剩余氧存在时，所需要的空气量称为理论气需要量，用符号 $V^0$ 表示，其单位为 $m^3/kg$（或 $m^3/m^3$）。

煤的燃烧实际上是煤中可燃物（C、H、S）的燃烧。理论空气量是以 1kg 收到基燃料为基础，根据燃料的燃烧方程式推导出的 1kg 燃料完全燃烧所需的空气量：

$$V^0 = \frac{1}{0.21}\left(1.866\frac{C_{ar}}{100} + 5.55\frac{H_{ar}}{100} + 0.7\frac{S_{ar}}{100} - 0.7\frac{O_{ar}}{100}\right)$$
$$= 0.0889(C_{ar} + 0.375S_{ar}) + 0.265H_{ar} - 0.0333O_{ar} \tag{2-9}$$

**2. 实际供给空气量及过量空气系数**

燃料在炉内燃烧时很难与空气达到完全理想的混合，如仅按理论空气需要量给它供应空气，必然会有一部分燃料得不到所需要的氧而达不到完全燃烧。为了使燃料在炉内能够燃烧完全，减少不完全燃烧热损失，实际送入炉内的空气量要比理论空气量大些，这一空气量称为实际供给空气量，用符号 $V_k$ 表示，单位为 $m^3/kg$（或 $m^3/m^3$）。实际空气量与理论空气量之比，称为过量空气系数，用符号 α 表示，即

$$\alpha = \frac{V_k}{V^0} \tag{2-10}$$

炉膛出口的过量空气系数 $\alpha''_l$ 是锅炉运行的重要指标，其值太大会使排烟损失增加，太小则不能保证燃料完全燃烧。对应锅炉机组热损失最小、效率最高时的过量空气系数称为最佳过量空气系数。最佳过量空气系数和许多因素有关，如燃料种类、燃烧方式以及燃烧设备的完善程度等。运行中炉膛出口过量空气系数的最佳值是通过燃烧调整试验来确定的。一般

煤粉炉为 1.15~1.25。过量空气系数直接影响炉内燃烧的好坏及热损失的大小，所有运行中必须严格控制其大小。

对于燃煤锅炉，当煤完全燃烧时，α可用下列近似公式计算：

$$\alpha = \frac{21}{21 - \varphi_{O_2}} \tag{2-11}$$

式中 $\varphi_{O_2}$——标准状态下干烟气中氧的容积分数。

由式（2-11）可知，α随$\varphi_{O_2}$的增大而增大。通过监视烟气中的$\varphi_{O_2}$值，可达到监视和控制进入炉膛的实际空气量的目的。锅炉型式、燃料不同时，炉膛出口的过量空气系数和氧量不同，见表2-1。

表2-1 炉膛出口过量空气系数$\alpha_1''$和氧量的推荐值

| 燃烧室型式 | | 燃料 | 炉膛出口过量空气系数 | 炉膛出口氧量，% |
|---|---|---|---|---|
| 煤粉炉 | 固态排渣 | 无烟煤、贫煤 | 1.20~1.25 | 3.5~4.2 |
| | | 烟煤、褐煤 | 1.20 | 3.5 |
| | 液态排渣（开式、半开式） | 无烟煤、烟煤 | 1.20~1.25 | 3.5~4.2 |
| | | 褐煤 | 1.20 | 3.5 |
| 重油、煤气炉 | | 重油、焦炉煤气、天然气、高炉煤气 | 1.10 | 1.9 |

## 2.2.2 烟气成分及烟气量的计算

### 1. 烟气成分

燃料燃烧后生成的产物是烟气及其携带的灰粒。烟气中的固体颗粒占容积比例很小，通常计算时都略去不计。烟气是由多种气体成分组成的混合物，烟气中包含的气体成分如下：用$V_{CO_2}$、$V_{SO_2}$、$V_{H_2O}$、$V_{N_2}$、$V_{O_2}$、$V_{CO}$分别表示二氧化碳（$CO_2$）、二氧化硫（$SO_2$）、水蒸气（$H_2O$）、氮气（$N_2$）、氧气（$O_2$）、一氧化碳（CO）的分容积，用$V_y$表示1kg燃料燃烧生成的烟气总容积，单位为$m^3/kg$。

（1）当α=1且完全燃烧时，烟气是由$CO_2$、$SO_2$、$H_2O$和$N_2$四种气体成分组成的，故烟气容积为上述四种气体成分分容积之和，即

$$V_y = V_{CO_2} + V_{SO_2} + V_{H_2O} + V_{N_2} \tag{2-12}$$

（2）当α>1且完全燃烧时，烟气是由$CO_2$、$SO_2$、$H_2O$、$N_2$和$O_2$五种气体成分组成的，故烟气容积为上述五种气体成分分容积之和，即

$$V_y = V_{CO_2} + V_{SO_2} + V_{H_2O} + V_{N_2} + V_{O_2} \tag{2-13}$$

（3）当α≥1且不完全燃烧时，烟气中除上述五种气体成分外还有CO、$H_2$及$CH_4$等可燃气体。通常烟气中的$H_2$及$CH_4$等可燃气体的含量极少，可以忽略不计，而只考虑CO成分，故烟气可认为是由$CO_2$、$SO_2$、$H_2O$、$N_2$、$O_2$和CO六种气体成分组成的。烟气容积为上述六种气体分容积之和，即

$$V_y = V_{CO_2} + V_{SO_2} + V_{H_2O} + V_{N_2} + V_{O_2} + V_{CO} \tag{2-14}$$

**2. 根据燃烧化学反应计算烟气容积**

在设计锅炉时,是根据 α>1 且完全燃烧时的化学反应关系来计算烟气容积的。一般先计算理论烟气容积,在此基础上再考虑过量空气容积和随这部分过量空气带入的水蒸气容积,进而计算出该烟气的实际容积。

1) 理论烟气容积

当 α=1 且完全燃烧时,生成的烟气容积称为理论烟气容积,用符号 $V_y^0$ 表示,其单位为 $m^3/kg$。由上可知,理论烟气容积是由四种气体成分分容积组成,即

$$V_y^0 = V_{CO_2} + V_{SO_2} + V_{H_2O}^0 + V_{N_2}^0 \tag{2-15}$$

计算燃料各组分燃烧所产生的烟气量及理论空气带入的水蒸气量,理论烟气容积的 $V_y^0$ 计算公式为

$$V_y^0 = 1.886\left(\frac{C_{ar} + 0.375 S_{ar}}{100}\right) + 0.8\frac{N_{ar}}{100} + 0.79 V^0 + 0.111 H_{ar} + 0.0124 M_{ar} + 0.0161 V^0 \tag{2-16}$$

2) 实际烟气容积

燃料的实际燃烧过程是在 α>1 的情况下进行的。过量空气不参与燃烧化学反应而全部进入烟气中,随同这部分过量空气还带入一部分水蒸气。所以实际烟气容积 $V_y$ 为理论烟气容积、过量空气容积和过量空气带入的水蒸气容积三部分之和,计算式如下:

$$\begin{aligned}V_y &= V_y^0 + (\alpha-1)V^0 + 0.0161(\alpha-1)V^0 \\ &= 1.886\left(\frac{C_{ar}+0.375S_{ar}}{100}\right) + 0.8\frac{N_{ar}}{100} + 0.79V^0 + 0.111H_{ar} + \\ &\quad 0.0124M_{ar} + 0.0161V^0 + 1.0161(\alpha-1)V^0\end{aligned} \tag{2-17}$$

## 2.2.3 烟气分析

上面介绍了根据燃料燃烧化学反应式来计算烟气容积的方法,计算是以给定的过量空气系数和燃料完全燃烧为条件的,因此它可在设计锅炉时应用。对于正在运行的锅炉,实际的过量空气系数 α 往往与设计值有差异,而燃料的燃烧往往也是不完全的,也就是在烟气中常含有少量的 CO,这些都将影响烟气容积的变化。为了较确切地估计锅炉运行时的烟气容积,可借助烟气分析求出。根据烟气分析不仅可以确定锅炉运行时的烟气容积,而且还可确定过量空气系数、漏风系数及烟气中 CO 含量等数据,从而了解燃烧工况,以便对燃烧进行调整和对燃烧设备进行改进。

烟气中的各种气体成分含量是用烟气分析仪测定的,目前发电厂使用较为普遍的是奥氏烟气分析仪。随着测试技术的发展,色谱分析仪、红外线烟气分析仪等也逐步得到使用。

奥氏烟气分析仪是利用选择性吸收的方法来测定烟气中各种气体成分含量的。将一定容积的烟气试样依顺序和某些化学吸收剂相接触,对烟气的各组成气体逐一进行选择性吸收,每次减少的容积即是被测成分在烟气中所占的容积,这种方法又称为化学吸收法。

奥氏烟气分析仪包括三个吸收瓶、一个量管、一个平衡瓶和梳形管等,其结构如图 2-3 所示。

(1) 吸收瓶。第一个吸收瓶内装有氢氧化钾(KOH)水溶液,用来吸收烟气中的 $CO_2$

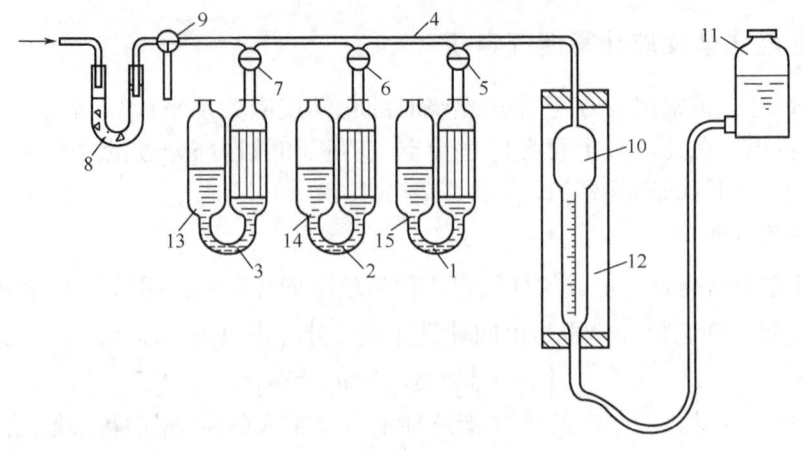

图 2-3 奥氏烟气分析仪
1~3—吸收瓶；4—梳形管；5~7—旋塞；8—过滤器；9—三通旋塞；
10—量管；11—平衡瓶；12—水套管；13~15—缓冲瓶

和 $SO_2$；第二个吸收瓶内装有焦性没食子酸 $[C_6H_3(OH)_3]$ 的碱溶液，用来吸收烟气中的 $O_2$，也能吸收 $CO_2$ 和 $SO_2$；第三个吸收瓶内装有氯化亚铜氨 $[Cu(NH_3)_2Cl]$ 溶液，用来吸收烟气中的 CO，也能吸收氧气。

(2) 量管。量管上标有刻度，用来测量气体容积。量管顶部有引入气体或排出气体的通口，末端用橡胶管与平衡瓶相连。

(3) 平衡瓶。平衡瓶内装有一定量的饱和食盐水，与大气相通，底部的出口与量筒下端用橡胶管相连，通过升高或降低平衡瓶的位置，使量筒内的溶液上升或下降，排出或吸入烟气。

(4) 梳形管。梳形管是连接量筒和各吸收瓶的通道。

烟气分析操作步骤如下：

(1) 利用水准瓶向量筒中抽取 $100cm^3$ 烟气，让这一定量的烟气依次进入吸收瓶 1、吸收瓶 2 和吸收瓶 3。

(2) 烟气多次反复通过吸收瓶 1 后，烟气中的 $CO_2$、$SO_2$ 被吸收尽，利用量筒可以测出烟气减少的容积，即为干烟气中三原子气体容积分数。按同样的方法用吸收瓶 2 测出 $O_2$ 的容积分数，用吸收瓶 3 测出 CO 的容积分数，最后在量筒中剩余的气体即为 $N_2$。上述吸收程序不能颠倒。

(3) 每次读数时，需将水准瓶水位面与量筒中的水位面对齐。虽然奥氏烟气分析仪结构简单、操作容易、测量准确，但仪器分析测量一次需要 15~20min，所以锅炉运行时广泛采用氧量计来监督燃烧工况。

## 2.3 锅炉热平衡

### 教学目标

**1. 知识目标**

(1) 掌握锅炉热平衡方程。

(2) 掌握锅炉正平衡和反平衡求效率的区别和意义。
(3) 掌握最佳过剩空气系数的意义。

**2. 能力目标**

(1) 能够分析锅炉燃烧各项热损失产生的原因及影响因素。
(2) 能够分析过剩空气系数对燃烧的影响。

**3. 素质目标**

(1) 培养学生安全、责任意识。
(2) 培养学生良好的表达和沟通能力。
(3) 通过燃烧平衡分析，培养学习节约能源、保护环境的意识。

## 任务描述

理解锅炉燃烧过程的物质平衡和热平衡。掌握正平衡和反平衡的差别和联系，有助于加深学生对燃烧过程的理解。通过分析过剩空气系数对燃烧的影响，培养学生理解锅炉燃烧过程，提高锅炉操作的技能。

## 相关知识

热平衡对锅炉的设计和运行都很重要。通过热平衡试验、计算及分析研究，可以确定锅炉的有效利用热量、锅炉效率及燃料消耗量，因而可以鉴定锅炉的设计质量和运行水平，并由此分析出造成热损失的原因，寻求提高锅炉经济性的途径。

### 2.3.1 锅炉热平衡方程

燃料在锅炉中燃烧放出大量的热能，其中绝大部分热量被锅炉受热面中的工质吸收，这是被利用的有效热量。在锅炉运行中，燃料实际上不可能完全燃烧，其可燃成分未燃烧造成的热量损失称为锅炉未完全燃烧热损失。此外，燃料燃烧放出的热量也不可能完全得到有效利用，有的热量被排烟、灰渣带走或透过炉墙损失了，这些损失的热量，称为锅炉热损失，其大小决定了锅炉的热效率。

从能量平衡的观点来看，在稳定工况下，输入锅炉的热量应与输出锅炉的热量相平衡，锅炉的这种热量收、支平衡关系，就叫锅炉热平衡。输入锅炉的热量是指伴随燃料送入锅炉的热量；输出锅炉的热量可以分成两部分，一部分是有效利用热量，另一部分就是各项热损失。锅炉机组在运行中应定期进行热平衡试验（通常称为热效率试验），以查明影响热效率的主要因素，作为改进锅炉工作的依据。

锅炉热平衡是按1kg固体或液体燃料（对气体燃料则是标准状态下）为基础进行计算的。在稳定工况下，锅炉输入炉内的热量、锅炉有效利用的热量和各项损失热量的关系如图2-4所示。锅炉热平衡方程式可写为

$$Q_r = Q_1 + Q_2 + Q_3 + Q_4 + Q_5 + Q_6 \tag{2-18}$$

式中　$Q_r$——锅炉的输入热量，kJ/kg；

$Q_1$——锅炉的有效利用热量，kJ/kg；

$Q_2$——排烟损失的热量，kJ/kg；

$Q_3$——气体未完全燃烧损失的热量，kJ/kg；

$Q_4$——固体未完全燃烧损失的热量，kJ/kg；

$Q_5$——散热损失的热量，kJ/kg；

$Q_6$——灰渣物理热损失的热量，kJ/kg。

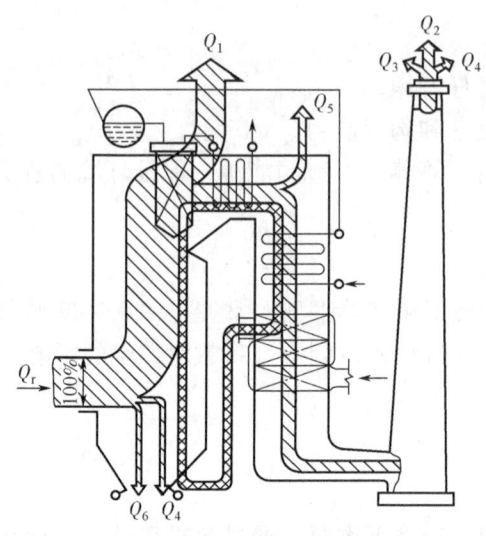

图 2-4　锅炉热平衡示意图

将式（2-18）两边都除以 $Q_r$，并乘以100%，则可建立以百分数表示的热平衡方程式：

$$100\% = q_1+q_2+q_3+q_4+q_5+q_6 \tag{2-19}$$

式中　$q_1$——锅炉的有效利用热量占输入热量的百分数；

　　　$q_2$——排烟损失的热量占输入热量的百分数；

　　　$q_3$——气体未完全燃烧损失的热量占输入热量的百分数；

　　　$q_4$——固体未完全燃烧损失的热量占输入热量的百分数；

　　　$q_5$——散热损失的热量占输入热量的百分数；

　　　$q_6$——灰渣物理热损失的热量占输入热量的百分数。

## 2.3.2　锅炉正平衡求效率

锅炉热效率可以通过正平衡和反平衡两种测验方法得出。正平衡求效率是测定锅炉有效利用热量 $Q_1$ 占输入热量 $Q_r$ 的百分数：

$$\eta = \frac{Q_1}{Q_r} \times 100\% \tag{2-20}$$

**1. 锅炉输入热量**

对于燃煤锅炉，如燃煤和空气都未利用外部热源进行预热，且燃煤水分 $M_{ar} < \dfrac{Q_{ar,net}}{628}$，则

锅炉输入热量就近似等于煤的收到基低位发热量：

$$Q_r = Q_{ar,net} \tag{2-21}$$

**2. 锅炉有效利用热量**

锅炉有效利用热量包括过热蒸汽的吸热、再热蒸汽的吸热、饱和蒸汽的吸热和排污水的吸热。当锅炉不对外提供饱和蒸汽时，对于 1kg 燃料的有效利用热量用式（2-22）计算：

$$Q_1 = \frac{1}{B}[D_{gq}(h''_{gq} - h_{gs}) + D_{zq}(h''_{zq} - h'_{zq}) + D_{pw}(h_{pw} - h_{gs})] \tag{2-22}$$

式中　$B$——每小时燃料消耗量，kg/h；

$D_{gq}$、$D_{zq}$、$D_{pw}$——过热蒸汽、再热蒸汽、排污水的流量，kg/h；

$h''_{gq}$、$h_{gs}$——过热器出口蒸汽的焓和锅炉给水的焓，kJ/kg；

$h''_{zq}$、$h'_{zq}$——再热器出入口蒸汽的焓，kJ/kg；

$h_{pw}$——排污水的焓，等于汽包饱和压力下饱和水的焓，kJ/kg。

## 2.3.3　锅炉反平衡求效率及各项热损失

测定锅炉的各项热损失计算锅炉热效率，称为反平衡求效率法或间接求效率法，其计算式为

$$\eta = q_1 = 100\% - (q_2 + q_3 + q_4 + q_5 + q_6) \tag{2-23}$$

目前电厂锅炉常用反平衡法求效率。一是因为大容量高效率锅炉机组用正平衡法求效率看来似乎比较简单，但由于燃料消耗量的测量相当困难，以及在有效利用热量的测定上常会引入较大的误差，此时反而不如利用反平衡法求效率更为方便和准确；二是正平衡法只求出锅炉的热效率，而未求锅炉的各项热损失，因而不利于对各项损失进行分析和提出改进锅炉效率的途径；三是正平衡法要求比较长时间保持锅炉稳定工况，这是比较困难的。

**1. 固体未完全燃烧热损失**

固体未完全燃烧热损失（$q_4$）是指飞灰、炉渣、漏煤中的碳和中速磨排出的石子煤未能燃烧而造成的热损失。不同的燃烧方式，此项损失包含的内容不同。

1）固体未完全燃烧热损失的计算

对于采用球磨机的煤粉锅炉，一般采用式（2-24）来计算固体未完全燃烧热损失：

$$q_4 = \frac{32866 A_{ar}}{Q_r}\left(\frac{\alpha_{fh} C_{fh}}{100 - C_{fh}} + \frac{\alpha_{lz} C_{lz}}{100 - C_{lz}}\right) \tag{2-24}$$

式中　$C_{fh}$、$C_{lz}$——飞灰、炉渣中碳的质量分数；

32866——1kg 碳的发热量，单位为 kJ/kg；

$\alpha_{fh}$——飞灰份额，是飞灰中的灰占燃料总灰分的比例；

$\alpha_{lz}$——炉渣份额，是炉渣中的灰占燃料总灰分的比例。

各类锅炉的飞灰份额和炉渣份额见表 2-2 的推荐值。

表 2-2　各类锅炉的飞灰份额和炉渣份额的推荐值

| 锅炉型式及燃料 | | $\alpha_{fh}$ | $\alpha_{lz}$ |
|---|---|---|---|
| 固态排渣煤粉炉 | | 0.90~0.95 | 0.05~0.10 |
| 液体排渣煤粉炉 | 开式 | 0.65~0.80 | 0.20~0.35 |
| | 带缩腰半开式 | 0.55~0.70 | 0.30~0.45 |

在进行锅炉设计计算时，固体未完全燃烧热损失可按照表 2-3 所推荐的数据选用。

表 2-3　固体未完全燃烧热损失值

| 锅炉型式及燃料 | 煤种 | $q_4$，% | 备注 |
|---|---|---|---|
| 固态排渣煤粉炉 | 无烟煤 | 4~6 | 挥发分高，$q_4$ 较小 |
| | 贫煤 | 2 | |
| | 烟煤 | 1~1.5 | 灰分高，$q_4$ 较大 |
| | 褐煤 | 0.5~1 | 灰分高，$q_4$ 较大 |
| 液体排渣煤粉炉 | 无烟煤 | 3~4 | |
| | 贫煤 | 1~1.5 | |
| | 烟煤 | 0.5 | |
| | 褐煤 | 0.5 | |

2）影响固体未完全燃烧热损失的因素及分析

固体未完全燃烧热损失是锅炉热损失中的一个主要项目，通常仅次于排烟热损失。影响此项损失的因素有燃料的种类和性质、煤粉细度、燃烧方式、燃烧设备和炉膛结构、负荷、炉内空气动力工况以及运行操作情况等。

（1）煤中灰分和水分越少，挥发分越多，煤粉越细，燃烧和燃尽就容易，则 $q_4$ 越小。

（2）不同燃烧方式的 $q_4$ 数值差别很大，层燃炉、沸腾炉这项损失较大，煤粉炉次之，旋风炉中燃料与空气的相对速度大，燃烧强烈，炉温高，$q_4$ 比前两者均小。

（3）炉膛容积小或高度不够以及燃烧器的结构性能不好或布置不合适，都会减少煤粉在炉内停留的时间并降低风粉混合的质量，使 $q_4$ 增大。

（4）锅炉负荷过高，会使煤粉停留时间过短来不及烧透，而锅炉负荷过低，又会使炉温降低，燃烧反应减慢，也就是汽锅炉负荷过高和过低都将使 $q_4$ 增大。炉内空气动力工况不良，火焰不能很好地充满炉膛，将使 $q_4$ 增大。

（5）过量空气系数控制不当，一、二次风调整不合适，都会使 $q_4$ 增大。为了减少煤粉炉的损失，除了合理地设计锅炉结构外，在运行中还应做好燃烧调整工作。

## 2. 气体未完全燃烧热损失

气体未完全燃烧热损失（$q_3$）是指排烟中含有未燃尽的 CO、$H_2$、$CH_4$ 等可燃气体所造成的热损失。

1）气体未完全燃烧损失的计算

对于煤粉锅炉，正常燃烧时 $q_3$ 值很小，可忽略不计。层燃炉 $q_3 = 0.5\% \sim 1.0\%$；卧式旋风炉、燃油炉、燃气炉 $q_3 = 0.5\%$；烧高炉煤气的锅炉 $q_3 = 1.5\%$。

2) 影响气体未完全燃烧热损失的因素及分析

影响气体未完全燃烧热损失的主要因素是燃料的挥发分、炉内过量空气系数、炉膛温度、炉膛结构以及炉内空气动力工况等。

（1）一般燃用挥发分较多的燃料，炉内可燃气体增多，易出现不完全燃烧。当炉膛温度较低时，燃料与空气混合不良，必将使燃烧反应减弱，可燃气体得不到充足氧气，从而使 $q_3$ 大大增加。

（2）当炉内空气动力工况不良、火焰不能很好充满炉膛时，也会使 $q_3$ 增大。过量空气系数过小，氧气供应不足，会使 $q_3$ 增大。过量空气系数过大，又会使炉温降低。若炉温低于 800℃，则 CO 不易着火燃烧，$q_3$ 也会增大。所以过量空气系数必须适当。

（3）炉膛结构和燃烧器布置不合理，烟气在炉膛内停留时间过短，使部分可燃气体未燃尽就离开炉膛，导致 $q_3$ 增大。此外，当锅炉在低负荷下运行时，会使炉温降低，燃烧不稳定，也会使 $q_3$ 增大。

**3. 排烟热损失**

1) 排烟热损失的计算

排烟热损失（$q_2$）是指离开锅炉机组最后受热面的烟气温度高于外界空气温度所造成的热损失，其计算式为

$$q_2 = \frac{Q_2}{Q_r} \times 100\% = \frac{H_{py} - \alpha_{py} H_{lk}^0}{Q_r}(100 - q_4) \tag{2-25}$$

式中　$H_{py}$——排烟焓，指 1kg 固体或液体燃料燃烧生成的烟气容积在定压（通常为大气压）下从 0℃ 加热到温度 $T$ 所需要的热量，kJ/kg；

　　　$\alpha_{py}$——排烟处过量空气系数；

　　　$H_{lk}^0$——理论空气焓，指 1kg 固体或液体燃料燃烧所需的理论空气量在定压（通常为大气压）下从 0℃ 加热到温度 $T$ 所需要的热量，kJ/kg。

在室燃炉的各项热损失中，排烟热损失是最大的一项，达 4%~8%。

2) 影响排烟热损失的因素及分析

由式（2-25）可知，影响排烟热损失的主要因素是排烟容积和排烟温度。排烟容积越大，排烟温度越高，则排烟热损失也越大。一般排烟温度每升高 15~20℃，$q_2$ 约增加 1%。

降低排烟温度，可以减小排烟热损失，但同时会使传热的平均温差减小，必须增大尾部受热面积，因而增大了锅炉的金属消耗量和引风机的电耗。另外，排烟温度的降低，还受到尾部受热面酸性腐蚀的限制。当燃料中的水分和硫分含量较高时，排烟温度也应保持得高一些，以减轻受热面的低温腐蚀。所以合理的排烟温度应综合考虑燃料、金属价格以及引风机电耗，通过经济技术比较确定。大型电厂锅炉的排烟温度为 120~160℃。

炉膛及烟道各处的漏风，使排烟处的过量空气系数增大，增加了 $q_2$ 和引风机的电耗，不仅不能改善燃烧，炉膛漏风还对燃烧带来不利影响。炉膛出口过量空气系数 $\alpha''$ 过大或过小，都会使锅炉热效率降低。一般说来，随炉膛出口过量空气系数 $\alpha''$ 的增加，$q_2$ 升高，而 $q_3$、$q_4$ 降低。对应于 $q_2$、$q_3$、$q_4$ 之和为最小的 $\alpha''$ 称为最佳过量空气系数 $\alpha''_{zj}$，如图 2-5 所示。

锅炉运行中，受热面结渣、积灰和结垢都会使 $q_2$ 传热减弱，促使排烟温度升高。所以运行中应及时吹灰清渣，并注意监视给水、锅水和蒸汽品质，以保持受热面内外清洁，降低排烟温度，提高锅炉效率。

**4. 散热损失**

1）散热损失的计算

散热损失（$q_5$）是指锅炉在运行中，由于汽包、联箱、汽水管道、炉墙等的温度均高于外界空气温度而散失到空气中去的那部分热量。散热损失通过试验来测定是非常困难的，所以通常根据大量的经

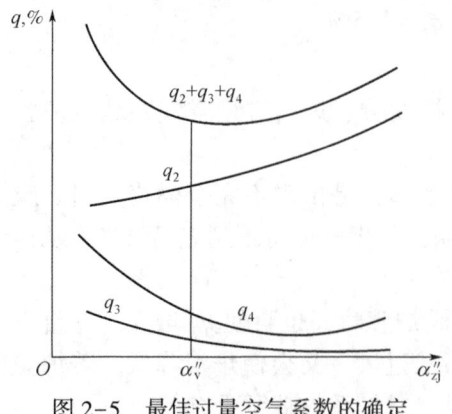

图 2-5 最佳过量空气系数的确定

验数据绘制出锅炉额定蒸发量 $D_e$ 与散热损失的关系曲线（图 2-6）和式（2-26）来确定：

$$q_5 = q_5^e \frac{D_e}{D} \tag{2-26}$$

式中 $q_5^e$——额定蒸发量的散热损失；

$D_e$、$D$——锅炉额定蒸发量和实际蒸发量。

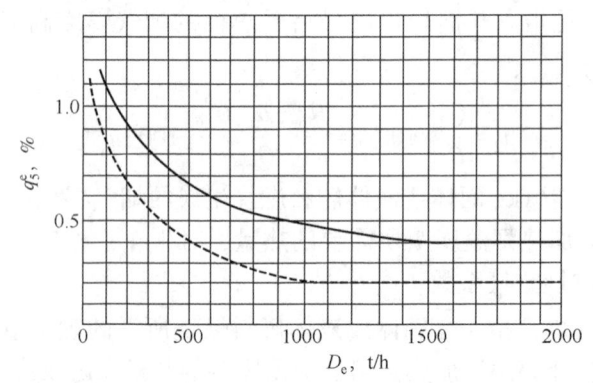

图 2-6 锅炉额定蒸发量下的散热损失

2）影响散热损失的因素及分析

影响散热损失的主要因素有锅炉额定蒸发量（即锅炉容量）、锅炉实际蒸发量（即锅炉负荷）、外表面积、水冷壁和炉墙结构、管道保温以及周围环境情况等。随着锅炉容量的增加，燃料消耗量大致成正比地增加，而锅炉的外表面积和炉膛温度却增加得慢些，这样对应于单位燃料消耗量的锅炉外表面积是减小的，散热损失 $q_5$ 就减小。

当运行中锅炉负荷发生变化时，由于锅炉外表面积不变，同时散热表面的温度变化又不大，所以锅炉散热量的绝对值变化很小。因此负荷越小，相对的散热损失越大，即 $q_5$ 与锅炉负荷近似成反比关系。若水冷壁和炉墙等结构严密紧凑，炉墙及管道保温良好，外界空气温度高且流动缓慢，则散热损失小。

**5. 灰渣物理热损失**

1）灰渣物理热损失的计算

灰渣物理热损失（$q_6$）是指高温炉渣排出炉外所造成的热量损失，可按下式计算：

$$q_6 = \frac{Q_6}{Q_r} \times 100\% = \frac{A_{ar}\alpha_{lz}C_{lz}T_{lz}}{Q_r} \times 100\% \tag{2-27}$$

式中　$\alpha_{lz}$——炉渣份额，可由表 2-2 查出；

　　　$C_{lz}$——1kg 炉渣的比热容，J/(kg·℃)；

　　　$T_{lz}$——炉渣温度，固态排渣时取 600℃，液态排渣时比灰的液化温度 FT 高 100℃。

2）影响灰渣物理热损失的因素及分析

影响灰渣物理热损失的因素有燃料灰分、炉渣份额以及炉渣温度。煤粉炉的炉渣份额大小和炉渣温度高低主要与排渣方式有关。固态排渣渣量较小，炉渣温度较低；液态排渣渣量较大，炉渣温度较高。所以液态排渣煤粉炉的 $q_6$ 必须考虑。而对于固态排渣煤粉炉，只有当燃料灰分很高时，才考虑此项损失。对于燃油和燃气炉，$q_6 = 0$。

## 2.3.4　锅炉燃料消耗量

### 1. 实际燃料消耗量

实际燃料消耗量是指每小时实际耗用的燃料量，一般简称为燃料消耗量，用符号 B 表示，单位为 kg/h。锅炉设计时，用式（2-28）计算：

$$B = \frac{1}{\eta Q_r}[D_{gq}(h''_{gq} - h_{gs}) + D_{zq}(h''_{zq} - h'_{zq}) + D_{pw}(h_{pw} - h_{gs})] \tag{2-28}$$

### 2. 计算燃料消耗量

计算燃料消耗量（$B_j$）是指考虑到固体未完全燃烧热损失 $q_4$ 的存在，在炉内实际参与燃烧反应的燃料消耗量，可用式（2-29）计算：

$$B_j = B(1 - q_4) \tag{2-29}$$

两种燃料消耗量各有不同的用途。在进行燃料输送系统和制粉系统计算时要用实际燃料消耗量 B 来计算，但在计算空气需要量及烟气容积等时则需要用计算燃料消耗量 $B_j$ 来计算。

## 2.3.5　锅炉机组热平衡的试验方法

在新锅炉安装结束后的移交验收鉴定试验中，锅炉使用单位对新投产锅炉按设计负荷试运转结束后的运行试验中，改造后的锅炉进行热工技术性能鉴定试验中，大修后的锅炉进行检修质量鉴定和校正设备运行特性的试验中以及运行锅炉由于燃料种类变化等原因进行的燃烧调整试验中，都必须进行热平衡试验。

### 1. 热平衡试验的目的

（1）求出锅炉的热效率 $\eta$。

（2）求出锅炉的各项热损失，分析热损失高于设计值的原因，并拟订降低热损失和使热效率达到设计值的措施。

（3）确定锅炉机组在各种负荷下的合理运行方式，如过量空气系数、煤粉细度、火焰位置、燃料和空气在燃烧器及各层之间的分配情况等。

**2. 热平衡试验的组织和准备工作**

(1) 熟悉锅炉机组的技术资料和运行特性。

(2) 全面检查锅炉机组及其辅助设备、测量表计、自动调节装置的情况，以了解其是否处于完好状态。

(3) 将所检查出的设备缺陷提交有关车间予以处理。

(4) 制定试验计划，其内容包括试验任务和要求、试验准备工作（如安装测点和取样设备、准备测试仪器等）、试验顺序、测试内容和方法、人员组织和进度等。试验计划应征得生产计划部门和有关车间同意。

(5) 在制定试验计划的基础上，编写试验准备工作的任务书，并提交技术部门领导审批，其内容包括试验所需器具装置的制造和安装等项目。

(6) 组织试验小组并就试验所需人员征得有关车间同意。

(7) 准备好所需试验仪器。

(8) 对试验用配件的安装进行技术监督，并培训试验观测人员。

**3. 热平衡试验的要求**

(1) 试验前，须预先将锅炉负荷调整到试验规定的数值并稳定一个阶段，在此阶段内可以调整燃烧工况达到试验要求。试验前负荷稳定阶段的持续时间由炉墙结构、试验负荷与稳定负荷的差值而定。当原来负荷低于或高于规定试验负荷的20%以上时，将负荷调整到规定工况后一般要求稳定1~2h，再进行试验。

(2) 在试验中，应避免进行吹灰、除灰、打焦、定期排污及启停制粉系统等操作，以防影响试验的顺利进行和试验的准确性。

(3) 试验期间，应尽可能地维持锅炉蒸汽参数及过量空气系数等稳定。煤粉炉应尽可能使进风量与燃料量不变，负荷维持不变。此外，在整个试验期间，给水温度不应有较大的波动。

(4) 试验每改变一种工况，原则上应重复进行两次试验，如两次试验的结果相差过大，需再重做一次或多次。

(5) 对于燃煤锅炉，一般规定每一工况下正平衡试验的延续时间为8h，反平衡试验的延续时间为4h，但根据具体情况可适当减少，正平衡4h反平衡2h亦可。煤粉炉一般不推荐用正平衡试验方法，因为反平衡法要比它简单准确。

**4. 热平衡试验测定内容**

热平衡试验测定内容，应根据试验要求而定，一般进行热平衡试验的主要测定项目如下。

1) 入炉原煤的采样

(1) 原煤的采样和分析对效率计算的准确度影响颇大，因而是锅炉试验最基本而又是关键的测量项目。

(2) 煤粉炉的原煤取样，一般在给煤机处进行。人工采样时需要的工具是铲子和贮样桶。贮样桶应由金属或塑料做成，带有严密的盖子。在采样和保存过程中，贮样桶必须盖好盖子，保持密封状态，以避免水分蒸发。

(3) 采取的试样应能代表试验期间所用燃料的平均品质。给煤机处取样，一般每隔15min取一次，每次约取1kg。

2) 飞灰取样

(1) 在锅炉试验时,采取飞灰样并分析其可燃物含量是最重要的基本测量项目之一,对煤粉炉来讲,更是反映燃烧效果的主要技术指标。在日常运行中,为了不断改进运行操作,也需要经常采集飞灰试样。

(2) 在各种燃烧方式的锅炉上,应在尾部烟道的适宜部位安装专用的取样系统,连续抽取少量的烟气流并在系统中将其所含的飞灰全部分离出来作为飞灰试样。

(3) 如果锅炉装有效率较高的干式除尘器,也可取其排灰的样品作为飞灰试样。

(4) 如装有固定的旋风捕集飞灰取样器时,应在试验前将取样瓶内的灰倒净,在试验期间收集2~3次即可。

(5) 试验中最常用的飞灰取样器系统,主要由取样管和旋风捕集器构成。其工作原理是:利用引风机负压,使烟气等速进入取样管并沿切线方向进入旋风捕集器内。由于烟流在其内旋转,烟中灰粒在离心力作用下被甩到器壁落下并收集在中间灰斗中,借助取样瓶可以从中间灰斗取出飞灰试样。

3) 炉渣采样

(1) 对煤粉炉来说,炉渣采样同飞灰采样相比是次要的,当其可燃物含量少时,甚至可忽略采样。液态排渣炉无需采集炉渣试样做可燃物分析。

(2) 当煤粉炉进行试验时,为了保持燃烧稳定并避免漏风,一般不放灰或冲灰。炉渣采样可待试验结束后,用长手柄的铁铲由灰斗内分不同部位掏取。

(3) 如煤粉炉在试验期间连续冲灰,可每隔30min采样一次。一般来说,炉渣的原始试样数量应不少于炉渣总量的5%。

4) 烟气成分分析

在锅炉试验中,为以下目的,需要分别采取烟气样品进行成分分析:

(1) 为了确定炉膛出口过量空气系数,最好在过热器出口烟道内取样。

(2) 为了确定锅炉的排烟热损失,需要测定排烟过量空气系数和烟气容积,应该在锅炉尾部最末级受热面后的烟道内取样,取样截面和排烟温度的测量截面要尽量靠近。

(3) 为了确定化学未完全燃烧损失,可在烟道中任何截面上取样。但最好与上述某一项结合,以免再重复分析。

(4) 为了确定某一段烟道的漏风情况,需测定该烟道进、出口的过量空气系数,应在其进、出口处取样。

(5) 由于大容量锅炉的烟道很宽,烟气成分很可能不均匀,所以每一取样处,应在左右两侧取样分析。

(6) 采用奥氏烟气分析仪就地分析烟气成分含量时,一般可每隔15min取样分析一次。

(7) 一般情况下,烟气中的CO含量很少,难于用奥氏分析仪测定,此时可用烟气全分析仪进行测定或根据奥氏分析仪测定的 $RO_2$、$O_2$ 含量用CO含量计算公式进行计算。在要求不甚严格的情况下,也可认为CO含量为0,这就不需要测定或计算CO含量。

5) 排烟温度的测定

如表盘上排烟温度表的准确性较差时,应就地测量排烟温度。由于烟道两侧的排烟温度可能不相等,特别是装有回转式空气预热器的排烟温度两侧相差很大,甚至高达50℃,所以应在烟道两侧都进行测量。

6) 主要参数的记录

（1）试验期间的温度、压力、流量等重要参数应每隔 15min 记录一次，需记录的项目，应根据试验要求选定。

（2）每次试验结束后，首先要进行数据的整理工作，对试验中重复多次测取的测量参数，一般取其算术平均值作为其直接测值。

在进行热平衡试验时，尤其是当试验次数较多时，常将有关效率计算的内容，根据具体情况，编制成表格的形式，以利于循序计算、校核对比及查找方便。

## 2.4 液体和气体燃料

### 教学目标

**1. 知识目标**

（1）掌握燃油的化学成分和物理特性。
（2）掌握气体燃料的化学成分及特性。

**2. 能力目标**

（1）能够分析燃油的成分对燃烧的影响。
（2）能够分析燃油物理性质对运行安全性的影响。
（3）能够分析气体燃料的成分。

**3. 素质目标**

（1）学习液体和气体燃料的物理特性，培养学生安全、责任意识。
（2）培养学生良好的表达和沟通能力。
（3）培养学习新知识、新技能的能力。

### 任务描述

掌握燃油的化学成分，理解化学成分对燃烧过程的影响；分析燃油的物理特性，理解物理特性对运行安全性的影响；掌握气体燃料的种类和差异。

### 相关知识

目前我国锅炉主要燃料是煤。部分锅炉在点火过程或低负荷运行时，要燃烧液体燃料。近几年来，为减少城市污染，城市工业锅炉大量采用燃气锅炉。

### 2.4.1 液体燃料

**1. 燃油及化学成分**

电厂在点火过程或低负荷运行时常用轻柴油。

由于燃料成本和资源利用原因，燃油锅炉主要是燃用重油。重油又分为燃料重油和油渣两种，都是石油炼制后的残余物，由于密度较大，所以称为重油。

燃油是由不同成分的碳氢化合物组成的混合物，它与煤一样由碳、氢、氧、氮、硫、水分、灰分组成。其成分稳定，一般含碳量为84%~87%，含氢量高达11%~14%，氧、氮含量为1%~2%，水分和灰分都较少，一般水分低于4%，灰分不超过1%，发热量 $Q_{net,ar}$ = 37700~44000kJ/kg。燃油含碳、氢量较高，杂质含量较少，所以发热量较高，很容易着火与燃烧；灰分含量极少，因此不需要除渣、除尘设备，也不需要考虑受热面结渣、磨损问题；由于燃油加热至一定温度就能流动，故运输、调节都很方便，又不需要复杂的制粉系统；由于含氢量高，燃烧后生成的水蒸气多，因此油中硫分和灰分对受热面的腐蚀和积灰比较严重。此外对燃油的管理必须注意防火。

**2. 燃油的物理特性**

1）黏度

黏度反映燃油的流动性能，黏度对油的输送和燃烧有很大的影响。油的黏度越小，流动性能越好，雾化的质量也越好，便于输送；黏度大，输送、装载都较困难，而且不易雾化。黏度的大小可用动力黏度 $\mu$ 和运动黏度 $\nu$ 表示。在110℃以下，重油的黏度随油温的升高而降低，因此常用加热的办法降低油的黏度。

2）凝点

重油丧失流动性，开始发生凝固时的温度称为凝点。油中蜡含量越高，凝点越高。凝点高的油，低温时流动性差，将增加运输和管理的难度。我国重油的凝点一般在15℃以上。

3）闪点和燃点

随着油温的升高，油蒸发为油气的数量增多，当油气和空气混合物达到某一浓度时，如有明火接触，发生短暂闪光的最低温度称为闪点。闪点是燃油安全防火的指标，无压容器的油温，应比闪点低20~30℃，在无空气的压力容器和管道内油温可不受限制。重油因不含易挥发的轻质油成分，所以闪点较高，一般为80~130℃。

油气与空气混合物遇到明火能点燃，且燃烧时间持续5s以上的最低温度称为燃点。油的燃点比它的闪点高20~30℃，具体数值决定于燃油品种和性质。

闪点和燃点是鉴别重油着火燃烧危险性的重要指标，燃油的闪点和燃点越高，储存运输时着火的危险性越小。闪点和燃点间距过大，燃烧过程易出现火炬跳跃波动，甚至火炬暂时中断。

4）密度

燃油的密度能在一定程度上反映油的物理特性和化学成分。密度大的燃油，其碳及杂质的含量较高，而氢的含量相对较小些，以至黏度较大、闪点较高、发热量较低，因此密度是检验和评价油的指标。由于燃油密度与温度有关，因而在石油工业中，规定以油温为20℃时的密度作为油产品的标准密度。

## 2.4.2 气体燃料

气体燃料有天然气体燃料和人工气体燃料两种。气体燃料同样由碳、氢、氧、氮、硫、水分、灰分组成,但它通常用组成气体的容积百分数来表示。气体燃料具有与液体燃料相同的优点,但是它易爆炸,某些成分(如CO)有毒,在使用时应采取相应的安全措施。电站锅炉使用的气体燃料主要有天然气、高炉煤气和焦炉煤气等。

### 1. 天然气

天然气有气田煤气和油田煤气两种。气田煤气是由地下气层引出的,其甲烷含量高达94%~98%,其他成分含量较少,标准状态下密度为0.5~0.7kg/m³。油田煤气是开采石油时带出的可燃气体,其甲烷含量一般为75%~87%,乙烷、丙烷等重碳氢化合物约占10%以上,二氧化碳等不可燃气体含量很少,占5%~10%,标准状态下其密度为0.6~0.8kg/m³。天然气的发热量很高,标准状态下可达33500~37700kJ/m³。

### 2. 高炉煤气

高炉煤气是炼铁高炉的副产品,其主要可燃成分是CO和$H_2$,CO为20%~30%,$H_2$为5%~15%。含有大量不可燃气体($CO_2$、$N_2$)并含有大量的灰粒,所以高炉煤气的发热量较低,标准状态下为3800~4200kJ/m³,在冶金联合企业的发电厂中,常与重油、煤粉混合燃烧。

### 3. 焦炉煤气

焦炉煤气是炼焦炉的副产品,其主要可燃成分为$H_2$和$CH_4$,以及少量CO和其他杂质,所以焦炉煤气的发热量较高,标准状态下约为17000kJ/m³。焦炉煤气属于优质动力燃料,可以从焦炉煤气中提炼氨、苯和焦油等多种化工原料,应提炼后再燃用。

## 思考题

(1) 根据煤的元素分析,煤包括哪些成分?可燃的成分有哪些?
(2) 根据煤的工业分析,煤包括哪些成分?
(3) 描述煤的成分分析基准。
(4) 描述煤的低位发热量和高位发热量的区别。
(5) 什么是燃料燃烧的理论空气量?
(6) 描述不同燃烧状态下烟气成分的区别。
(7) 描述热平衡方程。
(8) 正平衡和反平衡求效率的区别是什么?
(9) 分析锅炉运行过程中排烟热损失的影响因素。
(10) 描述燃油的物理特性,分析燃油的物理特性对运行安全性的影响。

# 项目 3 锅炉设备及系统

## 项目描述

本项目主要学习锅炉本体设备（受热面、燃烧设备）以及辅助系统（给水系统、风烟系统、制粉系统、吹灰系统）的结构、布置和流程。利用锅炉模型、火电机组仿真系统，引导学生学习锅炉本体及辅助系统的基本知识，培养学生对锅炉设备的认识能力以及分析各系统工作过程的能力。

## 3.1 锅炉受热面

### 教学目标

**1. 知识目标**

（1）掌握省煤器的结构和作用。
（2）掌握自然循环的蒸发系统工作过程。
（3）掌握直流炉蒸发系统水冷壁的特点。
（4）掌握过热器和再热器的结构和作用。
（5）掌握空气预热器的结构和作用。

**2. 能力目标**

（1）能够根据锅炉模型，讲述各受热面的布置及传热过程。
（2）能够利用锅炉仿真系统，讲述各受热面汽水流动过程。
（3）能够对比自然循环蒸发系统和直流炉的蒸发系统，分析两种蒸发系统的区别。

**3. 素质目标**

（1）培养学生的安全意识，引导学生注意生产安全，自觉服从规章制度，建立良好的安全生产意识。
（2）培养学生解决问题的能力和团队合作精神。
（3）增强学生沟通交流能力，培养学生职业规范意识。

## 任务描述

锅炉受热面是锅炉的重要组成部分。学习锅炉各受热面结构及特点是锅炉运行的重要基础。利用锅炉模型,掌握锅炉基本结构、组成以及汽水流程,为锅炉操作做好理论知识储备。

## 相关知识

锅炉本体受热面包括省煤器、蒸发设备、过热器、再热器、空气预热器简称为空预器。

### 3.1.1 省煤器

**1. 省煤器的作用**

省煤器是利用锅炉尾部烟道中烟气的热量来加热给水的一种热交换器,主要作用有以下几点:

(1) 在电厂锅炉尾部烟道中装设省煤器加热给水,可降低锅炉排烟温度,减少排烟热损失,提高锅炉效率,节约燃料。

(2) 对自然循环汽包锅炉,可改善汽包的工作条件。采用省煤器加热给水,可提高进入汽包的给水温度,减少给水与汽包壁之间的温差,降低因温差而引起的热应力,改善汽包的工作条件,提高汽包工作的安全性,延长汽包的使用寿命。

(3) 给水在进入蒸发受热面之前,先在省煤器内加热,减少了水在蒸发受热面内的吸热量。以管径较小、管壁较薄、价格较低的省煤器来代替部分造价较高的蒸发受热面,降低了锅炉造价。

**2. 省煤器的分类**

根据省煤器出口工质的状态,可将省煤器分为非沸腾式省煤器和沸腾式省煤器两种:当省煤器出口工质为至少低于饱和温度30℃的水称为非沸腾式省煤器;当省煤器出口工质为汽水混合物时称为沸腾式省煤器,汽化水量不大于给水量的20%。

现代大容量高参数锅炉中均采用非沸腾式省煤器,这是由于随着锅炉压力的升高,水的蒸发吸热量所占比例下降,水加热至饱和温度吸热比例增加。同时,保持省煤器出口水有一定的欠焓,可使水从下联箱进入水冷壁时不出现汽化,保持供水的均匀性,防止出现水循环的不良现象。而沸腾式省煤器常用于中压以下锅炉,现代大型电站锅炉已不采用。

根据省煤器所用材料不同,可分为铸铁式省煤器和钢管式省煤器两种。铸铁式省煤器耐磨损、耐腐蚀,但强度不高,因此只用于低压的非沸腾式省煤器。钢管式省煤器可用于任何压力和容量的锅炉,置于不同形状的烟道中。其优点是体积小、重量轻、布置自由、价格低廉,被现代大型锅炉广泛采用。

直流锅炉没有汽包,省煤器出口的水送到锅炉炉膛的下部,这时省煤器出口水温应有一定的过冷度,通常水的欠焓为150~170kJ/kg,因为要使汽水混合物沿平行连接的管子分配均匀是很困难的，故要求省煤器出口工质不沸腾。

### 3. 省煤器的结构及布置

大型电站锅炉所用钢管式省煤器由一系列平行排列的蛇形管组成。管子外径 25~51mm，管子壁厚 3~6mm，通常为错列布置，结构紧凑，其横向节距 $s_1$ 取决于烟气流速和管子支承结构，一般横向相对节距 $s_1/d = 2~3$；纵向节距 $s_2$ 受管子的弯曲半径限制，一般纵向相对节距 $s_2/d$ 为 1.5~2。

为了便于检修，对省煤器管组的高度应加以限制。当管子排列紧密时（$s_2/d \leqslant 1.5$），管组高度不超过 1.0m；当管子排列稀疏时管组高度不超过 1.5m。如省煤器分成几组时，管组之间应留出高度不小于 600~800mm 的空间，省煤器与空气预热器之间的空间高度应大于 800mm，以方便检修。

省煤器采用卧式（水平）布置在尾部垂直烟道中，烟气在管外自上而下横向冲刷管束，将热量传递给管壁；水在管内自下而上流动，吸收管壁放出的热量。这种逆流传热方式，能获得较大的传热温差，增大传热效果，节约金属用量；也便于疏水和排汽，以减轻腐蚀；另外，烟气自上而下流动，还有利于自吹灰。

省煤器进口水的质量流速为 600~800kg/(m²·s)。水速过低不易排走气体，水速过高则使流动阻力增大。

蛇形管在烟道中的布置方向对水速影响很大，如图 3-1 所示。当蛇形管垂直于前墙时称为纵向布置，由于尾部烟道的宽度大于深度，所以并联管子数多，水流速低，在大型锅炉中采用，较易满足水速要求；当蛇形管平行于前墙时称为横向布置，当单面进水时，管排最少，宜在小容量锅炉中采用，大容量锅炉可用双面进水的连接方式使水速达到要求值。省煤器采用支承或悬吊两种方式来承重。

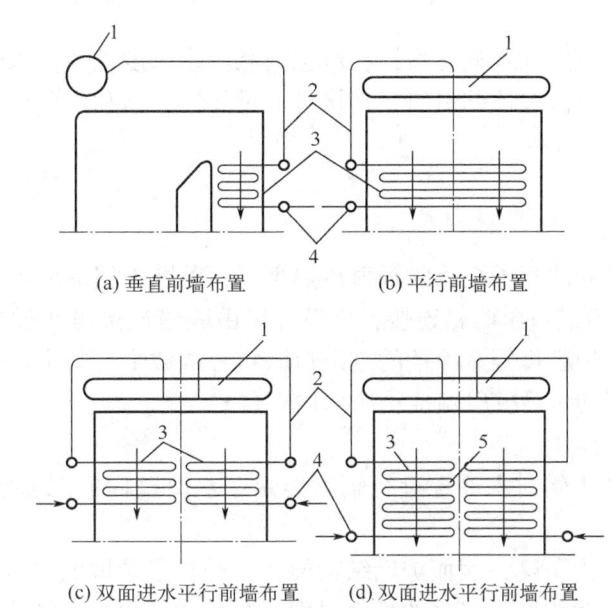

(a) 垂直前墙布置　　(b) 平行前墙布置

(c) 双面进水平行前墙布置　　(d) 双面进水平行前墙布置

图 3-1　省煤器蛇形管的布置
1—汽包；2—水连通管；3—省煤器蛇形管；4—进口联箱；5—交混连通管

## 3.1.2 自然循环锅炉蒸发设备

蒸发设备是锅炉的重要组成部分，其作用是吸收炉内燃料燃烧放出的热量，把炉水转变成饱和蒸汽。图 3-2 为自然循环蒸发设备的示意图，它由汽包、下降管、联箱、水冷壁管、导汽管等组成。汽包、下降管、导汽管、联箱等都位于炉外，不受热。水冷壁布置在炉膛四壁，炉膛高温火焰对其辐射传热。给水通过省煤器加热后送入汽包，在汽包内保持一定的水位。汽包内的水通过下降管、下联箱送入水冷壁，水在水冷壁内受热，达到饱和温度之后继续受热使水部分转变成饱和蒸汽，形成汽水混合物。水冷壁内汽水混合物的密度小于下降管内水的密度，该密度差使蒸发设备内的工质依次沿着汽包、下降管、下联箱、水冷壁管、上联箱、导汽管、汽包循环路线流动，其流动动力是由汽水密度差产生的，故称为自然循环。

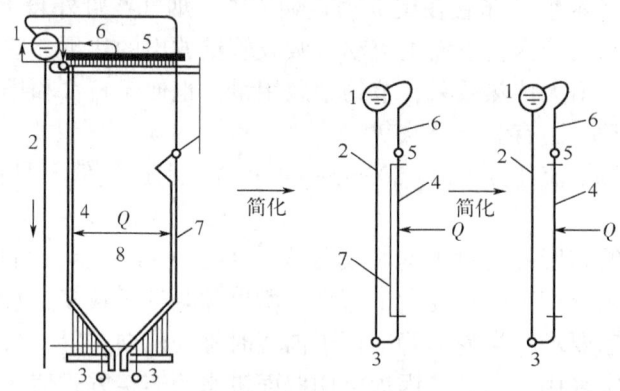

图 3-2 自然循环锅炉蒸发设备示意图
1—汽包；2—下降管；3—下联箱；4—水冷壁；5—上联箱；6—导汽管；7—炉墙；8—炉膛

由水冷壁管进入汽包的汽水混合物，在汽包内靠汽水密度差及汽水分离装置进行汽水分离。分离出的饱和蒸汽由汽包顶部引出，直接进入过热器，饱和水回到汽包水空间。

### 1. 水冷壁

1) 水冷壁的作用

水冷壁是由连续排列的管子组成的辐射传热平面，紧贴炉墙形成炉膛四壁。水冷壁管用 20g 无缝钢管。水冷壁管进口由联箱连接，出口可以由联箱连接再通过导汽管接于汽包，也可以直接连接于汽包。炉膛每侧水冷壁的进出口联箱分成数个，其个数由炉膛宽度和深度决定，每个联箱与其连接的水冷壁管组成一个水冷壁屏。

锅炉水冷壁有以下作用：

（1）炉膛中的高温火焰对水冷壁进行辐射传热，水冷壁内的工质吸收了热量由水逐步变成汽水混合物。

（2）使炉墙温度大大下降，因而炉墙结构简化，减轻了炉墙的重量。

（3）降低炉墙附近和炉膛出口处的烟气温度，防止或减少炉膛结渣。

（4）大型发电站锅炉的水冷壁与上、下联箱直接焊接，将上联箱吊挂在锅炉钢架上，下联箱由水冷壁悬吊，下联箱可自由向下膨胀。

2) 膜式水冷壁

水冷壁可分为光管式和膜式两种类型，膜式水冷壁的炉膛严密性好，传热面积大，目前大型锅炉几乎全部采用膜式水冷壁。膜式水冷壁是由鳍片管连接而成的。鳍片管有两种类型：一种是轧制而成，称为轧制鳍片管，如图3-3（a）所示；另一种是在光管之间焊接扁钢制成的，称为焊接鳍片管，如图3-3（b）所示。焊接鳍片膜式水冷壁结构简单，没有轧制鳍片管的制作工艺，但是焊接工作量大，每根扁钢有两条焊缝，焊接工艺要求高。

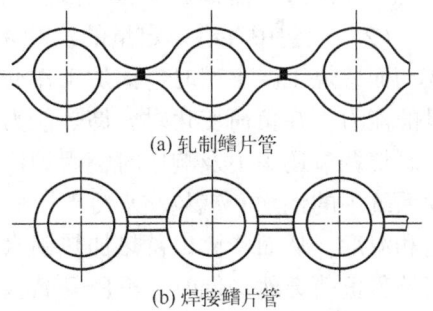

图3-3 鳍片管膜式水冷壁的类型

现代大型锅炉广泛采用膜式水冷壁，其优点是：

（1）膜式水冷壁的炉膛的严密性良好，适用于正压或负压的炉膛，对于负压炉膛还能大大降低漏风系数。

（2）膜式水冷壁把炉墙与炉膛完全隔离开来，只需保温材料不需要耐火材料，减轻了炉墙重量，同时也减少了炉墙蓄热量，可加快锅炉启动速度。由于炉墙重量减轻而简化了悬吊结构。

（3）膜式水冷壁能承受较大的侧向力，增加了炉膛抗爆炸的能力。

（4）在相同的炉壁面积下，膜式水冷壁的辐射传热面积比一般光管水冷壁大，因而膜式水冷壁可节约钢材。

膜式水冷壁的主要缺点是制造、检修工艺较复杂，此外在运行过程中为了防止管间产生过大的热应力，一般相邻管间温差不大于50℃。

焊接鳍片膜式水冷壁结构简单。国内超高压锅炉都采用轧制鳍片管焊接而成的膜式水冷壁，亚临界自然循环锅炉采用焊接鳍片管水冷壁。

3) 水冷壁折焰角

后墙水冷壁在炉膛上部突入炉膛内的部分称为折焰角。折焰角具有以下作用：

（1）增加烟气行程，延长燃料在炉内的停留时间，有利于燃料的燃烧。

（2）改善火焰在炉内的充满度，使烟气能更好地充满炉膛的上部，增加了前墙和侧墙水冷壁的吸热量。

（3）使烟气在炉膛出口处沿高度方向均匀进入过热器，改善过热器的传热。

（4）增加了水平烟道的长度，便于布置受热面。

**2. 汽包**

汽包也称为锅筒，是自然循环锅炉、控制循环锅炉最重要的承压元件。现代锅炉汽包都采用吊箍将其悬吊在炉顶的大梁上，这种结构有利于升温后自由膨胀，且不受火焰和烟气的加热，以利于控制汽包热应力，延长汽包使用寿命。

汽包是由钢板制成的长圆筒形容器。它由筒身和两端的封头组成，筒身由钢板卷制焊接而成；封头由钢板模压制而成，并与筒身焊接。封头中部留有椭圆形或圆形人孔门，以备安装和检修时工作人员进出。汽包上开有很多管孔，并焊有短管，称为管座，分别连接给水管、下降管、汽水混合物引入管、蒸汽引出管以及连续排污管、加药管和事故放水管等，还有一些连接仪表和自动装置的管座。

汽包的主要作用如下：

（1）汽包接受省煤器来的给水，与下降管、水冷壁等连接，构成循环回路，组成蒸发系统，并向过热器输送饱和蒸汽。因此，汽包是加热、蒸发、过热三个过程的连接枢纽。

（2）汽包中存有一定量的汽和水，因而具有一定的储热能力。储热能力是指锅炉负荷变动而燃烧工况不变时，锅炉工作介质、受热面金属及炉墙能够在汽压变化时吸收或放出热量的能力。在负荷变化时，储热能力可以减缓汽压变化的速度。例如，当外界负荷突然增大而燃烧调节还来不及响应时，锅炉汽压将降低，汽包中锅水对应的饱和温度也相应降低，蒸发系统中的锅水、汽包、水冷壁、联箱、炉墙及构架的温度由于热惯性高于相应压力下水的饱和温度，从而释放出蓄热加热锅水，产生附加蒸汽，从而减缓了汽压下降的速度。相反，当外界负荷突然降低时，汽压升高，汽包中锅水对应的饱和温度相应升高，锅水、水冷壁、炉墙及构架等会吸收热量，蒸汽由于过冷而部分凝结，使汽压升高速度减慢。

（3）汽包内装有汽水分离、蒸汽清洗、排污、锅内加药等装置，用以保证蒸汽品质。

（4）汽包上装有压力表、水位计和安全阀等附件，汽包内还装有事故放水装置等，以保证锅炉的安全运行。

汽包的几何尺寸和材料与锅炉的容量、压力以及循环方式、内部装置的形式等因素有关。汽包的长度应适合锅炉的容量、炉膛宽度和连接管子的要求；汽包的直径由锅炉容量、汽水分离装置的要求来决定；汽包壁的厚度由锅炉压力、汽包的直径、结构及钢材的强度来决定。

要保证汽包的安全，在运行中必须限制汽包的工作压力。为防止压力超过极限值，在汽包和过热器出口装有总计100%容量的多个安全阀。当工作介质压力超过允许极限值时，安全阀自动开启，释放蒸汽，使汽包压力维持在安全规定的范围内。

汽包直径大、壁厚，在锅炉进水、起动、停运和负荷变化时会引起上下壁、内外壁温差，产生热应力。如温差过大，会产生较大的热应力，使机械应力、热应力的综合值在局部区域的峰值接近或超过汽包材料的屈服极限值，危害汽包的安全运行。汽包的综合应力是低周期性的，每一个周期变化都会形成低周疲劳损耗，使汽包工作寿命缩短，因此，运行中必须限制汽包上下壁、内外壁温差。一般要求汽包上下壁、内外壁温差不大于50℃。

### 3. 下降管

锅炉下降管的作用是把汽包内的水连续不断地通过下联箱供给水冷壁，保证水冷壁中有连续流动的工作介质，确保水冷壁的安全运行，同时维持正常的水循环。下降管接自汽包，布置在炉外，不受热，垂直引至炉底。下降管有小直径分散型和大直径集中型之分，小直径分散型下降管直接与各下联箱连接，大直径下降管通过小直径分配支管引出接至各下联箱，以达到向水冷壁均匀配水的目的。

现代大机组锅炉大都采用4~6根大直径集中型下降管，以减小下降管系统的流动阻力，提高自然循环的可靠性，并能节约钢材，简化布置。

### 4. 联箱

联箱一般布置在炉外，不受热，其作用是汇集、混合、分配工作介质。

联箱由无缝钢管和两端焊接平封头或球形封头构成。在联箱上有若干管头与管子焊接相连。水冷壁下联箱底部还设有定期排污装置、炉底蒸汽加热装置等。

## 3.1.3 直流锅炉蒸发系统

为提高发电厂的循环热效率,需要提高工作介质的初参数,即需要提高锅炉主蒸汽的压力和温度。随着锅炉压力的提高,水与蒸汽间的密度差越来越小,自然循环运动压头就会小。此外,随着锅炉参数和容量的提高,炉膛热负荷有增大的趋势,需要采用管径较小的蒸发受热面,以提高管内工作介质的质量流速,加强换热。但管径减小,流速提高,会使循回路的流动阻力增大,自然循环的安全性就将进一步下降。当工作压力高到19MPa以上时采用自然循环就不可靠了。

控制循环锅炉和直流炉就是为适应锅炉机组参数提高的需要而发展起来的。直流炉是大容量锅炉发展方向之一。在亚临界及其以下压力,锅炉可以采用自然循环、控制循环或者直流炉。采用超临界参数的锅炉,直流炉是唯一能采用的锅炉形式。

超临界压力是指工作介质的压力为22.115MPa,对应的饱和温度为374.15℃。超临界机组采用的蒸汽压力大于22.1MPa。

**1. 直流锅炉的工作原理**

直流锅炉依靠给水泵的压头将锅炉给水一次通过预热、蒸发、过热各受热面变成过热蒸汽,直流锅炉工作原理如图3-4所示。

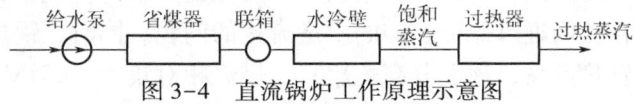

图3-4 直流锅炉工作原理示意图

与自然循环汽包锅炉不同的是,在直流锅炉蒸发受热面中,由于工作介质的流动不是依靠汽水密度差来推动,而是通过给水泵来实现的,因此,工作介质一次通过各受热面,受热面中工作介质都是强制流动的。直流炉的循环倍率 $K=1$,在稳定流动时给水流量应等于蒸发量。此外,直流锅炉水的加热、蒸发、过热各受热面间无固定分界点,在工况变化时,各受热面的长度会发生变化。

**2. 直流锅炉的工作特点**

汽包锅炉工质压力最高达到亚临界压力,直流锅炉原则上适用于任何压力,但在超高压以上更能显示出其优越性,而且在超过临界压力时,只能采用直流锅炉。同汽包锅炉相比较,直流炉具有鲜明的特点。

(1) 直流锅炉由给水泵提供工质流动的动力,所以水冷壁允许有较大的阻力,因此可以采用较小的水冷壁管径,水冷壁在炉膛中的布置比较自由。水冷壁管内工质可以采用较高的质量流速,为水冷壁的安全工作创造了条件。

(2) 直流锅炉没有汽包,因此金属耗量少,制造、安装及运输方便。与汽包锅炉相比,同容量同参数的直流锅炉一般可节约20%~25%钢材,压力越高,节约的金属越多。直流锅炉的水容量及相应的蓄热能力大为降低,一般为同参数汽包锅炉的25%~50%。因此,当负荷发生变化时,直流锅炉压力变化速度也比较快,对外界负荷变化较敏感。

(3) 启、停速度快。由于没有厚壁的汽包,在启动和停炉的过程中,锅炉各部分加热和冷却都容易达到均匀，所以启动和停炉快。

（4）没有汽包进行汽水分离，不能连续排污。因此，直流锅炉对给水品质的要求很高。

（5）水的加热、蒸发和过热的受热面没有固定的分界，过热汽温往往随着负荷的变动而波动较大，过渡段的积盐、超温成为密切关注的重点。

（6）直流锅炉设有专门的启动旁路系统，以便在启动时有足够的水量通过蒸发受热面，保护受热面管壁不致被烧坏。在启动和低负荷阶段，工作介质通过启动系统循环加热，运行达到一定蒸汽参数和锅炉负荷以上，启动系统关闭，给水直接被加热为过热蒸汽。

**3. 直流锅炉受热面的布置**

汽包锅炉循环倍率一般为 4~12，因此，这些锅炉的水冷壁一般并列、垂直地布置于炉膛周界并采用较粗的管径，就能使管内有较大的质量流速，从而保证对水冷壁的冷却能力。而对于直流锅炉，由于水冷壁中的流量与主蒸汽流量相等，如果采用与汽包锅炉相同的水冷壁布置方案，相当于上升管路中工作介质流量只有汽包炉的 1/2~1/4，水冷壁冷却能力会严重不足。因此，为了保证水冷壁的安全，直流锅炉必须采取措施来提高水冷壁内的工作介质质量流速。

要想提高流速，有两个途径，即提高流量或减少水冷壁的通流面积。

提高流量即提高了锅炉容量，但锅炉容量增大的同时也增大了炉膛周界尺寸，使通流面积增加。炉膛周界主要由锅炉容量决定，容量越大，周界越长。但炉膛周界尺寸的增加与锅炉容量的增加不是成正比例的，因此，容量较小的直流锅炉水冷壁往往存在单位容量炉膛周界尺寸过大、水冷壁管子内难以保证足够的质量流速的问题。同时，锅炉周界还受燃料影响很大，锅炉设计使用发热量高、挥发分高的燃料，燃烧相对集中，燃烧区热负荷大，这对锅炉的安全是不利的。为了降低燃烧区热负荷，保证锅炉安全，锅炉设计往往采用加大炉膛周界的方法来降低炉膛燃烧器区热负荷，锅炉呈"矮胖"形，反之，锅炉周界较小，呈"瘦"形。单纯从提高容量的角度来很难保证直流锅炉水冷壁的安全性，要想提高水冷壁工质流速，主要还是要从减少水冷壁的通流面积来入手解决。

**4. 直流锅炉的三种形式**

减少水冷壁的通流面积也有两个方向：一是减少上升管的管径，二是不在整个炉膛周界上完全并列布置上升管受热面。第一种思路由于管子变细后带来刚性下降，引起锅炉安全性问题，是一种不安全的设计。因此，大多数锅炉在减少上升管直径的同时，又结合第二种思路进行设计。早期直流锅炉有三种不同蒸发受热面和汽水系统的布置方式，即多次串联垂直上升管屏式（本生式）、回带管圈式（苏尔寿式）及水平围绕上升管圈式（拉姆辛式），如图 3-5 所示。

1）**垂直上升管屏式直流锅炉（通用压力 UP 型锅炉）**

该类直流锅炉水冷壁很像自然循环锅炉，但其管屏为多次串联上升，每组管屏有上、下联箱。串联管屏之间用 2~3 根不受热的下降管连接起来，若干个管屏串联成一组，整个锅炉由一组或几组管屏构成。这样，锅炉的周界并非一次全部并列所有上升管，就可以大大减少并列上升管的通流面积，保证水冷壁内的工作介质质量流速。

这种锅炉既适用于亚临界压力也适用于超临界压力，特点是各管壁间温差较小，适合采用膜式水冷壁，管系简单、流程短、汽水阻力小，可采用全悬吊结构，安装方便。但由于垂直管屏具有中间联箱，不适合做滑压运行。

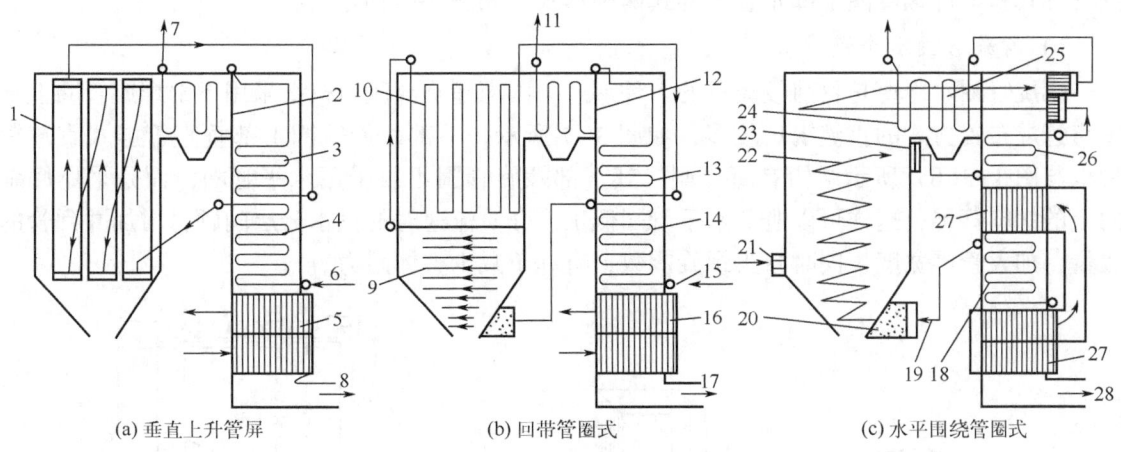

图 3-5 三种形式直流锅炉的结构
(a) 垂直上升管屏；(b) 回带管圈式；(c) 水平围绕管圈式

1—垂直管屏；2、12、24—高温过热器；3、13、26—低温过热器；4、14、18—省煤器；5、16、18、27—空气预热器；6、15—给水入口；7、11、25—过热汽出口；8、17、28—烟气出口；9—水平回带管屏；10—垂直回带管屏；19—炉膛进水管；20—水分配集箱；21—燃烧器；22—水平围绕管圈；23—启动分离器

因为炉膛周界尺寸与锅炉容量不是成正比增加的，所以当机组容量大于 600～700MW 后，这种类型的锅炉水冷壁可以设计成一次上升垂直管圈，与汽包锅炉的水冷壁相同，可以变压运行。

2）水平围绕上升管圈式直流锅炉

该类锅炉是为适应变压运行的需要发展起来的一种类型，水冷壁采用螺旋围绕管圈，可以自由选择并列管圈的通流面积，保证质量流速。其特点是管圈间吸热较均匀，蒸汽生成途中可不设混合联箱，滑压运行时不存在汽水混合物分配不均的问题。但是这种锅炉管程长，阻力大，易产生流量不均的现象，且安装困难，现场工作量大，因此，只适用于容量 300MW 以下的小锅炉，300MW 以上机组很少采用。

3）下部螺旋管圈上部垂直管屏式（回带管圈式）直流锅炉

此种锅炉是结合上面两种锅炉的优点发展起来的炉型。包括冷灰斗在内的炉膛下部采用螺旋盘绕水冷壁，上部采用垂直水冷壁，使其在各种工况，特别是启动和低负荷工况下能够保证各水冷壁管内具有足够的质量流速，使管间吸热均匀，炉膛出口工作介质的温度偏差小，适于变压运行及锅炉调峰。

## 5. 现代超临界直流锅炉的水冷壁

由于超临界机组只能采用直流锅炉，所以超临界机组的发展过程，实际上就是现代直流锅炉的发展过程。随着科技的发展，锅炉主力机组容量及参数有了很大的提高，目前，容量达到 1000MW 以上，蒸汽压力为 25～31MPa，温度控制在 540～600℃ 的超临界、超超临界机组已在我国大量投产。这种机组能够较大幅度提高循环热效率，降低发电煤耗，已经成为我国锅炉日后发展的主要方向。

水平围绕上升管圈式直流锅炉在 1000t/h 以上的直流锅炉中基本被淘汰，现代变压运行超临界直流锅炉发展基于图 3-5（a）和（b）所示的两种基本形式，发展成内螺纹垂直上升管屏式和下部螺旋圈上部垂直管屏式两种形式,如图 3-6 所示。

1) 螺旋管圈水冷壁

螺旋管圈水冷壁是目前较流行的一种形式,国内超临界压力机组采用下部螺旋管圈上部垂直管屏布置方式的直流锅炉较多,如图 3-7 所示。下部螺旋管圈上部垂直管屏式直流锅炉也与图 3-5(b) 所示结构有所不同。其下部螺旋管圈不再采用水平管圈,而是采用倾斜向上的螺旋管屏,这样可以避免水平管圈低工作介质流速时的汽水分层问题,增加并列管的数量,加大管屏宽度,同时减少螺旋圈数,有利于减少整体阻力。

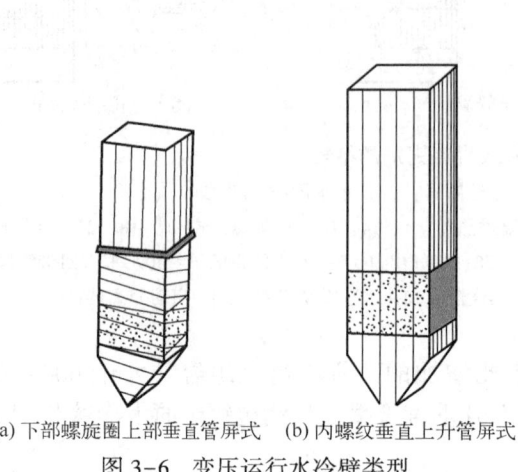

(a) 下部螺旋圈上部垂直管屏式　(b) 内螺纹垂直上升管屏式

图 3-6　变压运行水冷壁类型

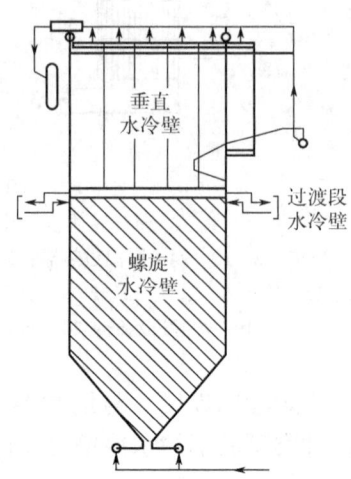

图 3-7　螺旋管圈水冷壁

这种结构在各种工况,特别是启动和低负荷工况下能保证各水冷壁管内具有足够的质量流速,使管间吸热均匀,炉膛出口工作介质的温度偏差小,适用于变压运行及锅炉调峰。

采用螺旋管圈水冷壁的优点如下:

(1) 管径和管数选择灵活,不受炉膛周界尺寸的限制,解决了周界尺寸与质量流速之间的矛盾。只要改变螺旋管的升角,就可改变工作介质的质量流速,以适应不同容量机组和煤种的需要。

(2) 可采用较粗的 ($\phi$38mm 以上) 管子,增加水冷壁刚度,对由管子制造公差所引起的水动力偏差敏感性也较小,运行中不易堵塞。

(3) 可采用光管,不必用制造工艺较复杂的内螺纹管,从而可实现锅炉的变压运行和带中间负荷的要求。

(4) 水冷壁管间的吸热偏差小。由于同一管组以相同方式从下到上绕过炉膛的角隅部分中间部分,吸热均匀,管间热偏差小。因此,对于因燃烧偏斜或局部结焦而造成的热负荷不均,螺旋管圈水冷壁具有很强的抗衡能力。在炉膛上部虽然用了垂直管屏,但热负荷已明显降低,较低的质量流速已足以使管壁获得冷却。螺旋管圈与垂直管屏的交界处,设有中间混合集箱,以控制垂直管屏的壁温在许可的范围内。同时下部冷灰斗的管圈也为螺旋管,热偏差小,使得水冷壁的出口温度沿炉膛周界的偏差值较低。

(5) 抗燃烧干扰能力强。当切圆燃烧的火焰中心发生较大偏斜时,各管吸热偏差与出口温度偏差仍能保持较小值,与一次垂直上升管屏相比,要有利得多。

(6) 有良好的负荷适应性。即使在 30% 的负荷下,质量流速仍高于膜态沸腾的界限流速，能保持一定的壁温裕度。

采用螺旋管圈水冷壁的缺点如下：

（1）水冷壁阻力较大，与垂直管屏水冷壁相比给水泵功耗需增加2%~3%。

（2）水冷壁系统结构复杂，现场安装工作量大。因螺旋管圈与垂直管的交接处需装设中间混合集箱，管子要穿出和穿进炉墙，炉墙密封性变差。燃烧器喷口的水冷壁管形状复杂，经过每个喷口水冷套的管子根数为同容量垂直管屏的10倍。冷灰斗部分引出的管子与螺旋管圈之间需倾角较大的过渡段，两者之间需单弯头过渡；在上部螺旋管圈与垂直管屏的过渡段也需采用过渡弯头，其弯曲半径小，需采用锻造体或精密铸件，再进行机械加工。

（3）水冷壁支承和刚性梁结构复杂。因水平管子承受轴向载荷能力差，必须采用"张力板式"结构，刚性梁必须采用框架式结构，增加了安装工作量。

（4）负荷波动时，水冷壁与吊件之间存在温度偏差。

（5）水冷壁挂渣比垂直管严重。

2）内螺纹垂直管水冷壁

如果垂直水冷壁管屏采用光管，管内较低的质量流速可能会使管内工质产生"类膜态传热"，造成传热恶化。为了降低超临界锅炉炉内工作介质传热恶化的可能性，超临界炉膛水冷壁管采用光管和内螺纹管组合的炉膛水冷壁结构，在高热负荷区大量采用内螺纹管，在一定范围内可以消除光管的不足。

水在内壁光滑的管子中流动，在距管子内壁很小的范围之内，会产生一层速度很低、基本不流动的流体膜，称为边界层，这层膜隔绝了热量从管壁到管内流体之间的传热（通过边界层时只能采用传导的方式，热阻很高）。为了达到良好的传热效果，光管必须采用更大的质量流速。

内螺纹管抵抗膜态沸腾和推迟传热恶化的机理是因为工作介质受到内螺纹的作用而产生旋转，从而增强了管子内壁面附近流体的扰动，产生一种"摔打"作用，就不容易产生稳定的边界层，使水冷壁管内壁面上产生的汽泡可以被旋转向上流动的液体及时带走，从而避免了汽泡在管子在内壁面上积聚形成"汽膜"，水流紧贴管子内壁面流动，保证了管子内壁面上有连续的水流冷却，避免膜态沸腾。

采用内螺纹管水冷壁的优点如下：

（1）水冷壁阻力较小，可降低给水泵耗电量。与螺旋管圈相比，内螺纹垂直管屏的质量速较低，其水冷壁的总阻力仅为螺旋管圈的一半左右，给水泵功耗可减少2%~3%。

（2）与光管相比，内螺纹管的传热特性较好。在近临界区出现传热恶化状态时，内螺纹管管壁对工作介质的最小传热系数要比光管高出50%。在相同或相近的质量流速和热负荷下，无论在近临界或亚临界区，内螺纹管开始出现膜态沸腾时的蒸汽干度和膜态沸腾后壁温的升高值均明显低于光管。这增加了水冷壁的安全性。

（3）安装焊缝少。对于同样容量的超临界机组，采用内螺纹垂直管屏的水冷壁的安装焊口总数仅为螺旋管圈的40%左右。这减少了安装工作量和坡口可能泄漏的概率，同时缩短了安装工期。

（4）水冷壁本身支吊，支承结构和刚性梁结构简单，可采用传统的支吊形式。

（5）维护和检修较容易，检查和更换管子较方便。

（6）比螺旋管圈结渣轻。

采用内螺纹管水冷壁的缺点如下：

（1）内螺纹管水冷壁相对于光管来说，价格较高，一般高出10%~15%。

（2）内螺纹管需装设节流孔圈，增加了水冷壁和下集箱结构的复杂性。节流圈的加工精度要求较高，调节较为复杂。

（3）机组容量会受垂直管屏管径的限制。对容量较小的机组，其炉膛周界相对较大，无法保证必要的质量流速。一般认为，对内螺纹管垂直管屏来说，锅炉的最小容量为500~600MW。

（4）沿炉膛周界和各面墙的水冷壁出口温度的偏差较螺旋管圈的大。虽可通过装设节流圈来调节各管子流量，将偏差值控制在允许范围内，但将导致阻力的增加。对同容量的锅炉来说，如果采用相同的炉膛出口温度，垂直管屏水冷壁出口温度偏差还是比螺旋管圈稍高，即使采用二级节流也要高出10~20℃。

## 3.1.4 蒸汽净化

蒸汽品质对汽轮机、锅炉等热力设备的安全经济运行有很大影响，尤其是高参数及以上的热力设备，对蒸汽品质提出了极为严格的要求。为此，自然循环锅炉采取了各种蒸汽净化措施，以保证蒸汽品质合格。

**1. 蒸汽污染的危害和对蒸汽品质的要求**

电厂锅炉生产的蒸汽除必须符合设计规定的压力和温度外，同时还必须要求蒸汽品质良好。蒸汽品质通常指的是蒸汽清洁度，常用单位质量的蒸汽中含有的杂质来衡量。蒸汽中所含的杂质绝大部分为各种盐类，所以蒸汽中的杂质含量多用蒸汽中的含盐量来表示。

1) 蒸汽污染对电厂热力设备的危害

电厂锅炉产生的蒸汽，如果盐分含量高，清洁度差，会引起汽轮机、锅炉等热力设备结盐垢，从而给锅炉和汽轮机的安全运行带来很大的危害。

以一台400t/h的电厂锅炉为例，假如每公斤蒸汽含有1mg的盐分，运行5000h后，其携带出来的盐分总量将达2000kg。这些盐分随蒸汽流经过热器、蒸汽管道及阀门、汽轮机的通流部分并沉积下来，将会引起很大的问题。如盐垢沉积在过热器管壁上，必将影响传热。轻则使蒸汽吸热量减少，排烟温度升高，锅炉效率降低；重则使管壁温度超过金属允许的极限温度使管子烧坏。如盐垢沉积在蒸汽管道的阀门处，可能引起阀门动作失灵以及阀门漏汽。如沉积在汽轮机的通流部分，会使蒸汽通流截面减小，喷嘴和叶片的粗糙度增加，甚至改变喷嘴和叶片的型线，从而使汽轮机的阻力增加，出力和效率降低；此外还将使汽轮机轴向推力和叶片应力增加，如汽轮机转子积盐不均匀还会引起机组振动，造成事故。

由此可见，蒸汽含盐过多，对锅炉、汽轮机等热力设备的安全经济运行影响很大，因此，必须对蒸汽品质提出严格的要求。在运行中，必须有严格的化学监督，以保证蒸汽品质符合规定。对于直流炉只需监督过热蒸汽；对于汽包炉，饱和蒸汽和过热蒸汽都要进行监督。

2) 对蒸汽品质的要求

为了保证锅炉、汽轮机等热力设备的长期安全经济运行，我国GB/T 12145—2016《火力发电机组及蒸汽动力设备水汽质量》对蒸汽的含盐量提出了明确要求，见表3-1。从表中可以看出，监督的主要项目是钠、硅、铁和钢的含量。

表 3-1　蒸汽质量

| 过热蒸汽压力 MPa | 钠 μg/kg | | 氢电导率（25℃）μS/cm | | 二氧化硅 μg/kg | | 铁 μg/kg | | 铜 μg/kg | |
|---|---|---|---|---|---|---|---|---|---|---|
| | 标准值 | 期望值 | 标准值 | 期望值 | 标准值 | 期望值 | 标准值 | 期望值 | 标准值 | 期望值 |
| 3.8~5.8 | ≤15 | — | ≤0.30 | — | ≤20 | — | ≤20 | — | ≤5 | — |
| 5.9~15.6 | ≤5 | ≤2 | ≤0.15[a] | — | ≤15 | ≤10 | ≤15 | ≤10 | ≤3 | ≤2 |
| 15.7~18.3 | ≤3 | ≤2 | ≤0.15[a] | ≤0.10[a] | ≤15 | ≤10 | ≤10 | ≤5 | ≤3 | ≤2 |
| >18.3 | ≤2 | ≤1 | ≤0.10 | ≤0.08 | ≤10 | ≤5 | ≤5 | ≤3 | ≤2 | ≤1 |

[a] 表面式凝汽器、没有凝结水精除盐装置的机组，蒸汽的脱气氢电导率标准值不大于 0.15μS/cm，期望值不大于 0.10μS/cm；没有凝结水精除盐装置的直接空冷机组，蒸汽的氢电导率标准值不大于 0.3μS/cm，期望值不大于 0.15μS/cm。

含钠量：蒸汽中盐类一般以钠盐为主，所以可通过测量蒸汽含钠量以监督蒸汽的含盐量。

含硅量：蒸汽中含有的硅酸化合物会沉积在汽轮机内，形成难溶于水的二氧化硅的附着物，难于用湿蒸汽清洗法除掉，对汽轮机的安全经济运行有很大的影响。

含铁、铜量：蒸汽中的铁和铜沉积在金属表面，造成化学腐蚀。从表 3-1 中可以看出，蒸汽压力越高，对蒸汽品质的要求也越高。这是由于蒸汽压力提高时，蒸汽的比体积减小，使汽轮机的通流截面相对减小，因而叶片上少量盐分的沉积，都将使汽轮机的出力和效率降低很多，还将导致汽轮机轴向推力增加，危及机组安全运行。

蒸汽含盐的原因是进入锅炉的给水中含有杂质。自然循环锅炉蒸汽净化主要依靠汽包的汽水分离装置和蒸汽清洗装置。连续排污也是控制炉水含盐的重要措施。直流锅炉没有汽包，也没有连续排污，因此直流锅炉蒸汽品质是通过提高锅炉给水指标实现的，因此直流锅炉给水质量要高于自然循环锅炉。

## 2. 自然循环锅炉蒸汽污染的原因

给水进入锅炉汽包以后，由于在蒸发受热面中不断蒸发产生蒸汽，给水中的盐分就会浓缩在炉水中，使炉水含盐浓度大大超过给水含盐浓度。炉水中的盐分是以两种方式进入到蒸汽中的：一是饱和蒸汽带水，也称为蒸汽的机械携带；二是蒸汽直接溶解某些盐分，也称为蒸汽的选择性携带。在中、低压锅炉中，由于盐分在蒸汽中的溶解能力很小，因而蒸汽的清洁度决定于蒸汽带水；在高压以上的锅炉中，盐分在蒸汽中的溶解能力大大增加，因而蒸汽的清洁度决定于蒸汽带水和蒸汽溶盐两个方面。下面就蒸汽带水和蒸汽溶盐的原因及影响因素加以分析。

1）饱和蒸汽带水

蒸汽带水的含盐量，取决于携带水分的多少及炉水含盐量的大小，影响蒸汽带水的主要因素为锅炉负荷、蒸汽压力、汽包蒸汽空间高度和汽包内炉水含盐量，下面分别对这几个因素加以分析。

（1）锅炉负荷的影响。

锅炉负荷增加时，由于产汽量增加，一方面使进入汽包的汽水混合物动能增加，从而导致锅炉生成的细水珠增多；另一方面也使汽包蒸汽空间的汽流速度增大，因而蒸汽湿度增加，蒸汽品质随之恶化。

(2) 蒸汽压力的影响。

随着蒸汽压力的增加,汽水密度差减小,这就使汽水分离更加困难,导致蒸汽携带水滴的能力增加,即在较小的蒸汽速度下就可卷起水滴,使蒸汽更易带水;此外,蒸汽压力高,饱和湿度也高,水分子的热运动加强,相互间的引力减小,这就使饱和水的表面张力减小,水就越容易破碎成细小水滴被蒸汽带走。因此说明蒸汽压力越高,蒸汽越容易带水。

蒸汽压力急剧降低也会影响蒸汽带水。这是因为压力降低时,相应的水的饱和温度也降低,蒸发管和汽包中的水以及管壁金属都会放出热量产生附加蒸汽,使汽包水位膨胀,而且穿经水位面的蒸汽量也增多,其结果使蒸汽大量带水,蒸汽的湿度增加,蒸汽的品质恶化。

(3) 蒸汽空间高度的影响。

蒸汽空间高度对蒸汽带水也有影响,空间高度很小时,蒸汽不仅能带出细小的水滴,而且能将相当大的水滴带进汽包顶部蒸汽引出管,使蒸汽带水增多。随着蒸汽空间高度的增加,由于较大水滴在未达蒸汽引出管高度时,便失去自身的速度落回水面,从而使蒸汽湿度迅速减少。但是,当蒸汽空间高度达 0.6m 以上时,由于被蒸汽带走的细小水滴不受蒸汽空间高度的影响,因而蒸汽湿度变化就很平缓,甚至到达 1m 以上时,蒸汽湿度几乎不变化。所以采用过大的汽包尺寸,对汽水分离并无必要,反而增加金属耗量。

为了保证汽包有足够的蒸汽空间高度,通常汽包的正常水位应在汽包中心线以下 100~200mm 处。锅炉正常运行时,水位应保持在正常水位线±(50~75) mm 范围内波动,因为水位过高,会使蒸汽空间高度减小,使蒸汽湿度增加。此外,水位过高,当负荷突然增加或压力突然降低时,都将导致虚假水位出现,使水位猛涨。因此,在运行中应注意监视水位,以防止蒸汽大量带水。

(4) 炉水含盐量的影响。

当炉水含盐量在最初一段范围内提高时,蒸汽湿度不变。但由于炉水含盐量增多,蒸汽含盐量也相应有所增加。

当炉水含盐量增大到某一数值时,将使蒸汽带水量急剧增加,从而使蒸汽含盐量猛增。这时的炉水含盐量称为临界炉水含盐量。出现临界炉水含盐量的原因是炉水含盐量增加,特别是炉水碱度增强,会使炉水的黏性增大,使汽泡在汽包水容积中的含汽量增多,促使汽包水容积膨胀。此外,炉水含盐量增加,还将使水面上的汽泡水沫层增厚。这些原因都将使蒸汽空间的实际高度减小,使蒸汽带水量增加。

不同负荷下的临界炉水含盐量是不同的,锅炉负荷越高,临界炉水含盐量越低。临界炉水含盐量除与锅炉负荷有关外,还与蒸汽压力、蒸汽空间高度、炉水中的盐质成分以及汽水分离装置等因素有关。由于影响因素较多,故对具体锅炉而言,其临界炉水含盐量应通过热化学试验确定,并应使实际炉水含盐量远小于临界炉水含盐量。

2) 蒸汽的溶盐

(1) 高压蒸汽溶盐原因及影响因素。

高压蒸汽不同于中低压蒸汽的一个很重要的性质,就是不论饱和蒸汽或过热蒸汽,都具有溶解某些盐分的能力,而且随着压力的增加,直接溶解盐分的能力增加。高压蒸汽之所以能直接溶解盐类,主要是因为随着压力提高,蒸汽的密度不断增大,同时饱和水的密度相应降低,蒸汽的密度逐渐接近于水的密度,因而蒸汽的性质也越接近水的性质,水能溶解盐类,则蒸汽也能直接溶解盐类。同时,在相同条件下,蒸汽对各种盐类的溶解能力也是不同的,而且差别很大,也就是说高压蒸汽的溶盐具有选择性。

在高压锅炉中,蒸汽溶盐要比蒸汽机械携带大数十倍到数百倍,所以蒸汽溶解硅酸是影响蒸汽品质的主要因素。

(2) 硅酸在蒸汽中的溶解特性。

硅酸在高压蒸汽中的溶解具有两个重要特性:其一是硅酸在蒸汽中的溶解度最大,其二是硅酸以分子形式溶解在蒸汽中。

(3) 硅酸的沉积部位。

硅酸一般不会在过热器中沉积,因为它易溶于高压蒸汽中。而在进入汽轮机后,随着压力降低溶解度下降,便在中低压缸中开始大量析出,形成难溶于水的 $SiO_2$,因此很难用水和湿蒸汽将其清洗干净。严重时往往迫使汽轮机停机进行机械清理。因此,对于高压以上锅炉,应严格控制硅酸在蒸汽中的含量。

对于超临界直流锅炉,为降低蒸汽中硅的含量,需要在启动过程中进行热清洗。

由以上分析可知,要获得清洁度很高的蒸汽,必须降低饱和蒸汽带水、减少蒸汽中的溶盐和降低炉水含盐量。

为了降低饱和蒸汽带水,应建立良好的汽水分离条件和采用完善的汽水分离装置,目前高压以上锅炉汽包内装有的汽水分离装置有内置旋风分离器、百叶窗分离器及均汽孔板等;为了减少蒸汽中的溶盐,可适当控制炉水碱度及采用蒸汽清洗装置;为了降低炉水含盐量,可采用提高给水品质、进行锅炉排污及采用分段蒸发等办法。

**3. 汽包内部装置**

汽包内部装置主要是由汽水分离装置和蒸汽清洗装置组成。

1) 汽水分离装置

汽水分离装置的任务,是要把蒸汽中的水分尽可能地分离出来,以提高蒸汽品质。

汽水分离装置一般是利用以下基本原理进行工作的:(1) 重力分离,利用汽与水的质量差进行自然分离;(2) 惯性力分离,利用汽流改变方向时进行汽水分离;(3) 离心力分离,利用汽流旋转运动时所产生的离心力进行分离;(4) 水膜分离,使水黏附在金属壁面上形成水膜流下,进行分离。在实际的汽水分离设备中,一般不是简单地利用上述某一种原理,而是综合利用两种或几种原理来实现汽水分离。

汽包内的汽水分离过程,一般分为两个阶段:(1) 粗分离阶段(一次分离阶段),其任务是消除汽水混合物的动能,并进行初步的汽水分离,使蒸汽的湿度降到 0.5%~1%;(2) 细分离阶段(二次分离阶段),其任务是将蒸汽中的水分作进一步的分离,使蒸汽湿度降低到 0.01%~0.03%。

为了保证蒸汽品质符合规定,对汽水分离设备的主要要求是:(1) 分离效果要好(即分离效率要高);(2) 尽可能地降低汽水混合物的动能,以减少汽包水面的波动和水滴的飞溅;(3) 均衡汽包内的蒸汽流速,并使其不过高,以便充分利用自然分离作用。

目前我国电厂锅炉采用的汽水分离装置有进口挡板、旋风分离器、波形板分离器、多孔板等几种。

2) 蒸汽清洗装置

蒸汽清洗装置的任务是要降低蒸汽中的溶盐,尤其是应注意降低蒸汽中溶解的硅酸以改善蒸汽品质。

目前我国高压以上锅炉广泛采用给水清洗蒸汽的方法来降低蒸汽中溶解的盐分。溶于饱和蒸汽的硅酸量取决于同蒸汽接触的水的硅酸含量和硅酸的溶解系数,压力一定时,溶解系数为常数。因此,要减少蒸汽中溶解的硅酸,就只有设法降低同蒸汽接触的水的硅酸浓度,采用给水清洗蒸汽的方法可以达到这一目的。

蒸汽清洗的基本原理是让含盐低的清洁给水与含盐高的蒸汽接触,使蒸汽中溶解的盐分转移到清洁的给水中,从而减少蒸汽溶盐,同时,又能使蒸汽携带炉水中的盐分转移到清洗的给水中,从而降低蒸汽的机械携带含盐量,使蒸汽的品质得到了改善。

目前我国广泛采用起泡穿层式清洗装置,其型式有两种:钟罩式和平孔板式。现代超高压锅炉多采用平孔板式穿层清洗装置。它是由若干块平孔板组成,相邻两块平孔板之间装有U形卡。在平孔板的四周焊有溢流挡板,以形成一定厚度的水层。平孔板用2~3mm厚的薄钢板制成,其上钻有许多5~6mm的小孔。蒸汽自下而上通过孔板,由清洗水层穿出,进行起泡清洗。给水均匀分配到孔板上,然后通过挡板溢流到汽包水室,清洗板上的水层靠一定的蒸汽穿孔速度将其托住。平孔板式穿层清洗装置结构简单,阻力损失小,有效清洗面积大,清洗效果好。

3) 高压和超高压锅炉汽包内部装置

高压和超高压锅炉典型汽包内部装置及其布置如图3-8所示。它是由内置旋风分离器、蒸汽清洗装置、百叶窗分离器、顶部多孔板等组成,内置旋风分离器沿整个汽包长度分前后两排布置在汽包中部,每两个旋风分离器共用一个联通箱,且其旋向相反。旋风分离器上部装有平孔板型蒸汽清洗装置,配水装置布置在清洗装置的一侧或中部,布置于清洗装置一侧的为单侧配水方式,布置于清洗装置中部的为双侧配水方式,清洗水来自锅炉给水。

平孔板型蒸汽清洗装置的上部装有百叶窗分离器和顶部多孔板。除上述设备外,汽包内还装有连续排污管、炉内加药管、事故放水管、再循环管等。

从上升管进入汽包的汽水混合物先进入联通箱,然后沿切线方向进入内置旋风分离器进行汽水分离。被分离出来的水从筒底导叶排出,被分离出来的蒸汽上升经立式波形板分离器顶帽进入汽包的有效分离空间。被初步分离后的蒸汽,经汽包的有效分离空间均匀地由下而上通过上部平孔板型蒸汽清洗装置,进行起泡清洗。清洗后的蒸汽,最后再顺次经过波形板(百叶窗)分离器和顶部多孔板,使蒸汽得到进一步分离后,均匀地从汽包引出。

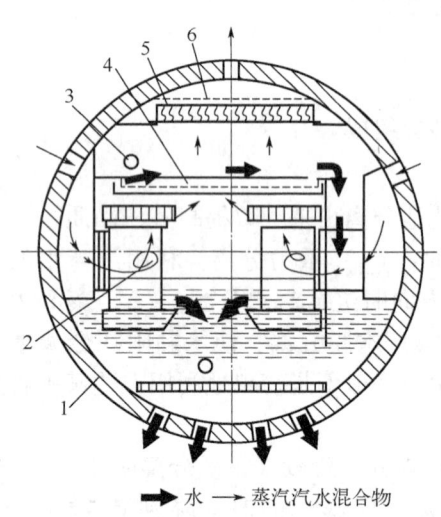

图3-8 典型汽包内部装置
1—汽包壁;2—旋风分离器;3—清洗水配水装置;
4—蒸汽清洗装置;5—波形板;6—顶部多孔板

## 4. 锅炉排污

锅炉排污是控制炉水含盐量、改善蒸汽品质的重要途径之一。排污就是将一部分炉水排除,以便保持炉水中的含盐量和水渣在规定的范围内,以改善蒸汽品质并防止水冷壁结水垢和受热面腐蚀。

锅炉排污可分为定期排污和连续排污两种。定期排污的目的是定期排除炉水中的水渣，所以定期排污的地点应选在水渣积聚最多的地方，即水渣浓度最大的部位，一般是在水冷壁下联箱底部。定期排污量的多少及排污的时间间隔主要视给水品质而定。

连续排污的目的是连续不断地排出一部分炉水，使炉水含盐量和其他水质指标不超过规定的数值，以保证蒸汽品质，所以连续排污应从炉水含盐浓度最大部位引出。一般炉水含盐浓度最大的部位位于汽包蒸发面附近，即汽包正常水位线以下 200～300mm 处。连续排污主管布置在汽包水的蒸发面附近，主管上沿长度方向均匀地开有一些小孔或槽口，排污水即由小孔或槽口流入主管，然后通过引出管排走。

## 3.1.5 过热器和再热器

过热器和再热器是现代锅炉的重要组成部分，它们的作用是提高蒸汽初温，可提高电厂循环热效率，但蒸汽初温的进一步提高受到金属材料耐热性能的限制，过热器和再热器受热面金属温度是锅炉各受热面中的最高值，其出口汽温对机组安全经济运行有十分重要的影响。

**1. 过热器和再热器作用**

过热器将饱和蒸汽加热成具有一定过热度的过热蒸汽，从而提高电厂效率。再热器将汽轮机高（中）压缸所排蒸汽在锅炉中再次加热升温后，送回到汽轮机中（低）压缸膨胀做功，以降低汽轮机末级叶片湿度。

过热器出口的过热蒸汽称为主蒸汽或一次汽，由主蒸汽管送至汽轮机高压缸。高压缸的排汽由再热冷段管道送至再热器，经再一次加热升温后，由再热热段管道返回汽轮机的中压缸和低压缸继续膨胀做功。过热器与再热器在热力系统中的位置如图 3-9 所示。

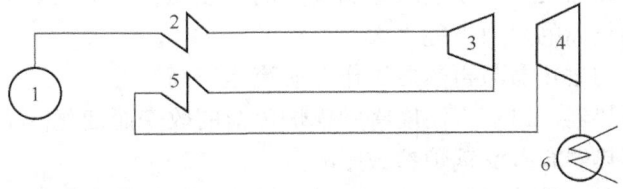

图 3-9　过热器与再热器在热力系统中的位置
1—汽包；2—过热器；3—汽轮机高压缸；4—汽轮机中、低压缸；5—再热器；6—凝汽器

**2. 过热器和再热器布置**

过热器有多种结构型式，现在一般按照受热面的传热方式分类，分为对流式、辐射式及半辐射式三种。高压以上的大型锅炉大多采用辐射、半辐射与对流型多级布置的联合型过热器，如图 3-10 所示。过热器的蒸汽高温段采用对流型，低温段采用辐射型或半辐射型，以降低受热面管壁钢材温度。再热器实际上相当于中压蒸汽的过热器，但再热蒸汽温度比中压蒸汽温度高很多。再热器以对流型为主，并位于高温对流型过热器之后烟气温度较低处，因为再热蒸汽压力较低、蒸汽密度较小，放热系数较低，蒸汽比热容也较小，其受热面管壁金属温度比过热器更高。有些锅炉的部分低温蒸汽段再热器采用辐射型，布置在炉膛上部吸收炉膛的辐射热。

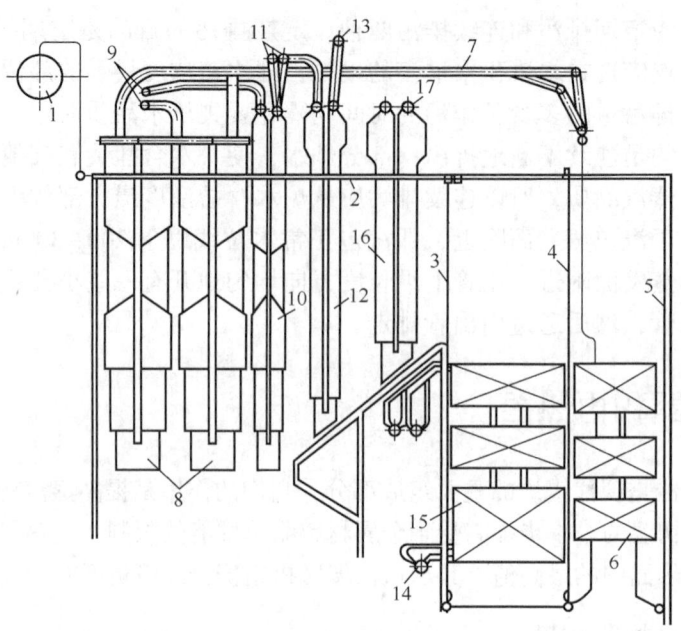

图 3-10 过热器与再热器在锅炉中的布置实例

1—汽包；2—顶棚过热器；3—前包墙；4—中隔墙；5—后包墙；6—低温过热器（对流式）；7—蒸汽连通管；8—前屏过热器（辐射式）；9—一级减温器；10—后屏过热器（半辐射式）；11—二级减温器；12—高温过热器（对流式）；13—过热器集汽联箱；14—再热器进口联箱；15—低温段再热器（对流式）；16—高温段再热器（对流式）；17—再热器集汽联箱

### 3. 过热器和再热器特点

（1）过热器和再热器是锅炉中金属壁温最高的受热面，对材质要求较高。

（2）过热器、再热器的阻力不能太大。

（3）高热负荷区的过热器与再热器工作介质流速较高。

（4）过热器和再热器出口蒸汽温度将随锅炉负荷的改变而变化。

（5）过热器和再热器布置受锅炉参数影响。

（6）锅炉点火升温或汽轮机甩负荷时，过热器、再热器需要有保护措施。

### 4. 过热器结构

1）对流式过热器

对流式过热器布置在锅炉对流烟道中，主要以对流传热方式吸收烟气热量。对流式过热器一般采用蛇形管式结构，即由进出口联箱连接许多并列蛇形管构成，蛇形管一般采用外径为 32~63.5mm 的无缝钢管。300MW 机组锅炉的过热器管径为 51~60mm，其壁厚由强度计算确定，一般为 3~9mm。

根据烟气与管内蒸汽的相对流动方向，对流过热器可分为逆流、顺流和混合流三种方式。对流过热器在烟道内有立式与卧式两种布置方式。

（1）流动方式。

图 3-11（a）所示为逆流方式，烟气的流向与蒸汽总体的流向相反。逆流布置时蒸汽温度高的一段管子处于烟气高温区，金属壁温高，必须考虑其安全性。逆流方式由于烟气和蒸

汽的平均传热温差较大,所需受热面较少,可节约钢材,但蒸汽最高温度处恰恰是烟气最高温度处,使该处受热面的金属管壁温度较高,工作条件最差。因此,这种布置方式常用于过热器的低温级。图3-11(b)所示为顺流布置方式,与图3-11(a)相反,蒸汽温度高的一段处于烟气低温区,金属壁温较低,安全性好,但由于平均传热温差小,所需受热面较多,金属耗量最多,经济性差。因此,顺流布置方式多用于蒸汽温度较高的最末级。图3-11(c)所示为混合流布置方式,综合了逆流和顺流布置的优点,蒸汽低温段采用逆流方式,蒸汽的高温段采用顺流方式。这样,它既获得较大的平均传热温压,又能相对降低管壁金属最高温度,因此在高压锅炉中得到了广泛应用。

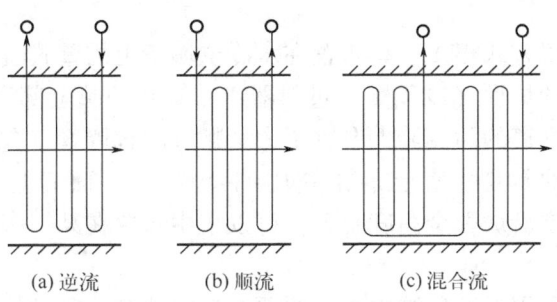

图3-11 过热器工质流动方向

(2) 放置方式。

对流过热器在锅炉烟道内有立式与卧式两种放置方式。蛇形管垂直放置时称为立式布置,立式布置对流过热器都布置在水平烟道内。蛇形管水平放置时称卧式布置方式,卧式布置对流过热器都布置在垂直烟道内。

立式过热器的支吊结构比较简单,它用多个吊钩把蛇形管的上弯头钩起,整个过热器被吊挂在吊钩上,吊钩支承在炉顶钢梁上。立式过热器通常布置在炉膛出口的水平烟道中。

卧式过热器的支吊结构比较复杂,蛇形管支承在定位板上,定位顶板与底板固定在有工质冷却的受热面(如省煤器出口联箱引出的悬吊管)上,悬吊管垂直穿出炉顶墙通过吊杆吊在锅炉顶钢梁上,卧式过热器通常布置在尾部竖井烟道中。

立式过热器的支吊结构不易烧坏,蛇形管不易积灰,但是停炉后管内存水较难排出,升温时由于通汽不畅易导致管子过热。卧式过热器在停炉时蛇形管内的存水排出简便,但是容易积灰。

(3) 蛇形管束结构。

对流过热器受热面由很多并联蛇形管组成,蛇形管在高参数大容量锅炉中采用较大的管径,有51mm、54mm、57mm等规格。壁厚由强度计算决定,随承受压力、钢材牌号而定,通常为3~9mm。蛇形管的管径与并联管数应适合蒸汽质量流速要求。由于锅炉宽度的增加落后于锅炉容量的增加,大容量锅炉为了使对流过热器与再热器有合适的蒸汽流速,常做成双管圈、三管圈甚至更多的管圈,以增加并联管数,如图3-12所示。

2) 辐射式过热器

辐射式过热器布置在炉膛内,以吸收炉膛辐射热为主。在高参数大容量再热锅炉中,蒸汽过热及再热的吸热量占的比例很大,而蒸发吸热所占的比例较小。因此,为了在炉膛中布置足够的受热面以降低炉膛出口烟气温度,就需要布置辐射式过热器。在大型锅炉中布置辐射式过热器对改善汽温调节特性和节省金属消耗是有利的。

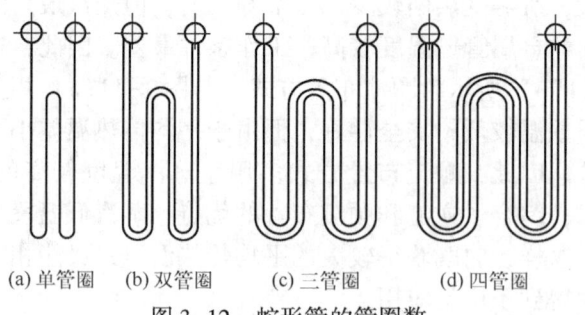

(a) 单管圈　　(b) 双管圈　　(c) 三管圈　　(d) 四管圈

图 3-12　蛇形管的管圈数

辐射式过热器的布置方式很多。有布置在水冷壁墙壁上的壁式过热器；布置在炉膛、水平烟道和垂直烟道顶部的炉顶（或顶棚）过热器；布置在炉膛上部靠近前墙的屏式过热器，此外在垂直烟道和水平烟道的两侧墙上布置了大量贴墙的包墙管（包覆管）过热器。

壁式过热器的管子通常是垂直地布置在炉膛四壁的任一面墙上；可以仅布置在炉膛上部，也可以按一定的宽度沿炉膛全高度布置；可以集中布置在某一区域，也可以与水冷壁管子间隔排列。

现代大型锅炉广泛采用平炉顶结构，全炉顶上布置顶棚管式过热器，吸收炉膛及烟道内的辐射热量。水平烟道、转向室及垂直烟道的周壁也都布置包墙管过热器，称为包覆管。包墙管过热器由于贴墙壁的烟气流速极低，所吸收的对流热量很少，主要吸收辐射热，故也属于辐射过热器。

壁式过热器、炉顶过热器及包覆管过热器一般都采用膜式受热面结构，使整个锅炉的炉膛、炉顶及烟道周壁都由膜式受热面包覆，简化了炉墙结构，炉墙重量减轻，并减少了炉膛烟道的漏风量。过热器膜式受热面的管径、鳍片宽度及金属材料等由受热面的热负荷、蒸汽在管内流动的质量流速、管壁金属工作温度等通过计算选取。壁式过热器一般选用内径 40mm 左右的管子作受热面。

3）半辐射式过热器

屏式过热器有前屏、大屏及后屏三种，如图 3-13 所示。大屏或前屏过热器布置在炉膛前部，屏间距离较大，屏数较少，吸收炉膛内高温烟气的辐射传热量。后屏过热器布置在炉膛出口处，屏间距相对较小，屏数相对较多，它既吸收炉膛内的辐射传热量，又吸收烟气冲刷受热面时的对流传热量，故又称为半辐射过热器。

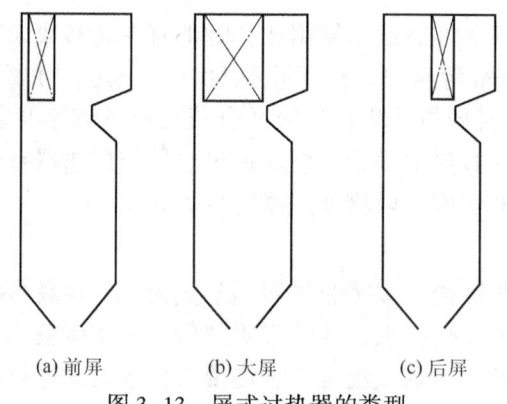

(a) 前屏　　(b) 大屏　　(c) 后屏

图 3-13　屏式过热器的类型

屏式过热器的每片屏由联箱并联 15~30 根 U 形管或 W 形管组成，如图 3-14 所示。管子外径一般为 32~57mm。管间纵向节距很小，一般 $s_2/d = 1.1~1.25$。为了将并列管保持在同一平面内，每片屏用自身的管子作包扎管，将其余的管子扎紧。屏的下部根据折焰角的形状可做成三角形，也可做成方形。为了避免结渣，相邻管屏间的横向节距很大，一般 $s_1 = 600~2800$mm。相邻管屏间各抽一根管子互相连接，以保持屏间距离。

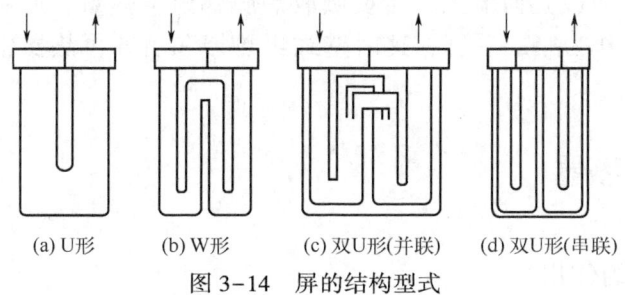

(a) U形　　(b) W形　　(c) 双U形(并联)　　(d) 双U形(串联)

图 3-14　屏的结构型式

半辐射式过热器的热负荷很高，特别是各并列管的结构尺寸和受热条件差异较大，管间壁温可能相差 80~90℃，往往成为锅炉安全运行的薄弱环节。

现代大型锅炉广泛采用屏式过热器，其主要优点如下：

（1）利用屏式受热面吸收一部分炉膛的高温烟气的热量，能有效地降低进入对流受面的烟气温度，防止密集布置的对流受热面产生结渣。后屏过热器的横向节距比对流管束大很多，接近灰熔点的烟气通过它时温度降低，减少了灰黏结在管子上的机会，也防止了其后的对流管束结渣。

（2）屏式过热器减少了过热受热面的金属消耗量。

（3）由于屏式过热器吸收相当数量的辐射热量，使过热器辐射吸热的比例增大，改善了过热汽温的调节特性。

（4）对于燃烧器四角布置切圆燃烧方式的炉膛，由于炉内气流的旋转运动，在炉膛出口处会发生流动偏转、速度分布不均、烟温左右有偏差，屏式过热器对烟气流的偏转能起到阻尼和导流作用。

**5. 再热器结构**

对流式再热器的基本结构与过热器类似，一般由蛇形管和联箱组成。随着大型电厂锅炉的发展，为了改善汽温调节特性，一般采用辐射和对流联合型再热器。

由于再热器的蒸汽来自汽轮机高压缸的排汽，其压力为过热蒸汽压力的 20%~25%，流经再热器的蒸汽量约为过热蒸汽量的 80%，再热后的蒸汽温度一般与过热汽温相同。再热蒸汽属于中压高温蒸汽，其性质与高压高温的过热蒸汽有很大差别。因此，再热器的结构布置有它本身的一些特点。

再热蒸汽压力较低，体积流量比过热蒸汽的大很多。再热器系统的流动阻力增加会使蒸汽在汽轮机内做功的有效压力降减小，从而导致机组的热耗率增加。一般再热器的流动阻力不应超过再热器进口压力的 10%，限制在 0.2~0.3MPa 以内。为了限制工质在再热器内的压力降，一般采取采用大直径、多管圈结构，简化再热器系统，尽量减少蒸汽的中间混合与交叉流动次数，适当降低再热器中蒸汽的质量流速。

再热蒸汽不仅压力较低，而且蒸汽的质量流速也较低，所以再热器管壁对蒸汽的对流放热系数很小（约为过热器的1/5），所以再热器中管壁温度与工质温度的温差比过热器的大。此外，由于再热蒸汽压力低、比热容小，因而再热器对热偏差特别敏感，即在相同的热偏差条件下，再热器出口汽温的偏差比过热器的大。

通常将对流式再热器布置在高温对流过热器后的烟道内（一般烟温不超过850℃），选用允许温度较高的钢材，以提高再热器工作的可靠性。有的锅炉把部分再热器做成壁式再热器，布置在炉膛一面或几面墙上，主要吸收炉膛辐射传热量，或做成后屏再热器，布置在后屏过热器之后作为第二后屏，这时壁式再热器和后屏再热器中的蒸汽均为低温段再热蒸汽。

## 3.1.6 空气预热器

**1. 空气预热器的作用**

空气预热器是利用尾部烟道烟气余热来加热燃料燃烧所需空气的一种热交换器。沿烟气流程，空气预热器一般布置在省煤器下游，是锅炉中最后一级受热面。主要作用有以下几点：

（1）降低排烟温度，提高锅炉效率。随着蒸汽参数的提高，给水温度提高，单用省煤器难以将锅炉排烟温度降到合适的值，使用空气预热器可进一步降低排烟温度，提高锅炉效率。

（2）改善燃料的着火与燃烧条件，降低不完全燃烧热损失。提高了燃烧所需空气的温度，也就提高了炉膛的温度水平，从而改善了燃料的着火与燃烧，同时也降低了不完全燃烧热损失。

（3）节约金属，降低造价。热风提高了炉膛温度，强化了炉内的辐射换热，在一定蒸发量下，炉内水冷壁可以布置得少一些，这就节约了金属，降低了锅炉造价。

（4）改善引风机的工作条件。由于排烟温度的降低，也就改善了引风机的工作条件，同时排烟容积的减小也降低了引风机的电耗。

**2. 空气预热器的分类**

按照换热方式可将空气预热器分为传热式和蓄热式（或称再生式）两大类。

常用的传热式空气预热器是管式空气预热器，蓄热式空气预热器属于回转式空气预热器。管式空气预热器一般只在200MW以下机组的锅炉中使用，对于300MW及以上机组的锅炉，通常采用回转式空气预热器。

与管式空气预热器相比，回转式空气预热器结构紧凑，占地面积小，质量小，金属耗量少，布置灵活方便；在同样的外界条件下因受热面金属温度较高，低温腐蚀的危险较管式空气预热器轻些；但漏风量较大，结构比较复杂，制造工艺要求高，运行维护工作较多，检修也较复杂。

1）管式空预器

目前中小容量锅炉中用得较多的是立式钢管式空气预热器。它由许多薄壁钢管焊在上下管板上形成管箱。烟气在管内流动，空气在管子外部横向流动，两者的流动方向互相垂直交叉。中间管板用来分隔空气流程。其结构如图3-15所示。

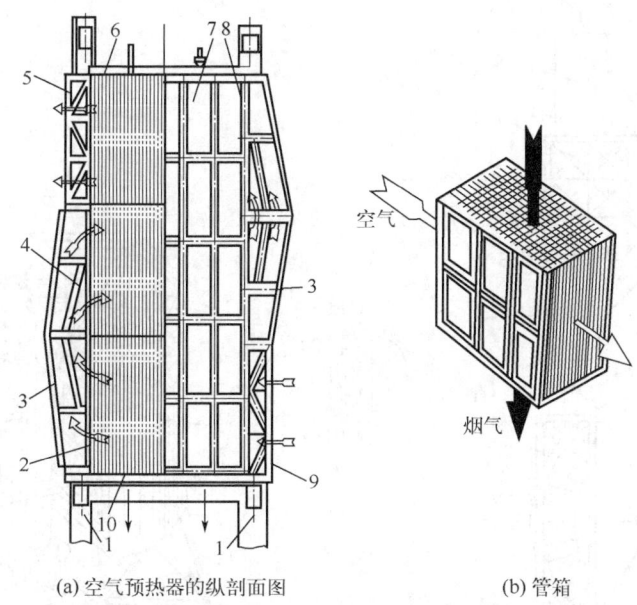

(a) 空气预热器的纵剖面图　　　(b) 管箱

图 3-15　管式空气预热器的结构

1—锅炉钢架；2—预热器管子；3—空气连通罩；4—导流板；5—热风道连接法兰；6—上管板；
7—预热器墙板；8—膨胀节；9—冷风道连接法兰；10—下管板

管式空气预热器结构简单，制造、安装、检修方便，工作可靠，漏风小；但结构尺寸大，金属用量多，大型锅炉尾部受热面的布置困难，空气进口处易于受到低温腐蚀等。因此，管式空气预热器一般用于中、小容量锅炉机组，而目前大容量锅炉机组一般采用回转式空气预热器。

2) 回转式空预器

回转式空气预热器可分为受热面回转式和风罩回转式两种，我国大机组锅炉常采用的是受热面回转式空气预热器，如图 3-16 所示。

（1）工作过程。

电动机通过传动装置带动受热面转子以 1~4r/min 的转速旋转，转子交替地经过烟区和空气区。烟气自上而下流动，将热量传递给转子内的传热元件，空气自下而上动，转子内的传热元件又将积蓄的热量传递给空气。转子每旋转一周，完成一次热交过程。

（2）结构。

受热面回转式空气预热器主要由外壳、转子、传动装置、密封装置等组成，结构如图 3-16 所示。

上下端板上都留有烟风通道的开孔，并与烟道、风道相连。对于二分仓受热面回转式空气预热器，转子横截面被扇形板（过渡区或密封区）分隔成烟气和空气两个流通区，烟气区和空气区分别与进出口烟道、风道相连，由于烟气的容积流量比空气大，因而烟气区占50%左右，空气区占30%~40%左右，其余为扇形板密封区。

当锅炉采用冷一次风机制粉系统时，由于一次风压比二次风压高许多，为了避免对一次风节流，减少节流损失和风机电耗，转子横截面被扇形板分隔成烟气、一次风和二次风三个流通区，空气预热器采用三分仓结构。

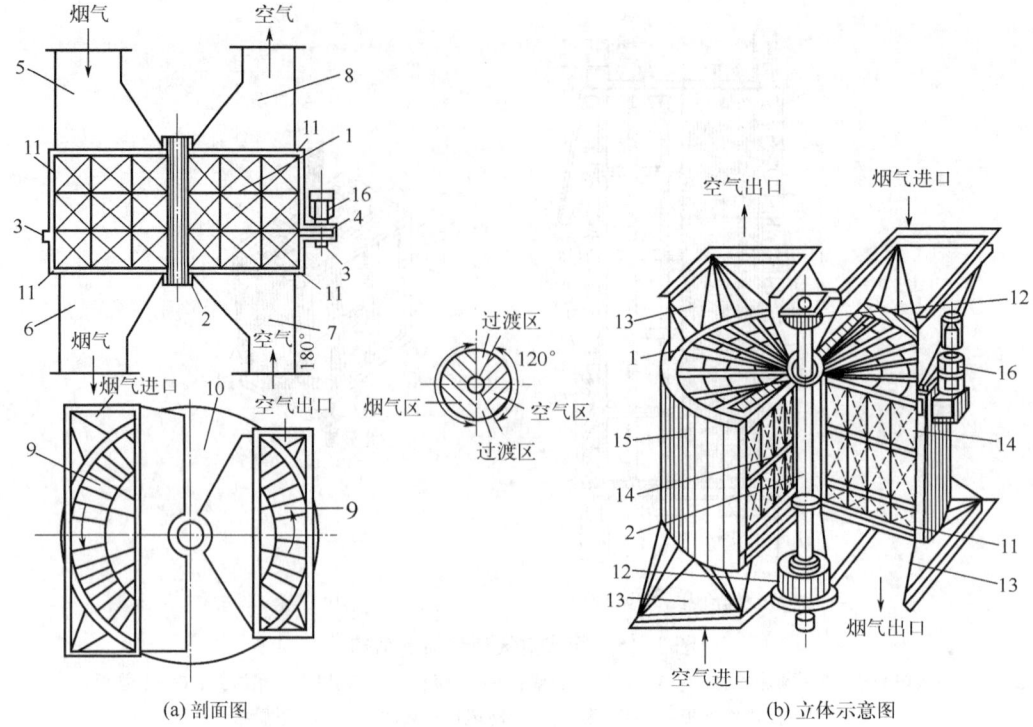

图 3-16 受热面回转式空气预热器

1—转子；2—轴；3—环形长齿条；4—主动齿轮；5—烟气入口；6—烟气出口；7—空气入口；8—空气出口；9—径向隔板；10—过渡区；11—密封装置；12—轴承；13—管道接头；14—受热面；15—外壳；16—电动机

## 3.2 自然循环的流动特性及安全性

### 教学目标

**1. 知识目标**

（1）掌握汽包锅炉自然循环的特性。
（2）掌握汽包锅炉蒸发管的传热阶段。
（3）掌握汽包锅炉自然循环的主要故障。
（4）掌握提高水循环安全性的措施。

**2. 能力目标**

（1）能够分析汽包锅炉自然循环的推动力。
（2）能够理解循环倍率的意义。
（3）能够分析自然循环故障产生的原因。

**3. 素质目标**

（1）培养学生分析问题、逻辑思考的能力。

（2）增强学生沟通交流能力，培养学生职业规范意识。

## 任务描述

掌握汽包锅炉自然循环特性和蒸发管的传热类型，理解自然循环故障产生的原因和提高水循环安全性的措施。

## 相关知识

自然循环是靠下降管和上升管系统中工作介质密度差所产生的重位压差来推动水在水循环回路中流动。

### 3.2.1 自然循环

**1. 自然循环的概念**

如图3-17所示，汽包锅炉循环回路是由汽包、下降管、联箱和水冷壁（上升管）所形成可供工作介质流动的封闭回路。

布置在炉膛四周的水冷壁，接受高温火焰的辐射换热，使管内的水部分蒸发，形成汽水混合物。下降管在炉外不受热，管内为饱和水或未饱和水。

在自然循环锅炉中，由下降管和上升管系统的重位压差（由工作介质密度差）来克服流动阻力。用来克服水循环回路总阻力的压头，称为自然循环的运动压头 $S_{yd}$，$S_{yd}$ 是自然循环的推动力，其计算式为

$$S_{yd} = h\bar{\rho}_{xj}g - \sum h_i \bar{\rho}_s g \tag{3-1}$$

式中 $\bar{\rho}_s$——上升管工作介质的平均密度，$kg/m^3$；

$h_i$——上升管各区段的高度，m；

$h$——循环回路高度，m；

$\bar{\rho}_{xj}$——下降管中工作介质的平均密度，$kg/m^3$。

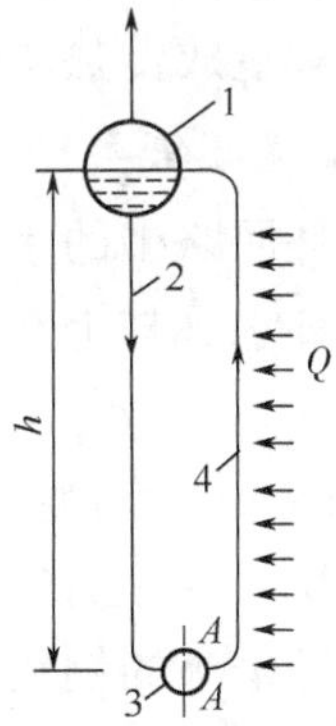

图3-17 自然循环工作原理
1—汽包；2—下降管；3—下联箱；
4—水冷壁（上升管）

若忽略上升管和下降管中工作介质的高度差，则 $\sum h_i = h$，式（3-1）可写为

$$S_{yd} = (\bar{\rho}_{xj} - \bar{\rho}_s)hg \tag{3-2}$$

由式（3-2）可以看出，运动压头是由下降管和上升管中工作介质的密度差产生的，它随循环回路高度、汽水密度差的增大而增大。在此重位压差作用下，汽水混合物沿上升管向上流动，水沿下降管向下流动，形成水循环。由于循环回路中工作介质的流动没有任何外来动力设备的推动力，因此称为自然循环。

在自然循环锅炉中，必须保证足够的水冷壁高度以及水冷壁管中必须产生足够的蒸汽量，才能产生足够的运动压头来推动工作介质在循环回路中的流动。当锅炉工作介质压力达到临界压力时，汽水密度差为零，锅炉就无法采用自然循环了。

### 2. 自然循环特性

1) 循环流速

自然循环工作可靠性要求所有上升管都能得到足够的冷却,因此,必须保证管内有连续的水膜冲刷管壁和保持一定的循环流速,以防止管壁超温。

循环流速是用上升管入口水量按上升管入口截面和饱和水密度折算的流速 $v_0$,即

$$v_0 = G/(\rho' F) \tag{3-3}$$

式中　$G$——上升管入口水的质量流量,kg/s;

　　　$\rho'$——上升管入口压力下对应的饱和水密度,kg/m³;

　　　$F$——上升管入口流通截面积,m²。

循环流速是按上升管入口水量进行计算得到的,不一定是上升管入口水的真实流速,但其值反映了流经上升管的工作介质流速大小,反映了上升管内工作介质将管外传入的热量及管内产生蒸汽带走的能力,它是判断水循环好坏的重要指标之一。循环流速一般为 0.5~1.5m/s。

对于管外热负荷不同的管子,即使工作介质循环流速相同,由于产汽量不同,其出口处水的流量也不同。热负荷高的管子,产汽量多,管子出口处的水量就少,在管子内壁有可能维持不住连续流动的水膜。同时管内含汽率过大时,有可能在高速汽流冲刷下,将很薄的水膜撕破,造成传热恶化,管壁金属超温。

2) 循环倍率

循环回路中的水在上升管中受热,其中一部分蒸发成蒸汽。循环倍率 $K$ 是指上升管入口处循环水量与上升管出口处蒸汽流量之比,即

$$K = G/D_0 \tag{3-4}$$

式中　$G$——上升管入口处循环水流量,kg/s;

　　　$D_0$——上升管出口处蒸汽流量,kg/s。

循环倍率的倒数即为上升管出口处工作介质的质量含汽率 $x$,即

$$x = 1/K = D_0/G \tag{3-5}$$

循环倍率是锅炉水循环一个非常重要的特性参数,循环倍率反映了上升管出口处每产生 1kg 蒸汽需要在上升管入口处送进的水量(kg),或者说 1kg 水在循环回路中经过多少次循环才能全部变成蒸汽。循环倍率 $K$ 越大,则 $x$ 越小,即表示上升管出口处汽水混合物中水的含量大。循环倍率的大小往往反映了水循环的安全性。

## 3.2.2　自然循环的传热过程

### 1. 水冷壁壁温

水冷壁在炉膛高温火焰的辐射作用下,能否长期安全可靠运行,主要取决于管壁温度,如果管壁工作温度超过管材的极限允许温度,管子就会烧坏。另外,有时由于管壁温度的周期性波动,即使管壁温度低于极限允许温度,也有可能因受到交变热应力而产生热疲劳损坏。

管子的外壁温度 $t_{wb}$ 可按传热学中的公式进行计算：

$$t_{wb} = t_b + q\left(\frac{1}{\alpha_2} + \frac{\delta}{\lambda}\right) \tag{3-6}$$

式中 $t_b$——管内工作介质的饱和温度，℃；

$q$——受热面热负荷，$kW/m^2$；

$\alpha_2$——工作介质放热系数，$kW/(m^2 \cdot ℃)$；

$\delta$——管壁厚度，m；

$\lambda$——管壁导热系数，$kW/(m \cdot ℃)$。

由上式可以看出，影响水冷壁壁温主要有以下四个因素：

(1) 管内工作介质温度。水冷壁管壁温度随管内工作介质温度的升高而升高，在自然循环汽包锅炉正常运行时，水冷壁中工作介质的出口温度为其工作压力下对应的饱和温度。

(2) 水冷壁管外烟气热负荷。水冷壁管壁温度随炉膛烟气热负荷的增大而升高。所以布置在高热负荷区工作的水冷壁尤其要采取一定措施，以控制壁温。

(3) 水冷壁管的导热系数。清洁的水冷壁管的导热系数很大，传递到管壁金属吸收的热量能够很快被管内工作介质带走，所以不容易超温。随着锅炉运行，管内结垢以及管外积灰、结渣会导致管壁热阻成几十甚至几百倍增加，这将成为管子过热和超温的隐患。

(4) 管内工作介质的对流放热系数。管壁与管内工作介质的对流放热系数越大，则工作介质对管壁的冷却能力越强，管壁越不容易超温。而管壁对管内工作介质的对流放热系数与管内汽液两相流体流速以及流型有关，当管内汽液两相流体流动正常时，水的沸腾换热系数非常大，所以管壁的温度比工作介质的饱和温度高出不多，即使亚临界参数的锅炉，在正常情况下，水冷壁外壁温度一般也不超过400℃，所以正常流动情况下，蒸发管是能够安全工作的。

## 2. 蒸发管内流动结构

水冷壁中是汽液两相流动，汽液两相流体在沿着水冷壁向上流动的过程中，并不是均匀混合的。

对于已经投入运行的自然循环锅炉，其蒸发系统水冷壁的高度和阻力系数是一定的，运动压头主要取决于上升管中的含汽率。汽水混合物的含汽率越大，平均密度越小，循环回路的运动压头就越大。

汽液两相流的含汽率以及流速不同，形成的汽液两相流体的流型也不相同，而不同流型汽液两相流的换热也有区别。

两相流体的流型与汽水混合物压力、质量含汽率、流速及流动方向等有关。水在上升管中流动的速度分布是中间大，四周小。在相同工作压力下，上升管中蒸汽的流速比水快，在靠近管壁处，汽水相对速度大，蒸汽流动阻力大；在管子中间，蒸汽流动阻力小。汽泡总是往阻力小的地方运动，所以汽泡运动趋向于中间，这个现象称作汽泡趋中效应。随着压力的增加，汽与水的密度差减小，汽水间的相对速度相应减小。

当汽水混合物在垂直管中作上升运动时，因不断吸收炉内辐射热量，管中工作介质的流型和传热情况将发生变化。汽水混合物在垂直圆管中的流型主要有四种，即汽泡状、汽弹状、汽柱状以及雾状流型，如图3-18所示。

区域Ⅰ：单相水的对流换热。在水冷壁下部，来自下降管具有欠焓的过冷水未达到饱和

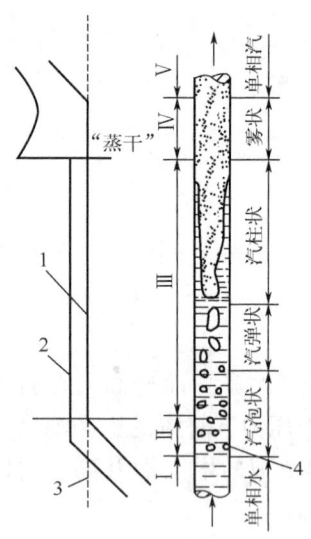

图 3-18 垂直蒸发管中的流型和传热工况
1—工质温度；2—管壁温度；
3—饱和温度；4—过冷沸腾

温度，管内工作介质为单相水，对流放热系数大，金属壁温稍高于水温。

区域Ⅱ：过冷沸腾换热。随着过冷水在水冷壁中上升吸热，紧贴壁面的水首先达到饱和温度并产生汽泡，但管子中心的主流水仍处于欠热状态，壁面所产生的汽泡离开壁面向管子中部流动，在与中部未饱和水混合后凝结，放出潜热，将水加热。该区域壁温高于水的饱和温度，进行过冷核态沸腾传热。沿管子高度随过冷沸腾核心数目的增多，放热系数成直线增大。

区域Ⅲ：饱和核态沸腾换热。随着工作介质向上流动吸热，当管内的水全部达到饱和温度时，在管壁处产生的汽泡不再凝结，含汽率逐渐增大，汽泡分散在水中，这种流型称汽泡状流动。随着汽泡增多，小汽泡在管子中心聚成大汽弹，形成汽弹状流动，此时，汽弹与汽弹之间有水层。随着产汽量继续增多，汽弹相互连接，从而形成中心为汽而周围有一圈水膜的环状流动。环状流型的后期，管子中心蒸汽量很大，其中带有小水滴，同时周围的水环逐渐变薄，即为带液滴的环状流型，环状水膜减薄后的导热能力很强，可能不发生核态沸腾而成为强制水膜对流传热，热量由管壁经强制对流水膜传到水膜与中心汽流之间的表面上，并在此表面上蒸发。在此区域，管壁温度略高于管内工作介质温度。

区域Ⅳ：壁面上的水膜完全被蒸干后就形成雾状流型，这时汽流中虽有一些水滴，但对管壁的冷却不够，使得工作介质对管壁的传热恶化，管壁温度会突然升高，严重时会导致管子烧坏。此后随汽流中水滴的蒸发，蒸汽流速增大，壁温又逐渐下降。

区域Ⅴ：为单相蒸汽过热区域，由于汽温逐渐上升，管壁温度又逐渐升高。

以上流型及换热是在工作介质压力、炉内热负荷不太高的情况下分析得出的。水冷壁管在实际工作中，不一定出现以上所有的流型，其流型受到管外热负荷和管内介质流动状态的影响。工作介质压力升高，由于水的表面张力减小，不易形成大汽泡，故汽弹状流型的范围将随压力升高而减小。当压力达到10MPa时，汽弹状流动消失，直接从汽泡状流动转入环状流动。如果热负荷增加，则蒸干点会提前出现，环状流动会缩短甚至消失。

**3. 蒸发管内的传热和沸腾传热恶化**

在蒸发过程的各个阶段，蒸发管内汽液两相流的流型在不断变化。不同的流型，流体对管子壁面的热交换方式不同，冷却能力也不同。工作介质对管壁的放热系数越大，管壁温度越接近工作介质温度，管子也就越安全。当管中的汽水流动状态为汽泡状、汽弹状和汽柱状时，管子的内壁不断被水膜冲刷，工作介质的放热系数很大，管壁温度比管内工作介质的饱和温度一般只高出25℃以下，管子工作一般是安全的。

对于蒸发管，在一定管外烟气热负荷下，清洁管外壁温度主要取决于管内工作介质对管壁的对流放热系数。正常工作条件下，水的沸腾放热系数很大，管壁温度只比饱和温度略高，不会超温。当管内汽水混合物流动不良，使水不能连续地冲刷并冷却管子内壁时，工作介质的放热系数会显著降低，严重时会导致管壁超温。

在某些情况下，如果水冷壁管子内壁水膜冷却条件被破坏，管子内壁直接与蒸汽接触，可导致工作介质对管壁的对流放热系数 $\alpha_2$ 急剧下降，管壁冷却条件恶化，导致管壁金属温度突然急剧升高，这种现象称为"沸腾传热恶化"。发生沸腾传热恶化时，管壁温度可能超过金属的许用温度，使管子寿命缩短、材质恶化，甚至即刻过热烧坏。根据产生的原因不同，沸腾传热恶化分为第一类沸腾传热恶化和第二类沸腾传热恶化。

1) 第一类沸腾传热恶化

当水冷壁管受热时，在管子内壁面上开始蒸发，形成许多小汽泡。如果此时管外的热负荷不大，小汽泡可以及时地被管子中心的水流带走，并受到"趋中效应"的作用力，向管子中心转移，而管中心的水不断地向壁面补充，这时的管内沸腾称为核态沸腾。如果管外的热负荷很高，在管子内壁上，汽泡产生的速度大于汽泡脱离壁面的速度，汽泡就会在管子内壁面上聚集起来，形成蒸汽膜（即在水冷壁管子内壁面上产生了"蒸汽垫"），将管子中心的水与管壁隔开，使管子壁面得不到水的冷却，引起管子壁面处出现传热恶化，导致管壁超温，这种现象称为膜态沸腾，也称为第一类沸腾传热恶化。这种传热恶化发生在质量含汽率较低处，是由于热负荷过高，核态沸腾转变为膜态沸腾造成的。由核态沸腾向膜态沸腾开始转变的过程称为偏离核态沸腾，开始发生核态沸腾偏离时的热负荷称临界热负荷 $q_{lj}$。影响临界热负荷的因素有工质的质量流速、质量含汽率、进口工质的欠焓、管内径等。

2) 第二类沸腾传热恶化

第二类沸腾传热恶化发生在含汽率较高的液体欠缺对流传热区，该区的水膜很薄，它可能被蒸干，也可能被速度较高的气流撕破，管壁得不到水冷却，其放热系数明显下降，这类传热恶化是由于含水欠缺造成的，故又称为蒸干传热恶化。发生第二类沸腾传热恶化时的含汽率称为临界含汽率 $x_{lj}$。临界含汽率的影响因素有热负荷 $q$、工质压力 $p$、质量流速和管径等。

3) 自然循环锅炉水冷壁的沸腾传热恶化分析

对于超高压以下的自然循环锅炉，在循环正常的情况下，水冷壁不会发生传热恶化。

亚临界压力的自然循环锅炉，水冷壁中的工质压力接近临界压力，质量含汽率也相对较大。这样，虽然临界热负荷有所下降，但仍高于运行时水冷壁的局部最高热负荷，故一般不会发生第一类传热恶化。但是临界含汽率是随着压力的上升而下降的，故有可能发生第二类传热恶化。理论计算和经验证明，水冷壁安全运行的主要任务之一是防止沸腾传热的恶化。

4) 沸腾传热恶化的防护措施

对沸腾传热恶化的防护有两个途径：一是防止沸腾传热恶化的发生；二是把沸腾传热恶化发生位置推移至热负荷较低处，使其管壁温度不超过许用值。一般防护措施有以下几项：

（1）保证一定的质量流速。提高质量流速，可以大幅度地降低传热恶化时的管壁温度，还可提高临界含汽率，使传热恶化的位置向低热负荷区移动或移出水冷壁工作范围而不发生传热恶化。

（2）降低受热面的局部热负荷。降低受热面局部热负荷可使传热恶化区管壁温度下降。

（3）管内结构措施。受热管的内壁做成特殊形状结构，使流体在管内产生旋转扰动，增加边界层的水量，以增大临界含汽率，传热恶化位置向后推移。实现这个目的的管内结构目前已有多种，如内螺纹管、来复线管及扰流子管。

内螺纹管抵抗膜态沸腾、推迟传热恶化的机理是：由于工质受到螺纹的作用产生旋转，增强了管子内壁面附近的扰动,使水冷壁管内壁面上产生的汽泡可以被旋转向上运动的液体及时带走,而水流受到旋转力的作用,紧贴内螺纹槽壁面流动,从而避免了汽泡在管子内壁面上的积聚所形成的"汽膜",保证了管子内壁面上有连续的水冷却。目前亚临界压力的自然循环锅炉水冷壁管,大都在高热负荷区使用内螺纹管。

## 3.2.3 自然循环的主要故障

在设计中,尽管自然循环锅炉保证了循环回路有合理的循环流速和循环倍率,但在运行过程中,个别管子的循环流速与循环倍率会不同程度地偏离平均值,严重时受热弱的管子可能发生循环停滞、倒流,受热强的管子则可能发生沸腾传热恶化,对于水平管或微倾斜管,若循环流速太低将会出现汽水分层。此外,下降管带汽等现象会引起自然循环回路运动压头不足、循环流速整体下降,对水循环产生不利影响。

**1. 停滞**

水冷壁是将几百根管子并联组合成几个独立的循环回路,由于炉膛中温度场分布不均,随燃料和燃烧调整以及锅炉负荷(锅炉蒸发量)变化等因素变化,温度场分布也发生变化。这样,水冷壁管屏之间或管子之间的吸热强度就会存在偏差,加上上升系统的结构偏差和流量分配偏差,将导致每根管子和管屏间的受热强度不同,阻力不同,循环推动力就不同。虽然管屏进出口联箱的压差是相同的,但每根管子的流动表现可能不同。受热弱的管子中,工质密度大,当这根管子的重位压头接近于管屏的压差时,管屏的压差只能托住液柱,而不能推动液柱的运动。这时,管内就出现了流体的停滞现象。

从循环特性来看,停滞现象的表现是:循环流速 $\omega_0 \to 0$,但 $\omega_0 \neq 0$,即循环流量 $G = D$,但 $G \neq 0$;停滞管的压差等于下降管的压差,即 $Y_{tg} = Y_{xj}$,但停滞管的流动阻力 $\Delta p_{tg} \to 0$。当汽水混合物从汽包空间引入时,还会出现自由水面。这种现象的具体表现是:进入上升管的循环流量微小,以至在管子微弱吸热后被蒸发成汽泡。

在管内工质不流动的情况下,汽泡容易聚集在管子的弯头和焊缝处,由于管子受热和汽泡合并,可能形成大汽泡,造成蒸汽塞,管子局部就会过热超温。当存在自由水面时,管子上半部是汽,下半部是水,管子上部就会过热超温,且当自由水面的位置波动时,还会引起管子的疲劳应力。水循环停滞现象主要发生在受热弱的管子上。

**2. 倒流**

在并联工作的水冷壁管子之间,由于受热不均,上升管之间形成了自然循环回路。这时,有的管中工质向上流,有的管中工质向下流,工质向下流的管子就叫"倒流管"。倒流现象的定义就是本来应该是工质向上流的上升管,变成了工质向下流的下降管。

从循环特性来看,倒流现象的表现是:倒流管的压差大于同一片管屏或同一回路的平均压差,从而迫使工质向下流动。

在发生倒流的管子中,水向下流动,而汽泡由于受到浮力向上运动。当倒流速度较慢且等于汽泡向上运动的速度时,向下流的水带不走汽泡,造成汽泡不上不下的状态,引起汽塞,发生传热恶化,造成管子出现局部过热超温。当管内工质倒流速度很快时,管子仍能得到良好的冷却,不会出现超温。当汽水混合物引出管从汽包汽空间引入时,不会出现倒流。

当水冷壁受热不均比较严重时，受热最差的管子有时可能出现停滞，有时可能出现倒流。所以，同一根管子出现停滞和倒流以及向上流动的机会并不是固定的，而是随管外吸热状态和管内工质密度的变化而变化的。

### 3. 汽水分层

汽水混合物在水平或倾斜管中流动，流速较高时，其流动状态与垂直上升管中相类似。但由于汽水的密度不同，水重汽轻，在浮力的作用下，管子上部蒸汽偏多，形成不对称的流动结构。流速减小时，流动结构的不对称性增加，流速小到一定程度时，可能会发生水在下面、汽在上面流动的状态，严重时会出现一个清晰的分界面，这种现象称为汽水分层。

出现汽水分层现象时，管壁上部温度可能高于下部温度，上下管壁之间存在的温差会产生较大的热应力。同时，由于管内水的起伏波动，在汽水交界面处会产生交变热应力，并破坏保护层，造成管壁腐蚀，这是检修中判断汽水分层的重要特征。

在正常工作条件下，应避免出现汽水分层流动状态。汽水混合物流速、蒸汽含量、压力和管子内径对于形成汽水分层均有影响。流速越低，管子内径越大，蒸汽含量增加，越容易发生分层；压力增加，汽水分层的范围扩大。管子内径越大，越易发生分层。同时，增大管子的倾角可使分层流动的范围缩小。在自然循环锅炉中，则应避免采用水平管。

### 4. 下降管带汽

锅炉下降管中含有蒸汽，会使下降管中工作介质平均密度下降，重位压头减小，从而使自然循环运动压头降低。同时，蒸汽密度较小，有上浮的趋势，并且下降管中工作介质的容积流量增加，并增加了下降管的阻力。显然，下降管水中带汽会增大循环总阻力，对水循环不利。

下降管中蒸汽随水向下流动时，由于静压升高，蒸汽会逐步凝结。如果进入下联箱之前蒸汽能全部凝结，则对水循环影响较小；若蒸汽被带入下联箱，则可能使水冷壁流量分配不均，从而导致水冷壁受热不均。下降管带汽的原因有：

（1）下降管入口处水自汽化。汽包中的水在没有欠焓时，是汽包压力下的饱和水。当水流入下降管时，由于流动阻力和水的加速，使下降管入口处的压力低于汽包压力，对应的饱和温度也相应降低，因此，会有部分锅水产生自沸腾现象，生成的蒸汽就会被带入下降管。

（2）下降管入口形成漩涡斗。汽包内的水在流入下降管过程中，由于流动方向和流动速度突然变化，造成下降管入口处四周水流速度分布不均匀，阻力损失不等，由于压力不平衡，在下降管进口处就产生了旋转的涡流，涡流的中心区是一个低压区，形成了空心的漩涡斗。如果下降管入口处以上水位较低，漩涡斗底深入下降管，则蒸汽就会由漩涡斗中心被吸入下降管中。

（3）水室带汽。汽包中无法实现汽水完全分离，水空间总是含有蒸汽，蒸汽会随锅水被带入下降管。水室带汽量的大小与很多因素有关，如锅炉压力、锅水欠焓、下降管水流速度、水位高度、锅水含盐量及汽水分离器形式等。尤其是亚临界锅炉，汽水密度差较小，汽水分离困难，从汽水分离器出来的水含有蒸汽，而大直径集中下降管入口处流速又较高，下降管带汽就难以避免。保证省煤器出口处水有一定的欠焓，在汽包内部装设下降管注水装置，将来自省煤器的给水直接送入下降管入口处，使部分蒸汽凝结。在汽包设计时，应保证下降管管口与汽水混合物引入管管口之间的距离不小于250~300mm，以减少下降管带汽。

## 3.2.4　影响循环安全性的主要运行因素

**1. 水冷壁受热不均或受热强度过高**

锅炉运行中，炉内火焰偏斜、水冷壁局部结渣和积灰是造成水冷壁吸热不均的主要原因。如前所述，那些受热很弱的管子容易出现停滞或倒流，受热很强的管子可能出现膜态沸腾，其结果都是导致管子局部发生传热恶化，管壁温度升高。

**2. 下降管带汽或自汽化**

下降管入口产生旋涡漏斗时，旋涡中心将有部分蒸汽被水流抽吸进入下降管。这样，一方面进入下降管的实际水流量减少，即循环流量降低；另一方面，由于下降管内出现汽水两相流动，工质密度减小，使下降管侧的重位压差降低，且流动阻力也相应增大，使下降管压差下降。这两方面的因素都会导致水循环安全裕度下降，即产生停滞、倒流的可能性增大。

防止下降管带汽的办法，除了在下降管入口安装隔栅外，运行时，应注意维持正常的汽包水位。水位过低，下降管入口不但容易产生旋涡漏斗，而且下降管入口处的静压力降低，容易产生水的自汽化。

**3. 水冷壁管内壁结垢**

锅炉运行水质不合格，含盐量超标，当水在管内受热蒸发时，盐分从水中析出，沉积在管壁上，管子金属内壁上无水膜冷却，而管外吸收高温火焰的热量不能被水流及时带走，管壁温度就会升高。这种破坏绝不亚于停滞、倒流和膜态沸腾的影响。与此同时，水冷壁管内结垢时，流动阻力也随着增大，容易引起停滞或倒流。

**4. 上升系统的流动阻力**

影响上升系统流动阻力的因素很多，如分配水管、水冷壁、汽水导管的管径、流通截面及管子弯头数量，汽水分离器的结构阻力系数，循环流速及锅炉负荷等。

**5. 变负荷速度走过快或低负荷运行时间过长**

锅炉低负荷运行时，蒸发量减少，水冷壁管内工质密度增大，使水冷壁重位压差增大，循环回路的运动压头减小，循环流速就会降低，因而低负荷运行时的水循环安全性较差。快速变负荷，尤其是在快速降负荷时，循环系统内由于压力降低，工质的自汽化过程加快，由于汽包室内水的自汽化和下降管内水的自汽化，使循环流量和运动压头同时减小，循环安全性大幅降低。因此，控制变负荷速度是保证水循环系统安全工作的重要条件之一。

## 3.2.5　提高自然循环安全性的措施

**1. 缩小水冷壁管径**

水冷壁管内径减小将使循环倍率减小，如要保持循环倍率，则需要增大质量流速。在其他条件不变时，缩小水冷壁管子内径，将使循环倍率 $K$ 和循环流量 $G$ 下降，水冷壁出口含汽率增大。

**2. 控制循环回路中水冷壁管屏的宽度**

炉膛周界水冷壁由多个管屏组成，管屏宽度应考虑一个管屏内的横向热负荷均匀，减小并联管的热偏差，一般炉膛一面墙的水冷壁可分成 3~4 个或更多的管屏。为了减小吸热不均，有的锅炉把炉角上 3~4 个水冷壁管节距的宽度切成斜角。

**3. 增大下降管和导汽管管径**

（1）减小下降管的流动阻力压力降，可提高循环流速和循环倍率。减小导汽管的流动阻力压力降，可提高有效压头，也能提高循环流速和循环倍率。

（2）增大管内径，其相对摩擦阻力系数下降，从而减小了其摩擦阻力压力降。故现代大型锅炉广泛采用集中大直径下降管。

（3）增大下降管和导汽管总流通断面积，可降低工质流速及流通阻力压力降。

## 3.3 燃烧原理和燃烧设备

### 教学目标

**1. 知识目标**

（1）掌握燃料迅速完全燃烧的条件。
（2）掌握煤粉气流的燃烧过程。
（3）掌握直流煤粉燃烧器和旋流煤粉燃烧器的结构和工作过程。
（4）掌握锅炉点火系统结构及工作原理。

**2. 能力目标**

（1）能分析煤粉气流不同燃烧阶段的特点。
（2）能根据直流煤粉燃烧器和旋流煤粉燃烧器的不同结构分析两种燃烧器的工作特点。
（3）能根据等离子点火系统的工作原理分析等离子点火的过程。

**3. 素质目标**

（1）培养学生的安全意识，引导学生注意生产安全，自觉服从规章制度，建立良好的安全生产意识。
（2）培养学生立足本职工作，刻苦钻研业务，爱岗敬业、恪尽职守的职业素养。
（3）培养学生创新能力和严谨认真的工匠精神。

### 任务描述

锅炉通过燃烧将燃料化学能释放出来。提高锅炉热效率的重点是提高锅炉的燃烧效率。

掌握燃料的燃烧过程和燃烧原理有助于理解锅炉的燃烧过程及控制。锅炉的燃烧设备是燃料释放化学能、将热量有效传递给其受热面的场所。掌握锅炉燃烧设备的结构和工作特点为后续锅炉点火操作和燃烧调节打下基础。

## 相关知识

### 3.3.1 燃烧原理

**1. 燃烧及燃烧区域**

在燃烧过程中，燃料和氧化剂可以是同一相态（如气体燃料在空气中的燃烧），称为均相燃烧，也可以是不同相态（如固体燃料或液体燃料在空气中的燃烧），称为多相燃烧。

电站锅炉中，煤粉的燃烧属于多相燃烧，燃烧反应是在燃料固体表面进行的。发生在固相表面的多相燃烧是一个复杂的物理化学过程，参加燃烧的氧气从周围环境扩散到反应物表面，氧气被燃料表面吸附并在燃料表面进行燃烧化学反应，燃烧产物被燃料表面分解吸附，燃烧产物离开燃料表面扩散到周围环境中。

多相燃烧速度取决于上述过程中进行得最慢的过程，即氧向燃料表面的扩散和在燃料表面上进行的燃烧化学反应两个过程。

1) 燃料燃烧速度及其影响因素

燃料燃烧过程的快慢用燃烧化学反应速度来表示，通常它是指单位时间内反应物浓度的减少或生成物浓度的增加。

燃料燃烧速度不仅取决于参加氧化反应的燃料的性质，而且还受燃烧进行时所处条件的影响，主要是反应物浓度、反应系统的压力和反应系统的温度的影响。

（1）反应物浓度。燃料化学反应是在一定条件下，由燃料与氧分子彼此碰撞而产生的，单位时间内碰撞次数越多，燃烧速度越快。在温度和反应容积不变时，增加反应物的浓度即增加反应物分子数，分子间碰撞的机会增多，燃烧速度加快。

（2）反应系统的压力。分子运动论认为，气体压力是气体分子碰撞容器壁面的结果，压力越高，单位容积内分子数越多。在温度和容积不变的条件下，反应系统压力越高，则反应物浓度越大，化学反应速度越快。

（3）反应系统的温度。当反应物浓度不变时，随着反应系统温度的升高，化学反应速度迅速加快。这是因为，燃烧化学反应是通过反应物分子间的碰撞而进行的，但只有其中具有较高能量的分子的碰撞才是发生反应的有效碰撞。当温度升高时，分子从外界吸收能量，有效碰撞的分子数急剧增多，燃烧速度加快。

实际燃烧设备中，燃烧过程是在燃料和空气连续供给的情况下进行的，反应物浓度、炉膛压力可认为基本不变，化学反应速度主要决定于反应温度和参加反应的燃料的性质，运行中常用提高炉膛温度的方法来强化燃烧。

2) 氧的扩散速度及其影响因素

氧的扩散速度表示单位时间向单位炭粒表面输送的氧量，表示了氧向燃料表面扩散过程的快慢。由于燃料燃烧消耗氧，燃料表面的氧浓度小于周围介质中的氧浓度，周围环境中的氧不断向炭粒表面扩散。氧的扩散速度不仅与氧浓度有关，还与炭粒直径及气流与炭粒的相对运动速度有关。

炭粒燃烧过程中，气流与炭粒的相对速度越大，扰动越强烈，氧的扩散速度越快，同时燃烧产物离开炭粒表面扩散出去的速度也越快。

由于炭的燃烧是在炭粒表面进行的，炭粒直径越小，单位质量炭粒的表面积越大，与氧的反应面积也越大，燃料燃烧消耗的氧越多，炭粒表面的氧浓度就越低。炭粒表面与周围环境的氧浓度差越大，氧的扩散速度越大。

因此，供应燃烧足够的空气量、增大炭粒与气流的相对速度和减小炭粒直径，都能加强炭粒燃烧的速度。

3）燃烧区域

由于温度对化学反应条件和气体扩散条件的影响不同，因此，按照氧的扩散速度与化学反应速度两者随温度的变化情况，可以明显地区分出炭粒的燃烧有三个不同的区域，如图3-19所示。

(1) 动力燃烧区。当温度较低（<1000℃）时，炭粒表面的化学反应速度很慢，化学反应的耗氧量远远小于供应到炭粒表面的氧量，氧的扩散过程对燃烧速度影响很小，燃烧速度主要取决于化学反应动力因素（温度和燃料反应特性），因而将这个反应温度区称为动力燃烧区。在该区域内，温度对燃烧过程起着决定性的作用，提高燃烧速度的有效措施是提高反应系统的温度。

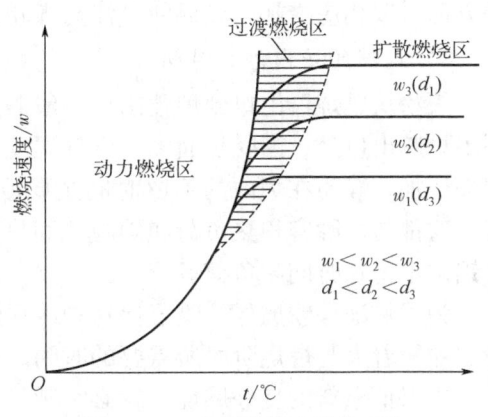

图3-19 多相燃烧速度的变化

(2) 扩散燃烧区。当温度很高（>1400℃）时，化学反应速度随温度升高而急剧增大，炭粒表面化学反应的耗氧量远远超过氧的供应量，扩散到炭粒表面的氧远不能满足化学反应的需要，氧的扩散速度成为制约燃烧速度的主要因素，将这个反应温度区称为扩散燃烧区。在该区域内，提高燃烧速度的有效措施是增大气流与炭粒的相对速度或减小炭粒直径。

(3) 过渡燃烧区。介于上述两个燃烧区的中间温度区，炭粒表面的化学反应速度与氧的扩散速度相差不多，化学反应速度和氧的扩散速度都对燃烧速度有影响，将这个反应温度区称为过渡（中间）燃烧区。在该区域内，提高反应系统温度和改善炭粒与氧的扩散混合条件，都可使燃烧速度增大。

在煤粉炉中，只有那些粗煤粉在炉膛的高温区才有可能接近扩散燃烧。在炉膛燃烧中心以外，煤粉是处于过渡区甚至动力区燃烧的。因此，提高炉膛温度和改善氧的扩散速度都可以强化煤粉的燃烧过程。

**2. 迅速完全燃烧的条件**

1）相当高的炉内温度

炉温越高，燃烧速度越快，有利于可燃物在炉内迅速燃烧、完全燃尽，所以应维持相当高的炉温。但对固态排渣煤粉炉而言，炉温也不宜过高，过高不仅会引起炉膛结渣、蒸发管传热恶化，还可能导致较多燃烧产物分解，燃烧产物的分解同样等于燃烧不完全。通过试验证明,锅炉的炉温在中温区域(1000~2000℃)内比较适宜,一般锅炉内的燃烧是在 0.1MPa 压力下进行,炉膛内最高温度为 1500~1600℃。

2) 供应充足而又合适的空气量

炉内空气供应不足,燃料燃烧缺氧而造成不完全燃烧热损失增大。但空气供应过多,又会使炉内烟温降低,燃烧速度减慢,不完全燃烧热损失增加;同时引起排烟量增大,排烟热损失增加。因此,合适的空气量要根据炉膛出口最佳过量空气系数来确定。

3) 燃料与空气的良好扰动和混合

煤粉锅炉一般都采用一、二次风相互配合组织燃烧。煤粉由一次风携带进入炉膛,着火后,一次风很快被消耗。二次风以较高的速度喷入炉内与煤粉混合,补充燃烧所需的空气,同时形成强烈的扰动,冲破碳粒表面的烟气层和灰壳,以强行扩散代替自然扩散,提高扩散混合速度,使燃烧速度加快并完全燃烧。除此之外,还可在炉膛形状、燃烧器的结构和布置等方面采取相应措施,以促使气流与煤粉充分混合。

4) 足够的炉内停留时间

煤粉从燃烧器出口到炉膛出口一般需要 2~3s。在这段时间内煤粉必须完全烧掉,否则到了炉膛出口处,因受热面多,烟气温度很快下降,燃烧就会停止,从而造成不完全燃烧热损失增加。煤粉在炉内的停留时间主要取决于炉膛容积、炉膛高度及烟气在炉内的流动速度,这都与炉膛容积热负荷和炉膛截面热负荷有关,既要在锅炉设计中选择合适的数据,还要锅炉不得长时间超负荷运行。

为了保证煤粉燃尽,除了保持炉内火焰充满程度和使炉膛有足够的空间和高度外,还应设法缩短着火与燃烧阶段所需要的时间。

要保证燃料的良好燃烧,就必须满足以上四个条件,为此要求燃烧设备具有合理的结构和布置,以及在运行中科学地组织整个燃烧过程。

### 3. 煤粉气流的燃烧过程

煤粉随同空气以射流的形式经燃烧器喷入炉膛,在悬浮状态下燃烧形成煤粉火炬。从燃烧器出口至炉膛出口,煤粉的燃烧过程大致可分为以下三个阶段。

1) 着火前的准备阶段

煤粉气流从喷入炉膛内至着火这一阶段为着火前的准备阶段。着火前的准备阶段是一个吸热过程。在此阶段内,煤粉气流被炉膛中的烟气不断加热,温度逐渐升高。煤粒受热后,首先水分蒸发,接着干燥的煤粉热分解析出挥发分。挥发分析出的数量和成分决定于煤的特性、加热温度与速度。

2) 燃烧阶段

当煤粉气流温度升高至着火温度,且煤粉浓度适宜时,煤粉气流就开始着火燃烧,进入燃烧阶段。燃烧阶段是一个强烈的放热阶段。它包括挥发分和焦炭的燃烧。首先是挥发分着火燃烧,放出热量,并对焦炭进行加热,使焦炭的温度迅速升高并燃烧起来。

3) 燃尽阶段

燃尽阶段是燃烧阶段的继续。煤粉经过燃烧后,大部分可燃质已燃尽,只剩少量残余碳粒继续燃烧。在此阶段中,由于残余碳粒表面形成灰壳,空气很难与之接触,同时氧浓度相应减少,气流的扰动减弱,燃烧速度明显下降,燃烧放热量小于水冷壁的吸热量,烟温逐渐降低。所以燃尽阶段需要的时间较长,且容易造成不完全燃烧损失。

对应于煤粉燃烧的三个阶段,可以在炉膛中划分出三个区,即着火区、燃烧区与燃尽区。由于燃烧的三个阶段不是截然分开的,因而对应的三个区也没有明确的分界线。但是大致可以认为:燃烧器出口附近是着火区;与燃烧器处于同一水平的炉膛中部及稍高的区域是燃烧区;高于燃烧区直至炉膛出口的区域都是燃尽区。其中着火区很短,燃烧区也不长,而燃尽区却较长。根据对 $R_{90}=5\%$ 的煤粉试验,其中97%的可燃质是在25%的时间内燃尽的,而其余3%的可燃质却要在75%的时间内才燃尽。

### 4. 煤粉气流的着火与强化

煤粉气流喷入炉内,主要通过紊流扩散卷吸高温烟气进行对流加热,同时也受高温火焰的辐射加热而着火。煤粉气流的着火首先是从与烟气接触的边界层开始,然后以一定速度向射流轴心传播,形成稳定的着火面。煤粉气流最好离喷口不远就能迅速稳定地着火。着火越快,才能保证可燃物在炉内短暂的停留时间内充分燃尽,否则不仅 $q_4$ 损失增大,而且火焰中心上移,可能造成炉膛出口结渣和过热汽温偏高。但着火点离喷口也不能太近,否则可能造成燃烧器附近结渣甚至烧坏燃烧器,恰当的着火距离一般为300~500mm。稳定着火是指煤粉气流能连续引燃,不致因火焰中断造成灭火。

着火过程实际上是指煤粉一次风气流从入炉前的初始温度加热至着火温度的吸热过程,这个过程吸收的热称为着火热。它主要用于加热煤粉和一次风,并使煤中水分蒸发和过热,因此影响着火热的因素主要有着火温度、一次风煤粉混合物的初温、一次风量和原煤水分。

强化着火就是保证着火过程迅速稳定进行。为此,一方面应减少着火热;另一方面应加强烟气的对流加热,提高着火区的温度水平,保证着火热的供应。这既与燃料性质、一次风的初始状态有关,又与燃烧设备、运行工况有关。下面分析影响煤粉气流着火的主要因素及强化着火的措施。

1) 燃料性质

挥发分是判断燃料着火特性的主要指标。挥发分越高的煤,着火温度越低,即越容易着火;而挥发分越低的煤,着火温度就越高,就越不容易着火。在煤粉炉炉内相同加热条件下测出的煤粉气流着火温度为:褐煤为550℃;烟煤为840~650℃;贫煤为900℃;无烟煤为1000℃。由此可见贫煤、无烟煤着火比较困难。

原煤水分 M 增大,不仅着火热增加,同时水分蒸发、过热要消耗热量,使烟温降低,显然这对着火不利。

灰分在燃烧过程中不仅不能放热,而且还要吸热。当燃用高灰分劣质煤时,由于煤本身发热量低,大量灰分在着火过程吸热较多使炉温下降,煤粉气流不仅着火推迟,而且着火的稳定性也降低。

煤粉越细,单位质量表面积越大,对流换热的热阻越小,因此细粉比粗粉着火快。另外煤粉的均匀性指数越小,粗煤粉就越多,燃烧完全程度会降低。因此烧挥发分低的煤时,应该用较细较均匀的煤粉。

2) 一次风温

一次风温对气流的着火、燃烧速度影响较大,提高一次风温,可降低着火热,使着火位置提前。运行实践表明,提高一次风温还能在低负荷时稳定燃烧。提高一次风气流的温度对煤粉着火十分有利,因此,提高一次风温度是提高煤粉着火速度和着火稳定性的必要措施之一。我国电厂在燃用无烟煤、劣质煤和某些贫煤时，为了使煤粉气流的初温尽可能接近300℃，空气预热器出口的热风温度提高到350~420℃，并采用热风作一次风输送煤粉。

根据煤质挥发分含量的大小，一次风温既应满足使煤粉尽快着火，稳定燃烧的要求，又应保证煤粉输送系统工作的安全性。一次风温超过煤粉输送的安全规定时，就可能发生爆炸或自燃。一次风温太低对锅炉运行也不利，除了推迟着火，燃烧不稳定和燃烧效率降低之外，还会导致炉膛出口烟温升高，引起过热器超温或汽温升高。

3）一次风量和风速

一次风量主要取决于煤质条件，当锅炉燃用的煤质确定时，一次风量对煤粉气流着火速度和着火稳定性的影响是主要的。一次风量越大，煤粉气流加热至着火所需的热量就越多，即着火热越多，这时着火速度就越慢，因而距离燃烧器出口的着火位置延长，使火焰在炉内的总行程缩短，即燃料在炉内的有效燃烧时间减少，导致燃烧不完全，显然这时炉膛出口烟温也会升高，不但可能使炉膛出口的受热面结渣，还会引起过热器或再热器超温等一系列问题，严重影响锅炉安全经济运行。但一次风量太小，着火阶段部分挥发分和细煤粉燃烧得不到足够的氧，将限制燃烧过程的发展。

对于不同的燃料，由于它们的着火特性的差别较大，所需的一次风量也就不同，在保证煤粉管道不沉积煤粉的前提下，应尽可能减小一次风量。显而易见，一次风量应该既能满足煤粉中挥发分着火燃烧所需的氧量，又能满足输送煤粉的需要。如果同时满足这两个条件有矛盾，则应首先考虑输送煤粉的需要。例如对于贫煤和无烟煤，因挥发分含量很低，如按挥发分含量来决定一次风量，则不能满足输送煤粉的要求，为了保证输送煤粉，必须增大一次风量。但因此却增加了着火的困难，这又要求加强快速与稳定着火的措施，即提高一次风温度，或采用其他稳燃措施。

一次风量通常用一次风量占总风量的比值表示，称为一次风率。一次风率的推荐值见表3-2。

表3-2 各种煤的一次风率推荐值　　　　　　　　　　　　　　　　　单位：%

| 煤种 | 无烟煤 | 贫煤 | 烟煤 | 褐煤 |
| --- | --- | --- | --- | --- |
| 干燥无灰基挥发分 | <10 | 10~20 | 20~40 | >40 |
| 一次风率 | 15~20 | 20~25 | 25~45 | 40~45 |

煤粉气流混合物通过燃烧器一次风喷口截面的速度称为一次风速。一次风速越高，气粉混合物流经着火区的容积流量越大，要求的着火热越多，使加热过程延长，着火推迟。但一次风速也不能太低，否则紊流扩散减弱，不利于高温烟气对煤粉气流的对流加热，着火也要推迟，同时还可能造成燃烧器冷却不良而烧坏、煤粉管道堵粉等故障。挥发分高的煤易着火，一次风速应适当高一些，以免着火离燃烧器太近而烧坏燃烧器；难着火的煤，一次风速应适当低一些，使煤粉气流在着火区得到充分加热。

在燃烧器结构和燃用煤种一定时，确定了一次风量就等于确定了一次风速。一次风速不但决定着火燃烧的稳定性，而且还影响着一次风气流的刚度。

一次风速过高，会推迟着火，引起燃烧不稳定，甚至灭火。任何一种燃料着火后，当氧浓度和温度一定时，具有一定的火焰传播速度，当一次风速过高，大于火焰传播速度时，就会吹灭火焰或者引起"脱火"，即便能着火，也可能产生其他问题。因为较粗的煤粉惯性大，容易穿过剧烈燃烧区而落下，形成不完全燃烧，有时甚至使煤粉气流直冲对面的炉墙，引起结渣。一次风速过低，对稳定燃烧和防止结渣也是不利的，一次风速过低造成的影响有：

（1）煤粉气流刚性减弱，易弯曲变形，偏斜贴墙，切圆组织不好，扰动不强烈，燃烧缓慢；

（2）煤粉气流的卷吸能力减弱，加热速度缓慢，着火延迟；

（3）气流速度小于火焰传播速度时，可能发生"回火"现象，或因着火位置距离喷口太近，将喷口烧坏；

（4）易发生空气、煤粉分层，甚至引起煤粉沉积、堵管现象；

（5）引起一次风管内煤粉浓度分布不均，从而导致一次风射出喷口时，在喷口附近出现煤粉浓度分布不均的现象，这对燃烧也是十分不利的。

燃烧器配风风速的推荐值见表 3-3。

表 3-3  燃烧器配风风速的推荐值    单位：m/s

| 燃烧器的型式及风速 | | 无烟煤 | 贫煤 | 烟煤 | 褐煤 |
| --- | --- | --- | --- | --- | --- |
| 旋流式燃烧器 | 一次风 | 12~16 | 16~20 | 20~25 | 20~25 |
| | 二次风 | 15~22 | 20~25 | 30~40 | 25~35 |
| 直流式燃烧器 | 一次风 | 20~25 | 20~25 | 25~35 | 18~30 |
| | 二次风 | 5~55 | 45~55 | 40~55 | 40~60 |
| | 三次风 | 50~60 | 50~60 | | |

4）着火区的温度水平

煤粉气流在着火阶段的温度较低，燃烧处于动力燃烧区，迅速提高着火区的温度可加速着火过程。燃烧中心区的高温烟气回流到着火区，对煤粉进行对流加热往往是着火热的主要来源。回流的烟气量越大，着火区温度越高，着火就越快。

炉膛的温度水平是随锅炉负荷的高低而升降的。锅炉负荷降低，炉温降低，着火区的温度水平也降低，当锅炉负荷低到一定程度时，就危及着火的稳定，甚至造成灭火。在最低负荷运行时应采取稳燃措施。

5）煤粉气流的着火周界面

煤粉气流与烟气的接触周界面越大，传热量越多，着火越快。为此常通过燃烧器将煤粉气流分割为若干小股，或使气流旋转扩散，以增大着火周界面。

### 5. 燃烧中心区的混合

煤粉气流一旦着火就进入燃烧中心区，在这里，除少量粗粉接近扩散燃烧工况外，大部分煤粉处于过渡燃烧工况，因此强化燃烧过程既要加强氧的扩散混合，又不得降低炉温。

煤粉气流着火后，放出大量的热，炉温迅速升高，火焰中心的温度可达 1500~1600℃。燃烧速度很快。一次风中的氧很快耗尽，碳粒表面缺氧限制了燃烧过程的发展，及时供应二次风并加强一、二次风的混合，是强化燃烧的基本途径，所谓及时是指二次风应在煤粉气流着火后立即混入。混入过早，失去限制一次风的意义，将使着火推迟；混入过晚，氧量供应不足，将使燃烧速度减慢，不完全燃烧损失增加。由于二次风温比烟温低得多，为了不降低燃烧中心区的温度，二次风最好在煤粉气流着火后，随着燃烧过程的发展及时、充分的供应。煤粉在悬浮状态下燃烧，由于高温火焰的黏度很大，空气与煤粉的相对速度很小，混合条件很不理想，因此二次风除补充空气外，还得通过紊流扩散，加强一、二次风的混合，为此二次风必须以很高的速度喷入，并与一次风保持一定的速度比，其最佳值取决于煤种和燃烧器形式。二次风速一般都大于一次风速。

当燃用的煤质一定时，一次风量就被确定了，这时二次风量随之确定。对于已经运行的锅炉，由于燃烧器喷口结构未变，故二次风速只随二次风量变化。

锅炉运行中，重要的问题是如何根据煤质和燃烧器的结构特性以最佳方式投入二次风。配风方式不仅影响燃烧稳定性和燃烧效率，还关系到结渣、火焰中心高度的变化、炉膛出口烟温的控制，从而进一步影响过热汽温与再热汽温，因此运行人员可根据煤质和燃烧设备本身的条件，在运行中不断摸索经验，合理组织燃烧器的配风，以适应运行煤质多变的需要。

从燃烧角度看，二次风温越高，越能强化燃烧，并能在低负荷运行时增强着火的稳定性，但是二次风温的提高受到空气预热器传热面积的限制，传热面积越大，金属耗量就越多，不但增加投资，而且将使预热器结构庞大，不便布置。

**6. 燃尽区的强化**

大部分煤粉在燃烧中心区燃尽，剩下少量粗碳粒在燃尽区继续燃烧。燃尽区的燃烧条件，不论可燃质的浓度、氧浓度、温度水平及气流扰动强度都处于最不利情况，因此燃烧速度相当缓慢，燃尽过程延续很长，占据了炉膛空间很大部分。为了提高燃烧过程的完全程度，减少 $q_4$ 损失，强化燃尽过程是非常重要的。从良好燃烧的四个条件来看，燃尽区的强化主要靠延长可燃物在炉内停留时间来保证，具体措施有：

（1）选择适当的炉膛容积及火炬长度，保证煤粉在炉内停留的总时间。

（2）强化着火与中心区的燃烧，使着火与燃烧中心区火炬行程缩短，在一定炉膛容积内等于增加燃尽区的火炬长度，延长碳粒在炉内燃烧时间。

（3）改善火焰在炉内充满程度，实践证明，火焰并未充满整个炉膛。火焰所占容积与炉膛几何容积之比称为火焰充满程度。充满程度越高，炉膛的有效容积越大，可燃物在炉内实际停留时间越长。

（4）保证煤粉细度，提高煤粉均匀度。理论研究表明，煤粉完全燃烧所需时间与煤粒直径的平方成正比，造成 $q_4$ 损失的原因主要是煤粉中大颗粒的粗粉，因此细而均匀的煤粉，容易实现可燃物在炉内停留时间大于煤粉完全燃烧所需时间，使 $q_4$ 损失减小。

在煤粉气流燃烧过程中，着火是良好燃烧的前提，燃烧是整个燃烧过程的主体，燃尽是完全燃烧的保证。燃烧过程的强化，很大程度依靠燃烧设备合理的结构与布置来实现。

## 3.3.2 燃烧设备

针对不同燃料和不同的燃烧过程，锅炉的燃烧设备不相同。煤粉炉是以煤粉为燃料进行燃烧的，它具有燃烧迅速、完全、容量大、效率高、适应煤种广、便于控制调节等优点，它是目前电厂锅炉的主要形式。本小节介绍煤粉炉的燃烧设备。

煤粉炉燃烧设备包括煤粉燃烧器、炉膛（煤粉燃烧空间）、点火系统和火焰检测器。

**1. 煤粉燃烧器**

燃烧器是煤粉锅炉燃烧系统的主要设备。其作用是向炉内输送燃料和空气，保证燃料进入炉膛后尽快、稳定地着火，组织燃料和空气及时、充分地混合，迅速完全地燃尽。燃烧器的性能对燃烧的安全性、经济性、稳定性和环境保护有很大的影响，一个性能良好的燃烧器应满足下列条件：

（1）组织良好的炉内空气动力场，使燃料能迅速、稳定着火，并保证完全燃烧，同时还要求炉内温度分布合理，受热面不结渣。

（2）有较好的燃料适应性，以满足煤种在一定范围内变化时，仍能保证机组的安全、稳定、经济运行。

（3）具有良好的负荷调节性能和较大的调节范围，以适应电网调峰的需要。

（4）能通过燃烧控制 $NO_x$ 的生成，以满足环境保护的要求。

（5）流动阻力较小，运行可靠，不易烧坏和磨损，便于维修和更换部件。

在煤粉燃烧时，为了减少着火所需的热量，迅速加热煤粉，使煤粉尽快达到着火温度，以实现尽快着火，将煤粉燃烧所需的空气量分为一次风和二次风。一次风的作用是将煤粉送进炉膛，并供给煤粉初始着火阶段中挥发分燃烧所需的氧量。二次风在煤粉气流着火后混入，供给煤中焦炭和残留挥发分燃尽所需的氧量，以保证煤粉完全燃烧。

根据出口气流特征，煤粉燃烧器可分为直流煤粉燃烧器和旋流煤粉燃烧器两大类。

1）直流煤粉燃烧器

直流煤粉燃烧器的出口是由一组圆形、矩形或多边形的喷口构成。直流煤粉燃烧器在炉膛的布置如图 3-20 所示。

煤粉气流和燃烧所需空气分别由不同喷口以直流射流的形式喷入炉膛。煤粉气流和热空气从喷口射出后，形成直流射流进入炉膛。从燃烧器喷口射出的气流以一定的速度进入炉膛，由于射流的紊流扩散，带动周围的热烟气一道向前流动，这种现象叫"卷吸"。由于"卷吸"，射流不断扩大，不断向四周扩张，同时主气流的速度由于衰减而不断减小。正是由于射流的这种"卷吸"作用，将高温烟气的热量源源不断地输送给进入炉内的新煤粉气流，煤粉气流才得到不断加热升温，当煤粉气流吸收足够的热量并达到着火温度后，便首先从气流的外边缘开始着火，然后火焰迅速向气流深层传播，达到稳定着火状态。

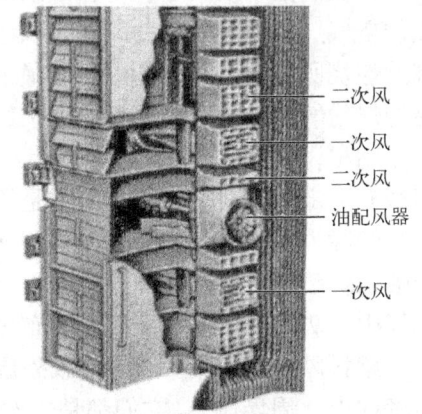

图 3-20　直流煤粉燃烧器在炉膛布置

当煤粉气流没有足够的着火热源时，虽然局部的煤粉通过加热也可达到着火温度，并在瞬间着火，但这种着火不能稳定进行，即着火后还容易灭火，这样的着火极易引起爆燃，是一种十分危险的着火工况。

直流燃烧器按照配风方式不同分为均等配风直流煤粉燃烧器和分级配风直流煤粉燃烧器。

（1）均等配风直流煤粉燃烧器。均等配风方式是指一、二次风喷口相间布置，即在两个一次风喷口之间均等布置一个或两个二次风喷口，或者在每个一次风喷口的背火侧均等布置二次风喷口。在均等配风方式中，由于一、二次风喷口间距相对较近，一、二次风自喷口流出后能很快得到混合，使煤粉气流着火后不致由于空气跟不上而影响燃烧，故一般适用于烟煤和褐煤。

（2）分级配风直流煤粉燃烧器。分级配风方式是指把燃烧所需的二次风分级、分阶段地送入燃烧的煤粉气流中，即在一次风煤粉气流着火后送入一部分二次风，使已着火的煤粉气流的燃烧能继续扩展，待全部着火以后再分批送入剩余的二次风，为煤粉的完全燃烧和燃尽提供充足的氧气。在分级配风方式中，通常将一次风喷口较集中地布置在一起，而二次风喷口分层布置，且一、二次风喷口之间保持较大的距离，以便控制一、二次风在炉内的混合点和混合时间，使二次风不会过早过多地混入一次风中，以提高一次风着火的稳定性，这对于无烟煤的着火与燃烧是有利的，此种燃烧器适用于无烟煤、贫煤和劣质煤，所以又叫做无烟煤型直流煤粉燃烧器。

直流煤粉燃烧器各层风的作用如下：

（1）一次风。

一次风的作用是将煤粉送进炉膛，并供给煤粉初始着火阶段燃烧所需的氧气。

（2）二次风。

二次风是在煤粉气流着火后混入，供给煤粉燃烧阶段和燃尽阶段所需的氧气。目前在大容量锅炉直流煤粉燃烧器中，根据所承担的具体任务不同，二次风又分为辅助风、燃尽风和燃料风。

辅助风是二次风的主要组成部分，其任务是为燃料燃烧提供氧气。根据其喷口内是否设有油枪，又分为油辅助风和煤辅助风。在油枪投入运行时，油辅助风主要是为油的燃烧提供空气；在油枪不投入运行时，油辅助风和煤辅助风作用相同，都是为一次风煤粉气流的燃烧提供空气。最上层的辅助风，除供应上排煤粉燃烧所需空气外，还可补充炉内未燃尽的煤粉继续燃烧所需空气。位于燃烧器最下层的辅助风，除供应下排煤粉气流燃烧所需空气外，还能把煤粉气流中离析的粗粉托浮住，以减少固体未完全燃烧热损失。

燃尽风也是二次风的一部分，一般分两层布置于整组燃烧器的最上方，并且距离主燃烧器区有一定的距离。它的作用主是给燃尽区未燃尽的煤粉继续燃烧提供空气，因而称为燃尽风。炉膛内实现分级燃烧，以抑制$NO_x$的形成。燃尽风一般沿与主气流旋转方向相反的方向喷入炉膛内，这样可降低炉膛出口处烟气的残余旋转，减轻水平烟道两侧的烟温、烟速及烟气中飞灰浓度偏差，从而减小布置在水平烟道入口处过热器的热偏差。

燃料风是指从一次风内部或外围补入的少量空气，前者称为"夹心风"或"十字风"，后者称为"周界风"，它们都是二次风的一部分。其中周界风的作用是冷却一次风喷口，防止喷口烧坏或变形。由于直流煤粉火焰的着火从外边界开始，火焰周围易出现缺氧现象，这时周界风可起到补氧作用。周界风速度比一次风速要高，它能增强一次风气流的刚性，防止其严重偏斜。

（3）三次风。

在中间储仓式制粉系统中，由于细粉分离器分离出来的乏气中还带有约10%的细煤粉，当这部分乏气由单独的喷口回收进入炉膛内燃烧时，称为三次风。三次风的特点是温度低、水分大、煤粉细。三次风使火焰温度降低，燃烧不稳定，对燃烧有不利影响。为了减轻三次风对燃烧的不利影响，在大容量锅炉上可将三次风分为两段，即上三次风和下三次风，并且布置于燃烧器上部，远离一次风喷口。

直流煤粉燃烧器一般布置在炉膛四角上，如图3-21所示。煤粉气流在射出喷口时，虽然是直流射流，但当四股气流到达炉膛中心部位时，以切圆形式汇合，形成旋转燃烧火焰，同时在炉膛内形成一个自下而上的旋涡气流。因此这种燃烧方式称为四角切圆燃烧。直流燃烧器切圆燃烧方式有所示的多种布置方式。每一种布置方式的出发点都是为了获得良好的炉内空气动力特性，都是从改善煤粉气流的着火燃烧和防止火焰偏斜的角度来考虑的。

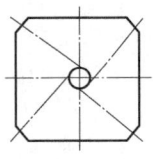
(a) 正四角布置
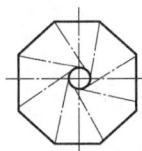
(b) 正八角布置
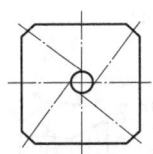
(c) 大切角正四角布置
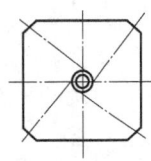
(d) 同向大小双切圆方式

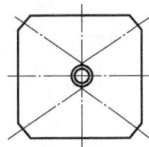
(e) 正反双切圆方式
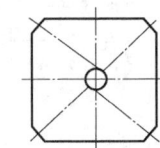
(f) 两角相切，两角对冲方式
(g) 双室炉膛切圆方式
(h) 大切角双室炉膛切圆方式

图 3-21 直流煤粉燃烧器的布置方式

目前电站锅炉的直流煤粉燃烧器广泛采用四角布置切圆燃烧方式。在这种燃烧方式中，直流煤粉燃烧器布置在炉膛的四个角上，四个燃烧器的几何轴线与炉膛中心的一个或两个假想圆相切。由燃烧器喷出的四股气流沿炉膛中心假想圆的切线方向进入炉膛后，在炉膛中心汇合形成稳定的强烈燃烧的旋转火炬。四角布置切圆燃烧的炉内空气动力特性如图 3-22 所示。其主要特点如下：

（1）四角射流相互点燃，使煤粉着火稳定，是煤粉着火稳定性较好的炉型。

（2）由于四股射流在炉膛内相交后强烈旋转，湍流的热量、质量和动量交换十分强烈，故能加速着火后燃料的燃尽程度。

（3）四角切圆射流有强烈的湍流扩散和良好的炉内空气动力结构，炉膛充满系数较好，炉内热负荷均匀。

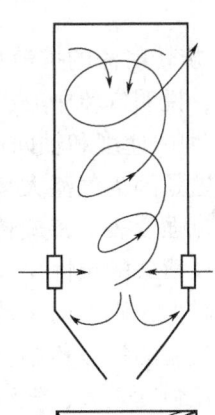

图 3-22 四角布置切圆燃烧的炉内空气动力特性
Ⅰ—无风区；Ⅱ—强风区；Ⅲ—弱风区

（4）切圆燃烧时每角均由多个一、二次风喷嘴所组成，负荷变化时调节灵活，对煤种适应性强，控制和调节手段也较多。

（5）炉膛结构简单，便于大容量锅炉的布置。

**2. 旋流煤粉燃烧器**

旋流煤粉燃烧器一、二次风喷口为圆形喷口，故又称为圆形燃烧器。一次风气流在离开燃烧器之前，在圆形喷管中做旋转运动，当旋转气流离开喷口失去管壁控制时，气流将沿螺旋线的切线方向运动，形成辐射状的空心锥气流。二次风喷口在一次风喷口周围，二次风射流均为绕燃烧器轴线旋转的旋转射流。整个燃烧器射出的射流为旋转射流。

(1) 旋流煤粉燃烧器特点。

经旋流器产生旋转运动的气流射入炉膛后，失去了燃烧器通道壁面的约束，向四周扩散，形成辐射状空心紊流旋转射流，如图 3-23 所示。与直流射流相比，旋流射流有如下特性：

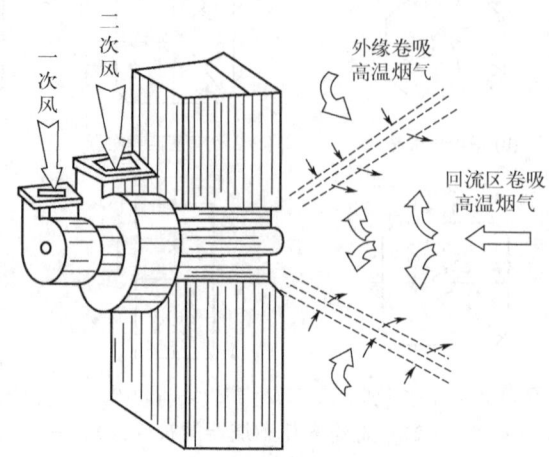

图 3-23 旋流射流燃烧器的工作原理

① 旋转射流的扩散角比较大，扰动强烈，而且在气流中心距离喷口不远处轴向速度出现负值，说明气流中心出现烟气回流区。显然，这有助于煤粉气流的着火。

② 切向速度和轴向速度都衰减得较快，致使气流速度旋转的强度很快减弱，气流射程较短。这是因为气流大量卷吸周围的烟气和消耗动能之故。

旋流强度表征了旋转气流切向运动相对于轴向运动的强度，它由气流的旋转动量矩和轴向动量及喷口的定性尺寸来决定。射流外边界所形成的夹角称为扩散角，用符号 $\theta$ 表示。旋流强度越大，则切向运动速度越大，气流的扩散角也越大，射程越短，回流区越大。旋流强度小，气流的扩散角小，气流中心回流区小甚至失去回流区。

旋流强度过大，气流扩散角随之增大，射流外缘与炉墙之间间距减小，气流周界回流区补气困难，负压增大，射流在内侧压力的作用下被压向炉墙，气流贴墙流动，形成"飞边"现象。"飞边"容易引起喷口附近严重结渣、烧坏喷口以及附近水冷壁被严重磨损等问题，所以在锅炉运行中，应注意控制旋流强度不应过大，避免"飞边"现象的产生。

(2) 旋流煤粉燃烧器形式。

旋流煤粉燃烧器是利用旋流装置使气流产生旋转运动的，旋流煤粉燃烧器按采用的旋流器形式不同，分为蜗壳式旋流器和叶片式旋流器。蜗壳式旋流器由于阻力大、调节性差，大型锅炉运用较少。叶片式旋流燃烧器的调节性能较好，一、二次风阻力也较小，出口气流煤粉分布较均匀，所以应用较广。旋流燃烧器扩散角大，扰动大，动能衰减快，射程短，适应高挥发分燃料。

叶片式旋流煤粉燃烧器出口的二次风是通过切向叶片或轴向叶片旋流器产生旋转运动的。该燃烧器调节性能好，一、二次风阻力也小，出口的煤粉气流分布较均匀，但其扩展角大、扰动大、动能衰减快、射程短，所以目前主要用于燃用挥发分较高的烟煤和褐煤。

叶片式旋流煤粉燃烧器又分为轴向可动叶轮式和切向叶片式两种。图 3-24 为轴向可动叶轮式旋流煤粉燃烧器。燃烧器中心管中可插点火油枪，中心管外是一次风环形通道，一次风道外是二次风环形通道。一次风煤粉气流为直流射流或靠舌形挡板产生的弱旋转射流，二次风气流通过装在其通道上的轴向可动叶轮产生旋转。叶轮上装有拉杆，通过拉杆可调节叶轮在二次风道轴线上的前后位置。当叶轮向外移动时，会有部分二次风从叶轮外侧直流通过，这股直流二次风和从叶轮轴向叶片流出的旋转二次风混合在一起，使二次风的旋转强度减弱。叶轮向外移动的距离越大，旋转强度越小。因此，运行中通过调节叶轮的位置可改变二次风的旋转强度，从而达到调整燃烧工况的目的。

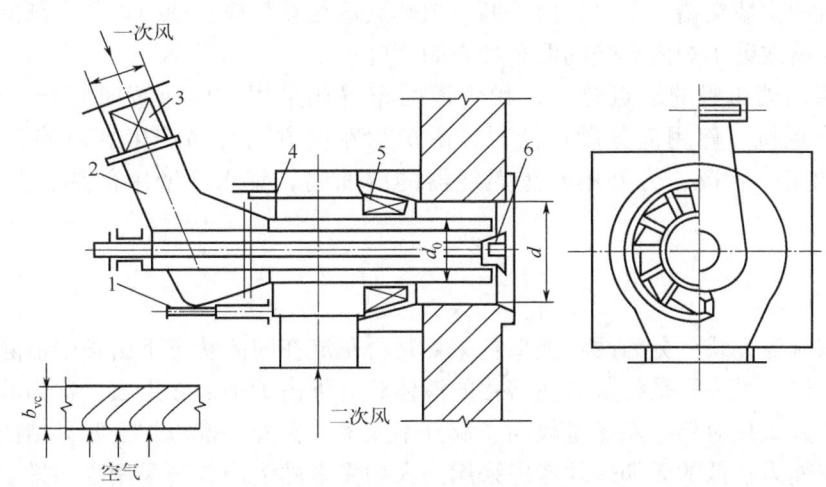

图 3-24　轴向可动叶轮式旋流煤粉燃烧器的结构

1—拉杆；2——一次风管；3——一次风舌形挡板；4——二次风管；5——二次风叶轮；6—油喷嘴

切向叶片式旋流煤粉燃烧器一次风煤粉气流为直流射流或靠入口挡板产生的弱旋转射流，二次风气流通过装在其通道上的切向叶片产生旋转。一般切向叶片做成可调式，改变叶片的倾斜角即可调节气流的旋转强度。

（3）旋流煤粉燃烧器布置。

旋流式燃烧器在炉膛的布置多采用前墙或两面墙对冲（交错）布置，如图 3-25 所示，其布置方式对炉内空气动力场和火焰充满程度影响很大。

① 燃烧器前墙布置。

燃烧器前墙布置时，从每个燃烧器射出的旋转射流最初是独立扩散，依靠中心回流卷吸高温烟气，以保证煤粉气流迅速稳定地着火；同时炉内射流衰减快，在炉膛前上部和底部形成两个非常明显的停滞旋涡区。

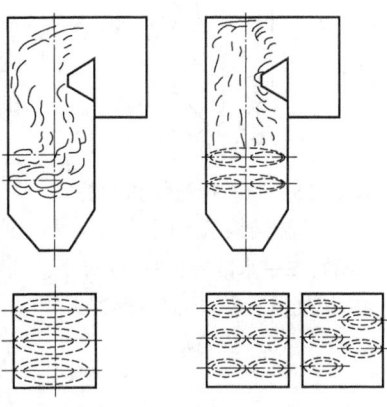

(a) 前墙布置　(b) 两面墙对冲(交错)布置

图 3-25　旋流煤粉燃烧器常见的布置形式

前墙布置的优点是：磨煤机可以布置在炉前，煤粉管道较短且形状尺寸大体一致，煤粉管道最短，且各燃烧器阻力系数相近，煤粉气流分配较均匀，沿炉膛宽度方向烟气温度偏差小。其缺点是：整个炉内火焰扰动较弱，特别是燃烧后期混合较差；炉膛内形成的停滞旋涡区明显，火焰在炉膛中充满程度不佳。

如果调节不当，前墙的燃烧火炬可能直冲后墙，造成后墙水冷壁结渣。

② 燃烧器两面墙布置。

旋流煤粉燃烧器的两面墙布置可分为两面墙对冲布置和两面墙交错布置，如图3-25（b）所示。

当燃烧器两面墙对冲布置时，两方火炬在炉膛中央相互撞击后，气流的大部分向炉膛上方运动，只有少部分气流下冲到冷灰斗内，并在其中形成停滞旋涡区。如果对冲的两个燃烧器负荷不对称，可能导致炉内高温火焰偏斜，水冷壁结渣。

当燃烧器两面墙交错布置时，由于两方炽热火炬相互穿插，使得炉膛上部的停滞旋涡区基本消失，这就改善了炉内火焰的混合和充满程度。

燃烧器两面墙布置的缺点是：风粉管道的布置比采用前墙布置时复杂；锅炉低负荷运行或切换磨煤机、停用部分燃烧器时，沿炉膛宽度方向容易产生烟温偏差，影响炉膛出口受热面的工作状况；另外不布置燃烧器的两面墙，其水冷壁中部热负荷偏高，容易引起结渣。

**2. 炉膛**

煤粉炉按排渣方式可分为两种类型：一种是将灰渣在固体状态下由炉中清除出去，称为固态排渣煤粉炉；另一种是将灰渣在熔化的液体状态下由炉中清除出去，称为液态排渣煤粉炉。液态排渣方式只对那些发热量较高、灰分不太多、在固态排渣炉上容易结渣的低灰熔点煤和某些反应能力较低的无烟煤才考虑采用。大型发电站锅炉普遍采用固态排渣煤粉炉，故本书只介绍固态排渣煤粉炉。

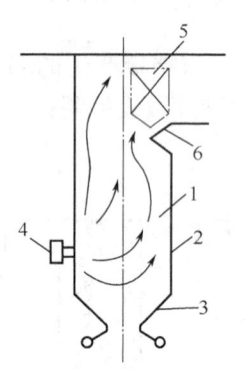

图3-26 固态排渣煤粉炉炉膛结构示意图
1—炉膛；2—水冷壁；3—冷灰斗；
4—燃烧器；5—屏式过热器；
6—折焰角

炉膛也称为燃烧室，固态排渣煤粉炉的炉膛结构如图3-26所示。它是一个由炉墙围成的长方体空间，其四周布满水冷壁，炉底是由前后水冷壁管弯曲而成的倾斜冷灰斗，炉顶一般是平炉顶结构，高压以上锅炉一般在平炉顶布置顶棚管过热器，炉膛上部悬挂有屏式过热器，炉膛后上方为烟气出口。为了改善烟气对屏式过热器的冲刷，充分利用炉膛容积并加强炉膛上部气流的扰动，炉膛出口的下部有后水冷壁弯曲而成的折焰角。

炉膛既是燃烧空间，又是锅炉的换热部件，因此它的结构应既能保证燃料完全燃烧，又能使炉膛出口烟温降低到灰熔点以下，以便使出口以后对流受热面不结渣。因此，炉膛应满足以下要求：

（1）要有良好的炉内空气动力特性，这不仅能够避免火焰冲击炉墙，防止炉膛水冷壁结渣，而且还能使火焰在炉内有较好的充满程度，减少炉内死滞旋涡区，从而充分利用炉膛容积，以保证煤粉燃烧过程有足够空间和时间。

（2）应能布置足够的受热面，将炉膛出口烟温降到允许的数值，以保证炉膛出口及其后的受热面不结渣。

（3）要有合适的热强度，按热强度确定的炉膛容积及其截面尺寸和高度应能满足煤粉气流在炉内充分发展、均匀混合和完全燃烧的要求。

### 3. 点火系统

煤粉炉点火系统的主要作用如下：

（1）点火暖炉、稳定燃烧和助燃。锅炉启动时，利用点火系统来预热炉膛及点燃主燃烧器的煤粉气流，这个过程称为"点火暖炉"。

（2）当锅炉机组担任调峰任务需在较低负荷下运行或燃煤质量变差时，由于炉膛温度降低危及煤粉着火的稳定性，炉内火焰发生脉动以至有熄火危险时，也可用点火系统来稳定燃烧和助燃。

煤粉炉点火装置主要有采用过渡燃料的点火装置和无油点火装置两种。采用过渡燃料的点火系统有气—油—煤三级系统和油—煤二级系统两种。发电厂燃煤锅炉多采用二级点火系统。二级点火系统主要由点火器、油燃烧器、炉前油系统、控制系统和火焰检测设备组成。一般先用点火器点燃油燃烧器喷出的雾化油，点火器退出，通过油的燃烧放出热量加热炉膛，待炉膛温度水平达到煤粉气流的着火温度后，投入煤粉，将煤粉点燃，最后在煤粉气流燃烧稳定后，油燃烧器熄火并退出运行。

以燃油为过渡燃料的点火系统，需要消耗大量的燃油。为了减少火力发电厂的燃油耗量，近几年一些少油，甚至无油点火新技术相继问世，如等离子点火技术、微油点火技术和高温空气无油点火技术等。目前大型电站锅炉大部分采用等离子点火技术。本书介绍等离子点火技术。

1）等离子点火系统特点

等离子点火技术在点火与稳燃过程中以煤代油，应用于燃烧贫煤、烟煤、褐煤的锅炉。

采用等离子点火系统，可以节约发电厂的运行费用。电厂采用单一燃料后，减少了燃油的运输和储存环节，改善了电厂的环境。由于点火时不燃油，电除尘装置可以在点火初期投入，减少了点火初期排放的大量烟尘对环境的污染。等离子体内含有大量化学活性的粒子，可加速热化学转换，促进燃料完全燃烧。但是，等离子点火装置一次性投资大，阴极头使用寿命短，对吹弧用压缩空气品质要求比较高。

2）等离子点火系统机理

等离子点火技术的机理是利用直流电流（280~350A）在介质气压（0.01~0.03MPa）条件下通过阴极和阳极接触引弧，并在强磁场控制下获得稳定功率的直流空气等离子体射流，等离子体射流在专门设计的燃烧器的中心筒一级燃烧室内形成温度大于6000℃的局部高温区（即等离子"火核"）。煤粉颗粒通过该等离子"火核"时受到高温作用，并在0.001s内迅速释放出挥发物，并使煤粉颗粒破裂粉碎。由于反应是在气相中进行，混合物组分的粒级发生了变化，因而使煤粉的燃烧速度加快，大大减少了点燃煤粉所需要的引燃能量，实现锅炉无油（或少油）点火和低负荷无油稳燃。

等离子体内含有大量的化学活性粒子，如原子（C、H、O）、原子团（$H_2$、$O_2$）、离子（$OH^-$、$O^{2-}$、$H^+$）和电子等，这些化学活性粒子可加速热化学转换，促进燃料完全燃烧。等离子体可将煤粉的挥发分比通常情况下提高20%~80%，使得等离子体具有再造挥发分的效应，这有助于点燃低挥发分煤、强化燃烧。

3）等离子点火系统组成

等离子点火系统由等离子点火设备及其辅助系统组成。等离子点火设备由等离子发生器、等离子燃烧器、等离子电源系统及控制系统等组成，辅助系统由等离子载体风系统、冷风加热系统、冷却水系统、图像火检系统、一次风在线监测系统及等离子燃烧器壁温监测系统等组成。

（1）等离子发生器。

等离子发生器是等离子点火系统的核心部分。等离子发生器为强磁场控制下的空气载体等离子发生器，主要由线圈、阳极组件、阴极组件三大部分组成，如图3-27所示。阴极和阳极材料采用具有高电导率、高热导率及抗氧化的金属材料制成，均采用水冷方式，以承受电弧高温冲击。线圈的作用是产生一个磁场压缩等离子体，并且它在250℃高温情况下，具有抗2000V的直流电压击穿能力。电源采用全波整流并具有恒流性能。直线电动机的作用是在投运等离子点火器时，驱动阴极的进退。

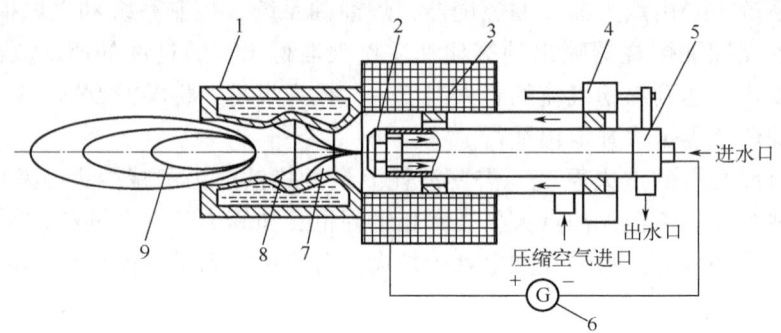

图3-27 等离子发生器结构示意图
1—阳极；2—可更换阴极头；3—绕组；4—直线电动机；5—阴极；6—电源；
7—放电腔；8—电弧；9—等离子体

拉弧原理为：首先设定输出电流，当阴极前进同阳极接触后，整个系统具有抗短路的能力且电流恒定不变，当阴极缓缓离开阳极时，在线圈磁力的作用下电弧拉出喷管外部。一定压力的空气在电弧的作用下，被电离为高温等离子体，其能量密度高达$105\sim106W/cm^2$，为点燃不同的煤种创造了良好的条件。

（2）等离子燃烧器。

等离子燃烧器是与等离子发生器配套使用的煤粉燃烧器。目前等离子燃烧器有两种形式：一种是兼有主燃烧器功能的等离子燃烧器，它在锅炉启动时能采用等离子点火，正常运行时作为主燃烧器；另一种是专门用于点火及稳燃的等离子燃烧器，它单独地布置在主燃烧器旁边。

等离子燃烧器采用逐级点火的内燃方式，其主要由中心筒一级燃烧室、内套筒二级燃烧室、圆形外套筒和煤粉浓缩结构组成，如图3-28所示。等离子发生器的引弧管首先将等离子体射流引至中心筒一级燃烧室，在此等离子体射流与经过浓缩的煤粉发生强烈的电化学反应，煤粉裂解产生大量挥发分并被点燃。然后中心筒中燃烧着的煤粉火炬进入内套筒二级燃烧室，成为引入二级燃烧室的煤粉的稳定点火源。

在点火区适当提高煤粉浓度有利于点火，等离子燃烧器内通过采用煤粉浓缩结构来改变进入点火区的浓度分布。常见的煤粉浓缩结构有弧形导板式、百叶窗叶栅式和撞击分离式。撞击分离浓缩技术是在一次风管内布置起浓淡分离作用的撞击块，在分流管前布置隔断密封挡板，该挡板还兼有分流的功能。其结构简单、分离效果好，且阻力和磨损小，因而应用较为广泛。

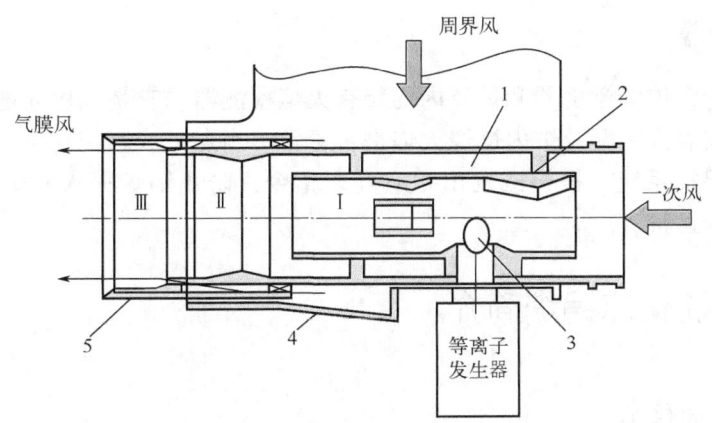

图 3-28 等离子燃烧器结构示意图

Ⅰ—中心筒一级燃烧室；Ⅱ—内套筒二级燃烧室；Ⅲ—圆形外套筒三级燃烧室
1—中心筒；2—撞击式浓淡块；3—等离子弧；4—风箱；5—等离子燃烧器

(3) 冷风加热系统。

离子燃烧装置在冷炉条件下直接点燃煤粉，要求磨煤机出口的风粉混合物具有一定温度。通常要求磨煤机出口的一次风温度要达到70℃（磨煤机进口一次风温度为 160～170℃）。因此在与等离子燃烧器相连接的磨煤机的入口风道上设置安装有暖风器的旁路风道，采用辅助蒸汽加热一次风，如图3-29所示。暖风器仅用于锅炉启动点火和低负荷稳燃用。

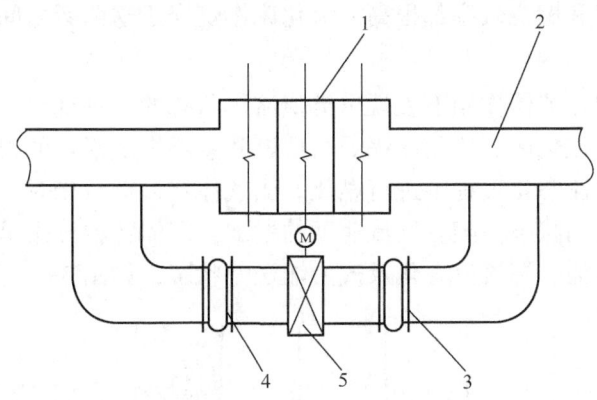

图 3-29 暖风器布置图

1—暖风器；2—磨煤机热风风道；3、4—伸缩节；5—暖风器旁路关断门

(4) 等离子载体风系统。

等离子载体风是等离子电弧的介质，等离子电弧产生后，在绕组的强磁场压缩作用下，高压载体风以一定的流速通过阳极形成可利用的等离子体射流，因此等离子点火系统需要配备载体风系统。对载体风的要求是稳压、洁净、干燥的压缩空气，载体风取自高压离心风机或仪表用压缩空气系统。

(5) 等离子冷却水系统。

等离子电弧形成后，弧柱温度一般为5000～10000K，对于形成电弧的等离子发生器的阴极、阳极和线圈通过水冷的方式来进行冷却。冷却水采用除盐化学水。

**4. 火焰检测器**

现代化大容量锅炉的燃烧器和炉膛内均装有火焰检测器。它是利用光电原理检测和监视点火器、主燃烧器着火情况及炉内燃烧火焰是否正常。当点火或燃烧异常时，检测信号反馈到锅炉安全监视保护系统，报警或发出相应处理指令，防止锅炉灭火和炉内爆炸事故的发生，确保锅炉安全运行。

### 3.3.3 循环流化床锅炉简介

**1. 流化床燃烧技术**

煤的两种经典燃烧方式是层燃（包括固定炉排和链条炉排等）和悬浮燃烧（包括固态排渣炉和液态排渣炉）。

层燃是将煤均匀分布在金属栅格即炉排上，形成一均匀的燃料层，空气以较低速度自下而上通过煤层使其燃烧。层燃时燃料层在铅垂方向是固定的，属于固定床燃烧。空气流与燃烧颗粒间的相对速度较大，但由于一般不对燃料进行专门处理，燃料粒度组成不均且燃烧反应面积有限，风速受细煤粒的制约不能太高，因而反应速度低、燃烧强度不高，燃烧效率也低。

悬浮燃烧则是先将煤磨成细粉，然后用空气流经燃烧器将煤粉喷入炉膛，并在炉膛空间内进行燃烧。煤粉在炉内具有气体输送的稀相流动状态。燃烧反应面积的极大增加，使得反应速度极快，燃烧强度和燃烧效率都很高。流化床燃烧介于这两者之间。

1）固体流态化

流态化是固体颗粒在流体作用下表现出类似流体状态的一种现象。固体颗粒、流体以及完成流态化的设备称为流化床。流化床锅炉与层燃和悬浮燃烧锅炉的根本区别在于燃料处于流态化运动状态，并在流态化过程中进行燃烧。当气体穿过颗粒床时，该床层随着气流速度的变化会呈现不同的流动状态。随着气流速度的增加，固体颗粒分别呈现出固定床、起始流态化、鼓泡流态化、节涌、湍流流态化及气力输送等状态，如图 3-30 所示。

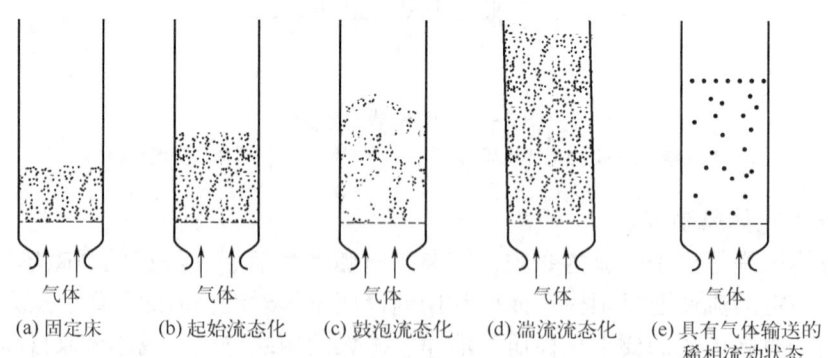

(a) 固定床　(b) 起始流态化　(c) 鼓泡流态化　(d) 湍流流态化　(e) 具有气体输送的稀相流动状态

图 3-30　不同气流速度下固体颗粒床层的流动状态

2）流态化过程

当气流速度较低时，气流从静止的固体颗粒的缝隙中流过，称为固定床，如图 3-30(a)

所示。当气体速度增加到一定值时,颗粒被上升的气流托起、床层开始松动,进入起始流态化,如图3-30(b)所示,此时的气流速度称为最小流化速度或临界流化速度。当气流速度超过最小流化速度时,非常细而轻的颗粒床会均匀膨胀,床料内将出现大量气泡,此时气固两相强烈混合,犹如水被加热至沸腾状,这样的流态化称鼓泡流态化,如图3-30(c)所示。鼓泡流化床分为两个区域:下部的密相区称为沸腾段(有明显的床层表面);上部的稀相区称自由空间或悬浮段。当气流速度达到一定数值,颗粒将被夹带流动;在该状态下,床层表面基本消失,颗粒夹带变得相当明显,床层底部颗粒浓度较大,上部空间颗粒浓度要小很多;可以观察到大小不同的颗料团(乳化相)和气流团(气泡相)的紊乱运动,此时,气流速度称为终端速度,床层呈现湍流流态化,如图3-30(d)所示。当气流速度进一步增大,颗粒就由气体均匀带出床层,这种状态为具有气体输送的稀相流化床,如图3-30(e)所示,此时床内颗粒上下浓度基本分布均匀,在湍流和稀相流态化状态下,大量的颗粒被携带出床层。为了稳定操作,必须用分离器把这些颗粒从气流中分离出来,然后再返回床层,这样就形成了循环流化床。

上述流态化状态仅仅是对单一尺寸颗粒而言,对于燃煤流化床锅炉,由于床内为一定尺寸范围的宽筛分颗粒,在床的下部形成主要由较大颗粒组成的湍流流化床,而较细颗粒则由气流携带进入输送状态,经分离器和返料器构成颗粒的循环。另外某些小颗粒在上行过程中,产生凝聚、结团以及与壁面的摩擦碰撞而沿壁面回流,从而形成循环流化床的内部循环。

## 2. 循环流化床锅炉结构及工作过程

循环流化床锅炉的"锅",也就是燃烧设备,由炉膛、气固分离器、灰回送系统、尾部受热面和辅助设备组成。循环流化床锅炉的"炉",也就是汽水部分,和其他锅炉相同。一些循环流化床锅炉还有外置热交换器(也称外置式冷灰床)。图3-31为带有外置热交换器的循环床锅炉系统示意图。

循环流化床锅炉的工作过程如下:燃料及石灰石脱硫剂经破碎至合适粒度后,由给煤机和给料机从流化床燃烧室布风板上部给入,与燃烧室内炽热的沸腾物料混合,被迅速加热,燃料迅速着火燃烧,石灰石则与燃料燃烧生成的$SO_2$反应生成$CaSO_4$,从而起到脱硫作用。燃烧室$CaSO_4$温度控制在850℃左右,在较高气流速度的作用下,燃烧充满整个炉膛,并有大量固体颗粒被携带出燃烧室,经高温旋风分离器分离后,一部分热炉料直接送回流化床燃烧室继续参与燃烧,另一部分则送回冷灰床,在冷灰床中与埋管受热面和空气进行热交换,被冷却至400~600℃后,经送灰器送回燃烧室或排出炉外。经分离器导出的高温烟气,在尾部烟道与对流受热面换热后,通过布袋除尘器或静电除尘器,由烟囱排出。

与其他燃煤方式相比,循环流化床燃烧方式有以下特点:

(1)燃料制备系统相对简单。循环流化床锅炉无须复杂的制粉系统,只需简单的干燥及破碎装置即可满足燃烧要求。

(2)燃料处于流化状态下燃烧。炉内始终有大量的炽热物料处于流化状态,新加入燃料能被迅速加热并着火燃烧。流化状态使燃料和助燃气体接触更充分,燃烧条件更好。大量热物料也是炉内传热的主要载体,能加强炉内传热。

(3)循环流化床锅炉的燃烧温度较低,一般为850~950℃,这个温度是石灰石脱硫反应的最佳温度。

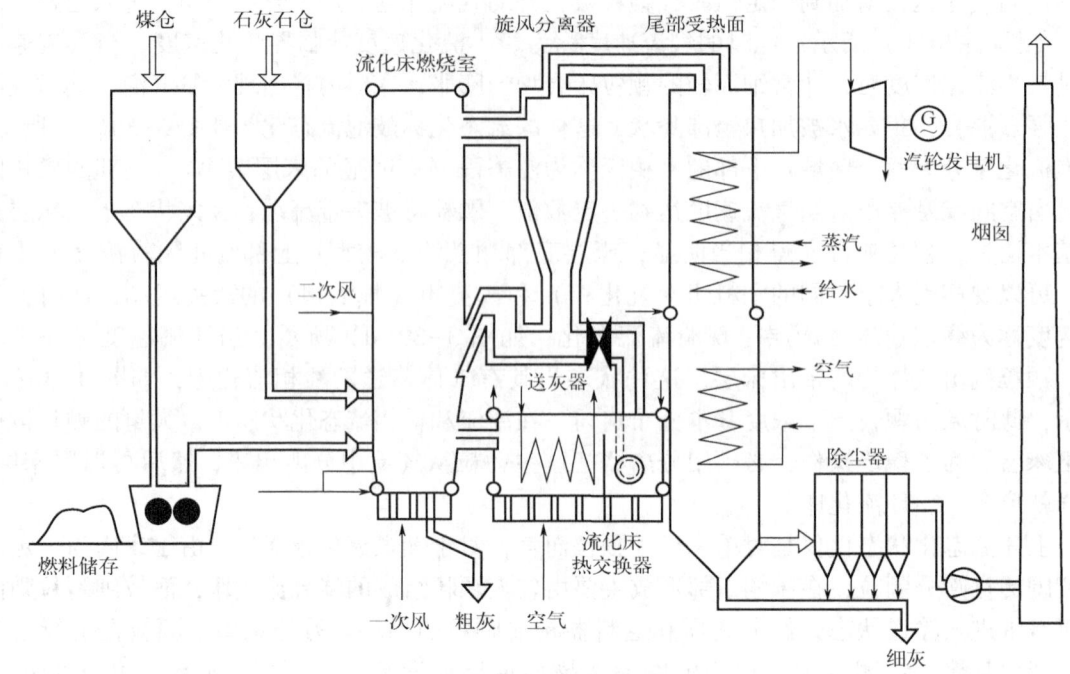

图 3-31 循环流化床锅炉系统

（4）有物料循环系统，燃料循环燃烧，使燃烧更完全。循环流化床锅炉由流化床燃烧室、物料分离器和回料阀送灰器构成了其独有的物料循环系统，这是循环流化床锅炉区别于其他锅炉的一大结构特点。

（5）能实现燃烧过程中脱硫。与燃料同时给入的脱硫剂石灰石能与燃料燃烧生成的 $SO_2$ 反应生成 $CaSO_4$，从而起到脱硫作用。这是循环流化床锅炉的最大环保优势，因为其他燃烧方式很难实现燃烧过程中的高效脱硫。

（6）采取分段送风燃烧方式。一次风经布风板送入燃烧室，二次风在布风板上方一定高度送入。因此，在燃烧室下部的密相区为欠氧燃烧，形成还原性气氛。在二次风口上部为富氧燃烧，形成氧化性气氛。通过合理调节一、二次风比，可维持理想的燃烧效率并有效地控制 $NO_x$ 生成量。

循环流化床锅炉是一种高效、低污染的清洁燃烧设备。循环流化床锅炉就是根据其燃烧系统的特点而命名的，"循环"指离开炉膛的燃料可以被重新送回炉内，循环燃烧，以提高燃烧效率；"流化床"指炉内燃料处在流化状态下燃烧。"循环流化床"的英文名称是"circulating fluidized bed"，缩写为"CFB"，所以在很多场合把"循环流化床锅炉"简称为"CFB 锅炉"

### 3. 循环流化床锅炉的优点

1）燃料适应性广

循环流化床锅炉独特的燃烧方式使得它几乎可以燃烧各种固体燃料，如泥煤、褐煤、烟煤、贫煤、无烟煤、洗煤厂的煤泥、洗矸、煤矸石、焦炭、油页岩等，并能达到很高的燃烧效率。它的这一优点对充分利用劣质燃料具有重大意义。

2）有利于降低污染气体排放

向循环流化床锅炉内直接加入石灰石、白云石等脱硫剂，可以脱去燃料在燃烧过程中生成的 $SO_2$。根据燃料中含硫量的大小确定加入的脱硫剂量，可达到90%的脱硫效率。另外，循环流化床锅炉燃烧温度一般控制在850~950℃的范围内，这不仅有利于脱硫，而且可以抑制热反应型 $NO_x$ 的形成；由于循环流化床锅炉普遍采用分段（或分级）送入二次风，这样又可控制燃料型 $NO_x$ 的产生。一般情况下，循环流化床锅炉 $NO_x$ 的生成量仅为煤粉炉的1/4~1/3。因此，循环流化床燃烧是一种经济、高效、低污染的燃烧技术。

3）负荷调节性能好

循环流化床锅炉负荷调节幅度一般为30%~110%额定负荷，即在30%额定负荷甚至更低的负荷情况下，循环流化床锅炉也能保持燃烧稳定，甚至可以压火备用，这一特点特别适用于调峰电厂或热负荷变化较大的热电厂。

4）灰渣综合利用性能好

循环流化床锅炉燃烧温度低，灰渣不会软化和黏结，活性较好。另外，炉内加入石灰石后，灰渣成分也有变化，含有一定的 $CaSO_4$ 和未反应的 $CaO$。循环流化床锅炉灰渣可以用于制造水泥的掺和料或其他建筑材料的原料，有利于灰渣的综合利用。这一点对于那些建在城市或对环保要求较高的电厂采用循环流化床锅炉十分有利。

**4. 循环流化床锅炉的缺点**

循环流化床锅炉与常规煤粉炉相比还存在如下问题：

（1）烟风系统阻力较高，风机用电量大。因为循环流化床锅炉布风板及床层阻力大，而烟气系统中又增加了气固分离器的阻力，所以烟风系统阻力高。循环流化床锅炉需要的风机压头高，风机数量多，故风机用电量大，这会增加电厂的生产成本。

（2）自动控制较难实现。由于影响循环流化床锅炉燃烧状况的因素较多，各型锅炉调整方式差异较大，所以采用计算机自动控制比常规锅炉难得多。

（3）磨损问题。循环流化床锅炉的燃料粒径较大，并且炉膛内物料浓度是煤粉炉的十至几十倍。虽然采取了许多防磨措施，但在实际运行中，循环流化床锅炉受热面的磨损速度仍比常规锅炉大得多。因此，受热面磨损问题可能成为影响锅炉长期连续运行的重要原因。

（4）对辅助设备要求较高。某些辅助设备，如冷渣器或高压风机的性能或运行问题都可能严重影响锅炉的正常安全运行。

# 3.4 给水系统

## 教学目标

**1. 知识目标**

（1）掌握锅炉给水系统工作过程。
（2）掌握锅炉给水系统设备作用。

（3）掌握单元制给水系统流程。

**2. 能力目标**

（1）能分析不同给水管道形式的流程特点。
（2）能够读懂简单的给水系统流程，分析各设备的工作过程及作用。

**3. 素质目标**

（1）培养学生的安全意识，引导学生注意生产安全，自觉服从规章制度，建立良好的安全生产意识。
（2）培养学生自我认知能力、独立思考能力、发现解决问题的能力。
（3）通过给水系统的学习，培养学生的创新能力，鼓励学生勇于探索、敢于创新，把自己的创新理念融入到课程学习中。

## 任务描述

锅炉给水系统是锅炉重要的配套系统，给水管道输送的工作介质流量大，压力高，对全厂的安全、经济运行影响很大。学生通过学习给水系统设备及流程，掌握给水系统设备作用及工作过程。掌握锅炉给水系统流程为锅炉启动、运行调整打下基础。

### 3.4.1 给水系统流程

锅炉给水系统将除氧水升压连续可靠地送入锅炉，并根据锅炉负荷调整给水量。发电厂的给水系统，是指从除氧器给水箱经前置泵、给水泵、高压加热器到锅炉省煤器前的给水管道和设备，还包括给水泵的再循环管道、各种用途的减温水管道以及管道附件等。发电厂给水系统流程如图3-32所示。

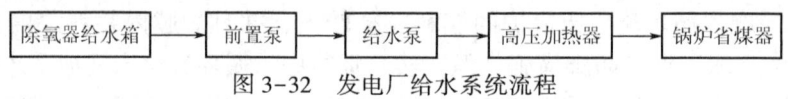

图3-32　发电厂给水系统流程

前置泵的作用是提高锅炉给水泵的入口压力，防止给水泵汽蚀。

给水泵的作用是提高锅炉给水压力，克服管道、设备的阻力，确保锅炉过热器出口蒸汽压力。

高压加热器利用汽轮机抽汽加热给水，提高给水温度，提高机组效率。同时给水系统提供高压旁路减温水、过热蒸汽减温水及再热蒸汽减温水。

### 3.4.2 给水系统分类

给水管道系统事故会使锅炉给水中断，造成降负荷运行或紧急停炉，甚至使锅炉发生严重事故。因此，要求给水管道系统在发电厂任何运行方式下，都能保证不间断地向锅炉供水。

给水泵前后的给水压力相差很大，对管道、阀门、附件的金属材料要求也不同，所以给水系统通常分为低压给水系统和高压给水系统。

**1. 低压给水系统**

除氧器给水箱、下水管道及给水泵进口的管道、阀门和附件,承受的给水压力较低,称为低压给水系统。为减少流动阻力,防止给水泵汽蚀,一般应采用管道短、管径大、阀门少、系统简单的管道系统。

**2. 高压给水系统**

给水泵出口、高压加热器及锅炉省煤器前的管道、阀门和附件,承受给水泵的出口压力,称为高压给水系统。该系统水压高、设备多,对机组的安全、经济运行影响大。

高压给水系统有集中母管制、切换母管制、扩大单元制和单元制四种形式。前三种形式的给水系统,由于运行调度灵活,供水可靠,并能减少备用泵的台数,在中小型机组中普遍采用,图3-33为集中母管制、切换母管制、扩大单元制高压给水管道系统,它们的共同特点是:

(1) 在给水泵出口的高压给水管道上装设一个逆止阀和一个截止阀。逆止阀用于防止高压给水倒流,截止阀用于切断该给水泵与并联的事故泵和备用泵的联系。

(2) 为防止低负荷时给水泵汽蚀,在各给水泵的出口逆止阀前设置至除氧器给水箱的再循环管,保证在低负荷工况下有足够的水量通过给水泵。

(3) 给水管道上设有高压加热器旁路,当高压加热器故障解除时,可通过旁路向锅炉供水。

(4) 备用泵设在阻力最小、操作方便的合适位置。

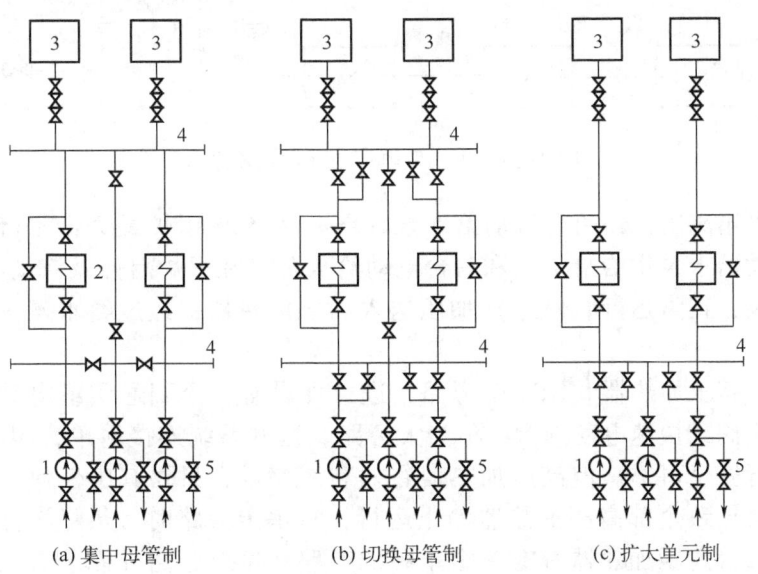

图3-33 高压给水管道的形式
1—给水泵;2—高压加热器;3—锅炉;4—给水母管;5—给水再循环管

## 3.4.3 单元制给水系统

单元制系统是给水泵单独向一台锅炉供水,锅炉高压给水管道之间无横向联系的母管。

其优点是：系统简单，便于机、炉集中控制，管道最短，管道附件最少，系统本身事故的可能性也最少。超临界的大型机组都采用单元制给水系统。

对采用中间再热凝汽式机组或中间再热供热式机组的发电厂，主蒸汽管道采用的是单元制系统，给水管道也要相应采用单元制给水管道系统，如图 3-34 所示。

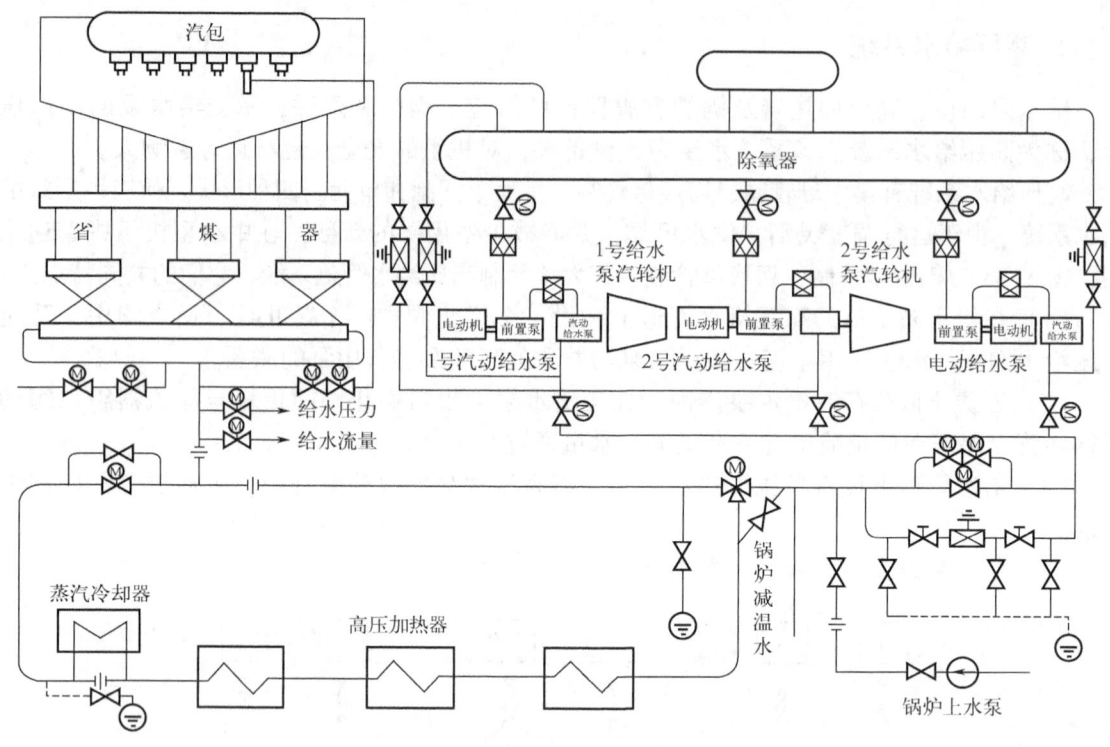

图 3-34  火力发电厂单元制给水系统

给水由给水箱流出，经两台汽动给水泵（各自为 50% 锅炉最大给水流量，正常运行时，由两台汽动给水泵供给给水）和一台电动给水泵（在锅炉启停及汽动给水泵故障时，使用电动给水泵，正常运行时停运）加压送入高压加热器，经过给水操作台送进锅炉省煤器中。

该系统全部高压加热器共用一个旁路，进口处设有一个四通阀或电动三通阀，出口处设有四通逆止阀或快速电动闸阀，称为大旁路。这种系统连接简单，阀门少，阻力小，初投资省，运行安全可靠。但高压加热器有效利用率低，只要其中任何一台高压加热器出现故障，都会导致全部高压加热器停止运行；给水走旁路时，热经济性差，运行费用大。另一种是每台高压加热器都有一个单独的旁路，每个旁路外侧装有三个阀门，称为小旁路。这种连接系统复杂、初投资大、阀门多、薄弱环节多、事故机会多、检修工作量大、安全性低，但该系统运行较灵活，运行费用低，目前大型锅炉一般采用小旁路高压加热系统。

锅炉给水操作台就是给水进入省煤器之前，分为给水主路和给水旁路，在管线上装有远方操作的给水调节阀与电动隔离阀，以便在低负荷工况或启动时调节给水流量。

## 3.5 风烟系统

### 📚 教学目标

**1. 知识目标**

(1) 掌握锅炉风烟系统作用。
(2) 掌握锅炉一次风、二次风、密封风的作用。
(3) 掌握风烟系统的设备组成。

**2. 能力目标**

(1) 能够读懂简单的风烟系统流程。
(2) 能够根据流程描述风烟系统的调节过程。
(3) 能够在锅炉机组仿真系统上进行风烟系统进行简单的操作。

**3. 素质目标**

(1) 培养学生的安全意识,自觉服从规章制度,建立良好的安全生产意识。
(2) 通过学习风烟系统工作过程,培养学生分析问题解决问题的能力。
(3) 培养学生团队协作能力,增强学生沟通交流能力,培养学生职业规范意识。

### 🌱 任务描述

风烟系统是燃烧控制的关键,学生通过学习风烟系统设备组成和系统流程掌握锅炉燃烧过程中风烟系统工作过程,学生能够在锅炉机组仿真系统上进行风烟系统进行简单的操作,为后续锅炉燃烧调节操作做好知识储备。

### 🌐 相关知识

锅炉风烟系统是锅炉重要的辅助系统,风烟系统连续不断地给锅炉燃烧提供空气,并按燃烧的要求分配风量,并将产生的烟气排入大气。锅炉风烟系统的工作直接影响锅炉的燃烧过程。

#### 3.5.1 风烟系统作用

电厂锅炉采用的通风方式为平衡通风。锅炉风烟系统的压力平衡点在炉膛中,炉膛压力控制在微负压,炉膛前燃烧空气侧的系统正压运行,炉膛后烟气侧负压运行。平衡通风方式使炉膛和风道的漏风量不会太大,保证了锅炉有较高的经济性;另外,能防止炉内高温烟气外冒,确保运行人员的安全和锅炉周围环境。

锅炉机组的风烟系统主要包括送风系统、一次风系统、引风系统。风烟系统中最为关的部件是送风机、引风机及一次风机，可采用离心式和轴流式两种类型。

目前大型煤粉锅炉采用正压冷一次风机直吹式制粉系统。典型的正压冷一次风机直吹式制粉系统配套的锅炉风烟系统如图 3-35 所示。主要设备有两台三分仓回转式空气预热器，两台轴流式送风机，两台轴流式引风机，两台离心式一风机。

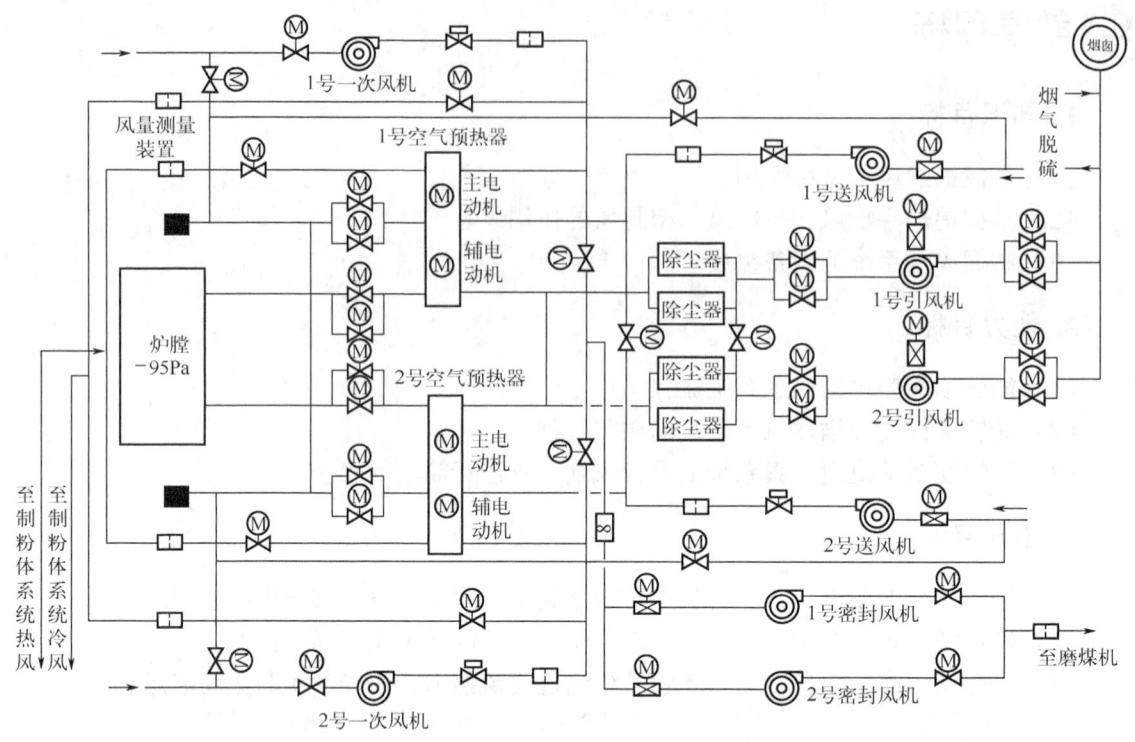

图 3-35　锅炉风烟系统图

## 3.5.2　送风系统

送风系统由送风机、送风机出口风门、风量测量装置、空气预热器、二次风管总调节门和二次风箱系统等组成。送风系统的作用是向炉膛提供满足燃料燃烧所必需的空气。为了使燃料在炉内的燃烧正常进行，必须向炉膛内送入燃料燃烧所需要的空气，即二次风，用送风机克服烟气侧的空气预热器、风道和燃烧器的流动阻力，并提供燃料燃烧所需的氧气。

图 3-35 中，二次风由两台 50% 容量的轴流式送风机供给，经送风机出口风门送至两台三分仓回转式空气预热器加热。从空气预热器出来的二次风经二次风管总调节门后分成两路，一路送至二次风箱和燃烧器进入炉膛，另一路作为再循环风分别送至送风机入口。入口风道上的热风再循环或者在空气预热器之前装设暖风器，是为了当环境温度较低时，可以使用热风再循环或者暖风器，一方面可以在寒冬天气改善风机运行条件，尽快提高二次风温；另一方面避免由于进入到空气预热器入口的空气温度过低而造成空气预热器的低温腐蚀。

在风机出口挡板后设有联络风管以平衡送风机出口风压。每台空气预热器对应一组送风机和引风机。两台空气预热器的进、出口风道横向交叉连接在总风道上，用来平衡两侧二次风压，在锅炉低负荷期间，可以只投入一组风机（送、引风机各一台）运行。

## 3.5.3　一次风系统

一次风系统由一次风机、一次风机出口风门、一次风系统的联络风门、空气预热器、空气预热器出口一次风门、冷一次风门、冷热一次风量测量装置和一次风道系统等组成。一次风的作用是用来干燥和输送煤粉，并供给燃料燃烧初期所需的空气。图3-35中，空气经滤网、消声器进入两台一次风机，经一次风机升压后分成两路：一路进入磨煤机前的冷一次风管；另一路经空气预热器的一次风分仓，加热后进入磨煤机前的热一次风管，冷一次风和热一次风在磨煤机前混合。在冷一次风和热一次风管出口处都设有调节挡板和电动挡板来控制冷热风的风量，保证磨煤机总的风量要求和合适的出口温度。

合格的煤粉经煤粉管道由一次风送至燃烧器进入炉膛燃烧。

一次风机的流量主要取决于燃烧系统所需的一次风量和空气预热器的漏风量。密封风机风源来自一次风，最终进入磨煤机。一次风的压头主要取决于煤粉流的阻力及风道、空气预热器、挡板、磨煤机的流动阻力，其压头是随锅炉需粉量的变化而变化的，可以通过调节机构来改变风量，维持一次风的压力，适应不同负荷的变化。

与送风系统相同，在二次风出口挡板后与一次风机入口间，也设有热风再循环管或者在空气预热器之前装设暖风器，通过调节热风再循环挡板的开度来保证一次风机进口温度，在寒冬天气应尽快提高一次风温，以此来改善风机运行条件和避免空气预热器的低温腐蚀。

## 3.5.4　引风系统

引风系统由引风机、引风机出入口烟气挡板、两烟道间的联络挡板、除尘器、空气预热器和空气预热器入口烟气挡板等组成。引风系统（即烟气系统）的作用是将炉膛里燃料燃烧生成的烟气、经各受热面传热降低温度的烟气，经过除尘后连续并及时地排至大气，使炉膛出口处维持微负压运行。

锅炉烟气系统主要由两台引风机、两台空气预热器和两台电除尘器成。锅炉采用平衡通风，炉膛保持一定的负压。负压是通过调节引风机的调节机构，改变风机的流量来实现的。

引风机的进口压力与锅炉负荷、烟道通流阻力有关，其流量决定于炉内燃烧产物的容积及炉膛出口后所有漏入的空气量。两台空气预热器出口由各自独立的通道与两台电除尘器相连接，电除尘的两室出口由共同的通道与引风机连接。为使除尘器前、后的烟气压力平衡，使进入除尘器的烟气分配均匀，在两台除尘器进口烟道处设有联络管。为防止烟气倒流进入停运的引风机，满足任一台引风机停运检修时的隔离需要，在引风机的进、出口处设有电动挡板。

## 3.5.5　密封风系统

密封风系统由密封风机、密封风机出入口门和流量测量装置等组成，其作用是为直吹式制粉系统的工作提供密封风。

图3-32中，密封风从一次风机后引出，再经密封风机提高风压后送至制粉系统作为密封风的，其风压高于一次风压，能可靠地防止制粉系统漏粉。有的系统不设密封风机，直接

用冷一次风作为密封风。

在风烟系统中的送风机出口、一次风机出口、引风机进出口和空气预热器烟气入口、一次风出口、二次风出口以及密封风机出入口均设有电动挡板，以便当设备发生故障时，将该设备从运行的系统中可靠隔离。这样既便于检修，又可使风烟系统保持单侧运行。在两台送风机出口风道之间、两台一次风机出口风道之间和两台引风机入口烟道之间均设有电动挡板来平衡两侧风（烟）压力。

## 3.6　制粉系统

### 教学目标

**1. 知识目标**

（1）掌握煤粉的特性。
（2）掌握锅炉制粉系统的设备及工作过程。
（3）掌握不同锅炉磨煤机结构及工作特点。

**2. 能力目标**

（1）能够读懂制粉系统流程，根据流程能够分析不用制粉系统的特点。
（2）根据制粉系统的特点能够分析不同制粉系统的适应煤种。
（3）根据制粉系统流程，能够分析系统运行过程设备及阀门的操作要求。

**3. 素质目标**

（1）培养学生的安全意识，引导学生注意生产安全，自觉服从规章制度，建立良好的安全生产意识。
（2）培养学生的自信心，鼓励学生自觉服从规章制度，发挥自己积极的态度，不断提高自身的职业技能。
（3）培养学生团队意识与协作精神。

### 任务描述

通过学习锅炉制粉系统，掌握不同制粉系统流程的特点及区别。掌握制粉系统的工作过程。利用锅炉机组仿真系统，掌握制粉系统的调节方法，为后续锅炉燃料供应操作做准备。

### 相关知识

制粉系统的主要任务是煤粉的磨制、干燥和输送，为锅炉提供具有合格细度和干燥程度的煤粉，并根据锅炉负荷对送入锅炉的煤粉量进行调节。制粉设备是锅炉的主要辅助设备，又是耗能较大的设备，其工作直接影响锅炉的安全经济运行。

## 3.6.1 煤粉特性

煤粉的特性对于制粉系统的工作和锅炉燃烧的经济性都有很大的影响，煤粉的特性主要表现在以下几个方面。

**1. 煤粉的一般特性**

由原煤破碎而成的煤粉是由一组不同尺寸、不同形状的不规则颗粒组成的。与原煤相比，其主要特征是粒度非常小。煤粉颗粒最大可达 1000μm 以上，一般小于 500μm，其中以 20~50μm 的颗粒为最多。

由于煤粉的粒径很小，所以单位质量的煤粉具有相当大的表面积，可以吸附大量空气，从而使其具有了类似于流体的流动特性。新磨制的干煤粉，这一特性尤为突出。流动性有利于实现煤粉在管道中的气力输送，但也容易引起煤粉的自流，给系统的调节带来一定的困难。新制的疏松煤粉的堆积密度为 $0.45~0.5t/m^3$，当煤粉存放久后，由于震动和上层压力等的影响，堆积密度可增加到 $0.8~0.9t/m^3$，并使流动性减小，所以，煤粉仓中的煤粉亦不应存放太久。

**2. 煤粉的自燃性和爆炸性**

1) 自燃和爆炸的概念

积存的煤粉会由于缓慢氧化而放出一些热量，在散热不良的情况下，煤粉温度会自行升高而着火，这种现象称为煤粉的自燃性。

长期积存的煤粉受空气的氧化作用，缓慢地释放出热量，如果散热不良，煤粉温度将逐渐上升至其燃点而自行着火燃烧，这种现象称为煤粉的自燃。

煤粉和空气的混合物在一定的条件下，遇明火将发生爆燃，使系统压力急剧升高并发出巨大的响声，这种现象称为煤粉的爆炸。煤粉的自燃和爆炸常会导致设备损坏，甚至会造成人员伤亡。因此，制粉系统的防爆十分重要。

2) 自燃和爆炸的条件

自燃通常是因为煤粉的积存造成的。例如，制粉系统停用前，未按规定将煤粉仓清空、制粉系统设备泄漏煤粉等。如果工作人员没有能够及时发现、正确处理，往往会导致煤粉的爆炸。

煤粉爆炸需同时具备三个基本条件：(1) 有积存的煤粉；(2) 煤粉与空气混合物的浓度处于易爆范围（$1.2~2.0kg/m^3$）；(3) 有足够的点火能量（如明火）。只要破坏其中任意一个条件，就可以有效防爆。

煤粉的自燃和爆炸是两个既不相同又密切相关的概念。制粉系统实际工作中，气粉混合物的浓度较难避开易爆范围，煤粉发生自燃时所产生的明火往往是引发爆炸的导火索，所以预防煤粉自燃对于防爆而言是至关重要的。

3) 影响自燃和爆炸的因素

(1) 煤的种类及煤粉的特性。煤的挥发分越多越容易爆炸，当 $V_{daf}<10\%$ 时，无爆炸危险；当 $V_{daf}>20\%$ 时，煤粉易自燃和爆炸；而当 $V_{daf}=40\%$ 时，堆积煤粉的着火温度仅为

170℃，如在一次风管中积存就会发生自燃事故。煤粉水分越多，自燃和爆炸的危险性越小。运行中控制煤粉水分可以通过监视和调节磨煤机出口气粉混合物的温度来实现。对于不同煤种、不同形式的制粉系统，只要控制合适磨煤机出口气粉混合物温度，就可以防止煤粉由于过分干燥而导致的爆炸。煤粉越细，越容易自燃和爆炸。例如，烟煤的煤粉粒径如大于0.1mm，几乎不会发生爆炸。所以，对于挥发份含量高的煤不应该磨得过细。

（2）气粉混合物的浓度。煤粉在空气中的浓度为 $1.2\sim2.0kg/m^3$ 时，火焰的传播速度最快，自燃和爆炸的可能性最大。

（3）气粉混合物的温度。煤粉与气流混合物温度越高，则自燃和爆炸的可能性越大，低于一定温度则无爆炸危险。

（4）气粉混合物中氧的浓度。输送煤粉的气体中的含氧量越多，相应的爆炸危险性也越大。例如，气体中氧所占的体积百分比小于15%，则不会爆炸。

（5）气粉混合物的输送速度。气粉混合物的输送速度宜维持在 17～35m/s 的范围内。若输送速度过低，则易导致煤粉的沉积，而输送速度过大，煤粉与管道之间将因摩擦而产生附加热量，甚至直接产生静电火花。

4）防爆措施

制粉系统防爆的关键在于防止煤粉的自燃，而防止自燃的关键又在于防止煤粉的沉积。为此，原煤仓、煤粉仓应布置疏通装置（如空气炮），防止其发生堵塞和沉积；停炉时，应按计划将煤仓、粉仓中的燃料烧空；按照合理的顺序停用制粉设备，防止停用的磨煤机内存煤；加强监督巡视，发现自燃应及时处理。

此外，常采取以下措施预防煤粉自燃、杜绝点火源的产生：①对于易爆炸的煤粉，可以在输送介质中掺入惰性气体（一般是掺烟气）来降低含氧浓度，以防止爆炸；②在制粉系统内应避免存在死角，尽量不布置水平管道，以免煤粉存积；③气粉混合物流速不应太低或太高；④运行中严格控制磨煤机出口气粉混合物的温度，以合理控制煤粉的干燥程度。对于不同的设备和系统在使用不同燃料时，磨煤机出口温度的具体要求见表3-4。

表3-4 磨煤机出口气粉混合物的允许最高温度　　　　　　单位：℃

| 磨煤机类型 | 磨制的煤种及相应的磨煤机出口温度最高允许值 | | | |
|---|---|---|---|---|
| | 用空气作干燥剂 | | 用烟气和空气混合物作干燥剂 | |
| 风扇磨（直吹式，在粗粉分离器后的温度） | 贫煤 | 150 | 烟煤 | 170 |
| | 烟煤 | 130 | 褐煤和页岩 | 140 |
| | 褐煤和页岩 | 100 | | |
| 钢球磨（磨煤机出口温度） | 贫煤 | 130 | 烟煤 | 90 |
| | 烟煤 | 80 | 褐煤 | 80 |
| | 褐煤 | 70 | | |
| 中速磨（直吹式，分离器后温度） | 当可燃基挥发分 $V_r=12\%\sim40\%$ 时，允许温度为 70～120℃ | | | |

## 3.6.2　制粉系统构成及工作流程

制粉系统是指将原煤磨制成煤粉，然后送入锅炉炉膛进行悬浮燃烧所需的设备和连接管道的组合。制粉系统分为直吹式制粉系统和中间储仓式制粉系统。

**1. 直吹式制粉系统**

直吹式制粉系统是指磨煤机磨制的煤粉被直接吹入炉膛燃烧的系统。直吹式制粉系统的特点是磨煤机的磨煤量任何时候都与锅炉的燃料消耗量相等，制粉量随锅炉负荷变化而变化，因此，直吹式制粉系统宜采用变负荷运行特性较好的磨煤机，如中速磨煤机、高速磨煤机、双进双出钢球磨煤机。

1) 中速磨煤机直吹式制粉系统

在中速磨煤机直吹式制粉系统中，按磨煤机工作压力可以分为正压系统和负压系统两种连接方式。

排粉机在磨煤机之后，磨煤机及整个系统处于负压下工作，称为负压直吹式制粉系统；排粉机在磨煤机之前，磨煤机及整个系统处于正压下工作，称为正压直吹式制粉系统。

（1）负压直吹式系统。排粉机在磨煤机之后，整个系统处于负压下工作，如图3-36（a）所示。燃烧所需的全部煤粉均通过排粉机，排粉机叶片磨损严重，同时影响了排粉机的效率和出力，增加运行电耗，另一方面也使系统可靠性降低，维修工作量加大。负压直吹式系统的主要优点是磨煤机处于负压状态，不会向外喷煤粉，工作环境好。

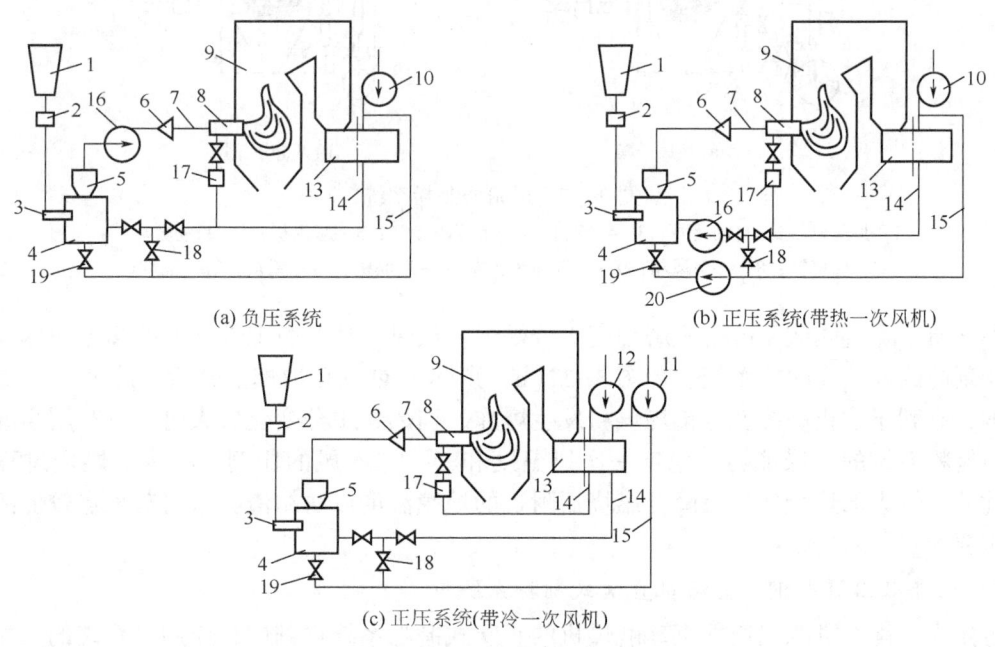

图3-36 中速磨煤机直吹式制粉系统
1—原煤仓；2—煤秤；3—给煤机；4—磨煤机；5—粗粉分离器；6—煤粉分配器；7——次风管；8—燃烧器；
9—锅炉；10—送风机；11——次风机；12—二次风机；13—空气预热器；14—热风道；15—冷风道；
16—排粉机；17—二次风箱；18—调温冷风门；19—密封冷风门；20—密封风机

（2）正压直吹式系统。图3-36（b）所示为带热一次风机正压直吹式系统，排粉机（一次风机）在磨煤机之前，整个系统处于正压下工作。在正压直吹式系统中，通过排粉机的是洁净空气，正压直吹式系统的排粉机不存在叶片的磨损问题，但该系统排粉机在高温下工作，运行可靠性较低，另外，磨煤机需采取密封措施，否则易向外喷粉，影响环境卫生和设备安全。图 3-36(c) 所示为冷一次风机正压直吹式系统，将一次风机置于空气预热器前，这时流过风机的介质为冷空气，温度较低，大大提高了系统安全性。由于一次风的风压比二次风机的风压高得多，所以必须采用三分仓空气预热器，将一、二次风流通区域分开，空气预热器结构复杂，造价较高。目前国内大型电厂采用正压冷一次风机直吹式制粉系统较多。

2) 风扇磨煤机直吹式制粉系统

风扇磨煤机一般应用于直吹式制粉系统中。由于风扇式磨煤机同时具有磨煤、干燥、干燥介质吸入和煤粉输送等功能，煤粉分离器与磨煤机连成一体，所以，该制粉系统比其他形式磨煤机的制粉系统简单，设备少，投资小。根据煤的水分不同，风扇磨煤机制粉系统分别采用热风干燥、两介质干燥直吹式制粉系统。

当燃用烟煤和水分不高的褐煤时，一般采用图 3-37(a) 所示的用热风作为干燥剂的单介质干燥直吹式系统。

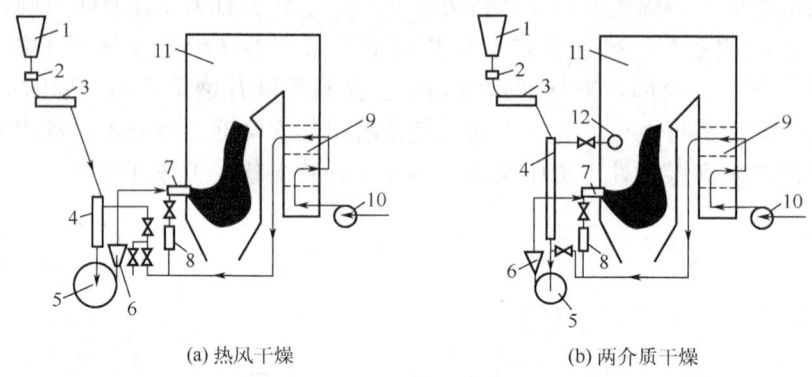

(a) 热风干燥　　　　　　　　　　(b) 两介质干燥

图 3-37　风扇磨制粉系统

1—原煤仓；2—自动磅秤；3—给煤机；4—下行干燥管；5—磨煤机；6—粗粉分离器；
7—燃烧器；8—二次风箱；9—空气预热；器 10—送风机；11—锅炉；12—抽烟口

两介质干燥直吹式系统适宜磨制高水分褐煤。热风与从炉膛上部抽取的高温炉烟混合后作干燥剂的两介质直吹式系统，如图 3-37(b) 所示。热风和炉烟混合后，降低了干燥剂的氧浓度，有利于防止高挥发分褐煤煤粉发生爆炸。当燃料水分变化较大时，可利用高温烟气来调节制粉系统的干燥能力，稳定一次风温度和一、二次风的比例，减少对燃烧过程的影响。此外，较大的炉烟比例可降低燃烧器附近的炉膛温度以防结渣，这对灰熔点较低的褐煤是很重要的。

3) 双进双出筒式钢球磨煤机直吹式制粉系统

近年来，配双进双出筒式钢球磨煤机的直吹式制粉系统得到广泛应用。系统的工作过程如图 3-38 所示，每台双进双出筒式钢球磨煤机都连接两个互相对称又彼此相对独立的系统。

(1) 煤粉的制备。原煤仓中的原煤由给煤机送入混料箱，与旁路风混合，在落煤管中被旁路风预干燥，然后在重力作用下，落在磨煤机两端的中空轴底部，后经旋转着的螺旋输送装置推进磨煤机筒体，依靠筒内钢球的撞击、研磨等作用破碎成煤粉。完成预干燥任务的旁路风不经磨煤机，直接进入分离器。

(2) 煤粉的干燥、输送。来自热一次风母管的热风与来自冷一次风母管的冷风（调温风）混合成合适的温度后，分别从磨煤机两端的中心风管进入磨煤机，这股风也称"磨煤

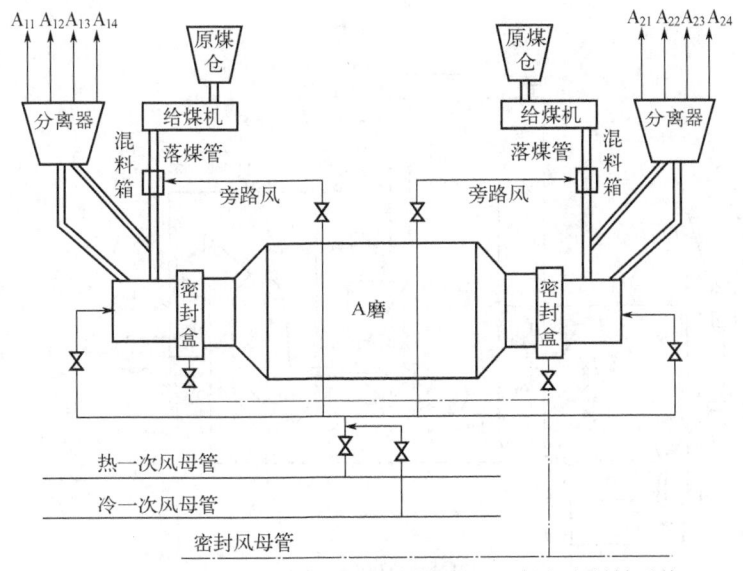

图 3-38 双进、双出筒式钢球磨煤机正压直吹式制粉系统

风"。磨煤风对磨煤机内的煤粉进行干燥,两路磨煤风在磨煤机内对冲后反向流动,分别携带磨好的煤粉从中空轴上部离开磨煤机筒体。

(3) 粗粉的分离及一次风的形成。磨煤风携带磨好的煤粉在筒体两端的中空管上部与混料箱来的旁路风混合,一同上行进入粗粉分离器。分离器将不合格的粗粉分离出来,由回粉管送回磨煤机重磨。气流则携带合格的煤粉从分离器上方的煤粉分配装置引出送入锅炉燃烧器。

双进双出钢球磨煤机直吹式制粉系统与中速磨煤机直吹式制粉系统和风扇磨煤机直吹式制粉系统相比,煤种适应性广,钢球磨煤机结构简单,故障少,一次风的煤粉浓度高,有利于低挥发分煤的燃烧。钢球磨煤机的煤粉细度稳定,不受负荷变化的影响。因此,近几年来双进双出筒式钢球磨煤机的直吹式制粉系统逐渐得到广泛应用。

### 2. 中间储仓式制粉系统

中间储仓式制粉系统的特点是磨煤机出力不受锅炉负荷的限制,可保持在经济出力下运行。这种制粉系统一般都配用低速钢球磨煤机。

由于钢球磨煤机轴颈密封性不好,不宜正压运行,故配钢球磨煤机的中间储仓式制粉系统均为负压系统,并要求球磨机进口维持 200Pa 的负压。根据输送煤粉的介质不同,中间储仓式制粉系统又可分为热风送粉和乏气送粉两大类。

1) 热风送粉系统

热风送粉系统如图 3-39(a) 所示,原煤仓内的原煤经给煤机送入磨煤机,同时进入磨煤机的还有一定温度和流量的热空气(干燥剂)。原煤在磨煤机内被碾磨成粉,由热风干燥并携带进入粗粉分离器进行分离,不合格的粗粉由回粉管返回磨煤机重新磨制,合格的细粉则进入细粉分离器进行风与粉的分离,分离出来的气流(仍含有 10% 左右的细粉)称为"乏气",经排粉机提高压力后单独送入炉膛,称为"三次风",以节省燃料并避免其污染环境。而煤粉则被储藏在煤粉仓中,由给粉机根据锅炉负荷送入一次风管,再由从空气预热器来的热风输送至炉膛四周的煤粉燃烧器,称为"一次风"。在煤粉仓和螺旋输粉机上部装有

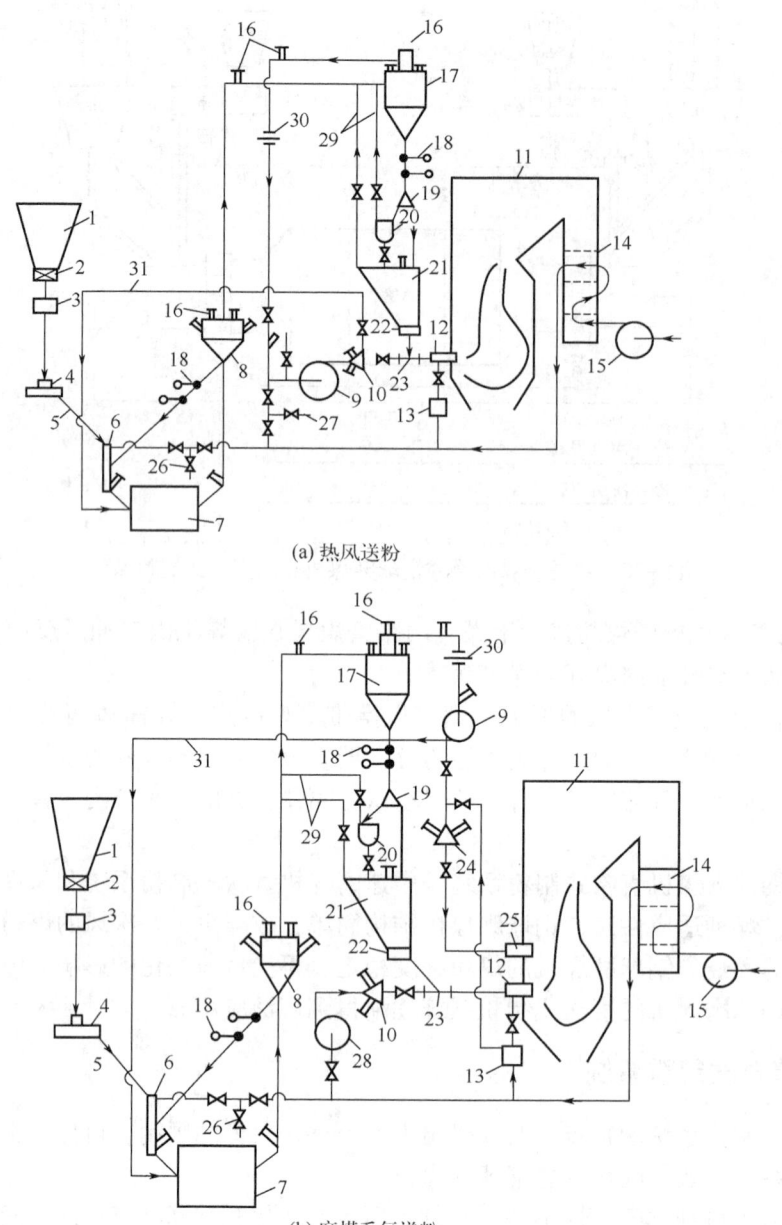

(a) 热风送粉

(b) 磨煤乏气送粉

图 3-39 单进单出钢球磨煤机中间储仓式制粉系统

1—原煤仓；2—煤闸门；3—自动磅秤；4—给煤机；5—落煤管；6—下行干燥管；7—钢球磨煤机；8—粗粉分离器；9—排粉机；10———次风箱；11—锅炉；12—主燃烧器；13—二次风箱；14—空气预热器；15—送风机；16—防爆门；17—细粉分离器；18—锁气器；19—换向阀；20—螺旋输粉机；21—煤粉仓；23—给粉机；23—混合器；24—乏气（三次风）风箱；25—乏气喷嘴；26—冷风门；27—大气门；28——次风机；29—吸潮管；30—干燥剂流量测量装置；31—再循环管

吸潮管，利用排粉风机的负压将潮气吸出，以免煤粉受潮结块。在排粉机出口与磨煤机入口之间，一般设有再循环管，利用乏气再循环协调磨煤通风量、干燥通风量与一次风量（三次风量）之间的关系，以保证锅炉与制粉系统的安全、经济运行。

热风送粉系统的特点是一次风的温度较高,因此,适用于挥发份含量较少的无烟煤、贫煤和劣质烟煤。

2) 乏气送粉系统

对于挥发份含量较高的烟煤和褐煤,为了防止煤粉着火过早,一般利用排粉机出口的乏气代替热风作为输送煤粉的介质,此时,乏气就被称为"一次风",而系统中则没有"三次风",这样的系统为"乏气送粉",其工作流程如图3-39(b)所示。

**3. 两种制粉系统比较**

(1) 直吹式制粉系统简单,设备部件少,布置紧凑,耗钢材少,输粉管道短、初投资少,运行电耗较低,占地面积小;中间储仓式制粉系统相反,系统复杂,耗钢材多,输粉管道长、初投资多,运行电耗较高,占地面积大,而且煤粉易于沉积,自燃、爆炸和漏风也较严重。

(2) 直吹式制粉系统的出力受锅炉负荷的制约,制粉系统的故障直接影响锅炉的正常运行,供粉的可靠性较差,要求磨煤机的备用容量较大,负压直吹式系统的排粉机磨损严重制粉系统工作安全影响较大;中间储仓式制粉系统供粉可靠,运行工况对锅炉运行的影响对较小,磨煤机可在经济工况下运行。

(3) 当锅炉负荷变动时,中间储仓式制粉系统有煤粉仓储存煤粉,并可通过螺旋输粉机在相邻制粉系统间调剂煤粉,只要调节给粉机就能适应需要,调节灵敏方便;而直吹式制粉系统则需从改变给煤量开始,经整个系统才能达到改变煤粉量的目的,调节惰性较大。

## 3.6.3 磨煤机

磨煤机是制粉系统中的主要设备,其作用是将原煤磨成煤粉并干燥到一定程度,磨煤机磨煤的原理主要有撞击、挤压、研磨三种。撞击原理是利用燃料与磨煤部件相对运动产生的冲力作用;挤压原理是利用煤在受力的两个碾磨部件表面间的压力作用;研磨原理是利用煤与运动的碾磨部件间的摩擦力作用。实际上,任何一种磨煤机的工作原理并不是单独一种力的作用,而是几种力的综合作用。

根据磨煤部件的工作转速,电站用的磨煤机大致可分为三类:

(1) 低速磨煤机,转速为 16~25r/min,如筒式钢球磨煤机。

(2) 中速磨煤机,转速为 50~300r/min,如中速平盘式磨煤机、中速钢球式磨煤机(中速球式磨煤机或E形磨煤机)、中速碗式磨煤机及MPS磨煤机等。

(3) 高速磨煤机,转速为 500~1500r/min,如风扇磨煤机、锤击磨煤机等。

我国燃煤电厂目前广泛应用的是筒式钢球磨煤机和中速磨煤机。

**1. 单进单出筒式钢球磨煤机**

单进单出筒式钢球磨煤机曾经是火力发电厂应用最广泛的一种研磨设备,其结构如图3-40所示。

1) 单进单出筒式钢球磨煤机结构

它的磨煤部件是一个直径为 2~4m、长 3~10m 的圆筒,筒内装有许多直径为 30~60mm 的钢球。圆筒自内到外共有五层:第一层是由锰钢制的波浪形钢瓦组成的护甲,其作用是增强抗磨性并把钢球带到一定高度;第二层是绝热石棉层,起绝热作用;第三层是筒体本身,

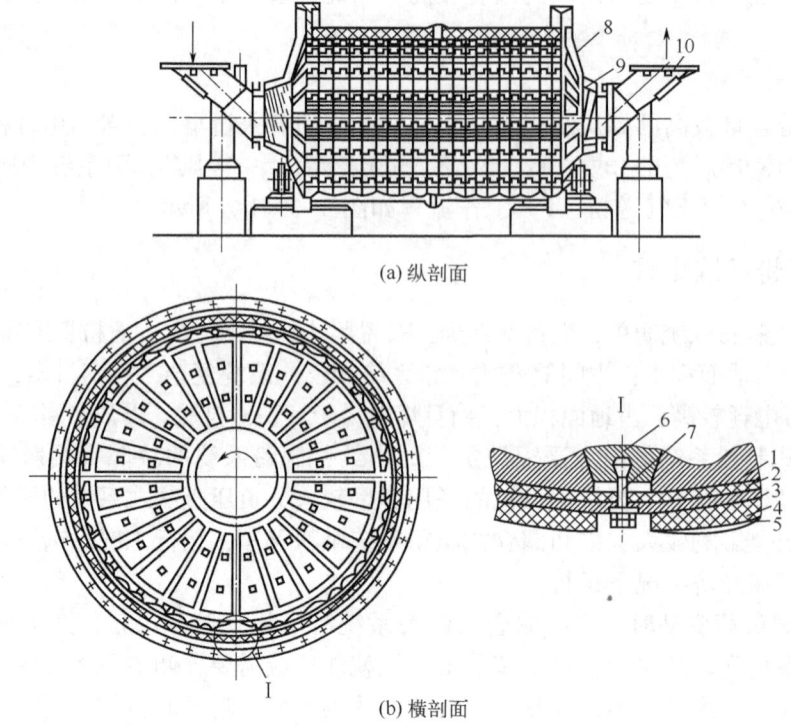

图 3-40 单进、单出筒式钢球磨煤机的结构
1—波浪形护甲；2—石棉层；3—磨煤机筒体；4—隔音毛毡；5—薄钢板外壳；6—压紧用的楔形块；
7—螺栓；8—端盖；9—空心轴颈；10—短管

它是由 18~25mm 厚的钢板制作而成的；第四层是隔音毛毡，其作用是隔离并吸收钢球撞击钢瓦产生的声音；第五层是薄钢板制成的外壳，其作用是保护和固定毛毡。圆筒两端各有一个端盖，其内面衬有扇形锰钢钢瓦，端盖中部有空心轴颈，整个球磨机重量通过空心轴颈支承在大轴承上。两个空心轴颈的端部各接一个倾斜 45°的短管，其中一个是原煤与干燥剂的进口，另一个是气粉混合物的出口。

2）单进单出筒式钢球磨煤机工作原理

筒身经电动机、减速装置传动以低速旋转，在离心力与摩擦力作用下，护甲将钢球与燃料提升至一定高度，然后借重力自由下落，煤主要被下落的钢球撞击破碎，同时还受到钢球之间、钢球与护甲之间的挤压、研磨作用。原煤与热空气从一端进入磨煤机，磨好的煤粉被气流从另一端输送出去。热空气不仅是输送煤粉的介质，同时还起干燥原煤的作用，因此进入磨煤机的热空气被称作干燥剂。

3）钢球磨煤机的临界转速和工作转速

钢球磨煤机圆筒的转速对磨制煤粉的工作有很大影响。如果转速太低，钢球不能提到应有的高度，磨煤作用很小，而且磨制好的煤粉也不能从钢球层中吹走；如果转速太高，钢球的离心力过大，以致钢球紧贴一起作圆周转动，起不到磨煤作用。适当的转速应当是把钢球带到一定高度，然后落下，才能有最佳的磨煤效果。

4）单进单出筒式钢球磨煤机特点

钢球筒式磨煤机的优点是适应煤种广，能磨任何煤，特别是硬度大、磨损性强的煤及无烟煤、高灰分劣质煤等。钢球磨煤机对煤中混入的铁件、木屑不敏感，又能在运行中补充钢球，延长了检修周期，因此，钢球磨煤机能长期维持一定出力和煤粉细度可靠地工作，且单机容量大，磨制的煤粉较细。

其主要缺点是设备庞大笨重、金属消耗多、占地面积大，初投资及运行电耗、金属磨损都较高，特别是它不适宜调节，低负荷运行不经济，因此一般用在中间储仓式制粉系统。此外，运行噪声大，磨制的煤粉不够均匀，这些使钢球磨煤机的应用受到一定限制。近几年，经改进后的双进双出筒式钢球磨煤机得到了广泛的应用。

### 2. 双进双出筒式钢球磨煤机

双进双出钢球磨煤机是传统钢球磨煤机的改进形式，也是钢球磨煤机的一种。其本体结构与传统钢球磨煤机差异不大，只是在通风口和进煤口有所改进，将原来的单面进单面出的方式演变成了两面进和两面出的方式，从磨煤机的两侧同时进煤和热风，又同时送出煤粉。双进双出钢球磨煤机的采用相对于传统钢球磨煤机而言，系统相对简单且维修方便，而与中速磨煤机相比，运行可靠性好，特别在钢球磨制高灰分、高腐蚀性煤，以及要求煤粉细度较细的情况下，有其独特的优势。

1）双进双出筒式钢球磨煤机结构特点与工作原理

双进双出筒式钢球磨煤机的结构如图 3-41 所示，与单进单出筒式钢球磨煤机相同的是，其碾磨部件也是由内衬锰钢护甲的筒体及装在其中的钢球组成。两者不同的是双进双出球磨机筒体两端完全对称，均为水平布置的中空轴（耳轴），分别由两个主轴承支承，中空轴内各有一个中心管，管外绕有弹性固定的螺旋输送装置，它连同中心管随磨煤机一起转动，中空轴与中心管之间形成了环形通道。环形通道下半部是原煤的进口，上半部是磨制好的气粉混合物的出口，中心管内部则是干燥剂（热风）的进口。从两端进入的介质气流在球磨机筒体中部对冲后反向流动，携带煤粉从两个空心轴上部流出，进入分离器，形成两个相互对称的研磨回路，故称"双进双出"。

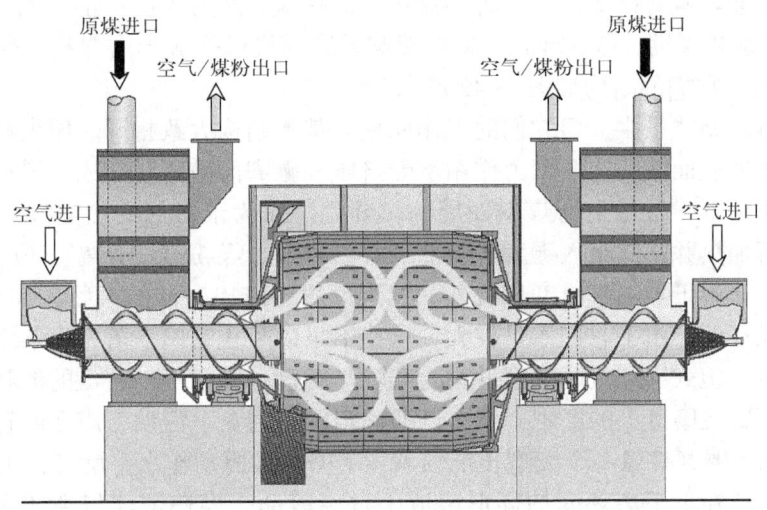

图 3-41 双进、双出筒式钢球磨煤机的结构

以单侧回路为例，原煤经下煤管落入中空轴与中心管之间环形通道底部，由螺旋输送装置送入磨煤机筒体内，被碾磨部件破碎成煤粉。而一定温度的热风（一次风）经中空轴内

的中心管进入磨煤机，对磨煤机内的煤粉进行干燥并携带磨细的煤粉从中空轴与中心管之间环形通道上部离开磨煤机，进入分离器。在低负荷状态下，磨煤机可实现半磨运行。

2) 双进双出筒式钢球磨煤机特点

双进双出筒式钢球磨煤机除了具有钢球磨所共有的优点之外，具有以下特点：

（1）煤种适应性广。适于磨制高灰分、强磨损性的煤种，以及挥发分低、要求煤粉细的无烟煤。

（2）备用容量小。钢球磨煤机结构简单，故障少，无需停机即可进行钢球的筛选和补充，以保证系统正常供粉，不像中速磨煤机需20%的备用容量。

（3）响应锅炉负荷变化性能好。双进双出筒式钢球磨煤机内存煤比中速磨煤机多，系统以调节磨煤机通风量的方法控制给粉量，响应锅炉负荷变化的延迟时间极短。负荷调节范围大。一台磨煤机的两路制粉系统彼此独立，可两路并用或只用一路，大大增加了系统的负荷调节范围，适合用在直吹式制粉系统。

（4）煤粉细度稳定，受负荷变化的影响小。负荷低时，煤粉在筒内停留时间长，磨制的煤粉更细，能改善煤粉气流着火和燃烧性能，使锅炉能在更低的负荷下稳定运行。有高料位运行及低料位运行两种控制方式，使得煤粉的细度更容易满足运行要求。

（5）双进双出钢球磨煤机与中速磨煤机和风扇磨煤机相比，具有较低的风煤比，即一次风的煤粉浓度高，有利于低挥发分煤的燃烧。

### 3. 中速磨煤机

中速磨煤机（简称中速磨）是指工作转速为 50~300r/min 的磨煤机械，利用碾磨元件在一定压力下作相对运动时所产生的挤压、研磨等作用来将原煤破碎的一种机械设备。这种磨煤机具有质量轻、占地少、制粉系统管路简单、投资省、电耗低、噪声小等一系列特点，因此在大容量机组中得到广泛应用。

1) 中速磨煤机结构及工作原理

常用的中速磨煤机有以下四种：辊—盘式，即平盘中速磨煤机；辊—碗式，即碗式中速磨煤机，如 RP 型磨煤机；球—环式，即中速球式磨煤机或称 E 形磨煤机；辊—环式，又称 MPS 中速磨煤机。它们的结构如图 3-42 所示。

中速磨煤机的型式虽多，但它们的工作原理与基本结构大致相同。原煤都是落在两组相对运动的碾磨部件表面间，在压紧力作用下受挤压和碾磨而破碎。磨成的煤粉在碾磨件旋转产生的离心力作用下，被甩至磨煤室四周的风环处。作为干燥剂的热空气经风环吹入磨煤机，对煤粉进行加热并将其带入碾磨区上部的分离器中。煤粉经过分离，不合格的粗粉返回碾磨区碾磨，细粉被干燥剂带出磨煤机外。混入原煤中难以磨碎的杂物，如石块、黄铁矿、铁块等被甩至风环处，由于它们质量较大，风速不足以阻止它们下落，而落至杂物箱中。

平盘磨煤机、碗式磨煤机的碾磨件均为磨辊与磨盘，它们都以磨盘的形状命名。磨盘作水平旋转，被压紧在磨盘上的磨辊，绕自己的固定轴在磨盘上滚动，煤在磨辊与转盘间被粉碎。E 形磨煤机的碾磨件像一个大型止推轴承，下磨环被驱动作水平旋转，上磨环压紧在钢球上，多个大钢球在上下磨环间的环形滚道中自由滚动，煤在钢球与磨环间被碾碎。MPS 中速磨煤机是在 E 形磨煤机和平盘磨煤机的基础上发展起来的，它取消了 E 形磨煤机的上磨环，三个凸形磨辊压紧在具有凹槽的磨盘上，磨盘转动，磨辊靠摩擦力在固定位置绕自身的轴旋转。各种形式中速磨煤机碾磨件的压紧力，靠弹簧或液压气动装置实现。

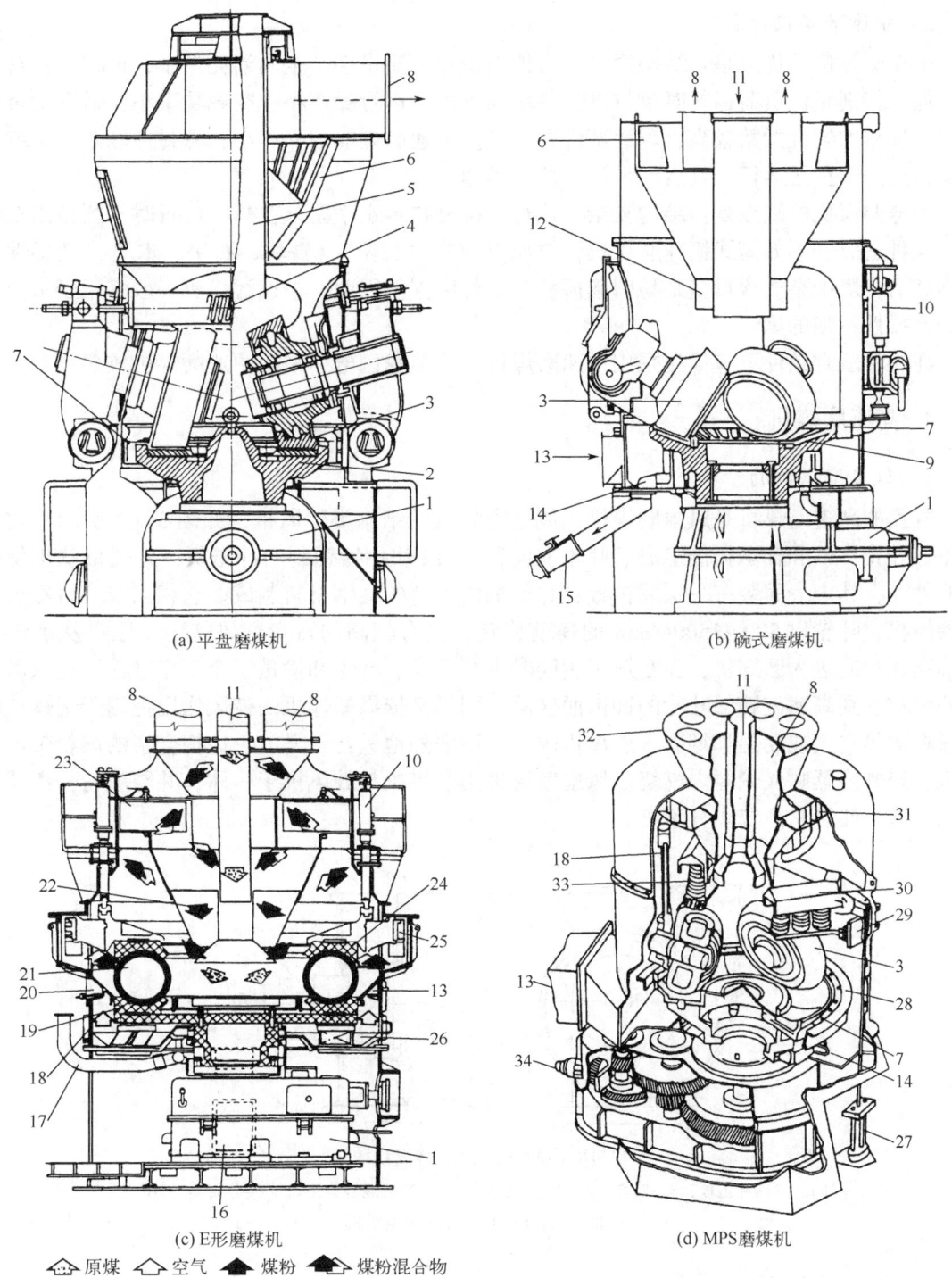

(a) 平盘磨煤机　(b) 碗式磨煤机

(c) E形磨煤机　(d) MPS磨煤机

⇨ 原煤　⇨ 空气　⬆ 煤粉　⬆ 煤粉混合物

图 3-42　中速磨煤机

1—减速箱；2—磨盘；3—磨辊；4—加压弹簧；5—落煤管；6—分离器；7—风环；8—气粉混合物出口；9—浅沿磨碗；10—加压缸；11—原煤入口；12—粗粉回粉管；13—热风进口；14—杂物刮板；15—杂物排放管；16—废料室；17—密封气连接管；18—活门；19—下磨环；20—安全门；21—钢球；22—粗粉回粉斗；23—分离器可调叶片；24—上磨环；25—导杆；26—梨式刮刀；27—液压缸；28—风环壳；29—下压盘；30—上压盘；31—分离器导叶；32—煤粉分配器；33—加压弹簧；34—传动轴

2) 中速磨煤机特点

中速磨煤机的优点是：结构紧凑，占地面积小，质量轻，金属消耗量小，投资省；磨煤电耗低，特别是低负荷运行时单位电耗量增加不多；运行噪声小；空载功率小，适宜变负荷运行，煤粉均匀性指数较高，碾磨部件磨损轻。中速磨煤机的噪声小，密封性能好，系统泄漏少，适用于正压运行，且启动灵活、调节迅速。

中速磨煤机的缺点是：结构复杂，运行和检修技术水平要求较高，运行时不断排出石子煤；煤种适应性不如筒式钢球磨煤机，对原煤中的"三块"（铁块、石块、木块）敏感性大于钢球磨，煤中杂质含量多则易引起振动和部件磨损。因此，中速磨煤机一般多用于水分较少、磨损性不强的烟煤。

在煤种适宜条件下应优先采用中速磨煤机，目前我国电厂采用中速磨煤机较多。

**4. 高速磨煤机**

1) 风扇磨煤机的结构

常用的高速磨煤机是风扇磨煤机，风扇磨煤机的结构类似风机，如图 3-43 所示。它由叶轮、外壳、轴和轴承箱等组成。叶轮上装有 8~12 块用锰钢制的冲击板；外壳形状也像风机的外壳，其内表面装有一层翼护板，它们都由耐磨的锰钢材料制成。它相当于一台经过加固的风机，叶轮以 500~1500r/min 的速度旋转，具有较高的自身通风能力。原煤从磨煤机的轴向或切向进入磨煤机，在磨煤机中同时进行干燥、磨煤和输送三个工作过程。进入磨煤机的煤粒受到高速旋转的叶轮的冲击而破碎，同样又依靠磨煤机的鼓风作用把用于干燥和输送煤粉的热空气或高温炉烟吸入磨煤机内，一边强烈地进行干燥，一边把合格的煤粉带出磨煤机，经燃烧器喷入炉膛内燃烧。风扇磨煤机集磨煤机与鼓风机于一体，并与粗粉分离器连接在一起，使制粉系统十分紧凑。

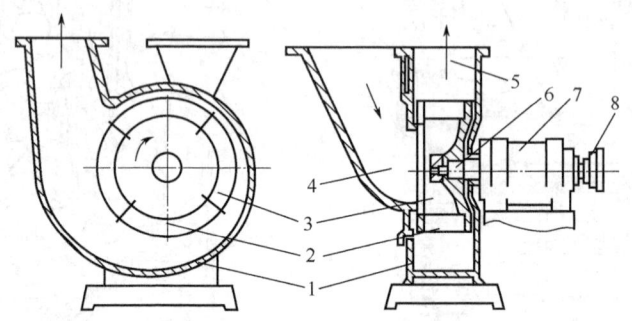

图 3-43 风扇式磨煤机

1—外壳；2—冲击板；3—叶轮；4—风、煤进口；5—气粉混合物出口（接分离器）；6—轴；7—轴承箱；8—联轴节（接电动机）

2) 风扇磨煤机的运行特点

与中速磨煤机一样，风扇磨煤机的功率消耗随出力的增加而增加，因此它可以比较经济地在低负荷下运行。风扇磨煤机在高于额定出力的负荷下运行时，不仅功率消耗增大，而且更重要的是受到磨煤机内储煤量增加而堵塞以及叶片严重磨损。磨出的煤粉也较粗。因此，不宜磨制硬煤、强磨损性煤及低挥发分煤，一般适合磨制褐煤和烟煤。

风扇磨煤机工作时能产生一定的抽吸力，因可省掉排粉风机。它本身能同时完成燃料磨制、干燥、吸入干燥剂、输送煤粉等任务，因此简化了系统。风扇磨煤机还具有结构简单、尺寸小、金属消耗少、运行电耗低等优点；其主要缺点是碾磨件磨损严重，机件磨损后磨煤出力明显下降，煤粉品质恶化，因此维修工作频繁。此外，磨出的煤粉较粗而且不够均匀。由于风扇磨煤机提供风压有限，所以对制粉系统设备及管道布置均有所限制。

**5. 磨煤机类型的选择**

磨煤机类型的选择主要应考虑以下几个方面：燃料的性质（特别是煤的挥发分）、可磨性系数、碾磨细度要求、运行的可靠性、磨损指数、投资费、运行费（包括电耗、金属磨损、折旧费、维护费等），以及锅炉容量、负荷性质，必要时还得进行技术经济比较。

当煤种适宜时，应优先选用中速磨煤机和双进双出钢球磨煤机。燃用多水分的褐煤时，应优先选用风扇磨煤机。对于煤质较硬的无烟煤、贫煤以及杂质较多的劣质煤可考虑选用钢球磨煤机。

## 3.6.4 制粉系统其他设备

除了磨煤机，制粉系统中还包括给煤机、粗粉分离器、细粉分离器、防爆门、给粉机、锁气器、螺旋输粉机等辅助设备。下面重点介绍前四个设备。

**1. 给煤机**

给煤机位于原煤仓下面，它的任务是根据磨煤机或锅炉负荷的需要调节给煤量，并将原煤均匀、连续地送入磨煤机。给煤机的形式很多，国内应用较多的主要有圆盘式、电磁振动式、刮板式等。电子称重带式给煤机具有先进的传送带测速装置、精确的称重机构及完善的检测装置等优点，在我国 300MW 以上机组中得到了广泛的应用。

电子称重带式给煤机是一种带有电子称量及自动调速装置的带式给煤机，可以将煤块精确地定量输送，并具有自动调节和控制的功能。

电子称重带式给煤机主要由机体、给煤传送带机构、称重机构、链式清理刮板、断煤及堵煤报警装置、电子控制柜及电源动力柜组成。该给煤机控制系统在机组协调控制系统的指挥下，根据锅炉负荷所需的给煤率信号，控制驱动电动机的转速来进行调节，使实际给煤率与所需要的给煤率相一致。其结构如图 3-44 所示。

电子称重带式给煤机一般处于正压下运行，故采用全封闭装置。其工作原理是：原煤斗中原煤经给煤机入口闸门从给煤机进煤口进入给煤机，落到给煤机传送带上，在驱动滚轮的带动下，给煤传送带从进料口侧向出料口水平移动，将原煤输送至磨煤机落煤管。给煤传送带设有边缘，内侧中间有凸筋，对传送带的运动具有良好的导向性。称重机构位于给煤机的进煤与出煤口之间，由三个称重托辊、一对负荷传感器以及电子装置组成，在传送带输送的过程中，由自动称量装置测出给煤量。在称重机构的下部装有链式清理刮板机构，将煤刮至出口排出，以清除称重机构下部的积煤。在给煤传送带的上方装有断煤信号装置，当传送带上无煤时，便起动原煤仓的振动器。另有堵煤信号装置装在给煤机的出口，若煤流堵塞，则停止给煤机的运行，并发出报警信号。

给煤量的调节是通过改变调速电动机的转速，即传送带的移动速度来实现的。在投入自动控制的情况下，给煤机的转速能自动予以调节。

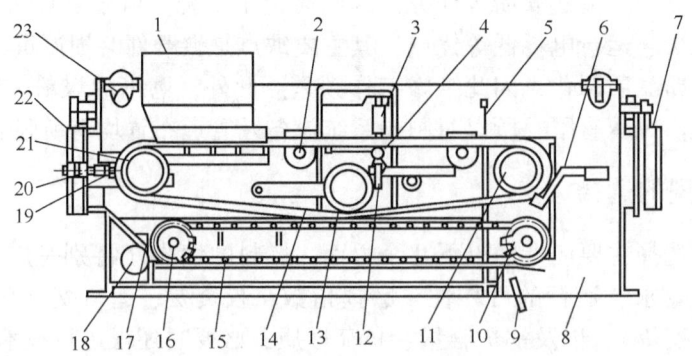

图 3-44 电子称重带式给煤机的结构

1—进料口；2—支撑跨托辊；3—负荷传感器；4—称重托辊；5—断煤信号装置挡板；6—传送带清洁刮板；7—排出端门；8—出料口；9—堵煤信号装置挡板；10—驱动链条；11—驱动滚筒；12—承重校重量块；13—张力滚筒；14—给料传送带；15—清洁刮板链；16—张紧链轮；17—刮板链张紧螺钉；18—密封空气进口；19—张紧滚筒座导轨；20—传送带张紧螺杆；21—张紧滚筒；22—进料端门；23—机内照明灯

## 2. 粗粉分离器

粗粉分离器是制粉系统中必不可少的煤粉分离设备，它的作用是将通风从磨煤机带出的不合格的粗煤粉分离出来，返回磨煤机中重新磨制，合格的煤粉送往锅炉燃烧或细粉分离器。另一作用是可以调节煤粉细度，以便当燃用煤种变化或锅炉负荷变动时，能保证合适的煤粉细度。

粗粉分离器是利用离心力、惯性力和重力的作用把不合格的粗煤粉分离出来的。下面介绍两种应用最广的主要依靠离心力原理进行分离和调节的粗粉分离器。

1) 离心式粗粉分离器

如图 3-45 所示，离心式粗粉分离器有径向型和轴向型两种，在实际应用中，以轴向型粗粉分离器居多。该分离器由内外锥体、调节圆锥帽、可调折向挡板和回粉管等组成。

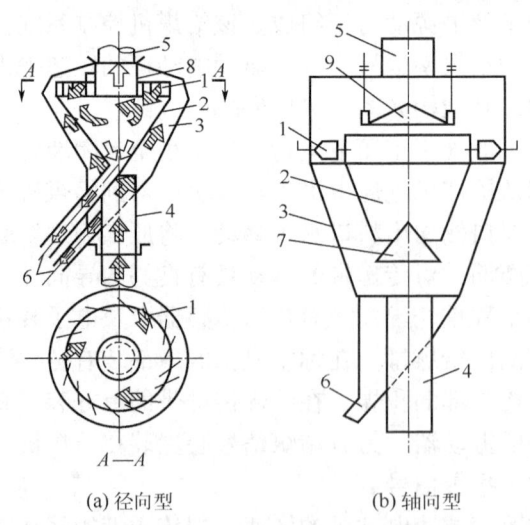

(a) 径向型　　(b) 轴向型

图 3-45 离心式粗粉分离器

1—折向挡板；2—内椎体；3—外锥体；4—进口管；5—出口管；6—回粉管；7—锁气器；8—活动环；9—圆锥帽

从磨煤机出来的气粉混合物以 18~25m/s 的速度自下而上进入分离器锥体。通过内外锥体之间的环形空间时，由于流通截面的扩大，其速度逐渐降至 4~6m/s，粗煤粉在重力的作用下从气流中分离出来，经过外锥体回粉管返回磨煤机重新磨制。带细粉的气流则进入分离器上部，经安装在内外圆柱壳体间环形通道内的折向挡板时产生旋转运动，借撞击和离心力使较粗的煤粉颗粒进一步分离落下，合格的细煤粉被气流从出口管带走；分离下来的粗粉经内锥体底部的锁气器，由回粉管返回磨煤机，回粉在下落时与上升的气粉混合物相遇，将其中少量细煤粉带走。这样可以减少回粉中细粉的含量，提高分离效率。在内锥体上面装有可上、下移动的锥形调节帽，可以粗调煤粉细度。

离心式粗粉分离器的煤粉细度调节一般有三种方法：

（1）改变折向挡板与圆周切线的夹角可以改变煤粉细度。夹角减小时，气流的旋转强度加强，分离出来的煤粉增多，气流带走的煤粉变细；反之变粗。

（2）增大磨煤通风量，一方面导致磨煤机出来的煤粉变粗，另一方面由于煤粉在分离器中停留的时间变短，使分离器出口处的煤粉变粗。

（3）降低活动环的位置，因急转弯程度增大，出口煤粉变细；反之，升高活动环的位置，出口煤粉变粗。

轴向型粗粉分离器的结构比较复杂，通风阻力也较大；但由于其折向门是轴向布置的，因而加大了圆筒空间，与径向型粗粉分离器相比，其分离效果好，改善了煤粉的均匀性；调节幅度较宽，回粉中细粉含量少，提高了制粉系统出力；适应煤种较广，可配用于各种形式的磨煤机，因此其应用较为广泛。

2）回转式粗粉分离器

回转式分离器是一个旋转的分离器，结构如图 3-46 所示。分离器上部有一个电动机带动的转子，转子上有大约 20 个角钢或扁钢制成的叶片。当煤粉气流自下而上进入分离器时，由于通流截面扩大，气流流速降低，部分粗粉在重力作用下分离出来；继续上升的煤粉气流进入转子区域，在转子带动下作旋转运动，粗粉在离心力作用下被抛到分离器的筒壁上，沿着筒壁滑落下来，经回粉管返回磨煤机重磨，细粉则由气流携带从上部切向引出。

改变转子的转速，即可调节煤粉细度。转子转速越高，分离作用越强，气流带出的煤粉就越细；反之，转速越低，气流带出的煤粉就越粗。

为了减少回粉中的细粉量，可在分离器的下部加装二次风，二次风沿切向进入分离器，将下落的回粉吹起，促使回粉再次分离，并将合格的细粉带走，从而提高磨煤出力，降低磨煤电耗。

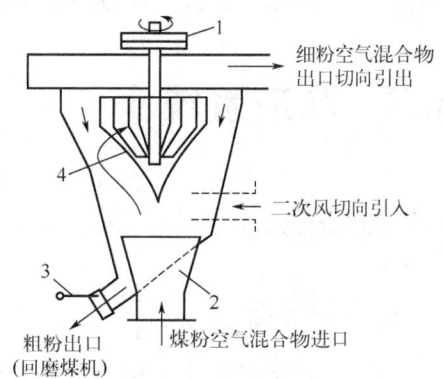

图 3-46 回转式粗粉分离器的结构
1—减速带轮；2—进粉管；3—锁气器；4—转子

回转式粗粉分离器的特点是：结构紧凑，流动阻力较小，磨煤电耗较低；调节方便，适应负荷变化的性能较好；分离出的煤粉较细且均匀性好。但是，这种分离器结构比较复杂，磨损严重，检修工作量较大。回转式分离器适用于直吹式制粉系统。

### 3. 细粉分离器

细粉分离器是中间储仓式制粉系统中一个重要的分离设备。它位于粗粉分离器之后，将煤粉从气粉混合物中分离出来，以便将煤粉储存在煤粉仓中。该分离器主要是靠旋转运动所产生的惯性离心力实现气粉分离的，所以又称为旋风分离器。

目前发电厂常用的小直径旋风分离器如图 3-47 所示。气粉混合物从入口管以 16~22m/s 的速度，切向送入分离器圆筒的上部，在外圆筒与中心管之间高速旋转向下运动，由于离心力的作用，煤粉被抛向筒壁，沿着筒壁下落至筒底的煤粉出口；当气流向下旋转至中心管入口处时，转弯向上进入中心管，此时，煤粉二次分离，被分离出来的煤粉经锁气器进入煤粉仓或螺旋输粉机，气流经中心管引往排粉机。这种细粉分离机的圆筒直径小，煤粉气流的旋转流速高，分离效率可达到 90%~95%。所谓分离效率，是指分离出来的煤粉量占进口煤粉量的百分比。

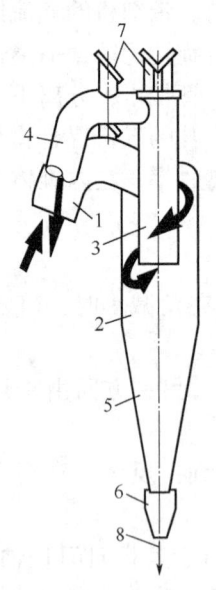

图 3-47　小直径旋风分离器
1—气粉混合物入口管；2—分离器筒体；3—内筒；
4—干燥剂引出管；5—分离器圆锥部分；
6—煤粉斗；7—防爆门；8—煤粉出口

**4. 防爆门**

正压运行的制粉系统中，管道和设备的承压能力一般设计为 0.35MPa。负压系统中，为了节约金属，管道和设备的承压能力只设计为 0.15MPa。除无烟煤以外，其余煤种的煤粉和空气混合物均具有爆炸的危险，一旦发生煤粉爆炸，巨大的压力将破坏系统设备。防爆门是用薄金属片或石棉板制成的防爆薄膜。当发生爆炸时，爆炸压力可冲破防爆薄膜，迅速释放系统压力，从而起到保护设备的作用。因此，要求在制粉系统设备进出口处装设防爆门。

## 3.7　吹灰系统

### 教学目标

**1. 知识目标**

（1）掌握锅炉吹灰系统的组成及各组成部分作用。
（2）掌握吹灰器的结构及工作原理。
（3）掌握吹灰管道组成。
（4）掌握吹灰器控制装置作用。

**2. 能力目标**

（1）能够根据吹灰器的工作原理，掌握吹灰器操作及控制要求。
（2）能够在锅炉机组仿真系统上进行吹灰系统的操作。

**3. 素质目标**

（1）培养学生的安全意识，引导学生注意生产安全，自觉服从规章制度，建立良好的安全生产意识。

（2）培养学生自主学习、信息收集处理能力，自我分析能力、发现解决问题的能力。

（3）培养学生创新能力和严谨认真的工匠精神。

## 任务描述

通过学习吹灰系统的作用及工作原理，掌握吹灰系统设备结构及工作过程，借助锅炉机组仿真运行系统，熟悉吹灰系统流程，培养学生对吹灰系统的认知，为后续锅炉机组吹灰操作做准备。

## 相关知识

锅炉运行一段时间后，烟气侧部分固体颗粒会沉积在各级受热面上，造成受热面的结渣、积灰甚至堵灰，从而降低锅炉的传热效率，增大烟道阻力，严重时会迫使锅炉计划外停炉。在锅炉运行中必须保持受热面的清洁。吹灰系统的作用就是有效地除去受热面烟气侧沉积物，保持受热面的清洁。

吹灰系统由吹灰器、吹灰管道系统、控制装置等组成。

## 3.7.1 吹灰器的工作原理

吹灰器指利用流体作吹灰介质，通过喷嘴的作用，形成高速射流，以此来吹扫锅炉受热面烟气侧沉积物的一种锅炉辅机。吹灰器是吹灰系统的主要设备。

吹灰器虽然种类很多，但工作原理基本相同，都是利用吹灰介质在吹灰器喷嘴出口形成的高速射流来冲刷锅炉受热面上的积灰。当射流的冲击力大于灰粒与灰粒之间或灰粒与管壁之间的黏着力时，灰粒便脱落，其中多数颗粒被烟气带走，少量的大颗粒或灰块落至灰斗或烟道上。吹灰介质可选用过热蒸汽、饱和蒸汽、排污水或压缩空气。

目前电站锅炉较多采用过热蒸汽作为吹灰介质。中间再热锅炉可以利用再热器进口蒸汽作为某些吹灰器的汽源，该处蒸汽的压力和温度能较好满足吹灰蒸汽参数的要求，使吹灰设备的制造和使用都比较经济和安全。300MW 以上的锅炉多采用过热蒸汽作为吹灰介质，过热蒸汽来源容易，对炉内燃烧和传热影响较小，吹灰系统简单、投资少，吹灰效果好。进入吹灰器的过热蒸汽压力一般为 1~2MPa。

单台吹灰器所能吹扫的面积是有限的，不同种类的吹灰器又具有不同的吹扫功能。而锅炉各级受热面积、布置的位置、工作条件、结构等各不相同，所以，应根据受热面的具体工作情况及其积灰或结渣的可能程度，分别布置适量的、不同种类的吹灰器。同时拟定合理的吹灰制度，并认真执行。每一台锅炉上都安装有数量较多的吹灰器，用以保证锅炉各处受热面的清洁。在炉膛采用短吹灰器对水冷壁进行吹扫。在烟道则采用长伸缩吹灰器对过热器和再热器等受热面进行吹扫。在回转式空气预热器的烟气侧安装有其专门的吹灰器。

## 3.7.2 吹灰器的种类

**1. 炉膛吹灰器**

炉膛水冷壁或其他壁面一般选用短伸缩式吹灰器,伸缩式吹灰器是一种行程短、可退回的吹灰器,它特点是:吹灰管边行进、边旋转,到位后行走停止,喷嘴作 360°吹扫后,吹灰管反向旋转和后退,直到喷嘴头部退至炉墙内的停用位置。吹灰器与炉墙通过安装法兰进行连接,其重量由水冷壁承受,热态时随水冷壁的膨胀一起同步位移。

IR-3D 型炉膛吹灰器是一种常见的短伸缩式吹灰器,主要用于吹扫炉膛水冷壁上的积灰和结渣。该型号的吹灰器采用单喷嘴前行到位后定点旋转吹扫的工作方式。另外,可根据积灰和结渣的性质和锅炉不同部位的吹灰要求对吹扫弧度、吹扫圈数和吹扫压力进行相应的调整以达到最佳吹扫效果。

IR-3D 型炉膛吹灰器主要由吹灰器阀门(鹅颈阀)、内管(供汽管)、吹灰枪管(螺纹管)及喷嘴、驱动系统、导向杆系统、前支承系统以及电气控制机构等部分组成,如图3-48所示。鹅颈阀是控制吹灰介质进入吹灰器的阀门,位于吹灰器的下部,因其形如鹅颈,俗称鹅颈阀。阀门内有压力调节装置,可根据现场的吹灰要求,进行压力调整。当阀门开启后,吹扫介质就被输送到装在吹灰器螺纹管端部的喷嘴,随即开始进行吹扫。内管是表面高度抛光的不锈钢供汽管,与鹅颈阀连接,其作用是将吹灰介质输送到吹灰枪管。

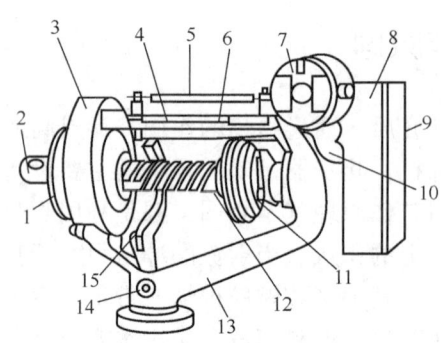

图 3-48 IR-3D 型炉膛吹灰器结构

1—前支撑座;2—喷嘴;3—主齿轮罩;4—小齿轮罩;5—弹簧;6—导向杆;7—电动机;8—控制盒;
9—控制盒盖;10—减速器;11—内管;12—吹灰枪管和凸轮;13—鹅颈阀体;14—阀门;15—启动臂

IR-3D 型吹灰器的吹灰枪管是一根外面加工有螺纹的管子,一般称螺纹管。吹灰过程就是靠吹灰枪的伸缩运动自动打开和关闭鹅颈阀并输送吹灰介质至喷嘴的。它既是吹灰器的吹灰枪,也是传动部件。驱动系统为吹灰枪的伸缩及旋转提供动力。电气控制机构调节吹灰器吹扫的圈数和吹灰角度。

**2. 长伸缩型吹灰器**

长伸缩式吹灰器是借助于顶端部带有喷嘴的长吹灰管,远距离悬臂伸入炉内,吹扫悬吊式受热面的一种吹灰器。若炉膛两侧墙对称装设,则吹灰管约覆盖炉宽的 1/2,吹灰管停用时全部退至炉外。这种吹灰器可以用来吹扫炉膛折焰角下方和大屏过热器,也可吹扫水平烟道和后烟井的各种受热面。

IK-545 型长伸缩式吹灰器总体结构如图 3-49 所示，该吹灰器主要由电动机、跑车、吹灰器阀门、托架、内管、吹灰枪等组成。其总体形状细长，阀门侧是吹灰器的末端，而喷嘴侧是吹灰器的最前端。长伸缩式吹灰器主要用在清除过热器、再热器及省煤器上的积灰和结渣，也可用来清除炉顶和管式空气预热器的积灰。

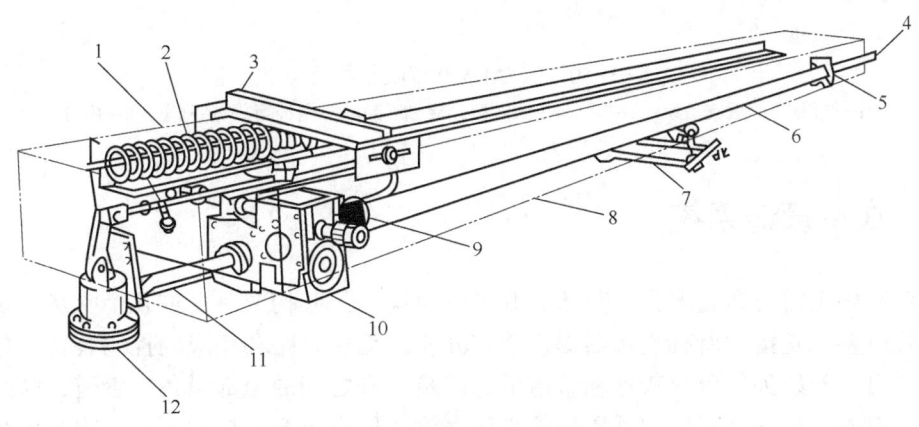

图 3-49　IK-545 型长伸缩式吹灰器
1—齿条；2—弹性电缆；3—后支承；4—喷嘴；5—前托架；6—吹烟枪；7—内、外管辅助托架；
2~8—梁；9—电动机；10—跑车；11—内管；13—阀门

该吹灰器的工作过程大致如下：电源接通，电动机通过减速器的若干次传动带动跑车沿梁向前移动，和它连接的吹灰枪同时前移并转动。当吹灰枪进入炉内一定距离时，位于末端的吹灰阀门自动开启，吹灰介质进入吹灰枪管，吹灰开始，蒸汽经过喷嘴以一定的方式喷入炉内。吹灰枪前后移动的行程范围由装在梁两端的行程开关限制。当跑车持续前进到一定位置时，前端支承板触及前端行程开关，此时电动机反转，跑车和吹灰枪退回，喷头后退到距炉墙一定距离时，吹灰器阀门又将自动关闭，停止吹灰。当跑车退回到起始位置时，触及末端行程开关，电源切断，运动停止，吹灰器完成了一次吹灰动作。

**3. 空预器吹灰器**

IK-AH500 型吹灰器是以蒸汽或空气作为吹灰介质，专门用于吹扫回转式空气预热器受热面积灰的吹灰器。

IK-AH500 型吹灰器总体结构如图 3-50 所示，吹灰器吹灰枪管、枪管上的喷嘴口径及布置间距是根据不同的空气预热器和安装要求专门设计的。运行时，吹灰枪管只作伸缩运动，而回转式空气预热器做旋转运动，因此，每个喷嘴的吹灰轨迹都是数圈阿基米德螺旋线，几个喷嘴一起完成对整个空气预热器的吹扫。喷嘴喷出的气流有一个扩散角，喷射覆盖面宽度随喷嘴到空气预热器扇形板的距离而变化。

吹灰器可近操、远操和程控。按下启动按钮，电源接通，跑车前移，与之连接的吹灰枪管亦同时前移。随即，跑车带动拉杆、开启吹灰蒸汽阀门，吹灰开始。当跑车前进至触及前端行程开关时，跑车退回，并使吹灰枪缩回，退至接近终点处，阀门关闭，吹灰停止。在整个吹灰过程中，吹灰枪匀速前进、后退，在受热面上留下了阿基米德螺旋线形的吹灰轨迹。最后，跑车触动后端行程开关，跑车停止，吹灰器完成一次吹灰过程。

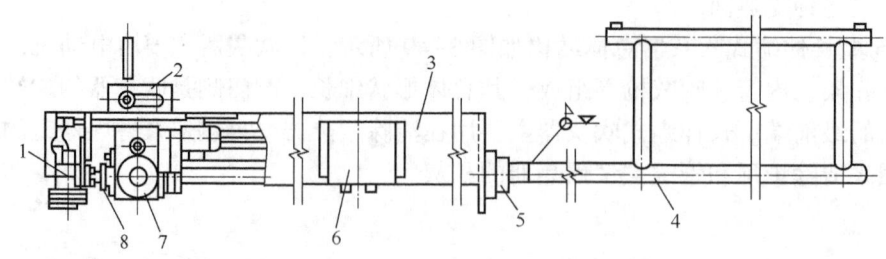

图 3-50　IK-AH500 型吹灰器结构
1—阀门；2—后支吊架；3—梁；4—吹灰枪；5—墙箱；6—电控箱；7—跑车；8—内管

### 3.7.3　吹灰管道系统

在一台锅炉上需要布置多台吹灰器，并与管道阀门一起构成一个或几个吹灰系统。

吹灰管道系统是指为所有吹灰器提供吹灰介质的输送管路和相应的控制装置，包括从锅炉吹灰汽源出口开始到每台吹灰器和管道下部的疏水阀之间的全部设备、管道、阀门及其他附件。蒸汽汽源为经气动减压阀减压后的高压蒸汽，取自末级过热器入口。吹灰系统的疏水系统为温控式热力疏水，疏水阀由气动温度控制器自动控制。

### 3.7.4　吹灰控制装置

锅炉机组受热面的特点是种类多、面积大、系统复杂。因此，在设计和制造锅炉时都在相应位置布置了较多数量、不同类型的吹灰器。在运行中，正确、合理、高效、方便、灵活地使用这些吹灰器就成为保持受热面清洁的重要因素。这就意味着需要为吹灰设备配备一套功能强大、自动化程度高、便于操作的自动控制系统。

吹灰程控系统是保证锅炉正常运行及性能参数必不可少的手段。吹灰系统的运行由可编程序控制器（PLC）为核心的控制系统实施控制。控制系统在主控制室内设置一台显示和控制机柜，控制柜的输入/输出柜与吹灰系统中的吹灰器等设备连接，运行人员可在控制台进行自动程序操作、单台远程遥控、模拟操作、现场就地手操作四种控制方式。

程控系统为运行人员操作和监视吹灰系统的设备提供了一个简便、灵活的平台。在运行中，运行人员可以利用该系统方便而灵活地对吹灰设备进行操作和控制，当选择自动或遥控时，用户还可以在操作画面上设定吹灰参数，比如吹灰的时间等。也可以根据需要编辑吹灰的工艺流程，并储存起来，方便以后调用。运行人员在主控制室随时通过显示柜了解各设备的运行状态。

### 3.7.5　吹灰器操作要求

吹灰是锅炉运行的一项重要的定期工作，吹灰不及时或者吹灰频次过低，会引起锅炉受热面积灰，受热面积灰会引起受热面超温、蒸汽温度异常、受热面结焦等情况。吹灰频次过高，就会造成受热面吹损或爆管。因此一定要控制好吹灰的频次。吹灰有炉膛短吹、长吹、空预器吹灰以及声波、脉冲、喷射管吹灰。声波、脉冲喷射管吹灰主要应用于脱硝吹灰器。

锅炉吹灰的注意事项如下：

（1）定期吹灰工作的执行次序要做好衔接，机组蒸汽吹灰、长吹、脉冲吹灰器、声波吹灰器及喷射管吹灰器不允许同时吹灰。

（2）同台机组的各定期吹灰时间要求一致，避免吹灰器的使用频率不一。

（3）因为电网负荷或设备检修等原因无法进行定期吹灰时，可将吹灰时间短暂地进行调整。

（4）如出现掉焦明显加剧，减温水流量不正常增加，炉膛温度偏高，排烟温度升高，空预器前后压差增大等异常情况下，可随时进行吹灰。

（5）锅炉吹灰的顺序要求按烟气流动的方向进行吹灰，吹灰顺序依次为：空预器—炉膛—过热器—再热器—省煤器—空预器。为了防止从炉膛、过热器吹下的灰大量堵塞在锅炉出口处，特别是空预器区域，要求每次对流烟道部位吹灰的开始和结束都启动空预器吹灰。

## 思考题

（1）简述锅炉省煤器的作用。

（2）简述水冷壁的作用。目前大型锅炉都采用膜式水冷壁，膜式水冷壁的优点是什么？

（3）简述自然循环锅炉汽包的作用。

（4）直流锅炉和自然循环锅炉的区别是什么？

（5）自然循环锅炉蒸汽污染的原因有哪些？

（6）提高自然循环锅炉蒸汽品质的途径有哪些？

（7）锅炉排污分为定期排污和连续排污，它们的区别是什么？

（8）简述过热器和再热器的作用。

（9）简述空预器的作用。

（10）分析自然循环锅炉自然循环的运动压头。

（11）什么是循环倍率？循环倍率对锅炉运行的影响有哪些？

（12）自然循环蒸发管内传热恶化的原因有哪些？

（13）自然循环锅炉自然循环的主要故障有哪些，产生的原因是什么？

（14）影响自然循环安全性的运行因素有哪些？

（15）锅炉内燃料迅速完全燃烧的条件是什么？

（16）锅炉内煤粉气流的燃烧过程分为哪几个阶段？

（17）分析锅炉煤粉气流的着火和强化措施。

（18）煤粉炉的燃烧设备包括哪几部分，它们的作用是什么？

（19）直流燃烧器四角布置切圆燃烧的特点是什么？

（20）简述旋流燃烧的工作原理。

（21）分析良好燃烧的炉膛应满足哪些条件。

（22）描述等离子点火过程。

（23）简述流化床锅炉的工作过程。

（24）简述火力发电厂单元制给水系统流程及各设备的作用。

（25）结合锅炉风烟系统图，简述火力发电厂单元制风烟系统流程及各设备的作用。

(26) 什么是煤粉的自然性和爆炸性?

(27) 根据中速磨煤机直吹式制粉系统图,论述系统流程和设备作用。

(28) 根据风扇磨制粉系统图,论述系统流程和设备作用。

(29) 根据双进双出筒式钢球磨煤机正压直吹式制粉系统图,论述系统流程和设备作用。

(30) 根据单进单出钢球磨煤机中间储仓式制粉系统图,论述系统流程和设备作用。

(31) 比较直吹式制粉系统和中间储仓式制粉系统优缺点。

(32) 简述吹灰器的工作原理。

# 项目 4 锅炉启动

## 项目描述

锅炉启动是指锅炉从未运行的状态到运行状态的过程。锅炉启动过程涉及设备及系统多，操作复杂，容易发生危险。本章描述 350MW 超临界直流锅炉从运行前准备、辅机投运、锅炉上水、锅炉冷热态清洗、锅炉点火、升温升压到机组满负荷运行的全过程。操作过程配有操作卡和操作视频，学生通过学习，具备在锅炉机组仿真系统上操作锅炉启动过程的能力。

## 4.1 锅炉启动基本知识

### 教学目标

**1. 知识目标**

（1）掌握锅炉机组启动方式分类。
（2）掌握锅炉机组滑参数启动的特点。

**2. 能力目标**

（1）能够分析滑参数启动的特点。
（2）能够理解直流锅炉冷态启动流程。

**3. 素质目标**

（1）通过引导学生解决锅炉启动出现的问题，培养学生分析与解决问题的能力，提升自身的专业素养，培养学生爱岗敬业、恪尽职守的精神。
（2）通过自主完成学习任务培养学生自主学习、独立思考与解决问题的能力。
（3）通过学习锅炉启动方式，培养学生细心认真、精益求精的职业习惯。

### 任务描述

通过学习锅炉启动要求及启动方式，学生掌握滑参数启动的特点，通过分析直流锅炉启动流程，学生熟悉锅炉启动过程。

## 相关知识

锅炉由停止状态转变为运行状态的过程称为锅炉启动。启动过程包括汽包锅炉的上水或直流锅炉建立启动流量，炉膛吹扫和点火，升温升压直到蒸汽参数达到额定值的过程。

锅炉启动的实质就是投入燃料对锅炉进行加热，使工质建立循环，产生蒸汽并使其参数不断升高。

### 4.1.1 锅炉启动要求

锅炉在启动过程中，各部件受热，温度逐渐升高，但由于受热的不均匀，不同位置的部件温度可能不同，因而产生热应力，甚至导致部件损坏。一般来说，部件越厚，材料的热应力越大。因此，在部件受热过程中，必须严格控制温差，并尽可能使温度均匀。

锅炉启动过程中容易发生危险事故。锅炉点火时，投入的燃料少，炉内温度低，炉膛热负荷不均匀，易发生燃烧不稳，若控制不当则很容易灭火，操作不当会发生爆炸。

在启动过程中，锅炉加热的部分工质被排放，造成热量损失和工作介质损失。在低负荷燃烧时，炉膛温度低，过量空气较多，燃烧热损失也较大。

总之，锅炉在启、停中既有安全问题又有经济问题。锅炉的启动和停运均是不稳定的变化过程，为了保证锅炉受热面及厚壁部件的安全性，要求限制加热和冷却的速度，以防产生过大的热应力；但另一方面，为了减少启、停过程的损失，尽快并网发电，则要求加快启、停速度。原则上应在确保安全的前提下尽量缩短启、停时间，节约燃料和工作介质，使锅炉尽早投入运行。为此，对现代大型锅炉的启动和停运提出如下要求：

（1）缩短启动和停运过程的时间，以适应机组所承担的负荷性质的要求。
（2）燃烧稳定，燃烧热损失小。
（3）蒸汽流量与蒸汽参数要满足汽轮机的要求。
（4）锅炉各级受热面金属的工作温度不超过其材料的允许温度。
（5）受热面厚壁部件温升均匀，减少寿命损耗。
（6）给水品质、锅水品质与蒸汽品质合格，防止锅内腐蚀和杂质对阀门、管道与汽轮机叶片的侵蚀。
（7）工作介质和热量排放量要少，并尽可能多地回收工作介质和热量。
（8）技术指令和运行操作正确无误。

### 4.1.2 锅炉启动方式

**1. 按启动前汽轮机状态划分**

DEH（digital electro-hydraulic，汽轮机的数字电液控制系统）在每次挂闸时，根据汽轮机启动前高压内缸调节级处内上壁金属温度来划分机组的启动状态：（1）冷态启动，$T<120℃$；（2）温态1启动，$120℃ \leqslant T<280℃$；（3）温态2启动，$280℃ \leqslant T<415℃$；（4）热态启动，$415℃ \leqslant T<450℃$；（5）极热态启动，$T \geqslant 450℃$。若内上壁金属温度测点坏，自动由该处下壁金属温度信号来代替。

**2. 按蒸汽参数划分**

按汽轮发电机组启动过程中主蒸汽参数的情况，可分为额定参数启动和滑参数启动两种启动方式。

1) 额定参数启动

额定参数启动是机、炉分别启动的方式，用于母管制机组。锅炉点火后升温、升压，直到蒸汽的参数达到了额定参数时方才允许并入蒸汽母管，而汽轮机启动时从蒸汽母管中取用高参数蒸汽。

额定参数启动过程包括主蒸汽管道暖管及前期准备、冲动转子暖机升速、定速并网带负荷等阶段，整个启动过程共需时约8h。这种启动方式的安全性和经济性较差。

2) 滑参数启动

单元制机组通常采用滑参数启动，又称为"机、炉联合启动"。滑参数启动就是在启动过程中某一阶段开始，锅炉与汽轮机之间的隔绝阀、调节阀全开，随着锅炉压力、温度上升，汽轮机冲转、升速、并网和升负荷。在启动过程中，锅炉与汽轮机之间关系密切，相互制约，启动各阶段和工况必须相互配合，协调一致。

滑参数启动是指待锅炉所产生的蒸汽具有一定的压力和温度后，才开始冲转汽轮机，然后再转入滑压运行的启动方式。滑参数启动开始冲转汽轮机时的蒸汽压力较高，大机组冲转压力一般在3~9MPa，蒸汽过热度在50~100℃，冲转参数的提高有利于汽轮机升速和通道湿度控制，可以消除转速波动和水冲击对汽轮机的损伤。同时，由于再热蒸汽温度升高，对高、中压缸合缸的汽轮机减少汽缸热应力也十分有利。但启动过程中汽轮机存在应力和胀差问题，冲转参数也不宜过高。

## 4.1.3 滑参数启动特点

现代大型机组大都采用压力法滑参数联合启动。它的特点是在锅炉出口蒸汽达到一定压力、温度时再冲转汽轮发电机，然后逐步进入滑压运行。在汽轮机冲转前主汽门关闭，蒸汽通过汽轮机旁路排入凝汽器或排水系统。

锅炉机组滑参数启动的特点如下：

（1）汽轮机冲转、暖机、暖管、升负荷和锅炉增加燃料、升压、升温同时进行，使整机启动时间缩短。在停运过程中，负荷随着蒸汽参数下降而降低，加快了汽轮机转子、汽缸的冷却速度，使汽轮机开缸检修时间提前。

（2）启动时汽轮机利用低压蒸汽发电；停运时汽轮机利用锅炉余热发电，减少了启动、停运过程中的燃料损失。

（3）滑参数联合启动、停运时，机组内流动的蒸汽有两个特点，即蒸汽处于微过热状态或湿蒸汽状态，蒸汽压力低，比体积大。前者使蒸汽的放热系数大，对金属加热、冷却效果好，对汽轮机叶片还有清洗作用；后者使蒸汽容积流量大，提高了蒸汽侧的放热系数，有利于降低过热器、再热器的受热面壁温，提高了启动时汽轮机的暖机速度、停运时汽轮机的冷却速度。

（4）滑参数联合启动和停运过程中，汽轮机调速汽门全开，无节流损失，增加了汽轮机中蒸汽的有效焓降，还提高了高压缸排汽焓，使再热汽温上升，启动热耗下降，并提高了停运时的余热利用能力。

## 4.1.4 锅炉机组基本参数

不同的锅炉机组启动方式有差异。本书以350MW超临界直流锅炉机组为例讲解锅炉的启动、运行调整、停运过程。后续章节操作卡和锅炉机组仿真系统操作视频均为350MW超临界直流锅炉机组操作。

**1. 锅炉主要参数**

锅炉是由哈尔滨锅炉厂有限责任公司生产的超临界参数、单炉膛、一次再热、平衡通风、紧身封闭、固态排渣、全钢构架、全悬吊结构Ⅱ型变压运行直流锅炉。燃料为烟煤，锅炉型号为HG-1180/25.4-YMI。锅炉主要参数见表4-1。

表4-1 锅炉主要参数

| 序号 | 项目 | 单位 | 规范BMCR |
|---|---|---|---|
| 1 | 制造厂家 | | 哈尔滨锅炉厂有限责任公司 |
| 2 | 型号 | | HG1180/25.4-YMI型 |
| 3 | 过热蒸汽流量 | t/h | 1180 |
| 4 | 过热器出口蒸汽压力 | MPa | 25.4 |
| 5 | 过热器出口蒸汽温度 | ℃ | 571 |
| 6 | 再热蒸汽流量 | t/h | 998.73 |
| 7 | 再热器进口蒸汽压力 | MPa | 4.21 |
| 8 | 再热器出口蒸汽压力 | MPa | 4.02 |
| 9 | 再热器进口蒸汽温度 | ℃ | 312 |
| 10 | 再热器出口蒸汽温度 | ℃ | 569 |
| 11 | 省煤器进口给水温度 | ℃ | 281 |
| 12 | 预热器出口一次风温度 | ℃ | 324.4 |
| 13 | 预热器出口二次风温度 | ℃ | 337.2 |
| 14 | 炉膛出口温度 | ℃ | 974 |
| 15 | 空气预热器烟气出口（未修正）温度 | ℃ | 123 |
| 16 | 空气预热器烟气出口（修正后）温度 | ℃ | 119 |
| 17 | 燃料消耗量 | t/h | 168.66 |
| 18 | 计算热效率（按LHV） | % | 93.8 |

（1）锅炉燃烧方式为前后墙对冲燃烧，前墙布置3层、后墙2层低$NO_x$轴向旋流燃烧器，每层各有4只，共20只，OFA燃尽风喷嘴布置在燃烧器上方，前后墙各二层共16只。另外本锅炉在A、D层燃烧器配备了8个等离子点火器，实现无油点火和锅炉低负荷时稳定燃烧。

（2）锅炉炉膛水冷壁采用焊接膜式壁，下部水冷壁及灰斗采用螺旋管圈，上部水冷壁为垂直管屏。

（3）锅炉采用疏水扩容式启动系统，汽水分离器为内置式。

（4）锅炉省煤器为单级非沸腾式，布置于尾部后烟道的下部。

（5）锅炉过热器由顶棚过热器、包墙过热器、低温过热器、屏式过热器和高温过热器组成。顶棚过热器布置于炉顶，包墙过热器布置于尾部烟道顶部、尾部烟道前后墙、两侧墙及中间隔墙，低温过热器布置于尾部双烟道的后部烟道中，屏式过热器布置于炉膛上部，高温过热器布置于折焰角上方的水平烟道中。屏式过热器前后各布置一级喷水减温器，每级均为2只。

（6）锅炉再热器由低温再热器和高温再热器两部分组成。低温再热器布置于尾部双烟道的前部烟道中，高温再热器布置于水平烟道中。低温再热器入口配1只事故喷水减温器。再热蒸汽温度正常由尾部烟气挡板调节，紧急情况由喷水减温器调节。

**2. 锅炉辅机系统**

（1）锅炉制粉系统为冷一次风正压直吹系统，磨煤机为5台中速磨煤机，BMCR工况时4台全部投运，1台备用。每台磨煤机向布置于前或后墙同一层的4台燃烧器提供合格的煤粉。系统配有2台由入口导叶调节+变频调速调节离心式一次风机，2台密封风机。

（2）锅炉风烟系统配有2台动叶调节轴流式送风机，2台动叶调节轴流式引风机，2台三分仓回转式空气预热器。

（3）锅炉配置了除尘效率达99%以上的静电除尘器以及烟气脱硫、脱硝装置。

（4）锅炉布置有74只吹灰器，空气预热器配有4只吹灰器。

（5）锅炉采用大倾角刮板式捞渣机。

（6）锅炉配有炉膛火焰监视电视系统、炉膛出口烟温探针、炉管泄漏自动报警装置等安全保护装置。

（7）每台机组配置2台50%BMCR汽动主给水泵，1台30%BMCR启动电动定速给水泵，在启动状态下，电动定速泵定速运行时能够满足机组启动状态给水参数的要求，在机组正常运行工况下，主给水泵组（汽动给水泵）调速运行时，能满足汽机低负荷至最大负荷给水参数的要求。三台高加给水采用大旁路系统。

## 4.1.5　锅炉启动过程

直流锅炉冷态启动程序如图4-1所示。

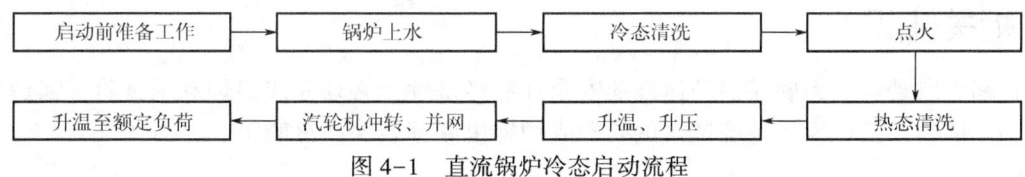

图4-1　直流锅炉冷态启动流程

锅炉安装或检修结束后，在启动前，首先要进行辅机试运转以及各项试验和校验工作，对设备及系统做全面的检查。检查合格后，开始上水，上水完成后，为清除受热面的杂质、盐分，对系统进行冷态清洗。冷态清洗完成后，锅炉点火，当汽水分离器进口温度达到190℃时，为清除系统铁的氧化物，系统开始热态清洗。热态清洗完成后，系统加大燃料量，蒸汽开始升温升压，当主蒸汽压力大于6~7MPa，主蒸汽温度360℃（温度不得超过430℃），再热蒸汽温度320℃时，汽轮机开始冲转；锅炉继续加大燃料，升负荷至额定负荷。启动过程的具体操作在后续章节详细讲解。

## 4.2 锅炉试验

### 教学目标

**1. 知识目标**

（1）掌握锅炉水压试验的目的和要求。
（2）掌握锅炉风烟系统漏风试验的目的和要求。
（3）掌握锅炉风烟系统调试试验的试验内容。
（4）掌握锅炉辅机联锁及保护试验目的及内容。
（5）掌握锅炉安全阀试验目的。

**2. 能力目标**

（1）掌握锅炉水压试验的步骤及注意事项。
（2）能够分析锅炉风烟系统漏风试验过程。
（3）能够分析锅炉风烟系统调试试验过程。
（4）能够分析锅炉辅机联锁及保护逻辑关系。

**3. 素质目标**

（1）培养学生自主学习、独立思考和分析解决问题的能力。
（2）培养学生养成良好的职业习惯和严谨的工作作风。
（3）培养学生安全和责任意识。

### 任务描述

通过学习锅炉试验，掌握锅炉各项试验的目的及步骤，培养学生锅炉操作能力。

### 相关知识

在锅炉启动前，为确保锅炉运行的安全性和经济性，必须完成锅炉水压试验、锅炉风烟系统漏风试验、锅炉风烟系统调试试验和锅炉辅机联锁及保护试验等。

### 4.2.1 锅炉水压试验

**1. 锅炉水压试验目的**

锅炉的汽水系统检修后或新安装的锅炉投运前要进行整体水压试验，目的是在冷态下校验各承压部件的严密性，检查锅炉承压部件有无残余变形，判断其强度是否足够。水压试验时，承压系统内部充满高压水，水的压缩性很小，其压力能够均匀地传递到各个部位。若承压部件上有细小孔隙，或焊口、法兰、阀门、手孔、堵头等处不严密，水就会渗漏出来。或者承压部件有薄弱部位，承受不了高压时，便会产生变形，甚至破裂。所以根据水压试验的渗漏、变形和损坏情况，就能检查出承压部件的缺陷所在部位，及时处理，以达到锅炉承压部件初步检验的目的。

**2. 锅炉水压试验条件**

锅炉在下列条件下，启动前必须水压试压。其条件如下：

（1）当锅炉进行受热面检修后，应进行锅炉正常压力水压试验。

（2）在下列情况下，应进行锅炉超压水压试验：①运行中的锅炉每五年进行一次（在大修结束后）；②新装锅炉，在开始运行前；③锅炉承压部件进行大面积换管。

**3. 锅炉水压试验压力**

锅炉整体水压试验分为工作压力试验和超压试验两种。锅炉水压试验应按《电站锅炉水压试验标准》进行。

对于高压、超高压或亚临界压力汽包锅炉，工作压力水压试验压力为汽包工作压力，再热系统试验压力为再热器出口压力。对于亚临界、超临界压力直流锅炉，低倍率强制循环锅炉，一次汽系统试验压力为过热器出口压力，再热系统试验压力为再热器出口压力。

锅炉超压试验压力要求按制造厂规定执行。

**4. 锅炉水压试验范围**

锅炉水压试验范围一般为锅炉一次门前全部承压部件，直至汽轮机高压主汽门。对于再热系统来说，到汽轮机中压缸中压主汽门，包括再热汽来汽母管（再热冷段）。若汽轮机侧没有可靠的隔离阀门时，锅炉侧可加装临时堵板，防止水窜入汽轮机内。水压试验时，要打开电动阀门后疏水门，以确保万无一失。

1）一次系统

一次系统包括省煤器、汽包、水冷壁、过热器及与其相连接的管道，其水压试验范围如下：

（1）省煤器、汽包、水冷壁、过热器本体系统。

（2）与以上设备系统相连接的附件及本体管路系统二次门以内的全部承压部件。汽包、过热器安全门、PCV阀采取可靠的隔离措施（用压块压住或内腔加临时隔离堵板），防止动作。超压试验时，汽包的水位计应可靠隔离，不参加试验（云母片一般承受不了超压压力）。强制循环锅炉的炉水循环泵也不参加超压试验。

2）二次系统（再热器系统）

（1）再热器冷段管道水压试验堵阀后至辐射再热器入口集箱间管道、壁式再热器（低温再热器）、屏式再热器、末级再热器、热段管道水压堵阀前部分。

（2）与再热器系统相连接的附件。安全门不参加水压试验。

**5. 锅炉水压试验前的准备和检查**

（1）检查与水压试验有关的汽、水系统，其检修工作已经结束，热力工作票已注销，工作票已终结，炉膛和尾部烟道内无人工作。

（2）汇报值长，联系有关部门，准备好水压试验用水（除盐水、除氧水或凝结水）。

（3）汽、水系统各隔绝门及调节门的执行机构试验正常。有关仪表、巡测装置、程控装置都已投入运行。

（4）省煤器入口和再热器入口已装精度为不低于1.5级的就地压力表，且控制室内省煤器入口和再热器入口压力指示已经校验正确。

（5）所需通信工具准备齐全。

（6）锅炉所有安全阀应采取防起座措施，PCV阀的控制开关处于"OFF"位置，防止水压试验时开启。做超压水压试验时应装堵头进行隔离。

（7）检查锅炉汽水系统与汽轮机确已隔绝，汽轮机主汽门后疏水门，冷再管道疏水门，中压主汽门上下阀座疏水应打开。

（8）水压试验时汽机的凝结水系统、循环水系统、给水系统应投入运行。

（9）上水温度高于露点温度，一般应为20～70℃，上水温度与汽水分离器壁温之差小于28℃，以防止引起汽化和过大的热应力。

（10）水压试验用水上水前应化验水质合格，水中氯离子含量小于25mg/L。

（11）在锅炉进水前，应检查汽水系统阀门处于正确状态，不能承受水压试验压力的仪表、附件和阀门都应该隔离。

（12）再热器水压试验之前应检查再热器入口加水压试验用堵板。

**6. 锅炉水压试验操作方法**

（1）水压试验过程中必须统一指挥，升压和降压时要得到现场指挥的许可才能进行。

（2）水压试验按先低压后高压的顺序进行，先进行再热器系统的水压试验，然后进行省煤器、水冷壁和过热器系统的水压试验。

（3）锅炉上水用给水泵进行，各排空门见水后关闭。水压试验上水速度不应太快，以免造成受热不均。建议上水速度夏季不少于2h，冬季不少于4h。

（4）再热器水压试验时，利用给水泵的中间抽头，通过再热器减温水管进水、升压。

（5）检查受热面是否发生泄漏，受热面的膨胀是否正常。若发现异常，立即查明原因，并予以消除。

（6）过热器水压试验时，先以正常上水方式对过热器系统上满水，再利用过热器减温水管升压。

（7）在锅炉升压时应缓慢，在0.98MPa以下升压速度应小于0.244MPa/min，压力升至0.98MPa时暂停升压进行检查，观察压力无变化，受热面无异常，稳压15min后继续升压。

（8）当压力升至5.88MPa时暂停升压进行检查，观察压力无变化，受热面无异常，继续升压至9.8MPa后放慢升压速度，升压速度小于0.196MPa/min，当压力升至10.77MPa时暂停升压进行检查，观察压力无变化，受热面无异常，继续升压至20MPa，暂停升压进行检查，观察压力无变化，受热面无异常，继续升压。

（9）当压力升至工作压力31.2MPa，暂停升压进行检查，观察压力无变化，受热面无异常，继续升压至水压试验压力34.32MPa，并在此压力下保持20min，然后开启疏水门以0.3MPa/min的降压速度降压将压力降到工作压力，检查受热面无泄露后开启疏水门以0.3MPa/min的降压速度降压至0。

（10）再热器水压试验结束，应关闭再热器减温水电动隔离阀，开启中压缸主汽门前疏水门以0.3MPa/min的降压速度泄压，然后再对省煤器、水冷壁和过热器进行水压试验。

（11）当压力降至零时，开启各排空门和疏水门进行放水。若锅炉准备投入运行，且水质合格，分离器前的受热面可以不放水，但过热器和再热器部分的积水应放尽。

（12）水压试验结束后解除安全阀防起座措施和所加的各处堵板，以及弹簧吊架的销子。

（13）如锅炉在短期内不投入运行，当降压至 0.5MPa 时，关闭各排空门和疏水门停止泄压，进行充氮保护，或采取其他停炉保养措施。

### 7. 锅炉水压试验的合格标准

（1）二次汽系统停止打压 5min 后，再热器系统压力降不大于 0.25MPa，即系统压力降不大于 0.05MPa/min。

（2）一次汽水系统停止打压 5min 后，一次汽系统压力降不大于 0.5MPa，即系统压力降不大于 0.1MPa/min。

（3）承压部件金属壁及焊缝没有泄漏痕迹。

（4）经宏观检查，承压部件无明显的残余变形。

### 8. 锅炉水压试验要求及注意事项

（1）水压试验用水应采用加氨和联氨处理的除盐水或凝结水，水质应满足要求，水质不合格时，过热器严禁进水。现代大容量锅炉过热器多为奥氏体合金钢，奥氏体对氯离子特别敏感，因此氯离子不合格的水禁止进入过热器。

（2）水压试验过程中，要有专人负责升压，严防超压。控制室内专人监视 CRT 汽包压力。就地压力表应设专人监视，在接近试验压力时应降低升压速度以防超压。

（3）水压试验前，应做好汽轮机侧主蒸汽、再热蒸汽管道的隔绝措施，防止汽轮机进水。水压试验时，各高压加热器应解列。为防止与水压试验相关的低压系统超压，应可靠隔离并开启有关疏水阀。

（4）在水压试验过程中，如发现超压，可开启连排、定排或再热器入口疏水阀或过热器疏水门快速泄压。

（5）在超压试验过程中，当达到试验压力时，不许人员进行检查，待压力降至额定压力以下时方可进行检查。

（6）在水压试验过程中，压力升降要均匀平稳，严格控制升压速度，进水量调节应缓慢均匀，阀门不可猛开猛关，以防发生水冲击。

（7）水压试验时，在受压设备区域内，无关人员不得停留。

（8）升压过程中如发现阀门、管道泄漏，压力表不准确，压力不升等现象，应立即停止升压并降低压力，查明原因并进行相应的处理。如发现有泄漏，应停止上水，待处理好后再重新上水。

（9）上水前和上水后，应有专人记录膨胀指示器指示值，并分析其膨胀工况是否正常。要有专人负责升压，严防超压。压力要以就地压力表指示为准，控制室内专人监视 LCD 压力。控制室操作人员和现场人员经常联系，当远程和就地压力指示差别大时，应由热工人员校核确定。

（10）升压过程中不得冲洗压力表管和取样管。

## 4.2.2 锅炉风烟系统漏风试验

**1. 锅炉风烟系统漏风试验目的**

平衡通风锅炉的炉膛及烟道设计为负压运行，风道一般为正压运行。炉膛、烟道和风道的严密性对机组的经济性和安全性都有一定的影响。负压系统漏风直接导致排烟热损失增加，而且烟道的漏风处越接近炉膛，其影响越大。正压系统漏风除污染环境外，热风外漏还会引发火灾。无论正压系统还是负压系统，漏风都会增加送、引风机、一次风机的负荷及电耗，严重的漏风将影响锅炉的出力。炉膛漏风会使燃烧恶化，导致过热蒸汽超温等不正常现象。

锅炉投产前或大、小修后，应在冷态下对炉膛、烟道、空气预热器、风道和挡板及其所有孔门进行严密性试验。

**2. 锅炉风烟系统漏风试验方法**

1) 炉膛和烟道的漏风试验

检查炉膛和烟道是否漏风的方法，有正压法和负压法两种。

正压法：保持炉膛和烟道为正压状态，启动引、送风机，调节引风机入口挡板保持炉膛正压为100~200Pa左右，在送风机入口处撒入白粉或施放烟雾，这时，如果炉膛和烟道及其孔门有不严密的地方，则白粉或烟雾就会从此处冒出，并留下痕迹。试验后寻找痕迹，进行堵塞处理。

负压法：保持炉膛和烟道为负压状态，启动引风机，调节挡板，保持炉膛负压为150~200Pa，然后用火把或蜡烛靠近炉墙和烟道的外表面各处移动，若不严密，则火焰或蜡烛会被吸向该处，检查人员做好标记，待试验后作堵塞处理。

2) 空气预热器、风道和挡板的漏风试验

检查空气预热器、风道和挡板是否严密，一般采用正压实验法。启动引、送、一次风机，保持炉膛正常压力。关闭送风进入炉膛的风门挡板，关闭磨煤机出口粉管进入炉膛的挡板，调节送风机、一次风机开度，保持正压系统有足够压力（一般不小于额定压力的50%），稳定后对系统进行全面检查，可采用施放烟雾或移动羽毛的方式检查具体漏风点，在漏风处均应画上记号，做好记录。为查清空气预热器的漏风点，可以进入空气预热器两端的烟道进行详细检查。

## 4.2.3 锅炉风烟系统调试试验

**1. 锅炉风烟系统调试试验目的**

新安装的锅炉机组或经大修后的机组，在锅炉启动之前，为了解锅炉燃烧相关设备特性及运行规律，掌握配风的调整规律以及燃烧系统相关设备的基本性能，为热态运行提供依据，需进行风烟系统的冷态通风检查及调节试验。

**2. 锅炉风烟系统调试试验内容**

1) 锅炉风烟系统检查

(1) 风机动叶开度指示值应与实际指示值一致，开关灵活，风量、风压变化正常。

(2) 一、二次风压表指示正确，反应灵敏。
(3) 烟风道系统严密性检查。
(4) 锅炉风烟系统。
(5) 风机挡板及烟风道各风门、挡板位置适当，开关灵活，实际开度与指示值一致。
(6) 二次风门开关灵活，位置正确。就地开关与指示值一致。
(7) 摆动燃烧器操作灵活，角度符合设计要求。
(8) 检查风机并列性能。

2) 冷态试验检查

(1) 风量测量装置标定。
(2) 引风机、送风机、一次风机并列性能试验。
(3) 一次风阻力调平试验。
(4) 二次风特性试验。
(5) 炉膛气流情况试验。对切向燃烧的锅炉，点火前应进行燃烧器摆动试验。
(6) 在不同的通风量工况下，记录风烟系统的压力、流量、温度等特性参数，得出制粉系统、空气预热器、烟风道在清洁状态下的通风阻力特性，作为热态投运后积粉、粘灰渣程度的判断参照，并对风压表的准确性进行确认。
(7) 正压制粉系统，应通过通风试验确认各点密封风畅通，且压力足够。

## 3. 锅炉风烟系统调试试验应具备的条件

(1) 锅炉安装工作完毕，转动机构分部试运转合格。
(2) 所有的风门、挡板电动或气动执行机构安装完毕且试用正常。
(3) 风烟系统，制粉系统所有表计均可靠正常投入。
(4) 炉膛内定位灯安装完毕。
(5) 炉膛脚手架、试验平台安装完毕，经检查合格。
(6) 检查和校正各风门、挡板，实际开度与指示开度一致，开关灵活、到位，无卡涩。
(7) 根据运行规程要求，对空气预热器、引风机、送风机、一次风机进行启动前检查。

## 4. 锅炉风烟系统调试试验方法及步骤

待检查完毕，具备启动条件后，启动两台空气预热器、引风机、送风机、一次风机。根据表4-2的试验项目和试验步骤对锅炉机组进行相关试验。

表4-2 锅炉冷态通风调节试验项目与试验步骤

| 序号 | 试验项目 | 试验步骤 |
| --- | --- | --- |
| 1 | 引风机并列性能试验 | 记录各开度下引风机入口负压和电流，然后两台引风机的动叶同时关小至全关，并记录各开度下引风机入口负压和电流，由送风机维持炉膛负压50Pa，同时将两台引风机的动叶逐渐加大至额定电流值。 |
| 2 | 送风机并列性能试验 | 由引风机维持炉膛负压50Pa，同时将两台送风机的动叶逐渐加大至额定电流值，记录各开度下送风机出口风压和电流，然后同时将两台送风机的动叶关小至全关，并记录各开度下送风机出口风压和电流。 |
| 3 | 一次风机并列性能试验 | 由引风机、送风机维持炉膛负压50Pa，同时将两台一次风机的入口调节挡板逐渐开大至额定电流值，并记录各开度下一次风机出口风压及电流，然后同时将两台一次风机入口挡板关小至全关，并记录各开度下一次风机出口风压和电流。 |

续表

| 序号 | 试验项目 | 试验步骤 |
|---|---|---|
| 4 | 二次风风量标定 | 维持炉膛负压50Pa，在接近额定工况时，标定二次风风量测量装置，校核DCS系统的送风机风量。 |
| 5 | 一次风风量标定与调平 | 实测一次风风量喷口风速，对一次风风量测量装置进行标定，锅炉各一次风管现场布置时，由于长度、弯头数量、垂直高度等不同造成了各管道阻力的差异。由于管道阻力不同，将造成各一次风管中风量和煤粉量的分配不均匀，给炉膛燃烧工况及安全经济运行带来不良影响。 |
| 6 | 校核二次风大风箱性能 | 实测二次风风速，记录二次风风箱静压，校核二次风大风箱性能。 |
| 7 | 火花示踪冷态空气力场试验 | 用热球风速仪测量炉膛出口气流分布。利用在燃烧器出口释放烟花的方法试验以下内容：<br>（1）炉膛气流情况试验。<br>① 炉内气流或火焰的充满程度；<br>② 炉内气流动态情况以及观察气流是否冲刷管壁、贴壁和偏斜等现象；<br>③ 炉内各种气流的相互干扰情况。<br>（2）旋流燃烧器试验。<br>① 射流属开式气流还是闭式气流；<br>② 射流的扩散角及回流区的大小和回流速度等；<br>③ 射流的旋转情况以及出口气流的均匀性；<br>④ 一、二次风的混合特性；<br>⑤ 调节风门对以上各射流特性的影响。 |

**5. 锅炉风烟系统调试试验注意事项**

（1）试验期间，炉膛内部及烟、风道停止一切施工作业。

（2）烟、风道上的各人孔门、检查孔门应关闭，捞渣机水封应投入。

（3）风机运行期间，就地应有专人负责监视，如有异常应立即通知有关人员。如有危及人身或设备安全的可能，应立即停机，然后通知有关人员处理。

（4）进行炉内试验时，试验人员应戴好安全帽，高空作业必须系好安全带。

（5）在烟花示踪试验期间，必须做好消防安全工作，炉内应具备灭火器，并指定专人负责。

## 4.2.4 锅炉辅机联锁及保护试验

**1. 锅炉辅机联锁及保护试验目的**

1）锅炉辅机联锁试验目的

为保证锅炉系统运行中的平衡和稳定，保证主要辅机在某些异常或故障情况下的设备安全，目前大功率机组都配置了完善的辅机联锁装置。运行中，某些辅机的局部或整体发生故障时，能够按照既定的程序自动进行切换或停运与其相关的其他辅机，从而达到防止设备损坏和稳定锅炉运行的目的。为了校验联锁系统的可靠性，要进行相应的联锁试验。

2）锅炉保护试验目的

锅炉系统设置保护装置的目的是保证机组在某些异常或故障状态下能及时安全停运，防止发生事故，避免设备和人身受到伤害，减少事故造成的损失，延长设备的使用寿命。

锅炉系统保护装置试验的目的在于对保护装置的可靠性进行校验，对其监测、控制、信号传输装置，保护的整定值以及保护执行系统或设备的动作情况等分别进行调整和校验，确保其动作无误。

## 2. 锅炉辅机联锁及保护内容

1) 锅炉MFT

锅炉MFT（main fuel trip），即锅炉主燃料跳闸，是锅炉安全保护的核心内容，是FSSS系统中最重要的安全功能。它的作用是连续监视预先确定的各种安全运行条件是否满足，在出现任何危及锅炉安全运行的危险工况时，锅炉MFT动作，将快速切断所有进入炉膛的燃料，以保证锅炉安全。

（1）MFT动作条件。

当达到MFT动作条件时，MFT动作，切断进入炉膛的燃料，避免事故发生和扩大。锅炉MFT保护动作条件见表4-3。

表4-3 锅炉MFT保护动作条件

| 序号 | MFT保护动作条件 | 动作描述 |
| --- | --- | --- |
| 1 | 引风机全部停止 | 两台引风机全停，锅炉MFT。<br>单台引风机停止发报警信号。 |
| 2 | 送风机全部停止 | 两台送风机全停，锅炉MFT。<br>单台送风机停止发报警信号。 |
| 3 | 空预器全部停止 | 两台空预器主、辅电机全停，锅炉MFT。<br>单台空预器停止发报警信号。 |
| 4 | 一次风机全停 | 有任一煤层运行时两台一次风机停运，锅炉MFT。 |
| 5 | 两台给水泵全停，锅炉MFT |  |
| 6 | 炉膛压力高高 | 炉膛压力≥+2.5kPa，锅炉MFT。炉膛压力≥+4kPa，联跳送风机。 |
| 7 | 炉膛压力低低 | 炉膛压力≤-2.5kPa，锅炉MFT。炉膛压力≤-4kPa，联跳引风机。 |
| 8 | 锅炉总风量低于20%BMCR | 锅炉总风量<20%BMCR，锅炉MFT。 |
| 9 | 火检冷却风机全停 | 丧失火检冷却风持续15s，锅炉MFT（两台冷却风机全停，或火检冷却风机出口母管压力低，≤3.0kPa）。 |
| 10 | 失去全部燃料 | 在有燃烧记忆（任一煤层投运）的情况下，所有给煤机全停延时120s或所有磨煤机全停，锅炉MFT。 |
| 11 | 全炉膛灭火 | 在有燃烧记忆（任一煤层投运）的情况下，失去所有层火焰（脉冲），锅炉MFT。<br>失去层火焰：同一层燃烧器中有3个或3个以上燃烧器失去火焰延时3s。 |
| 12 | 给水流量低低 | 给水流量低，延时30s时，锅炉MFT。<br>给水流量低，延时15s时，锅炉MFT。 |
| 13 | 再热器保护丧失 | 在总燃料量大于25%BMCR，机组未并网的情况下，高旁阀门关闭且（左高压主汽门关闭或左侧两个高压调门关闭，且右高压主汽门关闭或右侧两个高压调门关闭）延时一段时间（10s），或低旁阀门均关闭且（左中压主汽门关闭或左侧中压调门关闭，且右中压主汽门关闭或右侧中压调门关闭）延时一段时间（10s）。 |
| 14 | 锅炉手动MFT | 手动停炉保护来自集控室操作盘上的总燃料跳闸两个按钮，两个按钮开接点串联必须一起按下时通过DCS锅炉跳闸。 |
| 15 | 锅炉炉膛安全监控系统失电 | 锅炉MFT。 |
| 16 | FGD请求锅炉跳闸 | 脱硫触发MFT跳闸信号 |

（2）锅炉MFT动作的联锁设备。

锅炉MFT动作时，联锁：①一次风机全停，密封风机全停；②所有磨煤机、给煤机跳闸；③汽机及发电机跳闸，投入旁路系统；④吹灰器跳闸并自动退出；⑤自动关闭过热器一、二级减温水快关阀和调节阀；⑥强制关小引风机静叶开度到一定值，维持炉膛压力在-100Pa左右；⑦两台汽动给水泵跳闸；⑧自动打开各层燃料风挡板和辅助风挡板。

2）锅炉系统保护装置

锅炉系统保护装置包括汽包水位（自然循环锅炉、控制循环锅炉）、锅炉断水（直流锅炉）、主蒸汽压力、蒸汽温度、炉膛压力、锅炉灭火、炉膛安全监控等。

3）RB（RUNBACK 辅机故障减负荷）功能联锁保护

（1）RB功能联锁保护对象如下：

① 两台一次风机运行，任意一台一次风机跳闸，机组快速降负荷至50%BMCR（机组负荷大于50%BMCR时）。

② 两台引风机运行，任意一台引风机跳闸，机组快速降负荷至50%BMCR（机组负荷大于50%BMCR时）。

③ 两台送风机运行，任意一台送风机跳闸，机组快速降负荷至50%BMCR（机组负荷大于50%BMCR时）。

④ 两台汽动给水泵运行，任意一台汽动给水泵跳闸，机组快速降负荷至50%BMCR（机组负荷大于50%BMCR时）。

（2）RB功能联锁保护动作对象：机组快速降负荷至50%BMCR，锅炉有选择地切除部分制粉系统（若四套制粉系统运行需切除两套）。

4）风烟系统联锁保护

（1）一台空预器运行时，空预器跳闸或两台空预器跳闸联锁保护：锅炉主燃料跳闸（MFT）保护动作；延时5min，联跳运行的全部引风机、送风机；并联关空预器进口烟气挡板、出口热风门、一次风机出口风门、送风机出口风门（包括联络风门及冷风门）。

（2）两台空预器运行，其中一台空气预热器跳闸联锁保护：锅炉燃料选择（RB）保护动作；联跳相应一侧的引风机、送风机、一次风机及部分磨煤机和给煤机。若是四套制粉系统运行时，需切除两套。

（3）一台引风机运行，引风跳闸或两台引风机运行跳闸，跳闸联锁保护。锅炉MFT动作；联跳全部运行的送风机、一次风机、磨煤机、给煤机。风机的进口导叶停留在跳闸前的位置延时数秒后，如果炉膛压力高于设定值，则两台引风机的动叶、进出口挡板应自动全开；如果炉膛压力低于设定值，则两台送风机的动叶及出口挡板自动全开；当炉膛压力在正常范围内，则两台引风机的动叶、进出口挡板及两台送风机动叶、出口挡板应自动全开。

（4）两台引风机运行，其中一台引风机运行跳闸，锅炉RB动作。

（5）一台送风机运行时，送风机跳闸或两台送风机运行跳闸联锁保护。锅炉MFT动作；联跳运行引风机；联跳全部运行一次风机、磨煤机、给煤机。所有燃烧器二次风挡板自动全开，风机动叶和出口挡板自动全开；锅炉进行自然通风。

（6）两台送风机运行，其中一台送风机跳闸，锅炉RB动作。

（7）一台一次风机运行时，一次风机跳闸或两台一次风机全部跳闸联锁保护：联跳全部运行的磨煤机和给煤机；联关一次风机出口风门；自动调节送风量和引风量，维持炉膛压力。

5）磨煤机联锁保护

任意一台磨煤机跳闸时，联锁跳闸对应给煤机。对于弹簧加载的中速磨煤机，为防止给煤机跳闸后磨煤机长时间无煤运行引起振动，损坏设备，还应加有给煤机跳闸延时跳闸磨煤机联锁。

有磨煤机专用密封风机的系统，为防止密封风终端造成磨辊轴承损坏，还设有密封风机跳闸延时联跳磨煤机逻辑。

**3. 锅炉辅机联锁及保护试验要求**

保护装置试验不宜在机组运行中进行，因为保护项目多数的最后任务是紧急停止锅炉的运行，甚至还要涉及汽轮机和发电机的停运。锅炉的保护项目一般需几次或十几次的试验才能全部做完，机组在热态下短时间内频繁启停会影响金属材料的使用寿命，此外，在试验中若调整不当或保护失灵时还会危及设备安全。所以保护装置的可靠性校验应与检修工作同时进行，如需进一步验证其准确性和可靠性，可在锅炉启动前的静态下以下列方法检查部分保护装置的动作情况：

（1）汽包锅炉水位、直流锅炉断水、锅水循环泵故障等项目的保护试验。在锅炉上水阶段或启动前进行真实工况的试验，即人为调节水位或控制流量变化至保护值，检查保护装置动作是否符合要求。

（2）炉膛压力试验。在炉膛压力测量装置处拆开管接头，用嘴吹或吸的方法使压力达到保护值，检查保护装置动作是否符合要求。

（3）火焰监测装置。在信号放大器处用专用仪器给其输入一个电压或电流信号，在改变其信号强弱的同时，检查信号传输是否满足要求或保护动作是否正确。

（4）无法采用上述方法进行检查时，也可用信号短接的方式进行验证。试验时选择距离实地测量点最近的接线端子处进行线路短接，检查保护装置动作的可靠性。

**4. 锅炉辅机联锁及保护试验的有关原则规定**

（1）机组大、中、小修后重新启动，或有关联锁保护及回路经过改动或检修，应进行试验。

（2）辅机的各项联锁及保护试验应在分部试运行前完成。主机各项保护试验应在联锁试验合格后进行。动态试验必须在静态试验合格后进行。机组正常运行时，严禁无故停用联锁及保护。

（3）机组、设备联锁保护试验前，需热工人员强制满足的条件，试验后应恢复，并可靠投入相应的保护联锁，不得随意改动，否则应经过规定的审批手续。

（4）运行中设备的试验应做好局部隔离工作，不得影响其他运行设备的安全，对于试验中可能出现的问题，应做好事故预想。

**5. 锅炉辅机联锁及保护试验要求**

（1）参加试验辅机及附属设备的热机、电气、热工检修工作结束，工作票注销并收回。

（2）试验前应确认有关风门、挡板、油泵、气动门、电动门等电源、气源正常。对于电气开关设计具有"试验"位置的辅机，只送上其控制电源，动力电源开关改至"试验"位置。

（3）进行联锁试验前，应先进行就地及集控室手动启、停试验并确认合格。

（4）试验应在机组启动前进行。对于特殊情况，如某联锁回路检修需要试验时，应做好安全措施，不影响机组的正常运行。

(5) 先进行各风机、空预器、制粉系统与其附属设备联动及保护试验，以上工作结束并正常后再进行锅炉主机保护试验。

**6. 锅炉辅机联锁及保护试验方法及步骤**

(1) 试验前汇报值长，联系热控等有关人员到场配合。

(2) 6kV 电动机送试验电源及操作电源，包括引风机电动机、送风机电动机、一次风机电动机、各磨煤机电动机。

(3) 380V 电动机送动力电源，主要包括引风机辅助润滑油泵电动机、轴流引风机冷却风机电动机、动叶调整的轴流送风机液压润滑油泵电动机、一次风机辅助润滑油泵电动机、磨煤机辅助润滑油泵电动机、空气预热器轴承润滑油泵电动机、空气预热器主辅电动机、给煤机电动机、磨煤机密封风机电动机。

(4) 送上以上设备仪表电源及有关阀门、挡板执行器电源。

(5) 启动空压机，保证控制气源正常。

(6) 单操或顺控启动空气预热器、引风机、送风机、一次风机、磨煤机、给煤机（启动前确认给煤机入口挡板关闭，防止煤进入实际停止的磨煤机）。

(7) 试验步骤见表 4-4。

表 4-4 锅炉辅机联锁及保护试验步骤

| 序号 | 试验条件 | 试验动作 |
| --- | --- | --- |
| 1 | 投入有关联锁软、硬开关 | |
| 2 | 停止 A 空气预热器主电动机和辅电动机（停主电动机时辅电动机应联动） | ① 联锁关闭 A 空气预热器入口烟气挡板及一次风、二次风挡板；<br>② 延时联跳 A 侧一次风机并发报警信号；<br>③ RB 选跳部分磨煤机并发报警信号；<br>④ 联跳跳闸磨煤机对应的给煤机并发报警信号；<br>⑤ 延时联跳 A 侧送风机并发报警信号；<br>⑥ 延时联跳 A 侧引风机并发报警信号。 |
| 3 | 重新启动以上跳闸转动机构，停止 B 空气预热器主、辅电动机 | 动作逻辑与 A 相同。 |
| 4 | 重新启动以上跳闸转动机构，同时停止 A、B 空气预热器主、辅电动机 | MFT 应动作，联跳 A、B 侧一次风机并发报警信号，联跳所有磨煤机并发报警信号，联跳所有给煤机并发报警信号。 |
| 5 | 重新启动以上跳闸转动机构，停止 A 侧引风机电动机 | ① 联跳 A 侧送风机并发报警信号；<br>② 联跳 A 侧一次风机并发报警信号；<br>③ RB 由上层到下层选跳部分磨煤机并发报警信号；<br>④ 联跳跳闸磨煤机的给煤机并发报警信号。 |
| 6 | 重新启动以上跳闸转动机构，停止 B 侧引风机电动机 | 动作逻辑与 A 相同。 |
| 7 | 重新启动以上跳闸转动机构，同时停止 A、B 侧引风机电动机 | ① MFT 动作；<br>② 联跳 A、B 侧送风机并发报警信号；<br>③ 联跳 A、B 侧一次风机并发报警信号；<br>④ 联跳所有磨煤机并发报警信号；<br>⑤ 联跳所有给煤机并发报警信号。 |
| 8 | 重新启动以上跳闸转动机构，停止 A 侧送风机电动机 | ① 联跳 A 侧一次风机并发声光报警；<br>② RB 由上层到下层选跳部分磨煤机并发报警信号；<br>③ 联跳跳闸磨煤机的给煤机并发报警信号。 |
| 9 | 重新启动以上跳闸转动机构，停止 B 侧送风机电动机 | 动作逻辑与 A 相同。 |

续表

| 序号 | 试验条件 | 试验动作 |
|---|---|---|
| 10 | 重新启动以上跳闸转动机构,同时停止 A、B 侧送风机电动机 | ① MFT 动作;<br>② 联跳 A、B 侧一次风机并发报警信号;<br>③ 联跳所有磨煤机并发报警信号;<br>④ 联跳所有给煤机并发报警信号。 |
| 11 | 重新启动以上跳闸转动机构,停止 A 侧一次风机电动机 | ① RB 由上层到下层选跳部分磨煤机并发报警信号,同时联锁关闭跳闸磨煤机出、入口挡板;<br>② 联跳跳闸磨煤机的给煤机并发报警信号。 |
| 12 | 重新启动以上跳闸转动机构,停止 B 侧一次风机电动机 | 动作逻辑与 A 相同。 |
| 13 | 重新启动以上跳闸转动机构,同时停止 A、B 侧一次风机电动机 | ① MFT 动作;<br>② 联跳所有磨煤机并发报警信号;<br>③ 联跳所有给煤机并发报警信号 |

**7. MFT 试验方法及步骤**

(1) 解除大联锁,配合热工人员逐项进行试验。由热工人员短接每一项的信号接点。运行人员检查 MFT 动作之后 FSSS 首次跳闸原因及延时是否正确。

(2) MFT 继电器动作试验结束,顺序启动 A、B 空气预热器、引风机、送风机、一次风机、A~E 磨煤机、给煤机。开启过热器、再热器减温水总阀(开启前要检查减温水手动门关闭,防止减温水进入过热器形成水塞)。

(3) 操作员手动 MFT,单独按下其中一只按钮,MFT 不动作,同时按下两个按钮,MFT 动作,声光报警,检查 A、B 一次风机跳闸,所有磨煤机和给煤机跳闸,过热器、再热器减温水总阀关闭。

## 4.2.5 安全阀校验

**1. 安全阀校验目的**

安全阀是锅炉的重要保护装置,其作用是保证锅炉机组在运行过程中压力突然升高超过规定值时,能够准确可靠地动作,排放掉蒸汽,使锅炉不会因超压而损坏,以保证锅炉机组安全运行。为保证安全阀能够可靠、正确地动作,需在热态工况下对汽包、过热器出口、再热器入口的安全阀进行整定。

**2. 安全阀校验原则和要求**

(1) 安全阀的校验应由具有校验资格的安全阀校验机构中取得相应资质的校验员进行。

(2) 在机组大修或安全阀检修后,均应对安全阀动作值进行校验。PCV 阀的热控、电气回路试验在每次机组停运期间进行一次。每次大、小修停机前应对安全阀、PCV 阀进行一次排汽试验。

(3) 安全阀校验工作上报批准,由检修总负责人主持,检修人员负责现场实施,运行人员配合机组操作。安全阀校验必须有完善的技术、组织措施。

(4) 安全阀校验一般在机组不带负荷、锅炉单独启动工况下进行,如进行带负荷校验,必须有完善的技术措施。

(5) 安全阀校验内容包括起、回座压力及阀门升程等。

(6) 安全阀的校验顺序应先进行主蒸汽侧，后进行再热蒸汽侧，先高压再低压逐个进行试验（可最大限度地减少锅炉无安全门保护运行时间）。再热器安全门的校验应通过旁路或在机组并网后进行。

### 3. 安全阀校验条件

(1) 锅炉检修工作已结束，对锅炉本体和辅机进行启动前检查，确认已符合启动要求。

(2) 确认汽机主汽门和高排逆止门及高、低旁路关闭严密，汽机盘车能够正常投运；

(3) 校验安全阀专用 0.5 级标准压力表已就地安装完毕。过热器出口安装量程为 40MPa 的压力表，再热器入口安装量程范围为 8MPa 的压力表。

(4) 校验安全阀的装置、工具已准备好，并检查各功能完好，现场与集控室已设置专用通信联络工具。

(5) 汽轮机旁路系统和真空系统能正常投运，汽轮机盘车投运，凝汽器真空正常。

### 4. 安全阀校验方法

(1) 确认待校的安全阀，其余安全阀均应加装压紧装置。

(2) 电磁泄放阀（PCV）控制方式应置于手动关闭位。

(3) 如果锅炉冷态或汽机解列做校验试验，要确认高压旁路阀关闭。

(4) 锅炉按冷态启动步骤及升温升压曲线，将高过出口压力升至安全阀最低整定压力的 80%，即 21.12MPa。如果汽机解列后进行校验，则以较快的升压率升压。

(5) 锅炉冷态启动过程中，要注意开启包墙管过热器疏水和主蒸汽母管疏水。

(6) 控制升压率缓慢升压至安全阀的起座整定压力，如安全阀未动作，则应将压力降至回座压力以下，用液压装置进行调整。若安全阀提前动作，则应降压使安全阀回座，进行调整，直到安全阀的起回座压力达到设计压力。

(7) 安全阀起座后，应适当降低燃烧率并密切监视各部位温度，进行调整，同时全开主蒸汽母管疏水阀泄压，回座压力稳定，整定合格后，取下待试验安全阀的压紧装置，整定完的安全阀加上压紧装置，重新升压，以同样的方法对第二只安全阀进行校验。

(8) 待高过出口的安全阀校验结束后，将 PCV 阀控制开关置于 AUTO 位，校验 PCV 阀。

(9) 待机组并网后，以同样的顺序校验再热器的安全阀。

### 5. 安全阀校验注意事项

(1) 冷态启动时进行安全阀校验时，应监视炉膛出口烟温不高于 538℃。

(2) 在锅炉压力低于安全阀最低整定压力的 80%时，安全阀的压紧装置应松开，使阀杆能随温度的升高而自由膨胀。

(3) 校验安全阀时，如果安全阀不回座，则采取降压措施或停炉进行处理。

(4) 安全阀校验后，其起跳压力、回座压力、起回座压差、阀瓣开启高度应符合规定，并记下相关数据。

(5) 校验过程无关人员不得进入校验现场。

## 4.3 直流锅炉启动特性

### 📚 教学目标

**1. 知识目标**

（1）掌握直流锅炉的启动要求。
（2）掌握直流锅炉受热面各区段的变化和工质膨胀的过程。
（3）掌握直流锅炉启动旁路工作过程。
（4）掌握直流锅炉启动旁路作用。

**2. 能力目标**

（1）能够分析流锅炉受热面各区段的变化和工质膨胀的过程。
（2）能够分析启动旁路系统流程以及阀门的操作过程。
（3）能够分析启动旁路流程。

**3. 素质目标**

（1）通过直流锅炉启动特性的学习，培养学生善于思考、求真务实的职业素养。
（2）培养学生解决问题的能力和团队合作的精神。
（3）通过本章节的学习，培养学生做事认真、细心及检查的职业素养。

### 🌱 任务描述

直流锅炉由于没有汽包，启动过程与汽包锅炉有较大差异。掌握直流锅炉启动特性，分析启动过程工质的变化，熟悉直流锅炉启动旁路系统流程有助于理解锅炉启动操作过程，培养学生分析问题的能力。

### 🌐 相关知识

### 4.3.1 直流锅炉启动概述

由于直流锅炉结构和工作原理上的特殊性，使其启动过程也具有一些特殊性，和汽包炉相比，其启动有相近的地方，但也具有一些不同的地方。

直流锅炉的工作介质一次通过各受热面，被加热到所需的温度，其本质特点是：（1）没有汽包；（2）工作介质强制流动，一次通过；（3）受热面无固定界限。

为保证受热面安全工作，直流锅炉启动一开始就必须建立启动流量和启动压力，在启动过程中，顺次出来的工作介质是水、蒸汽，为减少热量损失和工作介质损失，装设了启动旁路系统。

直流锅炉没有汽包，升温过程可以快一些。但超临界大容量直流锅炉的联箱、汽水分离器等部件的壁面较厚，故升温速度也受到一定的限制。直流锅炉从热态冲洗到建立汽轮机冲转参数的过程中，汽水分离器入口升温速度不应超过2℃/min。

## 4.3.2 直流锅炉的启动流量、启动压力、启动速度

直流锅炉启动时，由于没有水冷壁循环回路，水冷壁冷却的唯一方法是从锅炉开始点火就不断进水，并保持一定的工质质量流速。一定的启动流量可保证水冷壁中具有最低安全质量流速。当直流锅炉没有采用辅助循环泵时，在全负荷范围内水冷壁工质质量流速是靠给水流量来实现的。启动时的最低给水流量称为启动流量，它由水冷壁安全质量流速决定。启动流量一般为（25%~35%）BMCR给水流量。点火前由给水泵建立启动流量。锅炉启动时的压力称为启动压力。

限制锅炉升温速度的主要因素是受压厚壁容器的热应力。直流锅炉没有汽包，工质在水冷壁并联管中的流量分配合理，工质流速较快，故允许温升速度比自然循环汽包锅炉快得多。但是现代高参数直流锅炉的联箱、混合器、汽水分离器等部件的壁也较厚，升温速度也受到一定的限制。

## 4.3.3 启动水工况

直流锅炉给水通过蒸发受热面一次蒸发，水中杂质有三个去向：（1）沉积在受热面内壁；（2）沉积在汽轮机通流部；（3）进入凝汽器。

水中的杂质除了来自给水本身之外，还来自管道系统及锅炉本体内部，因此，新投运的机组在正式启动前要对管道系统及锅炉本体进行有效的化学清洗和蒸汽吹扫，在每次启动中还要进行冷、热态循环清洗。

（1）给水品质：直流锅炉给水按联合水处理工况设计。给水由凝结水和补给水组成并执行相关的水质标准。

（2）省煤器进口水品质：炉前给水系统管道中杂质对水产生污染，使省煤器进口水品质下降，因此，启动前首先要对炉前给水系统进行循环清洗。

（3）蒸发受热面出口处（分离器出口）水品质：锅炉本体氧化铁也会污染水质，因此，启动时还要对锅炉本体进行循环清洗。

（4）点火后水质控制：锅炉点火后水温逐渐升高，锅内氧化铁等杂质也会进一步溶解于水中，因此，点火时还要进行热态循环清洗。直流锅炉给水在受热面中一次蒸发完毕，给水中的杂质大部分将沉积在锅炉受热面管子内壁或随同蒸汽进入汽轮机，沉积在汽轮机叶片上。

## 4.3.4 受热面各区段变化及工质膨胀

直流锅炉各段受热面相互串联连接，虽然在结构上有固定的省煤器、过热器及水冷壁等，但是从受热面中工质状态看没有固定的分界面，它随着运行工况的变动而变化。

在启动过程中，受热面内工质加热、蒸发（临界压力下存在蒸发过程）、过热三个区段是逐步形成的，整个过程要经历三个阶段，如图4-2所示。

第一阶段：启动初期，全部受热面用于加热水。在这阶段中工质温度逐步升高，而工质

相态没有变化，从锅炉流出的是热水，其质量流量等于给水质量流量。

第二阶段：最高热负荷处的水冷壁的工质温升最快，该处工质首先达到饱和温度并产生蒸汽，但是其后受热面的工质仍为水。由于蒸汽密度比水小很多，由水变成汽使局部压力升高，将饱和温度点后部的水挤压出去，使锅炉出口工质流量大大超过给水流量，这种现象称为直流锅炉工质膨胀。当饱和温度点后部的受热面中的水全部被汽水混合物代换后，锅炉出口工质流量才恢复到和给水流量一致，此时就形成了水的加热和汽化两区段，进入了第二阶段。

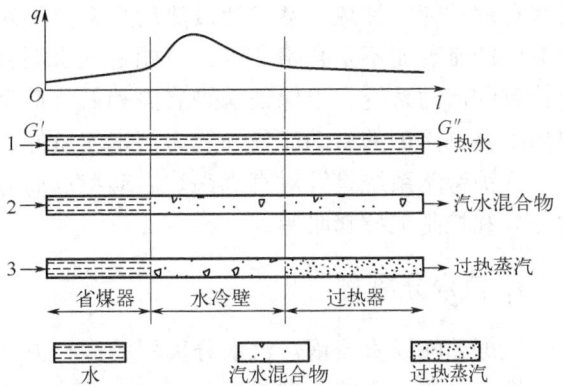

图 4-2　直流锅炉受热面启动过程受热面区段的变化
1—第一阶段；2—第二阶段；3—第三阶段；
$l$—锅炉排流流量；$q$—受热面热负荷

第三阶段：当锅炉出口工质变成过热蒸汽时，锅炉受热面形成了水的加热、汽化与蒸发三个区段，即进入了第三个阶段。

工质膨胀是直流锅炉启动过程中的重要过渡阶段。汽包锅炉也有类似工质膨胀的现象，如水冷壁内工质温度升到饱和温度时就有部分水变成蒸汽，体积膨胀，水位升高。但是由于汽包具有大容器的吸收作用和汽水分离作用，汽包排汽量和压力仅发生轻微的变化。直流锅炉无汽包，无有效的吸收容器，其膨胀过程的自然变化规律为水冷壁内局部压力迅猛上升，锅炉出水量大幅度增加，如果没有系统方面和运行方面的措施，将会造成严重事故。

影响启动过程汽水膨胀的主要因素如下：

（1）分离器的位置。分离器前受热面越多，膨胀量越大。膨胀发生时，汽水混合物的排出量及膨胀持续时间都与汽水分离器前的蓄水量有关。汽水分离器越靠近水冷壁出口，参与膨胀的受热面越少，蓄水量越少，总的膨胀量就小，膨胀持续时间就越短。

（2）启动压力。汽水比容不同是引起工作介质膨胀的物理原因。压力越高，汽水比容差越小，膨胀量越小。压力高，相应的水的饱和温度高，膨胀开始时间就晚。

（3）启动流量。启动流量增加，膨胀流出量的绝对值增加。

（4）锅炉形式。螺旋上升型水冷壁管的长度长，因而比一次上升型膨胀量大。

（5）燃料投入速度。当燃料量投入速度较快时，工作介质升温也较快，水冷壁内的水温也较早达到饱和，膨胀发生就早，蒸发点前移，其后受热面蓄水量大，其瞬时的排出量也较大。为了减少瞬时的最大排出量，可以适当减少燃料量来缓和膨胀高峰。

（6）给水温度。给水温度越高，越接近饱和温度，水冷壁出口的工作介质越早达到饱和温度，膨胀开始越早。

在启动过程中，为合理控制工作介质膨胀，操作中燃料投入速度不宜过快、过大。启动过程中给水温度逐渐上升，应避免在膨胀阶段有会引起给水温度突然升高的操作。

## 4.3.5　直流锅炉的启动系统

直流锅炉在启动前必须建立一定的启动流量和启动压力，强迫工作介质流经受热面，使其得到冷却。但是，直流锅炉不像汽包锅炉那样有汽包作为汽水固定的分界点，直流锅炉中的水在锅炉管中加热、蒸发和过热后直接向汽轮机供汽。而在启停或低负荷运行过程中，锅炉提供的有可能不是合格蒸汽，可能是汽水混合物，甚至是水。因此，直流锅炉必须配备一套特有的启动系统，以保证锅炉启停和低负荷运行期间水冷壁的安全和正常供汽。超临界、超超临界直流炉的启动流量一般为额定流量的25%～35%。

锅炉旁路系统是针对直流锅炉启动特点而专门设置的，其主要作用是建立启动流量、汽水分离和控制工质膨胀等。

**1. 汽水分离器**

根据超临界直流锅炉汽水分离器的运行方式，启动系统可分为内置式和外置式两种。外置式汽水分离器系统只在机组启动和停运过程中投入运行，而在正常运行时解列于系统之外。外置式汽水分离器系统在启动系统解列或投运前后操作复杂，蒸汽温度波动大，难以控制，对汽轮机运行不利。

内置式汽水分离器系统在锅炉启停及正常运行过程中，汽水分离器均投入运行。所不同的是在锅炉启停及低负荷运行期间，汽水分离器湿态运行，起汽水分离作用；而在锅炉正常运行期间，汽水分离器只作为蒸汽通道。内置式汽水分离器设在蒸发区段和过热区段之间，汽水分离器与蒸发段和过热器间没有任何阀门，系统简单，操作方便，由于内置式汽水分离器适应机组调峰的要求，我国超临界、超超临界锅炉全部采用内置式汽水分离器系统。

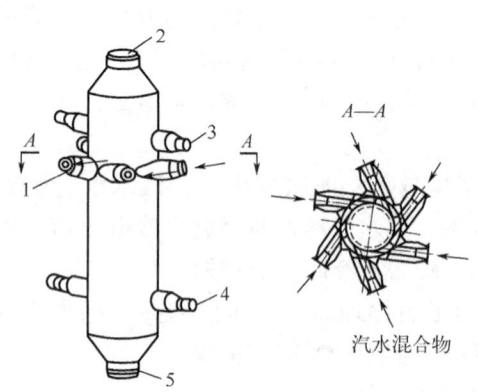

图4-3 内置式汽水分离器结构
1—汽水混合物入口；2—蒸汽出口；
3、4—检查手孔；5—疏水出口

内置式汽水分离器结构如图4-3所示，其工作原理是：锅炉在启停过程中蒸发受热面的汽水混合物切向进入分离器，经离心分离后，蒸汽由分离器上部管引出进入过热器系统，水从下部管排入贮水罐进行循环或排至扩容器。

**2. 启动旁路系统**

1) 内置式启动旁路流程

图4-4所示为超临界压力螺旋管圈直流锅炉内置式启动旁路系统的示意图。分离器布置在炉膛水冷壁出口，在分离器与水冷壁、过热器之间的连接无任何阀门，以适应锅炉变压运行的要求。一般在35%～37%MCR负荷以下，锅炉为湿态运行，由水冷壁进入分离器的工质为汽水混合物，在分离器中进行汽水分离，蒸汽直接进入过热器，分离器疏水通过疏水系统回收工质、热量或排放大气、地沟。当负荷大于35%～37% MCR时，由于水冷壁进入分离器的工质为干蒸汽，锅炉为干态运行，分离器只起通道作用，蒸汽通过分离器进入过热器。此时，内置式分离器相当于一个蒸汽联箱。

2) 直流锅炉的启动旁路作用

直流锅炉点火前要进行冷态循环清洗，点火后要进行热态循环清洗，启动过程给水流量不能低于启动流量，汽轮机冲转后还要排放多余的蒸汽量。启动过程中锅炉排放水和蒸汽量很大，会造成工作介质与热量的损失。因此，应考虑采取一定的措施对排放工作介质与热量进行回收，如将水回收入除氧水箱或凝汽器，蒸汽回收入除氧水箱或加热器，为此设置了相应的启动旁路系统，其功能如下：

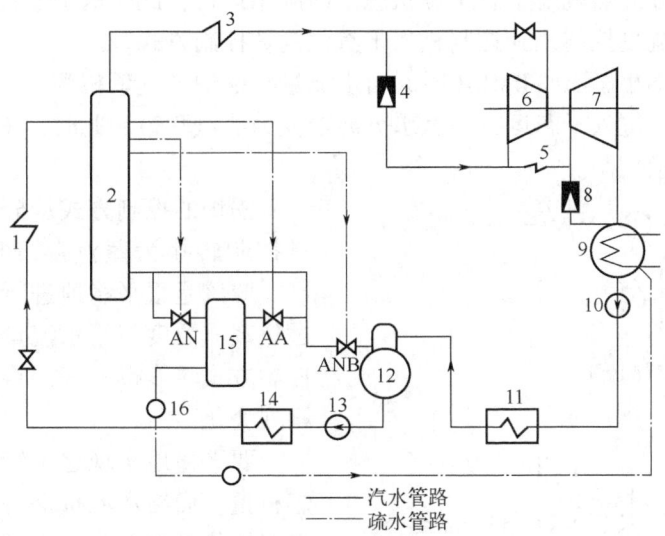

图 4-4　内置式启动旁路系统示意图

（1）辅助锅炉启动：①辅助建立冷态和热态循环清洗工况；②辅助建立启动压力与启动流量，或建立水冷壁质量流速；③吸收工作介质膨胀；④辅助管道系统暖管。

（2）协调机炉工况：①满足直流锅炉启动过程自身要求的工作介质流量与工作介质压力；②满足汽轮机启动过程需要的蒸汽流量、蒸汽压力与蒸汽温度。

（3）热量与工作介质回收　借助启动旁路系统回收启动过程中锅炉排放的热量与工作介质。

（4）安全保护：启动旁路系统能辅助锅炉、汽轮机安全启动。高、低压旁路系统还能用于汽轮机甩负荷保护、带厂用电运行或停机不停炉等。

## 4.3.6　直流锅炉的热应力控制

由于直流锅炉没有汽包，所以在启停过程中，主要是分离器及末级过热器出口联箱的热应力问题。

分离器是直流锅炉中壁厚最大的承压部件，末级过热器出口联箱处于高温高压的运行条件，而且属于对温度变化十分敏感的厚壁部件，它们都容易产生热应力损坏的事故，必须加以保护。为此，需要在其金属壁上安装内外壁温度测点，外壁温度直接取自于金属表面，内壁温度则要在金属壁上打一深至壁厚 2/3 处的孔，用此处金属温度代表金属内壁温度。测量出金属内外壁的温差，就可以监视其热应力。

在锅炉启停过程中，如果上述热应力超过规定值，则会发出报警，以提示运行人员予以注意。在正常运行，即机组投入负荷协调控制方式时，此热应力则决定了锅炉允许加减负荷的裕度，并且对于不同的工作压力其允许的热应力是不同的。

## 4.3.7　汽水分离器干、湿态转换

锅炉启动时，需要保证直流炉水冷壁的最小流量（保证质量流速）。例如，启动流量为 30%BMCR，则只要产汽量小于 30%BMCR，就会有剩余的饱和水通过汽水分离器排入除氧

器或扩容器，汽水分离器就处于有水位状态，即湿态运行，此时锅炉的控制方式为分离器水位控制及最小给水流量控制，其控制相当于汽包锅炉控制方式。

当负荷上升至不小于 30%BMCR 时，给水流量与锅炉产汽量相等，为直流运行方式，汽水分离器已无疏水，进入干态运行，汽水分离器变为蒸汽联箱。此时，锅炉的控制方式转为温度控制及给水流量控制。

锅炉的控制方式从分离器水位及最小流量控制转换为蒸汽温度控制及给水流量控制，应该是很平稳地进行的。但直流锅炉的过热蒸汽温度与给水流量有密切关系，如果控制方式转换得不好，将会造成蒸汽温度的剧烈变化。

要平稳地实现这个转换，必须首先增加燃料量，而给水流量保持不变，这样过热器入口焓值随之上升，当过热器入口焓值上升到设定值时，温度控制器参与调节使给水流量增加，从而使蒸汽温度达到与给水流量的平衡（煤水比控制蒸汽温度）。图 4-5 所示为直流锅炉湿态向干态转换的过程。

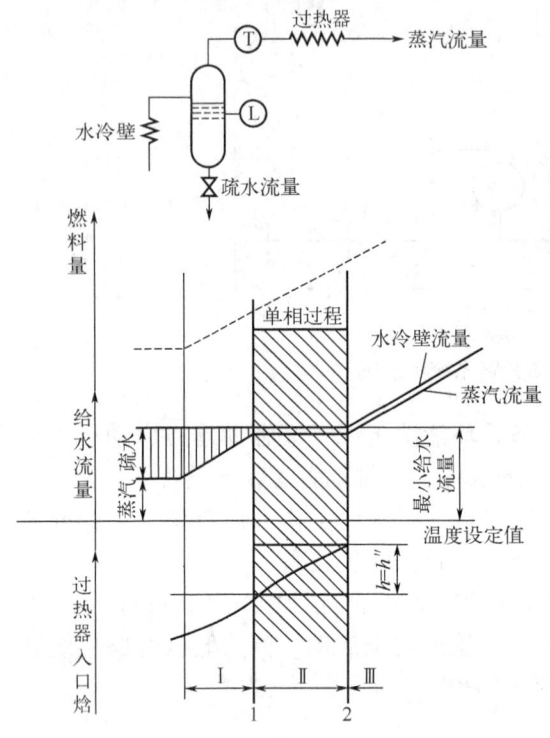

图 4-5　直流锅炉湿态向干态转换的过程

（1）第Ⅰ阶段：保持最小给水流量，燃料量逐渐增加，分离器出口饱和蒸汽产量也随之增加，疏水量逐渐减少，过热器入口蒸汽的焓值增加。

（2）点 1：水冷壁出口蒸汽焓值升至饱和蒸汽焓，蒸汽干度为 1，进入汽水分离器的是饱和蒸汽，没有疏水被分离而使疏水门关闭，汽水分离器仅是起到通道的作用。

（3）第Ⅱ阶段：给水保持最小流量，随着燃料量的增加，进入分离器的蒸汽逐渐过热，过热器入口蒸汽焓继续上升，但直流锅炉湿态向干态转换的过程还没达到设定值。此时燃料的增加已不是用以增加产汽量，而是用来使蒸汽达到更高的能量水平。

（4）点 2：过热器入口蒸汽焓升高至设定值。

（5）第Ⅲ阶段：连续的燃料量增加，使蒸汽温度超过设定值，温度控制器动作参与调节，使给水量增加。

## 4.4　锅炉启动前的检查和准备工作

### 教学目标

**1. 知识目标**

（1）掌握锅炉启动前辅机试运行的要求及步骤。

(2) 掌握锅炉启动前需要检查和准备完成的工作。

**2. 能力目标**

(1) 能够说明辅机试运行的步骤及要求。
(2) 能够按照操作卡在锅炉机组仿真系统上进行锅炉启动前的检查和准备。

**3. 素质目标**

(1) 通过提升学生锅炉操作能力,培养学生独立思考和分析解决问题的能力。
(2) 培养学生养成良好的职业习惯和严谨的工作作风。
(3) 通过学习本节内容,培养学生善于动脑思考、动手操作的良好的职业习惯。

## 任务描述

掌握辅机试运行的要求及步骤,学习理解操作卡,能在锅炉仿真系统进行锅炉启动前的检查和准备操作。

## 相关知识

锅炉大、小修工作结束和锅炉安装结束后,为了确保设备运行可靠,机组正常运行。需要对机组各系统设备进行检查。在锅炉辅机检修后,一般都要进行单体试运行,以检验辅机的检修质量,发现问题及时处理。

### 4.4.1 锅炉辅机试运行

为保证锅炉辅机在启动过程中可按时、顺利地投入运行,在锅炉启动之前应对辅机进行试运转。辅机单体试运行包括电动机及电气部分试运行、带机械试运行和带负荷系统试运行。设备正常后,投运各辅机设备,做好机组启动前准备。进行试运行的设备有引风机、送风机、一次风机、磨煤机、给煤机、密封风机、空预器、空压机、火检风机等。

**1. 锅炉辅机试运行具备的条件**

辅机的试运转满足下列条件方可进行:

(1) 接到辅机试运行通知,检查确认热机、电气、热工所有检修工作结束,工作票终结或收回。

(2) 为了保证试运行过程中发生异常情况时辅机能自动停运,防止造成人员或设备事故,锅炉主要辅机检修后试运行前,必须进行辅机的各项联锁、保护传动试验,其控制回路、自动装置、热工联锁保护以及机械装置、气动装置、电动装置,应按各自的规定试验合格后,方可进行试运行。

(3) 检修人员已撤离现场,设备及周围的杂物已清理干净,为安装或检修设置的临时设施已拆除。设备外观完整,连接牢固。转动部分的安全罩已安装好。各门孔关闭严密,地脚螺钉、联接螺栓已上紧,周围照明良好。

(4) 电动机空载运行试验时,必须确认联轴器处于脱开位置。

(5) 轴承温度,电动机线圈温度等热工仪表及测点已校验合格并正常投入。

（6）事故按钮可靠备用。

（7）电动机侧绝缘合格。

（8）各辅机的辅助设备如风机的远控挡板、泵的远控阀门等执行机构完好，连接杠杆操作灵活，无卡涩现象，限位装置良好，有关指示灯显示正常，且需检验远方的开度指示与实际相符。

（9）锅炉主要辅机带机械试运行时，若与其连接的系统不能可靠隔离时，一般都带系统一起试运行，例如，锅炉的引风机、送风机、一次风机等。因此，若辅机带系统试运行，还必须确认相关系统检修工作结束，且完整可靠备用。

（10）温度仪、振动仪、听音棒、参数记录表纸及通信等工具完备齐全。

### 2. 启动前的检查

（1）设备轴承已加好润滑油，油质、油位、油温符合要求，配有强制润滑油系统或液压油系统的辅机润滑、液压油站工作正常，流量、压力、油温符合要求。设备的冷却水已投入正常。辅机及电动机各部分的温度符合要求。

（2）轴承温度计齐全完好，润滑油系统各表计完整，投入正常。

（3）各转动机构冷却水量充足，来水正常，回水畅通，系统无泄漏。

（4）电动机接线良好，外壳及气动装置外壳接地装置良好。

（5）事故按钮可靠、完整。

（6）转动机构各挡板、动叶开关动作灵活，无卡涩现象，开度指示正确，且关闭。

### 3. 启动试运行

（1）启动前各项检查结束、正常。对可以进行手动盘动的辅机设备，设备维护人员应盘动转子，确认转动灵活，无卡涩现象。

（2）待启动前检查工作完成，启动条件具备后，送上辅机及各系统有关装置动力电源及控制电源。

（3）试运行时必须有检修负责人在场。若电动机部分已检修，应试验转向正确后，再与机械部分连接。6kV 动力设备应先做静态分合闸试验，并保证其状态良好。

（4）试运行 6kV 设备及重要的 380V 设备，应派专人就地监视。启动时，就地监视人员应站在事故按钮处，发现问题及时停止。

（5）起动大容量电动机，起动前应调整好母线电压，同一电气母线上不可同时启动两台及以上 6kV 辅机。

（6）各辅助设备的启动应遵照其逻辑关系进行，尽可能避免带负荷启动。

（7）辅机启动时，应由专人监视电流和启动时间，若启动时间超过规定，电流尚未恢复正常时，应立即停止运行。

（8）试运行时的记录内容：①启动后记录启动电流和空载电流；②启动后密切监视轴承温度及电动机线圈温度上升情况；③检查记录振动情况；④详细记录启动、停止时间和异常情况；⑤辅机的运行参数，如出口压力等。

### 4. 转动机构试运行检查验收项目

（1）转动方向应正确。

（2）无异声、摩擦声和撞击声。
（3）轴承温度、振动和串轴应符合规定。
（4）轴承无漏油及甩油，进回油管畅通，油位线清晰，油质良好。
（5）各处无油垢、积灰、积粉、漏风和漏水。
（6）各风门挡板及机械限位机构安装位置正确，风门挡板关闭严密，不允许使停运的转动机构倒转。
（7）风门挡板应有就地开度指示，并应与控制室指示开度一致。
（8）出力应达到设计要求。
（9）无异味、火花，无异常声音。
（10）空冷器来回水应正常无漏水。
（11）电动机温度应正常。

**5. 试运行过程中的注意事项**

（1）鼠笼式电动机在正常情况下，冷状态下（铁芯温度50℃以下）允许连续起动两次，但每次间隔时间不得小于5min。在热状态下（铁芯温度50℃以上）只允许起动一次。只有处理事故时以及起动时间不超过2~3s的电动机，才允许多起动一次。
（2）启动过程中，当合上开关时，若出现电动机不转或转速明显较低，电动机及开关、电缆接线处冒火花等现象，应立即停运。
（3）若辅机启动中发生跳闸，在未查明原因并消除故障前，不得再启动。
（4）试运行过程中，就地如发生下列情况应按下事故按钮紧急停运：
① 达到保护动作条件，保护拒动。
② 电流突然上升并超过额定值（辅机内部有明显故障）。
③ 振动、串轴较严重有损坏设备的危险。
④ 轴承温度超限或不正常升高。
⑤ 电动机着火冒烟或有被火烧、水淹的危险。
⑥ 出现其他危及人身、设备安全的情况。
⑦ 试运行结束应详细记录试运行情况。
⑧ 试运行工作完毕，如不立即再次启动，应切断转动机构的电源。

## 4.4.2　锅炉启动前的准备工作

机组启动所需的煤、水、化学药剂储备充足，通知脱硫、化学、输煤、各岗位及相关人员对其所属设备进行启动前全面检查，做好机组启动前各项准备工作。

**1. 锅炉本体准备工作**

（1）影响机组启动的所有检修工作结束，工作票终结，检修措施拆除，现场清洁完整。运行人员对检修交代及设备改进情况了解清楚。
（2）所有现场设备楼梯、栏杆、平台恢复完毕，通道及设备周围无妨碍工作和通行的杂物。
（3）所有系统连接完好，各管道支吊牢固，管道保温完整。
（4）各处临时栅栏、标示牌及各种管道上的临时堵板已拆除。

(5) 燃烧室、烟道内部：受热面完整、清洁。锅炉本体、烟风道、热室及辅机本体内无人工作、检修措施拆除后关闭各人孔、检查孔。

(6) 燃烧室外部：锅炉本体膨胀指示仪指示位置正确，符合相关规定。本体及汽水管道弹簧支吊架完好，锅炉本体及汽水管道弹簧支吊架临时加固设施拆除。

**2. 锅炉主要系统准备工作**

(1) 锅炉汽水系统的检查：管道阀门完整，标志正确，传动装置完整好用，远方操作试验合格。各阀门处于启动前的位置。锅炉上所有安全阀的试验堵头去掉。核查分布于汽水系统内各壁温，介质温度测点的可用性。锅炉启动系统及减温水系统正常。

(2) 制粉系统的检查：各风门挡板的操作灵活，远方操作试验合格。制粉系统各试验合格。等离子装置完整。等离子载体，冷却风系统、等离子冷却水系统及炉膛火检冷却系统正常。

(3) 风烟系统的检查：所有阀门和档板的运作灵活，控制机构的功能应正确。

(4) 油系统的检查：燃油系统各油压投入，系统无漏油。所有油枪已清理干净，油雾化器、高能点火器完好，各油枪及高能点火器能自动伸进/退出，无卡涩，各油站、辅机轴承润滑油油位正常，油质良好，送上各辅机电源，检查状态正确。

(5) 锅炉闭式水系统、消防水系统、化学除盐水、水处理系统、废水处理系统均已具备投运条件。

(6) 吹灰系统的检查：吹灰装置管道阀门完整、严密关闭，传动装置完整，操作灵活，并在退出位置。

(7) 厂用、仪用压缩空气系统正常投运。

(8) 除灰、除渣系统设备完好，具备投运条件，炉底捞渣机就位正常，向水封槽注水。

(9) 炉膛烟温探针完好且伸入炉膛测量炉膛出口烟温。炉膛火焰电视摄像镜头完好，冷却风投入。

(10) 检查机组及所有系统设备符合启动条件，各系统阀门在启动前位置。

(11) 全面确认汽机、电气系统和有关设备完好，符合启动条件。

**3. 热控电气准备工作**

(1) 集控室和就地控制盘、柜完整，各种指示记录仪表、报警装置、操作、控制开关完整。

(2) 6kV 及 380V 厂用电系统已恢复，确认直流系统、UPS 系统、保安电源系统运行正常。

(3) DCS、ECS、DEH、FSSS 机柜已受电。

(4) 设备操作、控制、仪表电源送电完毕，DCS 界面各设备状态、各参数指示正常。

(5) 厂房内外各处照明充足，事故照明系统正常备用。

(6) 需要投入的压力、流量表一、二次门开启，确认表计指示正确。

(7) 各岗位通讯联系畅通。

(8) 机组的监控系统，就地操作控制系统投入，系统参数和设备状态指示正确。

(9) 调节装置调试完毕，设定值正确。送上各电动阀、调节阀电源、气源，检查开关灵活，方向正确，状态正确。

(10) 机组启动专用工具、仪器、仪表及各种记录表纸、启动用操作票、阀门操作卡等已准备齐全，各岗位人员已就位。

（11）各主/辅设备联锁、保护传动试验结束，各保护和联锁定值正确，设备联动正常，报警信号正常。各电动、气动阀门传动正常。检修后的辅机试运合格。

（12）按试验要求对电气、汽机、锅炉设备进行各项试验完毕，检验设备无缺陷。

#### 4. 锅炉启动前的准备工作注意事项

（1）新安装和大修后的锅炉必须完成主设备和辅助设备系统的分步试运、试验和调试工作。

（2）影响锅炉启动的所有检修工作结束，工作票终结。检修措施拆除，现场卫生清理干净。设备变更后应有设备变更书面通知，应有详细明确的启动措施和试验方案，运行人员对检修交底及设备改进情况了解清楚。锅炉机组大、小修后，应有检修报告及设备异动报告。

### 操作卡

锅炉启动前的检查和准备操作步骤及要求见附录1.1。

### 操作视频

锅炉启动前的检查和准备操作见视频1.1。

视频1.1　锅炉启动前的检查和准备操作

## 4.5　锅炉辅机设备及系统投运

### 教学目标

#### 1. 知识目标

（1）掌握锅炉各辅机设备系统的用途。

（2）熟悉锅炉辅机设备系统的流程。

#### 2. 能力目标

（1）能够分析理解操作卡的内容的要求。

（2）能够正确按要求投运和停运锅炉各辅机设备系统。

#### 3. 素质目标

（1）鼓励学生独立思考，熟练掌握锅炉各辅机设备系统的应用，培养学生的创新能力和严谨认真的工作作风。

（2）培养学生形成规范操作的职业习惯。

（3）通过锅炉辅机设备的学习，培养学生注重细节、精益求精的工匠精神。

### 任务描述

理解操作卡，按照规程要求在锅炉机组仿真系统上完成锅炉辅机设备及系统的启动和停运。

## 相关知识

锅炉启动前,需要先启动锅炉辅机设备及系统,并准备好锅炉投运需要的工业水、压缩空气等。

### 4.5.1 锅炉启动前需要启动的设备及系统

锅炉启动前需要启动的设备及系统见表4-5。

表4-5 锅炉启动前启动的设备

| 序号 | 设备(物品)名称 | 作用 |
| --- | --- | --- |
| 1 | 压缩空气 | 供仪表用气、等离子点火、吹灰用气 |
| 2 | 冷却水系统 | 供应设备冷却用水 |
| 3 | 除盐水 | 为锅炉除氧准备用水 |
| 4 | 蒸汽吹灰系统 | 空预器吹灰 |
| 5 | 引、送风机润滑油系统 | 为送、引风机启动做准备 |
| 6 | 磨煤机润滑油系统 | 为磨煤机启动做准备 |
| 7 | 暖风器系统 | 提高送风温度 |
| 8 | 等离子点火系统 | 准备点火 |
| 9 | 火焰检测系统 | 启动过程火焰监测 |
| 10 | 辅助蒸汽系统 | 轴封用汽、除氧器加热用汽、小机汽源、B磨煤机暖风器汽源及空气预热器吹灰汽源 |
| 11 | 启动锅炉系统 | 提供辅助蒸汽 |

### 4.5.2 锅炉辅机设备及系统投运

**1. 辅机启动前检查**

(1)确认电动门、气动门校验工作和联锁保护试验已结束。
(2)检查系统具备启动条件,相关工作票结束,检修人员已撤离现场。
(3)检查系统内人孔门、观察孔、检修孔及防爆门等完好,确认各设备内部无人、无遗留物后,以上各门应关闭严密。
(4)开启有关表计一次门、控制气源隔离门,检查控制气源压力正常。
(5)检查轴承油位正常(油杯或玻璃油位计油位在2/3左右),油质良好。
(6)检查辅机冷却水回路畅通,冷却水流量正常。
(7)检查电动机接线及外壳接地线完整,电动机绝缘合格。
(8)检查旋转辅机及其电动机地脚螺栓牢固,无松动现象,靠背轮盘动灵活。

**2. 辅助设备及系统的投运**

(1)投工业水系统运行,根据需要投入机组工业水用户。
(2)投压缩空气系统。启动空压机及干燥器运行,向系统供气,保持压缩空气压力

0.7MPa，检查仪用及检修用气储气罐压力正常，检修用气至激波吹灰系统供气正常。

（3）投开式冷却水系统。开式冷却水系统充水放空气后，启动一台开式冷却水泵运行正常，投另一台备用，根据需要开启开式冷却水用户供回水阀门。

（4）投闭式冷却水系统。除盐水注入闭式水箱，水位投自动。

（5）按照规程启动引、送风机及磨煤机油站，油质合格，检查送风机、引风机、一次风机、磨煤机油站油位正常，启动润滑油泵和液压油泵，检查油压正常，系统无泄漏，油站冷却水投入良好。

（6）投运辅汽系统。确认辅助蒸汽压力、温度正常无波动。开启辅汽至蒸汽联箱沿程疏水进行暖管，对辅汽联箱充分暖管疏水结束后，投入辅汽联箱运行，检查辅汽联箱参数正常。

（7）投锅炉渣水系统。通知除灰值班人员投炉膛冷灰斗水封，启动捞渣机。

（8）检查A、B给水泵汽轮机油箱油位正常，启动排烟风机运行，交、直流油泵分别启停及试验正常，维持一台交流油泵运行，检查油压正常，系统无泄漏，油系统油循环运行，分别试验A、B小机盘车电机正常。

（9）通知化学值班员检查化学取样系统具备投入条件。除盐水水量充足。

（10）生活水、消防水系统投入运行。

### 3. 辅机正常运行监视

（1）辅机正常运行时应按巡回检查项目进行定期检查，利用检测工具检查设备在不同工况下的正常或异常现象，发现缺陷应及时填写缺陷通知单并通知检修处理。监盘人员应经常检查DCS上各系统画面，检查各运行参数（如电机电流、轴承温度、轴承振动等）、运行方式、阀门状态是否正确，备用辅机是否符合启动条件。

（2）轴承润滑油油位、油流正常，无漏油现象。

（3）辅机出口压力正常，电流正常、声音正常、密封圈不发热、密封圈密封处有少量密封水流出，泄水斗不堵塞，轴承冷却水畅通。备用辅机出口逆止阀严密，无倒转现象。

（4）辅机轴承，变速箱和推力轴承油质及油位应正常，油箱、油杯油位应在$1/2 \sim 2/3$左右，油位低应及时通知检修人员加油。

（5）联轴器罩固定良好，地脚螺栓牢固，电动机接地线良好，与转机相连接的管道保温应完好，支吊架牢固。

（6）运行中滤网前后差压超限，应及时通知检修人员清洗滤网。

（7）按规定对设备进行定期试验与切换。

（8）备用泵切换，应先启动备用泵，待其运行正常且母管压力正常后方可停运原运行泵，并注意系统压力正常。

（9）根据季节变化，作好防雷、防潮、防汛、防台风措施和相关事故预想。

（10）辅机正常运行时应监视其振动值。振动值应小于表4-6要求。

表4-6　锅炉辅机正常运行振动值

| 额定转速，r/min | 750以下 | 1000 | 1500 | 1500以上 |
|---|---|---|---|---|
| 振动双幅值，mm | 0.12 | 0.1 | 0.085 | 0.05 |

（11）除特殊说明外，辅机正常运行时应监视其轴承温度不超过表4-7要求。

表 4-7 锅炉辅机正常运行轴承温度最高值

|  | 滚动轴承 | 滑动轴承 |
|---|---|---|
| 电动机 | 100℃ | 80℃ |
| 辅机 | 80℃ | 70℃ |

（12）辅机正常运行时检查电动机的温升不超过表 4-8 要求（环境温度为 40℃）。

表 4-8 锅炉辅机电动机温升最高值

| 绝缘等级 | A 级 | E 级 | B 级 | F 级 |
|---|---|---|---|---|
| 电动机温升 | 65℃ | 80℃ | 90℃ | 115℃ |

## 4.5.3 锅炉辅机设备及系统投运注意事项

（1）辅机启动应尽可能采用程序启动，不得已时才采用手动启动。

（2）辅机试转、调试、正常启动、定期试验与切换，就地均应有专人监视。

（3）容积泵不允许在出口门关闭的情况下启动。离心泵应在出口门关闭的情况下启动，启动后应在 2min 内开启出口门。

（4）6kV 辅机启动时，应监视 6kV 母线电压、辅机启动电流和启动时间，注意保持各段母线负荷基本平衡。

（5）辅机启动时，启动电流和启动次数应符合电动机运行规程规定。

（6）辅机在倒转情况下严禁启动（特殊情况例外）。

（7）辅机启动后跳闸，必须查明原因，方可再次启动。

## 操作卡

（1）锅炉辅机设备及系统投运操作步骤及要求见附录 1.2。

（2）空预器启动操作步骤及要求见附录 1.3。

（3）空预器烟气侧退出操作步骤及要求见附录 1.4。

（4）空预器主辅电机倒换操作步骤及要求见附录 1.5。

（5）引风机油站投运操作步骤及要求见附录 1.6。

（6）引风机油站停运操作步骤及要求见附录 1.7。

（7）引风机轴承冷却风机启动操作步骤及要求见附录 1.8。

（8）引风机轴承冷却风机切换操作步骤及要求见附录 1.9。

（9）引风机油站液压油泵倒换操作步骤及要求见附录 1.10。

（10）送风机油站投运操作步骤及要求见附录 1.11。

（11）送风机油站停运操作步骤及要求见附录 1.12。

（12）磨煤机油站投运操作步骤及要求见附录 1.13。

（13）磨煤机油站停运操作步骤及要求见附录 1.14。

（14）送风机油站液压油泵倒换操作步骤及要求见附录 1.15。

（15）火检冷却风机投运操作步骤及要求见附录 1.16。

（16）火检冷却风机倒换操作步骤及要求见附录 1.17。

（17）等离子冷却水泵投运操作步骤及要求见附录 1.18。

（18）等离子冷却水泵倒换操作步骤及要求见附录1.19。
（19）引风机投运操作步骤及要求见附录1.20。
（20）引风机停运操作步骤及要求见附录1.21。
（21）送风机投运操作步骤及要求见附录1.22。
（22）送风机停运操作步骤及要求见附录1.23。
（23）一次风机投运操作步骤及要求见附录1.24。
（24）一次风机停运操作步骤及要求见附录1.25。
（25）密封风机投运操作步骤及要求见附录1.26。
（26）密封风机停运操作步骤及要求见附录1.27。
（27）制粉系统投运操作步骤及要求见附录1.28。
（28）制粉系统（备用）投运操作步骤及要求见附录1.29。
（29）制粉系统停运操作步骤及要求见附录1.30。

## 操作视频

（1）锅炉辅机设备及系统投运操作视频见视频1.2。
（2）空预器启动操作步骤及要求见视频1.3。
（3）空预器烟气侧退出操作步骤及要求见视频1.4。
（4）空预器主、辅电机倒换操作步骤及要求见视频1.5。
（5）引风机油站投运操作步骤及要求见视频1.6。
（6）引风机油站停运操作步骤及要求见视频1.7。
（7）引风机轴承冷却风机启动操作步骤及要求见视频1.8。
（8）引风机轴承冷却风机倒换操作步骤及要求见视频1.9。
（9）引风机油站液压油泵倒换操作步骤及要求见视频1.10。
（10）送风机油站投运操作步骤及要求见视频1.11。
（11）送风机油站停运操作步骤及要求见视频1.12。
（12）磨煤机油站投运操作步骤及要求见视频1.13。
（13）磨煤机油站停运操作步骤及要求见视频1.14。
（14）送风机油站液压油泵倒换操作步骤及要求见视频1.15。
（15）火检冷却风机投运操作步骤及要求见视频1.16。
（16）火检冷却风机倒换操作步骤及要求见视频1.17。
（17）等离子冷却水泵投运操作步骤及要求见视频1.18。
（18）等离子冷却水泵倒换操作步骤及要求见视频1.19。
（19）引风机投运操作步骤及要求见视频1.20。
（20）引风机停运操作步骤及要求见视频1.21。
（21）送风机投运操作步骤及要求见视频1.22。
（22）送风机停运操作步骤及要求见视频1.23。
（23）一次风机投运操作步骤及要求见视频1.24。
（24）一次风机停运操作步骤及要求见视频1.25。
（25）密封风机投运操作步骤及要求见视频1.26。
（26）密封风机停运操作步骤及要求见视频1.27。

(27) 制粉系统投运操作步骤及要求见视频 1.28。

(28) 制粉系统（备用）投运操作步骤及要求见视频 1.29。

(29) 制粉系统停运操作步骤及要求见视频 1.30。

视频 1.2　辅机设备及系统投运操作

视频 1.3　空预器启动操作

视频 1.4　空预器烟气侧退出操作

视频 1.5　空预器主辅电机倒换操作

视频 1.6　引风机油站投运操作

视频 1.7　引风机油站停运操作

视频 1.8　引风机轴承冷却风机启动操作

视频 1.9　引风机轴承冷却风机倒换操作

视频 1.10　引风机油站液压油泵倒换操作

视频 1.11　送风机油站投运操作

视频 1.12　送风机油站停运操作

视频 1.13　磨煤机油站投运操作

视频 1.14　磨煤机油站停运操作

视频 1.15　送风机油站液压油泵倒换操作

视频 1.16　火检冷却风机投运操作

视频 1.17　火检冷却风机倒换操作

视频 1.18　等离子冷却水泵投运操作

视频 1.19　等离子冷却水泵倒换操作

视频1.20 引风机投运操作
视频1.21 引风机停运操作
视频1.22 送风机投运操作
视频1.23 送风机停运操作
视频1.24 一次风机投运操作
视频1.25 一次风机停运操作
视频1.26 密封风机投运操作
视频1.27 密封风机的停运操作
视频1.28 制粉系统投运操作
视频1.29 制粉系统（备用）启动操作
视频1.30 制粉系统停运操作

## 4.6 锅炉上水

### 教学目标

**1. 知识目标**

（1）掌握锅炉上水方式及上水过程中的操作。
（2）掌握锅炉上水的注意事项。

**2. 能力目标**

（1）能够熟练在锅炉仿真系统上进行上水的操作。
（2）能够理解锅炉上水过程每个步骤的意义。
（3）能够理解上水操作卡的内容。

**3. 素质目标**

（1）通过学生自主完成学习任务，培养学生独立思考的习惯，让学生以小组形式进行学习，增强团队协作精神。

（2）通过学习锅炉上水步骤，培养学生理论联系实际的意识。

（3）通过本章节的学习，培养学生分析与解决问题的能力。

## 任务描述

机组在冷态工况下，已具备锅炉上水条件，认真分析上水操作过程，掌握上水操作卡内容，能熟练在锅炉仿真系统上完成上水操作。

## 相关知识

锅炉上水是指向水冷壁、省煤器等管道注水，为锅炉点火做好准备。

### 4.6.1 锅炉上水方式

大型锅炉通常使用的上水方式有汽动给水泵前置泵上水、电动给水泵上水两种形式。

冷态启动初期，通过启动汽动给水泵前置泵为锅炉上水，因汽动给水泵前置泵供水压力固定。可通过给水旁路调节门调节给水流量。锅炉升压过程中，汽动给水泵前置泵无法满足上水压力时需要启动汽动给水泵。

当辅助蒸汽无法为汽动给水泵提供蒸汽时，可以通过启动电动给水泵上水，当机组负荷达到30%BMCR时，需要切换成汽动给水泵上水。用电动给水泵上水时，直接将除氧器水箱中的水经省煤器送入锅炉。电动给水泵作为一种灵活、具用较高压头和较大流量的给水设备，可以满足锅炉机组各种工况下的上水需求。

### 4.6.2 锅炉上水前的准备

**1. 热力设备系统冲洗**

除氧器工作前需对凝结水系统及除氧器进行冲洗。冲洗采用分段冲洗方法，待上一阶段冲洗结束后方可进行下一阶段冲洗。

（1）凝汽器水冲洗。启动凝结水输送泵向凝汽器补水，同时打开凝汽器热井底部放水阀排水，至水澄清后停止排放，关闭放水阀。当凝汽器热井水位升高至600~800mm后，启动凝结水泵进行再循环冲洗。循环冲洗30min后，停凝结水泵，开热井放水阀排尽凝汽器内部存水。凝汽器热井存水排尽后，再向凝汽器进水至热井水位600~800mm，启动凝结水泵进行凝汽器循环清洗直至冲洗排水澄清。

（2）凝结水系统水冲洗。凝结水系统注水完成后，启动一台凝结水泵，凝结水系统开始冲洗，由低压加热器排放管排放，先冲洗各加热器旁路，水质合格后转为冲洗各加热器，低加出口（除氧器入口）凝结水质合格（含铁量小于200μg/L）。

（3）除氧器水冲洗。在凝结水系统冲洗结束后，关闭低压加热器出口凝结水系统冲洗排放阀，向除氧器进水至除氧器水箱水位 2/3 左右时，开启除氧器放水管排放冲洗。此时要注意向凝汽器大量补水，维持凝汽器水位。当除氧器出水含铁量降至 100μg/L 后，凝结水系统、低压给水系统冲洗结束。

**2. 除氧器工作**

（1）除氧器冲洗水质合格后，打开辅汽系统至除氧器供汽管道暖管，暖管完成后。投辅汽至除氧器加热，控制除氧器水温上升速度不大于 1.5℃/min。

（2）化水分析确认除氧水箱水质满足锅炉给水要求。

**3. 锅炉上水准备**

（1）在锅炉启动前的检查工作结束后，确认无影响进水因素，抄录锅炉膨胀指示器一次。

（2）上水前通知化学人员制水，加药系统应投运正常。

（3）水质应为化验合格的除盐水，锅炉开始进水时，除氧器应维持连续加热，并尽可能维持给水温度 80℃。

（4）开启下列各门进行高压管路清洗，给水管道及高加注水：

① 电动、汽动给水泵入口电动门。

② 电动、汽动给水泵出口电动门。

③ 高加水侧出口电动门。

④ 高加进口三通电动门先切至旁路，后切至主路。

⑤ 打开高加入口注水门向高加充水，打开 1#、2#、3#高加水侧排空门排气，有水排出后关闭排空门。

⑥ 注水 20min 高加起压后开启高加出口门，开启高加进口三通阀，高加水侧投入。

（5）开启锅炉疏水箱放水电动门，关闭疏水泵出口至凝汽器电动门，开启贮水箱至启动疏水扩容器的溢流电动阀及手动门。

（6）检查高压给水系统所有放水门关闭，锅炉汽水分离器前所有疏水门关闭，锅炉受热面所有排空门开启。

## 4.6.3 锅炉上水过程操作

（1）在给水操作台前疏水管排水水质指标达含铁量小于 200μg/L 时，锅炉开始上水。

（2）启动前置泵上水，进水应缓慢、均匀。若水温与贮水箱壁温接近，可适当加快进水速度。通过给水旁路维持一定流量向锅炉进水。

（3）若锅炉为冷态，上水温度与贮水箱壁温差应不大于 40℃。

（4）进水后检查省煤器出口、A 侧和 B 侧螺旋水冷壁出口、垂直水冷壁出口、分离器出口等排空门，在分别有水急速流出后关闭。

（5）投入贮水箱溢流阀自动。准备冷态开式清洗。

（6）上水时，高加水侧走旁路。

（7）当贮水箱见水后，放慢上水速度，加强监视。

（8）关闭汽水分离器前所有排空门。

(9) 通知化学值班员投入给水 AVT（加氨、联氨）运行方式。

(10) 上水至贮水箱水位 2.85~7.35m 时，检查贮水箱至启动疏水扩容器两个溢流阀自动进行调节，锅炉上水完成。

(11) 上水完成后对锅炉本体和管道膨胀指示进行一次记录。

(12) 准备冷态开式清洗。

### 4.6.4　锅炉上水注意事项

(1) 锅炉上水前，检查减温水各阀门、给水泵中间抽头至再热器减温水手动门必须关闭。

(2) 上水温度高于周围露点温度以防止锅炉表面结露，但温度也不宜过高以防止引起汽化和过大的温度应力，若锅炉为冷态，上水温度与贮水箱壁温差应不大于 40℃。

(3) 通过给水旁路阀控制上水速度，上水速度不应太快，一般不大于 5%BMCR。以免造成受热不均。

(4) 辅助蒸汽压力维持除氧器温度在 80℃ 左右。

(5) 上水时间：夏季不少于 2h，进水流量 80~90t/h，冬季不少于 4h，进水流量 40~50t/h，若水温与贮水箱壁温接近，可适当加快进水速度。

(6) 上水前后与上水过程中要检查和记录各部件膨胀指示值，如有异常情况应暂缓上水并检查原因。

### 操作卡

锅炉上水操作步骤及要求见附录 1.31。

### 操作视频

锅炉上水操作步骤及要求见视频 1.31。

视频 1.31　锅炉上水操作

## 4.7　锅炉冷态清洗

### 教学目标

**1. 知识目标**

(1) 掌握锅炉冷态清洗的作用。
(2) 掌握锅炉冷态清洗的步骤。

**2. 能力目标**

(1) 能够熟悉锅炉冷态开式和闭式清洗流程。
(2) 能够在锅炉机组仿真系统上进行锅炉冷态清洗操作。

**3. 素质目标**

（1）培养学生严谨细致的工作作风。
（2）培养学生分析与解决问题的能力。
（3）培养学生精益求精的精神。

## 任务描述

在机组冷态工况下，锅炉上水已完成。通过熟悉运行规程和操作卡，能够熟练地在锅炉机组仿真系统进行锅炉冷态清洗过程。

## 相关知识

直流锅炉给水通过蒸发受热面一次蒸发，水中杂质有三个去向：（1）沉积在受热面内壁；（2）沉积在汽轮机通流部件；（3）进入凝汽器。

锅水中杂质除了来自给水，还有管道系统及锅炉本体的沉积物和氧化物。因此，每次启动要对管道系统和锅炉本体进行冷、热态循环清洗。

直流锅炉给水通过蒸发受热面一次冷态清洗主要是在启动前用除盐水冲洗系统的管道及锅炉本体，清洗沉积在受热面上的杂质、盐分和因腐蚀产生的氧化铁等。经化验锅炉的水质达到要求规定值，冷态清洗结束，才能允许锅炉点火。

对新投运和停运时间超过 150h 的锅炉在启动前必须进行水清洗。

### 4.7.1 冷态清洗准备

锅炉清洗前确认以下条件满足：
（1）贮水箱压力低于 686kPa。
（2）已完成高压给水管路清洗注水。
（3）贮水箱水位 5m 左右。
（4）贮水箱至启动疏水扩容器溢流调节阀处于自动状态。
（5）贮水箱出口至启动疏水扩容器溢流电动阀及手动门已处于开启状态。
（6）锅炉冷态开式清洗过程中，启动疏水泵出口至凝汽器疏扩电动门关闭，启动疏水箱放水电动阀门开启，排水到机组排水槽。

### 4.7.2 冷态清洗步骤

冷态清洗又分为开式清洗（清洗水排往启动疏水扩容器不循环）和循环清洗（清洗水排往凝汽器循环）两个阶段。冷态清洗流程如图 4-6 所示。

**1. 冷态开式清洗**

开式冲洗流程为：除氧器中的除氧水经给水泵、省煤器、螺旋水冷壁、垂直管水冷壁、折焰角进入汽水分离器，贮水箱再经溢流阀至启动疏水扩容器，最后排至机组排水槽。

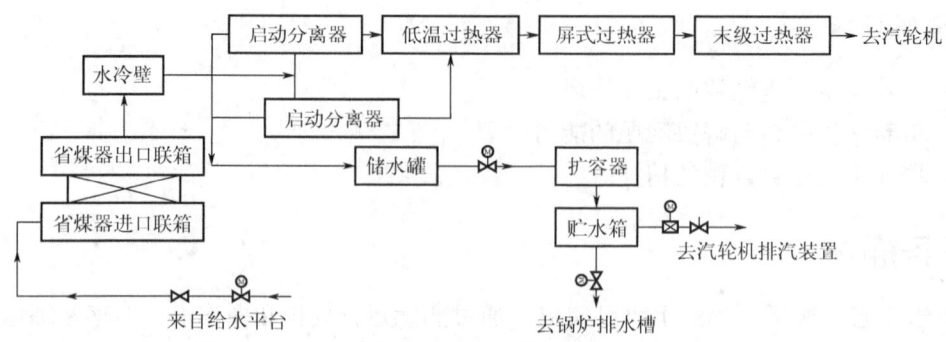

图 4-6 锅炉冷态清洗流程

冷态开式清洗步骤如下：

（1）开启以下疏水阀直至冷态清洗结束：①省煤器进口集箱疏水阀；②水冷壁进口集箱疏水阀；③水冷壁中间集箱疏水阀；④折焰角汇集箱疏水阀。

（2）接到开始锅炉清洗指令后，开启贮水箱至启动疏水扩容器溢流调节阀和电动阀。

（3）用辅助蒸汽加热除氧器，维持除氧器出口水温在 80℃ 左右。

（4）开启高加旁路门，采用不通过高加的方式上水。投入锅炉给水旁路调节门自动，提供锅炉清洗用水。

（5）将锅炉给水流量控制在 100t/h 进行冷态开式冲洗。

（6）锅炉冷态开式清洗过程中，溢流调节阀控制贮水箱水位在 2.85~7.35m 之间。

（7）锅炉冷态开式清洗过程中，启动疏水泵出口至凝汽器疏扩电动门关闭，启动疏水箱放水电动门开启，排水到机组排水槽。

（8）冷态开式清洗结束标志：启动疏水扩容器下部出口水质含铁量小于 200μg/L、油脂不大于 1ppm、pH 值不大于 9.5，冷态开式清洗结束。

**2. 冷态循环清洗**

循环清洗流程为：除氧器除氧后的水经给水泵、省煤器、螺旋水冷壁、垂直管水冷壁、折焰角进入汽水分离器，贮水箱经溢流阀至启动疏水扩容器，再经启动疏水泵进入汽轮机排汽装置。

（1）开启贮水箱至启动疏水扩容器溢流管路电动门和手动门，投入溢流调节阀水位自动。

（2）关闭启动疏水箱放水电动门，开启启动疏水泵，开启启动疏水泵出口至凝汽器手动门，投入启动疏水泵出口至凝汽器疏扩调门自动，清洗水由机组排水槽切换至凝汽器。

（3）投入精处理装置。

（4）维持不小于 30%BMCR 清洗流量进行循环清洗，直至省煤器进口水质达到表 4-9 指标，冷态循环清洗结束。

（5）锅炉冷态清洗完毕，具备点火水质条件。

表 4-9 锅炉冷态清洗控制指标

| 项目 | 含铁量 | 导电度 | $SiO_2$ | pH 值 | 给水硬度 | 溶解氧 |
|---|---|---|---|---|---|---|
| 单位 | μg/L | μs/cm | μg/L | | | μg/L |
| 数值 | ≤50 | ≤0.65 | ≤30 | 9.0~9.6 | 0 | ≤30 |

### 4.7.3 锅炉冷态清洗注意事项

（1）冷态清洗过程中应维持除氧器出口水温在80℃左右。

（2）当锅炉上水时，将给水管道、省煤器、螺旋管水冷壁、垂直管水冷壁的放水阀打开，保证高压加热器、给水管道、省煤器、水冷壁内积水全部排净，保证炉水不被二次污染。

### 操作卡

锅炉冷态清洗操作步骤及要求见附录1.32。

### 操作视频

锅炉冷态清洗操作步骤及要求见视频1.32。

视频1.32 锅炉冷态清洗操作

## 4.8 锅炉点火

### 教学目标

**1. 知识目标**

（1）掌握锅炉点火前准备的工作。
（2）掌握炉膛吹扫需要满足的条件和炉膛吹灰过程。
（3）掌握锅炉点火的步骤。

**2. 能力目标**

（1）能够分析锅炉点火过程。
（2）能够在锅炉机组仿真系统上完成锅炉吹扫操作。
（3）能够在锅炉机组仿真系统上完成锅炉点火操作。

**3. 素质目标**

（1）通过锅炉点火的学习，培养学生做事认真、细致及检查的好习惯。
（2）在锅炉机组仿真系统操作中，鼓励学生培养善于思考、求真务实的职业素养。
（3）培养学生的安全意识，引导学生注意生产安全，自觉服从规章制度，建立良好的安全生产意识。

### 任务描述

在机组冷态工况下，按照运行规程要求，核实点火条件是否满足，理解点火程序过程。分析锅炉点火操作卡，在锅炉机组仿真系统上熟练完成锅炉点火操作，培养学生现场实操能力。

## 相关知识

锅炉点火过程中涉及设备多,点火过程操作复杂。熟练掌握点火操作过程及要求,确保锅炉点火过程安全性和经济性。

### 4.8.1 锅炉点火前准备工作

(1) 全面检查锅炉各系统阀门位置正确。
(2) 确认过热器出口 PCV 阀具备投运条件。
(3) 确认各等离子点火装置电源均已正常投入。
(4) 检查制粉系统润滑油投入正常。
(5) 锅炉点火前,锅炉各项主保护必须投入。
(6) 锅炉点火前,开启以下阀门:①尾部烟道包墙环形集箱疏水阀;②低温过热器入口集箱疏水阀;③屏式过热器汇集集箱疏水阀;④冷再入口管道手动疏水阀;⑤省煤器电动排汽阀;⑥主蒸汽管道,冷/热段再热蒸汽管道疏水阀。
(7) 检查并投入锅炉火焰监视电视,检查锅炉四管泄漏系统正常投入。

在锅炉满足点火条件后,准备锅炉点火。

### 4.8.2 锅炉点火设备操作流程

在每个设备及系统投运前,都必须检查是否具备投运条件。锅炉点火辅机设备操作顺序如图 4-7 所示。

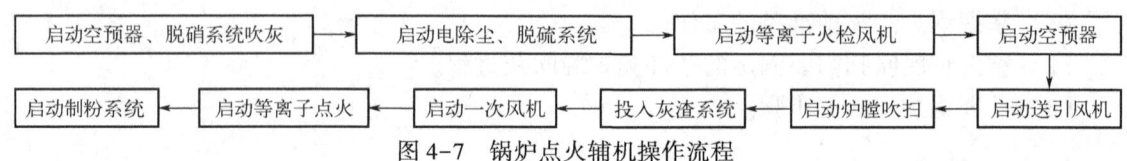

图 4-7 锅炉点火辅机操作流程

### 4.8.3 炉膛吹扫

**1. 炉膛吹扫目的**

锅炉启动前或 MFT(main fuel trip,主燃料跳闸)动作后必须对炉膛及烟道进行通风吹扫。吹扫的目的是利用一定的风量和保证一定的吹扫时间,将炉膛内可能积存的可燃物带出炉外,防止锅炉在点火时发生爆燃事故。

为了保证吹扫效果,对吹扫风量和吹扫时间均有一定的要求,原则上是能够将炉内的空气进行完全置换 3~5 次。吹扫风量为 30%~40%BMCR 风量,吹扫时间为 5min。锅炉在任何情况下,点火前必须进行炉膛吹扫。

**2. 炉膛吹扫过程**

1) 炉膛吹扫前的准备

(1) 启动风烟系统,调整锅炉风量在 30%~40%BMCR 风量,确认所有二次风、燃烬风控制挡板在吹扫位。

（2）检查锅炉所有人孔和观察孔全部关闭。

（3）风烟系统已按启动前检查卡检查完毕，各风门挡板位置正确，就地与DCS上指示一致，风烟系统各传感器良好。

（4）检查前、后烟道烟气挡板设置在自动或自动备用状态。

（5）检查炉底水封正常，启动捞渣机运行。

（6）启动火检冷却风机。

（7）确认A、B火检冷却风机启动条件满足。

（8）启动A（B）火检冷却风机，检查冷却风母管压力正常，投入B（A）风机联锁。

（9）启动A、B空气预热器。

（10）启动引、送风机。

（11）确认A（B）引风机启动条件满足，启动A（B）引风机，调节动叶开度维持炉膛负压在-100~-150Pa。

（12）确认A（B）送风机启动条件满足，启动A（B）送风机，调整锅炉总风量至30%~40%BMCR。

（13）将辅助风挡板和燃料风挡板投入自动。

（14）将后烟井再热汽温烟气调节挡板调至50%开度。

2）炉膛吹扫操作

当锅炉跳闸信号发出，自动产生"锅炉吹扫请求"信号，在以下炉膛吹扫条件满足后，操作员可以启动锅炉吹扫程序，吹扫时间为5min。在整个吹扫过程中FSSS（furnace safeguard supervisory system，炉膛安全监控系统）逻辑要监视吹扫的允许条件。吹扫开始时必须满足以下条件：

（1）炉膛吹扫未完成。

（2）无MFT跳闸条件。

（3）所有磨煤机停运。

（4）所有给煤机停运。

（5）两台一次风机停运。

（6）任一空预器均运行。

（7）任一引风机运行。

（8）任一送风机运行。

（9）全炉膛火检无火；

（10）总风量≥30%BMCR。

（11）二次风挡板在吹扫位。

（12）两台除尘器均停。

以上吹扫条件具备，LCD上"吹扫准备就绪"信号发出。启动炉膛吹扫指令，炉膛吹扫开始，LCD上指示"炉膛吹扫进行中"，吹扫计时器开始倒计时，在5min吹扫期间，FSSS连续监视吹扫允许条件，当任一条件失去或者MFT动作都将发出炉膛吹扫中断，将炉膛吹扫程序复位。此时应检查炉膛吹扫失败原因，满足条件后重新启动吹扫，炉膛吹扫将重新计时。

3）吹扫完成

LCD上指示"炉膛吹扫完成"信号，炉膛吹扫完成。

4）MFT 复位

炉膛吹扫完成后，确认所有二次风挡板保持在吹扫位置，中心风挡板在开位置。锅炉MFT复位，确认炉膛烟温探针正常伸进。

### 4.8.4　锅炉点火步骤

点火前要对整个机组中各系统状态进行全面检查。确认疏水阀开启，以便点火后产生的蒸汽对设备及管线暖管后排放疏水。确认炉膛烟温探针伸进炉膛，以便在点火后监视炉膛出口烟温。确认工业电视已开启、火检冷却风压力正常等。

锅炉采用等离子点火，步骤如下：

（1）检查脱硝系统和空预器已投入连续吹灰。

（2）检查等离子点火隔离变已送电，等离子控制装置电源已投入。投入等离子载体风机，等离子点火装置入口载体风压 5~10kPa。

（3）投入等离子点火冷却水系统。调整冷却水压力 0.4~0.8MPa，流量为 8t/h，温度小于 40℃。

（4）打开 1 号磨煤机出口插板门、总风门、一次风冷热风调门、热风关断门，启动两台一次风机，调整一次风压在 4kPa 左右。

（5）打开 1 号磨密封风门、给煤机的密封风门。

（6）启动一台密封风机，将另一台密封风机投入联锁备用。

（7）检查 1 号磨煤机出口风粉门、等离子一次风电动门、等离子分流阀、一次风混合风门、磨煤机相关的密封风门、给煤机的密封风门及燃烧器一次风手动插板门全开。

（8）对 1 号磨煤机一次风暖风器通汽，疏水暖管结束后，投入 1 号磨煤机入口一次风暖风器。调整暖风器出口风温在 155~180℃。点火后空预器出口一次风温达 200℃左右，可退出暖风器。

（9）调节 A 层等离子燃烧器的二次风，防止等离子燃烧器壁温过高。

（10）调整 1 号磨煤机入口风量，维持磨出口一次风速在 18m/s 左右进行暖磨。

（11）按等离子点火装置的启动程序顺序启动 1~4 号等离子发生器，检查拉弧正常，调节电弧功率为 70~120kW。

（12）检查点火条件满足，等离子模式置"等离子模式投入"；1 号磨煤机满足启动条件后，启动 1 号磨煤机。

（13）磨煤机运行稳定后，检查给煤机启动条件满足时启动给煤机，并调整给煤量为最低值运行。

（14）观察等离子燃烧器的煤粉燃烧情况，投粉后 180 秒内未着火，及时切断煤粉供应，通风吹扫，并检查原因。

（15）在煤粉燃烧稳定后，适当提高一次风量，提高磨煤机出口一次风速约为 18~22m/s，控制等离子燃烧器壁温小于 400℃。

（16）逐渐根据工况需求和燃烧器燃烧情况合理增加给煤量，控制好给粉浓度以利于燃烧器稳定燃烧。

### 4.8.5　锅炉点火注意事项

点火期间应注意以下事项：

（1）锅炉点火前检查空预器吹灰已连续投入。

（2）锅炉点火后要注意炉膛负压和火检情况。

（3）锅炉点火后投入旁路系统。投入高低压旁路自动和减温水自动，检查高低压旁路减温水气动截止门开启。锅炉起压后，检查高中压主汽阀、调节汽阀及高排逆止阀关闭的严密性，VV 阀和 BDV 阀开启。

（4）锅炉点火后应注意观察贮水箱水位，保证贮水箱至启动疏水扩容器溢流阀能正常控制贮水箱水位。

（5）主、再热蒸汽压力达到 0.2MPa 时，开启主、再热蒸汽系统其他疏水门。

（6）在煤粉燃烧稳定后，调整等离子装置的电弧功率在最低稳燃功率之上。在保证燃烧效果的条件下适当降低电弧功率，以尽量延长阴极的使用寿命。

（7）注意观察锅炉蒸汽压力升高的速度以及过热器、再热器的温升情况，根据锅炉升压、升温曲线，调整机组旁路系统阀门的开度，控制锅炉升压、升温速度。

（8）点火后，为防止可燃气体沉积在未投燃烧器的死角，产生爆燃，应适当开启未投运的燃烧器的二次风，使可燃气体及时排出炉膛。

（9）加强炉内燃烧状况监视，实地观察炉膛燃烧，火焰应明亮，燃烧充分，火炬长，火焰监视器显示燃烧正常。如发现炉内燃烧恶劣，炉膛负压波动大，应迅速调节一次风速及增加给煤量，调整燃烧，若炉膛燃烧仍不好，应立即停止投粉，必要时停止等离子发生器，经充分通风，查明原因后重新再投。

（10）调整等离子燃烧器燃烧的原则为：既要保证着火稳定，减少不完全燃烧损失，提高燃尽率，又要随炉温和风温的升高尽可能开大二次风，提高一次风速，控制燃烧器壁温不超温，燃烧器不结焦，在满足升温、升压曲线的前提下，应尽早投入其他燃烧器，尽快提高炉膛温度，有利于提高燃烧效率。

## 操作卡

（1）锅炉吹扫前准备操作步骤及要求见附录 1.33。

（2）锅炉吹扫操作步骤及要求见附录 1.34。

（3）锅炉点火操作步骤及要求见附录 1.35。

## 操作视频

（1）锅炉吹扫前准备操作步骤及要求见视频 1.33。

（2）锅炉吹扫操作步骤及要求见视频 1.34。

（3）锅炉点火操作步骤及要求见视频 1.35。

视频 1.33　锅炉吹扫前准备操作

视频 1.34　锅炉吹扫操作

视频 1.35　锅炉点火操作

## 4.9 锅炉热态清洗

### 📚 教学目标

**1. 知识目标**

（1）理解锅炉热态清洗的目的。
（2）了解锅炉热态清洗的要求。

**2. 能力目标**

（1）能够掌握锅炉热态清洗的操作步骤。
（2）能够清楚了解锅炉热态清洗结束的要求。

**3. 素质目标**

（1）培养学生准确掌握锅炉热态清洗的步骤，使学生逐步形成规范操作的职业习惯。
（2）培养学生解决操作过程中实际问题的能力，培养学生注重细节、精益求精的工匠精神。
（3）培养学生的安全意识，引导学生注意生产安全，自觉服从规章制度，建立良好的安全生产意识。

### 🌱 任务描述

理解热态清洗的作用及要求，分析热态清洗操作卡，在锅炉仿真系统上完成热态清洗操作，培养学生操作锅炉运行的能力。

### 🌐 相关知识

直流锅炉在点火后还需要进行热态清洗，热态清洗的作用是除去溶解于水中的铁的氧化物。

### 4.9.1 锅炉热态清洗操作

锅炉热态清洗流程和冷态循环清洗流程相同。具体操作流程如下：

（1）在锅炉点火后，压力在 0.5~0.7MPa 时，贮水箱的水位由于汽水膨胀而上升，通过溢流调节阀将水经启动疏水扩容器排入凝汽器疏扩中，应注意溢流调节阀能正常控制水位。汽水膨胀结束后，开启汽机高、低压旁路控制主汽温度、主汽压力上升。

（2）当汽水分离器进口温度达到190℃，维持汽水分离器入口温度190℃左右，锅炉开始热态清洗。

（3）清洗过程中，若难以维持汽水分离器入口温度稳定，应控制燃烧稳定，控制饱和水温升温率小于1.5℃/min。如汽水分离器进口温度在热态清洗期间升高较快，可适当降低燃烧率。

（4）当炉水和过热蒸汽的品质达到表4-10要求时，热态清洗结束。锅炉才开始升温升压至汽轮机冲转参数。

（5）当贮水箱出口水质合格时，锅炉热态冲洗完成。炉水全部回收，化学投入凝水精处理系统运行。

表 4-10　锅炉热态清洗控制指标

| 项目 | 含铁量 | 导电度 | $SiO_2$ | pH 值 | $Na^+$ | $Cu^{2+}$ |
|---|---|---|---|---|---|---|
| 单位 | μg/kg | μs/cm | μg/kg |  | μg/kg | μg/kg |
| 数值 | ≤50 | ≤0.5 | ≤30 | 9.0~9.6 | ≤20 | ≤15 |

## 4.9.2　锅炉清洗时间及排放量

锅炉机组首次启动时，清洗排放时间及排放量见表 4-11。

表 4-11　锅炉机组首次启动清洗排放时间及排放量

| 状态 | 排放时间/排放量 | |
|---|---|---|
|  | 到排水槽，排出系统外 | 排到凝汽器疏扩 |
| 冷态清洗 | 约 8.5h/约 2800t | 约 25h/8250t |
| 热态清洗 |  | 约 48h/15840t |

锅炉机组停运时间超过 150h 以上时，清洗排放时间及排放量见表 4-12。

表 4-12　锅炉机组停运时间超过 150h 以上时清洗排放时间及排放量

|  | 到排污箱，排出系统外 | 排到凝汽器疏扩 |
|---|---|---|
| 排放时间 | 约 5h | 约 25h |
| 排放量 | 1650t | 8250t |

如果热态冲洗需要很长时间，应进行下列操作以加速冲洗速度：
（1）通过增加给水泵流量增加给水流量；
（2）改变燃料量使水温在 190℃ 左右波动；
（3）视情况将炉水适量外排。

## 4.9.3　热态清洗注意事项

（1）汽水分离器进口工质温度达到 190℃ 时，水中的沉积物最多，氧化铁析出量最大，因此升温至折焰角出口工质温度为 190℃ 时进行水质检测。检测水质时汽水分离器进口温度保持在 190℃。

（2）热态清洗时，清洗水量约为 30%BMCR，清洗水全部排至凝汽器疏扩。

（3）热态清洗时，燃料量投入约为 8%BMCR。

（4）热态清洗完毕后，逐步投入燃料继续升温升压，控制炉膛出口烟气温度不大于 540℃，注意监视水冷壁、过热器、再热器各部件金属温度不可超过报警值。

### 操作卡

锅炉热态清洗操作步骤及要求见附录 1.36。

## 操作视频

锅炉热态清洗操作见视频 1.36。

视频 1.36　锅炉热态清洗操作

## 4.10　锅炉升温升压

## 教学目标

**1. 知识目标**

(1) 掌握锅炉冷态滑参数启动曲线的意义。
(2) 掌握锅炉升温升压的操作步骤。
(3) 掌握直流锅炉升温升压过程中湿态向干态转换过程。

**2. 能力目标**

(1) 能够说出锅炉冷态滑参数启动曲线各过程参数变化。
(2) 能够熟练掌握控制升压率和升温率的操作。
(3) 能够在锅炉机组仿真系统进行锅炉升温升压的操作。

**3. 素质目标**

(1) 通过锅炉仿真系统的学习,培养学生善于动脑思考、动手操作的良好职业习惯。
(2) 培养学生注重细节、精益求精的工匠精神。
(3) 通过引导学生解决操作中出现的问题,培养学生分析与解决问题的能力。

## 任务描述

锅炉按照冷态滑参数启动曲线进行升温升压,理解冷态滑参数启动曲线各阶段的意义和参数的变化,分析操作卡,掌握升温升压操作卡的步骤,熟练地在锅炉机组仿真系统进行升温、升压的操作。学习操作卡,培养学生锅炉操作的能力。

## 相关知识

锅炉点火后,燃料燃烧放出的热量使锅炉各部件受热,炉水温度逐渐升高并产生蒸汽,蒸汽压力也逐渐升高。从锅炉点火到蒸汽压力升至额定压力的过程称为升压过程。

由于水和水蒸气在饱和状态下压力和温度之间有一定的对应关系,随着汽水分离器出口蒸汽压力的升高,饱和温度也升高,因而锅炉的升压过程也就是升温过程。锅炉的升温升压过程要按冷态滑参数启动曲线进行。

### 4.10.1　机组冷态滑参数启动曲线

在 350MW 直流锅炉冷态滑参数启动过程中,合理控制升温、升压速度是这个阶段的主要任务,既要满足机组快速启动的需要,又要保证设备的安全性。在锅炉启动过程中,主要通过调整燃烧率来控制升压速度，同时辅助以调节旁路的开度、减温水的流量以及其他调温手段控制升温速度。为了能满足汽轮机冲转要求提供合格的蒸汽并防止锅炉受热面产生过大的热应力，需要严格控制蒸汽的升温升压速率。

机组应根据自身情况制订启动曲线，锅炉的升温、升压应严格按照启动曲线进行，以便在不同阶段保持合理的蒸汽参数。

图4-8为350MW机组冷态滑参数启动曲线，在升温、升压初期，升温、升压速度非常缓慢，这是因为启动之前，各金属部件的温度较低，蒸汽温度和压力提升过快将导致较大的热应力；在汽轮机冲转升速过程中，锅炉维持较稳定的蒸汽压力，蒸汽温度上升的速度也极为缓慢；机组带负荷之后，升温、升压的速度稍微有所提高，但受到机械应力及热应力的限制，也不应过快。

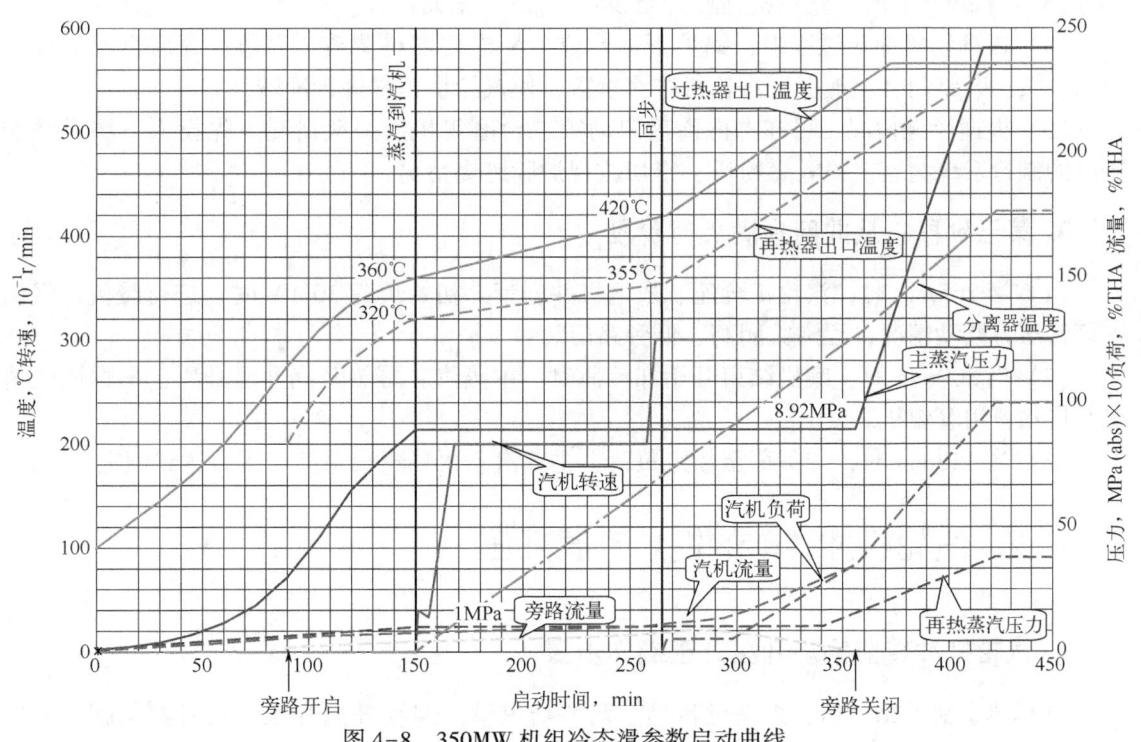

图4-8　350MW机组冷态滑参数启动曲线

## 1. 第一阶段：汽轮机冲转前的阶段

升温、升压过程是锅炉单独进行的。锅炉点火后，蒸汽压力升至0.2MPa时关闭空气门，到90min，主蒸汽压力升至0.2~0.5MPa时，就要逐渐启动旁路系统。

随着旁路中蒸汽量的增加，锅炉输出的热量也在增加，因此要增加燃料量。到汽轮机冲转前，锅炉燃料量一般超过额定负荷时的20%。

在这个阶段，满足过热器减温水投入条件时，应投入过热器系统的减温水。在汽轮机冲转前，高压旁路中的减压装置应满足中压缸前蒸汽压力的要求，是否投入高压旁路中的减温水，或者投入再热器系统的减温水，应视再热蒸汽温度而定。低压旁路后蒸汽温度和压力应满足进凝汽器的要求。

在启动阶段蒸汽压力和温度的调节以燃烧调节为主，加上旁路和减温器的作用共同完成。待蒸汽的温度和压力都达到冲转参数时，即可进行汽轮机冲转。此时，锅炉的蒸汽流量超过了保护再热器的最低蒸汽流量（额定值的15%），而且超过了汽轮机的冲转蒸汽量（额定值的5%~8%）。

**2. 第二阶段：汽轮机冲转阶段**

（1）当150min时，锅炉蒸汽压力和蒸汽温度达到规定的冲转参数时，主蒸汽压力8.73MPa、主蒸汽温度380℃；再热蒸汽压力1.1MPa、再热蒸汽温度330℃。转速由0升至600r/min时，检查汽轮机各参数正常，进行摩擦检查试验，汽轮机打闸，汽轮机转速下降检查无异常，挂闸，继续升转速。

（2）当170min时，汽轮机转速升速至2000r/min，汽轮机中速暖机。

（3）当260min时，汽轮机转速升至3000r/min，全面检查。

（4）在汽轮机冲转过程中，锅炉不进行或少量进行燃料调整，只通过开启汽轮机调速汽门、关小旁路门，就能保证汽轮机进汽参数，使汽轮机正常进行冲转。

（5）根据燃烧情况，可在并网前后启动第二台磨煤机。一般情况下先投入下层燃烧器所属的制粉系统为宜。投入煤粉后，密切监视炉膛燃烧情况。

**3. 第三阶段：从并网到满负荷阶段**

（1）当265min时，汽轮机全速、发电机并列带上初始负荷30MW时，进行暖机。根据主蒸汽压力波动情况，逐渐关闭高、低旁路门。

（2）当300min时，暖机结束开始加负荷时，主蒸汽、再热蒸汽升温升压，根据燃烧情况，启动备用磨煤机。

（3）当420min时，加负荷至额定负荷，主蒸汽、再热蒸汽温度与压力达到额定参数。

## 4.10.2　汽轮机冲转前的锅炉升温升压

**1. 汽轮机冲转前锅炉升温升压操作步骤**

（1）热态清洗结束后，提高燃料量。调节给煤量，继续升温升压。同时控制高、低压旁路阀开度。

（2）在升压开始阶段，饱和温度在100℃以下时，升速率不得超过1.1℃/min。在汽轮机冲转前，饱和温度升高速率不得超过1.5℃/min。

（3）升温升压过程中应加强对水冷壁、过热器和再热器壁温的监测和控制，严防超温。严密监视和控制贮水箱内外壁温差小于25℃，内壁金属温度变化率限制在5℃/min。

（4）升温升压期间采用增投燃料量配合高、低压旁路的方法控制升温升压速率。确认旁路控制压力、温度上升率正常，两级减温减压装置均正常投入运行。

（5）锅炉大修后启动升温升压过程中，要严密监视锅炉的受热膨胀情况，做好膨胀记录，发现问题及时汇报，采取措施消除。

（6）升压过程中锅炉疏水阀控制：

① 锅炉尾部环形集箱疏水电动一、二次阀在机组并网后关闭。

② 低温过热器入口集箱疏水电动一、二次阀在压力1.2MPa时关闭。

③ 屏式过热器出口集箱疏水阀应保持开或部分开启，直到管内蒸干，通过过热器的流量建立起来后关闭。

④ 汽水分离器压力在 0.5MPa 时，开启汽水分离器电动排气阀，5min 后关闭。

⑤ 通过主蒸汽和旁路管道低点疏水，主蒸汽和再热蒸汽管道和旁路继续暖管。

⑥ 特殊情况下，为了简化操作，忽略燃料和水的消耗，这些疏水阀可以一直保持开启，直到机组并网、带初负荷时关闭。

⑦ 当锅炉点火后，关闭省煤器电动排气阀。

(7) 在并网前的锅炉升温升压过程中，应控制炉膛出口烟温小于 540℃（540℃时烟温探针应自动退出）。

(8) 逐渐增加燃料量，通过控制煤水比、过热器疏水阀和调整高、低压旁路开度，使汽温、汽压升至汽轮机冲转参数：主蒸汽压力 8.73MPa、主蒸汽温度 380℃；再热蒸汽压力 1.1MPa、再热蒸汽温度 330℃。达到汽轮机冲转条件。

**2. 汽轮机冲转前锅炉升温升压注意事项**

(1) 锅炉升温升压过程中，严格控制水冷壁温差。升压率为 0.10MPa/min，升温速率为 1.5℃/min。

(2) 监视炉膛火焰燃烧情况，保持空气预热器连续吹灰。

(3) 防止主蒸汽、再热蒸汽温度大幅波动，严防蒸汽带水。

(4) 当蒸汽流量小于 7%BMCR 或发电机并列前（高压缸启动方式），炉膛出口烟温不应超过 538℃。

(5) 当给水流量或蒸汽流量大于 7%BMCR 时，退出炉膛烟温探针。

(6) 锅炉升温、升压阶段，高、低压旁路开启后，适量投入主蒸汽二级减温水，控制主汽温度。

(7) 升温、升压过程中连续检测炉水水质情况，炉水 $SiO_2$ 和 Fe 超标时，将炉水部分外排至机组排水槽或保持蒸汽参数进行洗硅。

(8) 投用燃烧器应尽可能按先下层、后上层进行。

(9) 燃料量的调整应均匀，防止贮水箱水位，主、再热蒸汽温度，炉膛负压波动过大。

(10) 锅炉启动过程中，要注意监视空气预热器各部件参数的变化，防止发生二次燃烧，当出现出口烟温不正常升高时，投入空预器连续吹灰和进行必要的处理。

(11) 要注意监视炉膛负压、送风量、给煤量等自动控制，发现异常及时处理。

(12) 要注意监视燃烧情况，及时调整燃烧，使燃烧稳定，特别是在启停磨煤机时。

(13) 锅炉启动和运行中，应注意监视过热器、再热器的壁温，严防超温爆管。

## 4.10.3 汽轮机冲转阶段的锅炉升温升压

升温升压的第二个阶段是汽轮机的冲转阶段，当锅炉蒸汽压力和蒸汽温度达到规定的冲转参数时（主蒸汽压力 8.73MPa、主蒸汽温度 380℃；再热蒸汽压力 1.1MPa、再热蒸汽温度 330℃。），汽轮机冲转。在汽轮机冲转过程中，锅炉不进行或少量进行燃料调整，只通过开启汽轮机调速汽门、关小旁路门，就能保证汽轮机进汽参数，使汽轮机正常进行冲转。

汽轮机冲转是一个从转速为 0 至 3000r/min 的过程，期间需要多次长时间暖机，保证机组能够安全运行。暖机就是使汽轮机各金属部件得到充分的预热,需要控制好汽缸的温度和蒸汽参数。如果蒸汽参数不合格或暖机不充分将会引起汽缸内动、静部分膨胀不均,启动过程中引起动静摩擦,轴承振动增大,表面温差过大而出现金属裂纹,使启动时间延长,安全性、经济性降低。

汽轮机暖机目的是:(1)减小汽机外部设备与中心设备温差;(2)减小金属的内部应力变化,使汽缸、法兰和转子在规定范围内均匀变化,并且控制胀差值在规定范围内变化;(3)为了避免各零部件发生摩擦,保证汽轮机内部存在一定的动静间隙;(4)使升负荷的速度提高,缩短升至额定负荷时所需时间。

**1. 汽轮机冲转阶段锅炉升温升压操作要求**

汽轮机冲转期间,调整高压、低压旁路开度,维持蒸汽压力稳定。随后的汽轮机带初始负荷过程中,锅炉燃烧的调整也是少量的或不调整的。由于此时旁路系统中还有较大的蒸汽流量,打开汽轮机调速汽门、关小旁路门就可以使机组带上相对较低的初始负荷。

当汽轮机全速、发电机并列带上初始负荷进行暖机时,锅炉保持主蒸汽压力不变,将蒸汽温度逐渐升高。在发电机并网前后,监视蒸汽参数,根据蒸汽参数投入第二台磨煤机。

**2. 汽轮机冲转阶段锅炉升温升压注意事项**

(1)冲转过程,必须有现场人员,严密监视汽轮机转速的变化及机组声音、振动、各轴承温度等变化情况。

(2)冲转过程,应确认高压缸通风阀在打开位置,并严密监视高压缸排汽金属温度的变化。

(3)及时调整高、低压旁路系统,按启动曲线控制汽温、汽压。

(4)汽轮机冲转升速、暖机过程中应尽量保持汽压、汽温及水位等参数稳定。

(5)注意高、低压加热器,除氧器的水位变化正常。

(6)注意旁路系统及各辅机的运行情况良好。

## 4.10.4　升温升压至满负荷

检查汽动泵的汽轮机及给水泵组运行正常,机组准备继续升负荷。从机组并网带初负荷升温升压的满负荷的过程包括五个阶段。

**1. 机组并网带初负荷操作**

(1)机组带初负荷暖机后,进行中压缸启动的切缸操作(对于高中压缸联合启动方式无需进行):

① 检查锅炉燃烧良好,主、再热蒸汽压力稳定,高、低压旁路系统正常;

② 发电机并网后"正暖"自动切除,高压调节汽阀关闭;

③ 在DEH"自动控制"画面中设置目标负荷9%BMCR,升负荷率5MW/min,点击"进行/保持"按钮下的"进行"键;

④ 检查左右侧中调阀逐渐开启至90%以上后,低压旁路阀自动调整直至完全关闭。在DEH"自动控制"画面中点击"缸切换"按钮并确认后,#1~4高压调节汽阀逐渐开启,当高排压力超过再热器压力时,检查高排逆止阀开启,关闭高压缸排汽通风阀(VV阀);

⑤ 检查高压缸排汽口内壁金属温度应下降；

⑥ 升负荷过程中，及时调整高、低压旁路开度，维持主、再热蒸汽压力稳定，确保负荷稳步上升，低旁全关后，继续关闭高旁，在高旁阀全关后，切缸升负荷结束；

⑦ 在 DEH "自动控制" 画面中点击 "进行/保持" 按钮下的 "保持" 键，点击 "升负荷率" 设定为 "3MW/min"。

（2）汽轮机切缸结束后，对各系统放水门进行检查热紧。

（3）在机组负荷达 10%BMCR 时，确认机组高压段疏水阀正常关闭，并就地检查其严密性，必要时关闭手动隔离阀，并做好记录。

（4）低压加热器汽侧随机组启动滑启投入时，应检查低加水位自动调节正常。

（5）汽轮机切缸过程中注意事项如下：

① 切缸期间注意调整好锅炉燃烧以及旁路的运行，尽量保持汽轮机进汽参数稳定；

② 注意调整主汽温度及高压缸金属温度之间的偏差，要保证高压缸进汽后高压缸缸体以及高压缸第一级处的内外壁温差在允许的范围内；

③ 严密监视高压缸排汽口内壁金属温度的变化趋势，当其温度升高过快时，应及时调整升负荷率及高旁开度，使高压缸进汽量上升，缩短切缸时间，但要注意轴向位移等参数变化；

④ 保持锅炉参数稳定，注意贮水箱水位。

（6）由低到高逐渐投入三台高加汽侧，控制高加出口水温升高不大于 3℃/min，检查高加水位正常，疏水调门自动调节正常。

（7）并网带初负荷后检查确认减温水调节阀、烟风道挡板、磨煤机、给煤量、煤水比控制模式在自动或自动备用状态。

**2. 初负荷至 20%BMCR 操作**

（1）初始负荷保持完成后，将机组负荷升至 20%BMCR。

（2）设定目标负荷 20%BMCR，负荷变化率 3MW/min。

（3）缓慢增加燃料量，提高负荷。

（4）检查低压缸排汽温度低于 47℃ 时，低压缸喷水调门自动关闭。

（5）当四抽压力达到 0.147MPa 或高于除氧器压力后，开启四抽至除氧器电动阀暖管，切换除氧器汽源至四抽供，除氧器进入滑压运行。

（6）当再热器冷段压力不小于 1.0MPa 时，将辅汽供汽切至再热器冷段供汽，注意切换要缓慢，保证汽温、汽压稳定，凝汽器真空、轴封供汽正常，应注意运行中的小机调门开度变化，保证给水流量稳定。

（7）第一台磨煤机达 80% 出力以上时，暖投第二台磨煤机。

（8）机组负荷 20%BMCR 时将给水从旁路切换至主路运行。期间要特别注意保护锅炉给水量的稳定，防止因给水流量低导致机组保护动作。

（9）在机组负荷达 20%BMCR 时，确认机组中压段疏水阀正常关闭，并就地检查其严密性，必要时关闭手动隔离阀，并做好记录。

**3. 20%BMCR 升负荷至 50%BMCR 操作**

（1）升负荷前应满足下列条件：①一台汽动给水泵运行正常，另一台汽动给水泵具备冲转条件；②至少一台制粉系统已投运；③煤水比控制处于自动备用状态。

(2) 目标负荷 50%BMCR，负荷变化率 3MW/min。

(3) 等离子点火，当两台磨煤机出力均达 80% 以上时，暖投第三台磨煤机。

(4) 升负荷过程中不要在 25%~30%BMCR 之间停留，控制好参数迅速平稳地完成从湿态到干态的转变。

(5) 当负荷升至 25%~30%BMCR 左右时，锅炉由湿态转为干态运行。

(6) 机组负荷达 30%BMCR 时，检查确认机组对应低压疏水阀正常关闭，并就地检查其严密性，必要时关闭疏水手动隔离阀，并做好记录。

(7) 机组负荷 30%BMCR，稳定运行进行厂用电切换。

(8) 机组负荷达 30%BMCR 时，冲转另一台小机至 1800r/min 暖机。

(9) 随负荷的升高，用煤水比控制主汽压力。

(10) 在负荷升高的过程中蒸发量按比例高于给水量，所以贮水箱水位逐渐降低，严格监视溢流阀状态，控制好中间点温度。

(11) 机组转干态后，检查贮水箱水位降至 0mm，检查贮水箱溢流阀关闭，开启省煤器出口至贮水箱排水管道暖管电动门，开启贮水箱至二级减温水喷水门。

(12) 当给煤量超过 30%BMCR 时，通过调节风量控制回路调节风煤比。

(13) 将磨煤机主控投自动。

(14) 投运第二台汽动给水泵，注意在并泵过程中间必须严格控制好锅炉给水流量和过热器出口温度，防止机组相关保护动作。

(15) 四段抽汽压力达 0.5MPa 以上时，将小机汽源由辅汽切至本机四段抽汽供。

(16) 负荷升到 50%BMCR 以上时，暖投第三台磨煤机。

(17) 第三台磨煤机投运前，检查所有水冷壁、过热器、再热器的壁温以确保其不超温。

(18) 关闭贮水箱到启动疏水扩容器溢流阀后电动隔离门。

**4. 50%BMCR 升负荷至 75%BMCR 操作**

(1) 确认锅炉燃烬风调节挡板控制投自动。

(2) 当机组负荷达到 50%BMCR 时保持负荷，确认主、再热蒸汽减温水控制在自动状态且汽温调节正常。

(3) 当机组负荷高于 60%BMCR，且燃烧稳定后，投入锅炉本体吹灰系统，对锅炉进行全面吹灰。

(4) 四抽压力不小于 0.7MPa 时，将辅汽供汽切至四抽，逐渐开启四抽供汽电动门，关闭冷再至辅汽联箱供汽电动门，解除冷再至辅汽联箱供汽调门自动。注意切换中辅汽联箱压力、温度稳定，管道无振动。

(5) 机组继续升负荷，主、再热蒸汽温度逐渐升到额定值。

(6) 负荷变化期间，监视主汽压力控制、主汽温度、汽水分离器入口过热度、水冷壁出口温度控制回路。

(7) 按程序启动第四台磨煤机。

**5. 75%BMCR 升负荷至 100%BMCR 操作**

(1) 锅炉进入这个负荷区域前应该满足下列条件：①汽动给水泵全部投运；②四台磨煤机已投运；③所有水冷壁、过热器、再热器的壁温正常且不超温。

（2）在机组负荷达到80%BMCR后，根据需要可做机组真空严密性试验。

（3）当机组负荷升至90%BMCR时，确认汽轮机前压力达24.2MPa，对机组汽水系统做全面检查。

（4）当负荷达到100%BMCR时，全面检查、调整机组各系统，使机组处于正常运行状态。

（5）停止空预器连续吹灰。

（6）检查锅炉受热面金属温度不超温，偏差在允许范围内。

（7）大修后对锅炉本体和管道膨胀指示进行一次记录。

（8）按调度要求设定机组负荷，投入"AGC"方式运行。

（9）对系统和设备进行全面检查。

## 4.10.5 湿态向干态转换过程要求

锅炉在升负荷至25%~30%BMCR左右时，锅炉由湿态转为干态运行，在转换过程中注意以下操作：

（1）锅炉汽水分离器湿态转干态时间为机组负荷在25%~30%BMCR（负荷90~105MW）左右，汽水分离器出口温度达到对应压力下的饱和温度（或已经有过热度）时应考虑进行湿态转干态运行。

（2）锅炉汽水分离器湿态转干态过程中，给水流量为25%~30%BMCR（一般为27%BMCR，主给水流量过小，水冷壁的冷却和水动力稳定性得不到保证，水冷壁超温。给水流量过大，减缓启动速度，蒸发量相对减小，主、再热汽温不好控制），维持主给水流量控制350t/h左右，保持水冷壁内的最小流量，避免水冷壁金属管壁超温。

（3）湿态转干态过程中，操作幅度要平缓，不要造成锅炉主、再热汽温、汽压大幅度变化，随着压力的升高，主给水流量会随之减小，应及时加大主给水流量，保证省煤器入口给水流量稳定，保证湿态转干态过程一次性通过，不能时而湿态，时而干态，反复转换，会影响机组的安全。

（4）湿态转干态过程中，维持主汽压力平稳，控制在9~10MPa（根据启动曲线要求30%BMCR负荷时汽压为9MPa），杜绝压力大幅度波动（汽压高于14MPa以上，贮水箱溢流调节门自动跳闸后投不上，汽压高于15MPa以上，贮水箱溢流调节门自动闭锁无法调整，可能会造成贮水箱和汽水分离器满水）。

（5）湿态转干态时，加负荷至90MW以上，主给水流量控制350t/h左右，逐步手动增加总煤量（不要增加得太猛，不利于主、再热温度控制和贮水箱水位控制），增加炉膛热负荷，当汽水分离器出口温度已经有过热度、贮水箱水位呈现下降趋势或不再上升、主给水流量基本上等于蒸汽流量，此时适当增加总煤量（一般转换过程多加5~10t煤），快速由湿态转为干态运行，防止锅炉转换成干态后又返回湿态，转入纯直流运行，根据煤水比进行调节。

（6）转入干态后，根据负荷情况配合增加给水量和总煤量（一般为10MW负荷对应30t水和5t煤左右，煤水比控制在0.2左右），初期控制过热度在10~15℃，随着负荷的增加逐渐提高过热度（正常运行时保持20~25℃）。

## 4.10.6 升负荷过程注意事项

（1）机组升负荷达到20%BMCR时，需要把电动给水泵切换成汽动给水泵，到50%

BMCR 需要启动第二台汽动给水泵，切泵和并泵的过程注意事项如下：

① 缓慢提高汽泵转速。

② 当出口压力与给水母管压力接近时，打开汽泵出口阀。

③ 逐步加大汽泵转速、降低电泵出口调阀开度，保证并泵前后给水流量稳定。

④ 调整汽动给水泵转速出力期间应及时调整最小流量阀开度以保证给水泵流量不小于规定最小流量值。

（2）初负荷暖机完成并检查机组运行正常后即可升负荷。升负荷过程应重点监控汽轮机的胀差、各金属部件的温差、轴向位移、振动等参数。随着负荷上升，机组的主蒸汽压力也应随之上升。机组不仅要保持负荷达到设定值，还要保持主蒸汽压力达到设定值。这个阶段应逐步增加燃料量，增加主蒸汽压力以提高负荷。

（3）升负荷过程中应根据汽轮机金属温度、各部件温差、胀差的变化和升负荷率的要求，控制升温、升压速率，一般控制主蒸汽升压速度为 0.2~0.3MPa/min，主蒸汽升温速度为 1~2℃/min。

（4）升负荷的前提是不断逐渐增加锅炉的燃料量和风量，加强燃烧。燃料量及风量的增加以升压、升温的速率为依据，维持锅炉稳定燃烧为前提，一般应先加风量，再加燃料，维持氧量在规定值运行。根据燃烧调整的要求，在满足启磨的条件后，应及时调整一次风量和投入磨煤机运行，并调整给煤量。磨煤机投入的原则是先投下层，从下到上依次投入。

（5）在升负荷过程要加强对过热度的监控，维持除氧器、凝汽器、加热器水位的正常，并注意对润滑油温、发电机密封油压、机组真空、发电机无功、轴封压力等主要参数的监视和调整。

### 操作卡

（1）汽轮机冲转前锅炉升温升压操作步骤及要求见附录1.37。

（2）锅炉升温升压机组冲转至并网操作步骤及要求见附录1.38。

### 操作视频

（1）汽轮机冲转前锅炉升温升压操作见视频1.37。

（2）锅炉升温升压机组冲转至并网操作见视频1.38。

## 4.11 温（热）态启动

视频1.37 汽轮机冲转前锅炉升温升压操作

视频1.38 锅炉升温升压机组冲转至并网操作

### 教学目标

**1. 知识目标**

（1）掌握温（热）态启动和冷态启动的区别。

（2）掌握温（热）态启动的要求。

**2. 能力目标**

（1）能够理解温（热）态启动的操作要求。
（2）能够在锅炉机组仿真系统进行温（热）态启动操作。

**3. 素质目标**

（1）培养学生严谨细致的工作作风。
（2）通过温（热）态启动操作的学习，培养学生分析与解决问题的能力。
（3）通过学生自主完成学习任务，培养其独立思考的习惯。

## 任务描述

分析温（热）态启动和冷态启动的区别，理解温（热）态启动的操作要求，熟悉温（热）态启动操作卡内容，结合冷态启动过程，学生能够在锅炉机组仿真系统进行温态和热态启动的操作。

## 相关知识

温（热）态启动过程中由于启动前设备的状态（温度和压力）和冷态启动不同，故在启动过程中对升温、升压的速度等要求也是不同的，所以在机组启动之前，必须首先确定设备所处的状态，再按照相应的启动要求进行操作，以保证启动过程的安全。

### 4.11.1 温（热）态启动和冷态启动的区别

锅炉温（热）态和冷态启动的要求基本相同。但对汽轮机而言，热态的汽缸如按冷态启动的参数进行冲转，则汽缸不是被加热而是被冷却了。为避免这种现象的发生，汽轮机在不同热态下所要求的冲转参数不同。因而温（热）态启动的关键是控制主蒸汽、再热蒸汽温度与汽轮机高、中压内缸金属温度相匹配。

机组在温（热）态启动时，应增强锅炉燃烧，使汽轮机冲转蒸汽参数符合机组温（热）态启动时汽轮机冲转的要求，机组并网后，即可增加负荷而不需要暖机。此时，锅炉的燃烧强度应能使机组负荷被及时带到与汽轮机缸体温度相配的水平上，使温（热）态启动中的机组不至于因燃烧的原因造成在冲转、并网、低负荷等工况下运行时间的拖延。

### 4.11.2 温（热）态启动要求

（1）机组热态启动时部分辅助系统在运行状态，机组启动前要全面检查系统运行正常。
（2）机组热态启动时给水系统清洗，锅炉冷态清洗可不进行，但在系统运行后任何情况下都要进行水质监督，发现水质不正常要采取措施进行处理，锅炉的热态清洗要正常进行。
（3）当热态清洗完成后，应调节高、低压旁路系统以使蒸汽温度满足汽机冲转条件。在高、低压旁路系统投入使用时，过热蒸汽经过汽机旁路减压和减温后排入排汽装置。

(4) 如锅炉停止期间没有放水，锅炉上水时不需要开启汽水分离器前的排空门。

(5) 锅炉上水时要根据水冷壁和汽水分离器内介质温度和金属温度控制上水流量，上水流量控制不超过 120t/h，当汽水分离器前受热面金属温度和水温降温速度不高于 2℃/min 时，水冷壁范围内受热面金属温度偏差不超过 50℃ 时，可适当加快上水速度。

(6) 凝结器建立真空后将高低旁开启，将主蒸汽系统压力降低到 8MPa 以下。

(7) 汽轮机的冲转参数规定：主蒸汽温度高于调节级金属温度 50℃，再热蒸汽温度高于进汽区金属温度 20℃，蒸汽过热度大于 56℃。主蒸汽压力由高旁自动控制，主蒸汽压力 8.92MPa。

(8) 蒸汽温度、蒸汽压力、机组负荷启动控制参数按照机组温（热）态启动曲线进行。

### 4.11.3 温态启动操作

(1) 按冷态启动点火前准备进行温态启动点火前准备操作。

(2) 检查锅炉上水完毕，贮水箱水位调节正常，给水流量大于 300t/h。

(3) 启动两台空气预热器。

(4) 启动烟风系统，调整炉膛负压为 −50~−100Pa，总风量调整为 35%BMCR，炉膛负压自动和总风自动投入。

(5) 炉膛吹扫结束检查 MFT 复置。

(6) 投入烟温探针运行。

(7) 锅炉点火升压、热态清洗参照冷态启动。

(8) 维持燃烧稳定，汽轮机冲转，发电机并网。

(9) 发电机并网自动带 20MW 负荷。按机组温态启动曲线进行主、再热蒸汽温度升温。

(10) 并网后及时退出烟温探针运行。

(11) 机组负荷控制方式为功率控制方式，目标负荷设置为 120MW，负荷升速率 4.2MW/min。

① 检查高旁逐渐关小至关闭，保持主汽压力为 8.92MPa。

② 贮水箱水位降至 2.85m，检查贮水箱至启动疏水扩容器溢流阀关闭，投入贮水箱排水暖管阀。

③ 锅炉转直流运行后，调整给水量控制中间点温度，根据煤水比控制燃料量。

④ 在机组负荷 90MW 左右时，并入第一台汽泵，降低电泵出力至电泵再循环门全开，空载运行。

(12) 以 1.2t/min 的速度增加给煤量，机组升负荷至 175MW。

① 根据升负荷要求启动制粉系统。

② 调整制粉系统出力一致，投入磨煤机给煤自动，通过设定给煤机煤量的自动增加来增加负荷。

③ 140MW 后，并入第二台汽动给水泵运行。

④ 在燃料主控以 1.2t/min 的速度增加燃料量，将机组负荷升高到 175MW。

⑤ 机组负荷达到 175MW，根据机组温态启动压力曲线改变主汽压力定值，维持汽机调门开度在 90% 左右。

⑥ 投入锅炉主控自动，机组负荷控制投入协调。

⑦ 锅炉负荷大于 175MW 时，根据燃烧情况将 1 号磨煤机切至"正常运行模式"，退出等离子装置运行。

（13）汽机进行辅助蒸汽系统切换，空预器连续蒸汽吹灰停止，炉膛和受热面蒸汽吹灰系统开始暖管投入，空预器蒸汽吹灰转正式汽源。

（14）将机组负荷设定为调度要求值，负荷变化率 5MW/min。

（15）按调度要求设定机组负荷，投入"AGC"方式运行。

（16）对系统进行全面检查。

## 4.11.4　热态启动操作要求

锅炉主汽压力大于 7~9MPa、汽机调节级金属温度为 280~415℃ 的启动过程称为热态启动。

（1）机组热态启动冲转参数规定：主、再热蒸汽参数应符合与缸温的匹配要求，主蒸汽温度至少高于调节级金属温度 50℃ 以上，再热蒸汽温度高于进汽区金属温度 20℃，蒸汽过热度大于 56℃。

（2）在冲转及升负荷过程中，主蒸汽、再热蒸汽参数应根据汽机要求缓慢平稳增长，汽温汽压不要大幅下降，防止汽机转子和汽缸冷却。

（3）机组热态启动前系统检查、辅机启动的操作步骤同温态启动，其他操作、规定如在热态启动无特殊说明按温态启动要求执行、操作。

（4）锅炉上水根据水冷壁和汽水分离器内介质温度和金属温度控制上水流量，上水流量控制在 120~150t/h，当汽水分离器前受热面金属温度和水温降温速度不高于 2℃/min，水冷壁范围内受热面金属温度偏差不超过 50℃ 可适当加快上水速度，但不得高于 200t/h，上水期间冷却速度过快或金属温度偏差超限要降低上水速度。

（5）蒸汽温度、蒸汽压力、机组负荷启动控制参数按机组热态启动曲线进行。

（6）建立点火条件后尽快点火，防止锅炉冷却。

## 4.11.5　温（热）态启动过程中的注意事项

（1）点火前，各项准备工作完成后，应及时启动引风机和送风机，并尽快进行炉膛吹扫，尽量减少由于引风机和送风机启动后对炉膛的冷却（因为炉膛的冷却会造成不必要的热量损失）。

（2）冲转时，主、再热蒸汽参数应符合与缸温的匹配要求，蒸汽温度至少高于高压内缸调节级处上壁温 50~100℃，且保证蒸汽过热度在 50℃ 以上。

（3）冲转及升负荷过程中应注意加强机、炉间的协调及机、炉参数的匹配。

（4）热态启动时，汽机冲转前应启动制粉系统，并尽快升温升压，在冲转和带负荷过程中，控制主、再热汽温与汽机高、中压缸金属温度的匹配。机组并网后，应根据汽机热应力的大小来控制汽温，并尽快升负荷。

（5）给水泵并泵过程中，应注意煤水比的变化。

（6）根据汽温情况，需要及时投入过热器一、二级减温水和再热器减温水。

（7）如锅炉停止期间没有放水，锅炉上水时不需开启汽水分离器前的排空门。

（8）机组温态启动时给水系统清洗，锅炉冷态清洗可不进行，但在系统运行后任何情况下都要进行水质监督，发现水质不正常要采取措施进行处理。锅炉的热态清洗要正常进行。

（9）锅炉上水时要根据水冷壁和汽水分离器内介质温度和金属温度控制上水流量和上水温度，当汽水分离器前受热面金属温度和水温降温速度不高于2℃/min，水冷壁范围内受热面金属温度偏差不超过50℃，可适当加快上水速度。

（10）蒸汽温度、蒸汽压力、机组负荷启动控制按照温（热）态启动曲线进行。

（11）机组冲转前应注意充分疏水，冲转后，主、再热汽温应稳定。

（12）全面检查机组各参数正常，运行良好，各部位无漏汽、漏水现象；各系统及辅助系统运行正常。

## 思考题

（1）机组滑参数启动的特点。
（2）直流锅炉冷态启动流程。
（3）机组启动方式。
（4）锅炉启动前需要完成哪些试验？
（5）辅机的试运转需要满足哪些要求？
（6）锅炉辅机设备系统有哪些？
（7）锅炉冷态启动时上水的方式有哪些？
（8）锅炉上水时的注意事项。
（9）锅炉冷态清洗的流程及注意事项。
（10）锅炉点火前炉膛吹扫需要满足哪些条件？
（11）如何调节锅炉总风量、炉膛负压和炉膛氧量？
（12）锅炉热态清洗的注意事项。
（13）升压率和升温率控制指标是什么？
（14）如何保证升压率和升温率？
（15）机组升负荷过程中主要的操作有哪些？
（16）什么是热态启动？
（17）机组热态启动与冷态启动的主要区别有哪些？

# 项目 5 锅炉运行调节

## 项目描述

锅炉在运行过程中，随着汽轮机的负荷变化或者内部工况的改变造成锅炉运行参数的变化。掌握锅炉运行变化规律，根据设备的特性，按照要求进行锅炉运行调节，确保锅炉安全、经济运行。操作过程配有操作卡和操作视频，学生通过学习，具备在锅炉机组仿真系统上操作锅炉运行调节的能力。

## 5.1 锅炉运行监测与调节

### 教学目标

**1. 知识目标**

（1）掌握锅炉运行调节的任务。
（2）掌握锅炉运行调节的操作要求。

**2. 能力目标**

（1）能够理解锅炉 MFT 限额的意义。
（2）能够理解锅炉运行参数限额的意义。

**3. 素质目标**

（1）培养学生认真和严谨细致的工作态度。
（2）通过锅炉运行与调节的学习，培养学生独立思考能力及动手操作的良好的职业习惯。
（3）通过引导学生解决运行参数中出现的问题，培养学生分析与解决问题的能力。

### 任务描述

掌握锅炉运行调节的操作要求，理解锅炉运行调节的任务。分析锅炉设定运行参数限额以及 MFT 动作保护值。熟悉锅炉仿真系统界面及参数显示，培养学生锅炉运行操作的能力。

## 相关知识

锅炉的运行参数主要有蒸发量（负荷）、蒸汽参数（过热蒸汽压力、过热蒸汽和再热蒸汽温度）、燃料量、送风量和炉膛负压等。受到机组设备、负荷需求影响，锅炉运行中的各参数是动态的，需要根据实际情况适当调节参数，保证机组安全、经济运行。

### 5.1.1 锅炉运行调节的任务

为确保锅炉运行的安全性、经济性，需要监测运行锅炉设备状态及参数、调节运行过程。锅炉调节的主要任务是：

(1) 保证蒸汽品质，保持正常的过热蒸汽压力和蒸汽温度。
(2) 保证蒸汽产量（蒸发量），满足外界负荷的需要。
(3) 及时调节锅炉工况，尽可能维持各运行参数在最佳工况下运行，减少各种热损失。保持最佳送、引风量，维持经济燃烧和适当的炉膛压力，使锅炉燃烧效率最高。
(4) 消除各种异常、故障和隐形事故，保持锅炉的安全运行。
(5) 减少厂用电消耗。
(6) 减少污染物的生成。

为了完成上述任务，运行人员必须充分了解各种因素对锅炉运行的影响，掌握锅炉运行变化规律，根据设备的特性及各项安全、经济指标，严格按照运行规程进行监测和调节。

### 5.1.2 运行监测和调节的操作要求

(1) 按照机组正常运行控制参数规定范围进行锅炉运行工况监测和调节，使主要参数符合规定。必须保证各参数在允许的范围内变动。

(2) 按照汽轮机负荷及时调节锅炉负荷，在调节负荷时应保持良好的燃烧工况；保持汽压、汽温及锅炉煤水比正常，维持机组运行工况正常。

(3) 机组运行中要充分利用和发挥自动控制系统的作用，确保设备运行工况的稳定和运行参数的调节质量：

① 在控制系统自动运行时，运行人员要加强画面参数的巡视和运行参数的分析。
② 只有在自动控制系统或测量元件发生故障、机组发生异常使设备的参数超出自动系统的调节范围、设备非正常方式运行超出自动控制系统设计能力才需要解除自动，进行手动调节。
③ 发现自动控制系统不能正常运行，要立即将故障的自动系统切换成手动调节，确保运行参数正常。
④ 发现自动控制系统故障后要立即联系热控人员进行处理。

(4) 机组运行期间，工作人员要密切注意画面上参数的变化，发现参数偏离正常要及时进行调节，不得使参数超出正常运行调节范围。在参数不严重偏离正常值的情况下尽量保持参数平稳变化,防止大幅度调节造成参数振荡。

(5) 当出现参数报警要认真进行检查、核实、分析并积极进行调节,必要时要联系巡检人员到就地进行核实、检查,禁止不加分析盲目复置报警。

(6) 在机组出现较多参数异常和报警时,在调节过程中要注意抓住主要矛盾和重要参数进行调节,待主要参数基本调节正常后再逐一进行其他参数调节。

(7) 按照规定进行设备的定期检查及维护。

(8) 按照规定记录有关运行参数,并进行分析,使机组处于安全、稳定、经济运行。

(9) 定期进行有关设备的切换及试验。

## 5.1.3 锅炉运行参数限额

锅炉运行的监测与调节要确保各参数在允许范围内变化。

在锅炉工况变动之初就对锅炉进行及时适当的调节,运行参数就不会有大的变动,锅炉自动调节设备就是根据锅炉运行参数和负荷的变动对锅炉进行自动调节的。

**1. 锅炉运行中的参数控制**

锅炉运行中,为了向汽轮机提供品质合格的蒸汽,需要监测主、再热蒸汽的参数运行情况和炉膛燃烧情况,锅炉主要运行参数正常值和报警值见表5-1。

表 5-1　锅炉主要运行参数正常值和报警值

| 名称 | 单位 | 正常值 | 报警值 |
| --- | --- | --- | --- |
| 主蒸汽压力 | MPa | 25.4 | 26.7 |
| 主蒸汽温度 | ℃ | 571 | >576 或 <566 |
| 冷再热蒸汽压力 | MPa | 5.121 | |
| 热再热蒸汽压力 | MPa | 3.931 | 4.3 |
| 再热蒸汽温度 | ℃ | 569 | >574 或 <564 |
| 主、再热蒸汽温度差 | ℃ | <±28 | ±42 |
| 蒸汽与金属温差 | ℃ | +19~-56 | +140~-83 |
| 炉膛负压 | Pa | -100~+50 | -500/+500 |
| 空预器入口氧量 | % | 3.5~4.5 | 无 |

**2. 锅炉 MFT 动作保护限值**

当锅炉参数和设备状况发生大的变化,会影响锅炉的安全性。因此锅炉的参数应当在一定安全范围内发生变化。当参数变化超出 MFT 动作保护限值,锅炉 MFT(main fuel trip)即锅炉主燃料跳闸动作,避免出现事故,影响锅炉安全。

锅炉 MFT(main fuel trip)即锅炉主燃料跳闸,是锅炉安全保护的核心内容。是 FSSS 系统中最重要的安全功能。它的作用是连续监测预先确定的各种安全运行条件是否满足,在出现任何危及锅炉安全运行的危险工况时,锅炉 MFT 动作,将快速切断所有进入炉膛的燃料,以保证锅炉安全。MFT 动作保护条件中运行参数限值见表 5-2。

表 5-2　MFT 动作保护条件中运行参数限值

| 项目 | 动作 | 标准设定值 | 备注 |
| --- | --- | --- | --- |
| 主给水流量低 | MFT 低 | ≤260t/h | 延时 30s，三取二 MFT 动作 |
| 主给水流量低 | MFT 低 | ≤220t/h | 延时 15s，三取二 MFT 动作 |
| 锅炉风量低 | MFT 低 | ≤20%（280t/h） | 三取二 MFT 动作 |
| 火检冷却风压力低 | MFT 低 | 3.0kPa | 三取二延时 15sMFT 动作 |
| 炉膛压力高 | MFT 高 | +2.5kPa | 三取二 MFT 动作 |
| 炉膛压力低 | MFT 低 | −2.5kPa | 三取二 MFT 动作 |
| 折焰角入口蒸汽温度高 | MFT 高 | >470℃ | 无延时 MFT 动作 |

### 3. 锅炉运行中的报警参数

锅炉运行参数变化或设备运行状态超出安全范围，锅炉出现故障和事故的风险增大，锅炉监控系统会发出报警信号，提醒运行人员快速查明原因并及时处理，避免运行情况恶化。因此锅炉运行过程中对需要锅炉参数进行监控，超出范围，监控系统发出报警信号。锅炉运行监测内容如下：

（1）监测锅炉主、再热汽温度、压力正常与机组负荷匹配。

（2）监测锅炉给水、减温水流量、温度、压力与机组负荷相匹配，参数稳定。

（3）监测炉膛负压、烟气含氧量在正常范围内，引风机入口动叶开度、送风机动叶开度指示正确，引、送风机电流与风量匹配。

（4）监测锅炉各受热面金属温度在正常范围内，不超温。

（5）监测制粉系统出力正常，与机组出力相匹配，磨煤机分离器出口温度、压力在正常范围内，锅炉汽水分离器出口温度正常稳定，煤水比合适。

（6）监测一次风机运行正常，一次风压在正常范围内、密封风与一次风压差正常。

（7）通过火焰电视监视锅炉燃烧状况良好。

（8）监测空预器入、出口一、二次风温及烟温正常，空预器压差在正常范围内，锅炉排烟温度在正常范围内。

（9）锅炉本体及辅机报警设置见表 5-3 至表 5-13。

表 5-3　锅炉本体参数报警值

| 序号 | 项目 | 动作 | 标准设定值 |
| --- | --- | --- | --- |
| 1 | 主给水流量 | 低报警 | 260t/h（延时 30s）、220t/h（延时 15s） |
| 2 | 锅炉出口主蒸汽压力 | 高报警 | 26.7MPa |
| 3 | 贮水箱水位 | 低报警/高报警 | 2300mm/7350mm |
| 4 | 螺旋水冷壁出口壁温 | 高报警 | 415℃ |
| 5 | 垂直水冷壁出口壁温 | 高报警 | 435℃ |
| 6 | 折焰角入口蒸汽温度 | 高报警/跳闸值（MFT 动作） | 450℃/470℃ |
| 7 | 分离器出口温度 | 高报警/高高报警 | 435℃/475℃ |
| 8 | 贮水箱压力 | 闭锁溢流阀 | 16MPa |

续表

| 序号 | 项目 | 动作 | 标准设定值 |
|---|---|---|---|
| 9 | 贮水箱金属内壁温度变化 | 高报警 | >5℃/min |
| 10 | 贮水箱内外壁温差变化率大于 | 高报警 | >25℃/min |
| 11 | 屏过出口汽温 | 高报警 | 549℃ |
| 12 | 屏过出口集箱内壁壁温 | 高报警 | 580℃ |
| 13 | 屏过出口连接管壁温 | 高报警 | 585℃ |
| 14 | 高过出口集箱内壁壁温 | 高报警 | 600℃ |
| 15 | 高过出口管接头壁温 | 高报警 | 600℃ |
| 16 | 主蒸汽温度 | 低报警/高报警 | 566℃/576℃ |
| 17 | 主蒸汽压力 | 高报警/高高报警 | 25.0/26.7MPa |
| 18 | A侧PCV阀 | 自动开启（自动回位） | 27.5MPa（26.4MPa） |
| 19 | B侧PCV阀 | 自动开启（自动回位） | 27MPa（26.0MPa） |
| 20 | 再热器出口蒸汽压力 | 高报警 | 4.3MPa |
| 21 | 高再出口集箱内壁壁温 | 高报警 | 620℃ |
| 22 | 高再出口连接管壁温 | 高报警 | 620℃ |
| 23 | 再热蒸汽温度 | 低报警/高报警 | 564℃/574℃ |

表5-4 烟风系统参数报警值

| 序号 | 项目 | 动作 | 标准设定值 |
|---|---|---|---|
| 1 | 炉膛压力 | 低报警/高报警 | -500/+500 |
| 2 | 预置MFT炉膛压力 | 低报警/高报警 | -800/+600 |
| 3 | 炉膛压力高 | 三取二高报警MFT动作 | +2.5kPa |
| 4 | 炉膛压力低 | 三取二低报警MFT动作 | -2.5kPa |
| 5 | 炉膛压力高 | 联跳送风机 | +4.0kPa |
| 6 | 炉膛压力低 | 联跳引风机 | -4.0kPa |
| 7 | 炉膛压力与二次风压差 | 报警 | <7kPa |
| 8 | 炉膛压力与一次风压差 | 报警 | <7kPa |
| 9 | 炉膛烟温 | 高报警/烟温探针退出 | 510℃/540℃ |
| 10 | 排烟温度 | 高报警 | 150℃ |

表5-5 引风机参数报警值

| 序号 | 项目 | 动作 | 标准设定值 |
|---|---|---|---|
| 1 | 引风机喘振 | 报警 | 2.5kPa |
| 2 | 引风机失速报警（差压开关） | 报警 | 5kPa |
| 3 | 引风机本体轴承温度 | 高报警/跳风机 | 90℃/100℃ |
| 4 | 引风机电动机轴承温度 | 高报警/跳风机 | 70℃/80℃ |
| 5 | 引风机电动机绕组温度 | 高报警/跳风机 | 120℃/130℃ |
| 6 | 引风机本体轴承温度 | 允许停冷却风机 | <70℃ |

续表

| 序号 | 项目 | 动作 | 标准设定值 |
|---|---|---|---|
| 7 | 引风机本体振动 | 高报警/跳风机 | 4.6（mm/s）/7.1（mm/s） |
| 8 | 引风机油站油温 | 加热器通/正常/加热器断 | 30℃/35℃/45℃ |
| 9 | 引风机油站油箱液位 | 允许启泵/允许启加热器 | >168mm/210mm |
| 10 | 引风机油站润滑油压力 | 跳风机/低报警备用泵自启/正常 | 0.05MPa/<0.15MPa/0.18MPa |
| 11 | 引风机控制油压力 | 低报警备用泵自启/正常/高报警 | 3.5MPa/4.2MPa/>4.3MPa |
| 12 | 引风机油站滤网压差 | 高报警 | >180kPa |

表5-6 送风机参数报警值

| 序号 | 项目 | 动作 | 标准设定值 |
|---|---|---|---|
| 1 | 送风机喘振 | 报警 | 2.5kPa |
| 2 | 送风机失速报警（差压开关） | 报警 | 5kPa |
| 3 | 送风机本体轴承温度 | 高报警/跳风机 | 90℃/110℃ |
| 4 | 送风机电动机轴承温度 | 高报警/跳风机 | 90℃/100℃ |
| 5 | 送风机电动机绕组温度 | 高报警/跳风机 | 120℃/130℃ |
| 6 | 送风机本体振动 | 高报警/跳风机 | 4.6（mm/s）/7.1（mm/s） |
| 7 | 送风机油站油箱油温 | 低报警加热器通/正常/加热器断 | 25℃/30℃/35℃ |
| 8 | 送风机控制油压力 | 备用泵自启 | <1.0MPa |
| 9 | 送风机润滑油压力 | 跳风机/备用泵启/高报警 | 0.05MPa/0.08MPa/0.11MPa |
| 10 | 送风机油站油箱液位 | 允许启泵/允许启加热器、启送风机 | >180mm/210mm |
| 11 | 送风机油站滤网压差 | 高报警 | >100kPa |

表5-7 一次风机参数报警值

| 序号 | 项目 | 动作 | 标准设定值 |
|---|---|---|---|
| 1 | 一次风机本体轴承温度 | 高报警/跳风机 | 90℃/100℃ |
| 2 | 一次风机电动机轴承温度 | 高报警/跳风机 | 70℃/80℃ |
| 3 | 一次风机电动机绕组温度 | 高报警/跳风机 | 120℃/130℃ |
| 4 | 一次风机本体振动 | 高报警/跳风机 | 4.6（mm/s）/7.1（mm/s） |

表5-8 空预器参数报警值

| 序号 | 项目 | 动作 | 标准设定值 |
|---|---|---|---|
| 1 | 空预器超温报警 | 报警 | 443℃或温度上升速率≥35℃/秒 |
| 2 | 空预器着火报警 | 报警 | 443℃或温度上升速率≥35℃/秒 |
| 3 | 空预器导向轴承温度 | 高报警 | 70℃/80℃ |
| 4 | 空预器支撑轴承温度 | 高报警 | 70℃/80℃ |

表 5-9 密封风机参数报警值

| 序号 | 项目 | 动作 | 标准设定值 |
|---|---|---|---|
| 1 | 密封风机出口风压 | 高报警 | 12kPa |
| 2 | 密封风和一次风母管压差 | 低报警联启备用风机/低报警 | <2.0kPa/<1kPa |
| 3 | 密封风机过滤器压差 | 高报警 | >100Pa |
| 4 | 密封风机轴承温度 | 高报警/跳风机 | 85℃/100℃ |
| 5 | 密封风机电动机轴承温度 | 高报警/跳风机 | 70℃/80℃ |
| 6 | 密封风机电动机绕组线圈温度 | 高报警/跳风机 | 120℃/130℃ |

表 5-10 制粉系统参数报警值

| 序号 | 项目 | 动作 | 标准设定值 |
|---|---|---|---|
| 1 | 磨煤机进口一次混合风量 | 低报警 | 18.4kg/s（20t/h） |
| 2 | 磨煤机进出口一次风压差 | 高报警 | 5.0kPa |
| 3 | 磨煤机密封风差压 | 低报警 | 1.25kPa |
| 4 | 磨煤机密封风与一次风压差 | 跳磨（开关量3取2，与模拟量） | <1.0kPa |
| 5 | 磨煤机润滑油过滤器压差 | 高报警 | 0.15MPa |
| 6 | 磨煤机液压油泵过滤器压差 | 高报警 | 0.35MPa |
| 7 | 磨煤机磨碗上下压差 | 高报警 | 3.25kPa |
| 8 | 磨煤机润滑油流量 | 低报警 | 140L/min |
| 9 | 磨煤机润滑油站推力瓦温度 | 正常/高报警/跳磨 | 50℃/60℃/70℃ |
| 10 | 磨煤机齿轮箱轴承温度 | 高报警/跳磨 | 75℃/80℃ |
| 11 | 磨煤机齿轮箱输入轴承温度 | 高报警/跳磨 | 85℃/90℃ |
| 12 | 磨煤机电动机轴承温度 | 高报警/跳磨 | 70℃/80℃ |
| 13 | 磨煤机电动机线圈温度 | 高报警/跳磨 | 120℃/130℃ |
| 14 | 磨煤机分离器出口风粉温度 | 低报警/高报警/跳磨 | 60℃/90℃/120℃ |
| 15 | 磨煤机出口一次风粉压力 | 低报警 | 3.5kPa |
| 16 | 磨煤机稀油温度 | 不允许启磨/高报警/跳磨 | 30℃/60℃/65℃ |
| 17 | 磨煤机稀油站油温 | 允许启低速且低速切高速/加热器断 | 28℃/35℃ |
| 18 | 磨煤机润滑油箱液位 | 低报警（不允许启磨） | 200mm |
| 19 | 磨煤机液压站油箱油温 | 允许启油泵/停加热器/关冷却水/开冷却水 | 25℃/35℃/40℃/45℃ |
| 20 | 磨煤机液压油泵过滤器差压高 | 高报警 | >0.35MPa |
| 21 | 磨煤机液压站加载压力 | 低跳磨 | <2.5MPa |
| 22 | 磨煤机稀油站推力瓦温度 | 不允许启磨/跳磨 | 60℃/70℃ |
| 23 | 磨油站双室过滤器前后压差 | 高报警 | 0.12MPa |
| 24 | 磨煤机油分配器入口压力 | 低与开关量3取2跳磨/高报警 | 0.08MPa/0.13MPa |
| 25 | 磨煤机油分配器入口压力 | 开关量3取2跳磨与上模拟量判断 | 0.1MPa |
| 26 | 磨煤机一次风流量低 | 允许启磨/跳磨 | >45t/h/<45t/h |
| 27 | 给煤机温度高 | 跳给煤机 | 60℃ |

表 5-11 等离子点火系统参数报警值

| 序号 | 项目 | 动作 | 标准设定值 |
|---|---|---|---|
| 1 | 等离子点火压缩空气母管压力 | 低报警 | 0.45MPa |
| 2 | 等离子冷却风机出口母管压力 | 低报警（联启备用风机） | 5.0kPa |
| 3 | 等离子冷却水泵出口母管压力 | 低报警 | 0.65kPa |
| 4 | 火检冷却风出口母管压力 | 低报警/高报警 | 4.5kPa/8kPa |
| 5 | 火检冷却风出口母管压力 | 备用风机联启 | <4kPa |
| 6 | 火检冷却风出口母管压力 | 三取二延时15sMFT动作 | <3kPa |
| 7 | 火检冷却风机入口压差 | 高报警 | 1.0kPa |
| 8 | 火检冷却风机滤网差压 | 高报警 | 0.7kPa |

表 5-12 给水泵参数报警值

| 序号 | 项目 | 动作 | 标准设定值 |
|---|---|---|---|
| 1 | 汽泵前置泵任一轴承温度 | 高报警/跳闸 | 85℃/100℃ |
| 2 | 汽泵前置泵电动机线圈温度 | 高报警/跳闸 | 100℃/120℃ |
| 3 | 汽动给水泵前后支持轴承温度 | 高报警/跳闸 | 75℃/100℃ |
| 4 | 汽动给水泵推力轴承温度 | 高报警/跳闸 | 75℃/100℃ |
| 5 | 汽动给水泵支持轴承回油温度 | 高报警/跳闸 | 65℃/75℃ |
| 6 | 汽动给水泵推力轴承回油温度 | 高报警/跳闸 | 65℃/75℃ |
| 7 | 汽动给水泵轴振 | 高报警/跳闸 | 0.1mm/0.15mm |
| 8 | 汽动给水泵轴向位移 | 报警/跳闸 | ±0.7mm/±0.9mm |
| 9 | 小机润滑油站过滤器压差 | 高报警 | 0.35MPa |
| 10 | 小机润滑油压 | 低报警/跳闸 | 0.15MPa/0.13MPa |
| 11 | 小机润滑油站冷油器出口油温 | 高报警 | 50℃ |
| 12 | 小机润滑油箱油位 | 低报警/高报警 | -150mm/+150mm |
| 13 | 小机排汽压力 | 低报警/跳闸 | 30kPa/60kPa |
| 14 | 小机排汽温度 | 高报警/跳闸 | 120℃/150℃ |
| 15 | 汽泵入口压力 | 低报警/跳闸 | 1.0MPa/0.8MPa |
| 16 | 汽泵入口流量 | 联开再循环/跳闸 | 200t/h/150t/h |
| 17 | 电泵轴承温度 | 高报警/跳闸 | 75℃/90℃ |
| 18 | 电泵前置泵轴承温度 | 高报警/跳闸 | 75℃/90℃ |
| 19 | 电泵电动机轴承温度 | 高报警/跳闸 | 75℃/90℃ |
| 20 | 电泵电动机线圈温度 | 高报警/跳闸 | 120℃/130℃ |
| 21 | 电泵入口流量 | 开再循环/跳电泵 | 140t/h/120t/h |
| 22 | 电泵入口压力 | 低报警/跳闸 | 1.0MPa/0.8MPa |
| 23 | 电泵润滑油母管压力 | 高报警/低报警/跳闸 | 0.3MPa/0.1MPa/0.08MPa |

表 5-13 其他相关参数报警值

| 序号 | 项目 | 动作 | 标准设定值 |
|---|---|---|---|
| 1 | 压缩空气母管压力 | 低报警 | 0.6MPa |
| 2 | 蒸汽吹灰减压站后压力 | 低报警/高报警 | 1.5MPa/3.5MPa |
| 3 | 本体/空预器蒸汽吹灰疏水温度 | 低报警 | 280℃/320℃ |
| 4 | 煤仓料位低 | 低报警 | 标高 2.5m（约 130t 煤） |
| 5 | 辅汽联箱蒸汽压力 | 高报警 | 1.05MPa |
| 6 | 除氧器水位 | 高报警/低报警/跳汽（电）泵 | 2200mm/1000mm/600mm |

## 5.2 直流锅炉强制流动特性

### 教学目标

**1. 知识目标**

（1）掌握直流锅炉的蒸发受热面水动力不稳定性的原因。

（2）掌握直流锅炉蒸发受热面工作介质脉动现象。

**2. 能力目标**

（1）能够分析直流锅炉的蒸发受热面水动力不稳定性。

（2）理解提高水动力稳定性的操作运行要求。

**3. 素质目标**

（1）培养学生发现问题、分析问题、解决问题的能力。

（2）培养学生严谨、认真的学习和工作态度。

（3）培养学生爱岗敬业有担当的精神。

### 任务描述

掌握直流锅炉的蒸发受热面水动力不稳定性的原因，理解提高水动力稳定性的方法。掌握直流锅炉蒸发受热面工作介质脉动现象及减轻脉动的措施，培养学生运行操作锅炉的能力。

### 相关知识

直流锅炉的受热面是由许多根并联工作的管子组成的，各根管子之间的受热强度和流量分配不可能完全均匀，因而它们的管壁工作温度也不可能相同，只要其中有一根管子被烧坏，则整个锅炉的正常工作就不能进行。所以，必须从结构方面和运行方面充分注意消除受热不均匀性和流量分配的不均匀性。

受热不均主要是由炉内燃烧时火焰的充满程度和炉内的温度场分布决定的。由于燃烧组织不良导致的热偏差对蒸发管的安全工作危害极大，其不仅使蒸发管内的流量分配不均程度增大，而且可能使蒸发管直接产生停滞、倒流和传热恶化。

## 5.2.1 直流锅炉的水动力不稳性

受热面流量分配不均与许多因素有关，其不仅取决于受热面的结构形式和系统连接，而且取决于管内的质量流速、工作介质压力、汽水膨胀、受热面入口水的欠焓程度、管外的热流密度等因素的综合影响。

**1. 水动力特性**

强制流动蒸发受热面管屏中，一定热负荷条件下，管内工作介质流量 $G$ 与管屏进出口压差 $\Delta p$ 之间的关系，称为水动力特性。

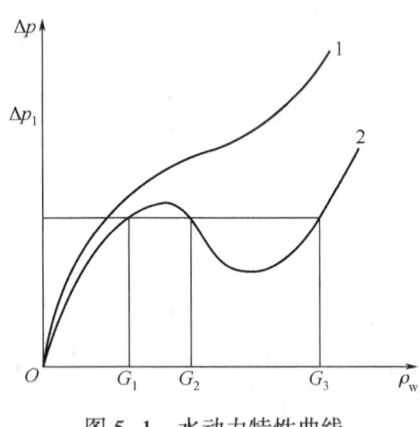

图 5-1 水动力特性曲线
1—单值性的水动力特性；
2—多值性的水动力特性

以 $G$ 为横坐标，$\Delta p$ 为纵坐标，绘制水动力特性的函数关系式 $\Delta p = f(G)$ 的曲线，称为水动力特性曲线，如图 5-1 所示。如果一个压差只对应一个流量，这样的水动力特性是稳定的，或者称水动力特性是单值性的，如图 5-1 中曲线 1 所示。如果一个压差对应两个甚至多个流量，则水动力特性是不稳定的，或称为多值性的，如图 5-1 中曲线 2 所示。

水动力多值性的具体表现是：对于一根管子，流量有时大、有时小；对于并联工作的一组管子，有的管中流量大，有的管中流量小。这样就使并联工作的各管子出口的工作介质会出现比容、干度、温度等状态参数产生不均匀，有的管子出口是不饱和的水，有的是过热蒸汽，有的是汽水混合物。对一根管子来说，出口工作介质会出现有时是不饱和的水，有时是过热蒸汽，有时是汽水混合物的现象。

当出现多值性流动时，流量少的管子可能会因管壁冷却不足而导致过热。如果工作介质流量时大、时小，管子冷却情况经常变动引起的管壁温度的变动、会引起金属疲劳破坏。

**2. 蒸发管屏进、出口压降 $\Delta p$**

直流炉低负荷变压运行时，水冷壁内工作介质处于两相流动状态。随着加热，蒸汽份额增大，重位压头减小，流动阻力变化不确定。当汽相份额增大时，汽水混合物流速增大，流动阻力增大，但是汽水混合物密度减小又使得流动阻力减小，综合影响结果是使流量压差关系呈现三次方曲线的趋势，出现水动力特性不稳定。

蒸发受热面管子进、出口之间的压降由流动阻力压降、重位压头和加速压降组成，不同的受热面布置方式，这三部分压降变化对进、出口压降的影响也不相同。自然循环流动时，管路压降中重位压头为主要部分；强制流动时，管路压力降中流动阻力为主要部分。

多值性流动特性是由于工作介质的热物理特性的变动，即当流量和重位压头改变时，工作介质的比体积变化造成的。此外，工作介质的流动方式、管子系统的几何参数、压力、进口工作介质焓等对流动特性也有不同影响。发生水动力特性不稳定时，对于并联工作的管子，虽然这时管屏进、出口压差相等，管屏的总流量不变，但各管流量大小不等。各管出口工作介质状态参数不同，会造成严重的热偏差，导致管子发生损坏。

### 3. 垂直蒸发受热面中的水动力特性

垂直布置的蒸发受热面包括多次上升管屏、一次上升管屏等。由于垂直布置的管屏的高度相对较高，接近于管子长度，重位压头对水动力特性的影响很大，有时成为压降的主要部分。

在垂直一次上升管屏中，重位压头对水动力特性的影响如图 5-2 所示。管屏进出口高度是不变的，工作介质的平均比体积在热负荷一定时，总是随着流量的增大而减小，因而重位压头总是单值性地随流量一起增加。也就是说重位压头的水动力特性是单值的，因此对总的水动力特性能起稳定作用。在垂直上升管中，如重位压头对压降的影响占主导地位，则其水动力特性一般是单值的。如重位压头还不足以使水动力特性达到稳定时，则必须在管子入口处装节流圈，以保证水动力特性的稳定。

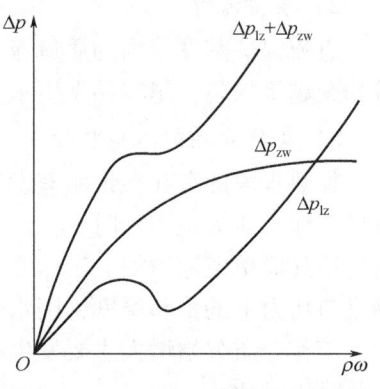

图 5-2　垂直上升管的重位压头对水动力特性的影响

### 4. 水平蒸发受热面的水动力特性

螺旋管圈型水冷壁和回带管圈型水冷壁的水平管子，其水动力特性和水平管子接近。水平管的管长远大于围绕上升高度，重位压差仅占流动阻力的 0.02%~2%，加速压降也只有总压降的 3%左右，因此，在对其进行水动力特性分析时，这两项可省略不计。则压降 $\Delta p$ 主要是流动阻力压力降 $\Delta p_{lz}$。

当受热管的热负荷与结构特性不变时，流动阻力 $\Delta p_{lz}$ 不仅与工作介质的流量有关，还与流体的比体积有关，对于蒸发管，进口是具有欠焓的热水，吸热后在出口成为具有一定含汽率的汽水混合物或过热蒸汽，热负荷一定时，随着流量增加，蒸汽量减少，汽水混合物比体积下降，因此，$\Delta p$ 随流量的变化具有不确定性。

水平蒸发受热面中的水动力特性呈多值性的主要原因：当热负荷一定时，由于蒸发管内同时存在热水段和蒸发段，水和蒸汽的差别极大，使得工作介质的平均比体积随流量的变化而急剧变化，从而产生水动力特性的多值性。

### 5. 影响水动力多值性的主要因素

直流锅炉的水动力多值性，主要是由热水段和蒸发段的共同存在且蒸发段的工作介质比体积变化引起的。而热水段是客观存在的，所以，产生水动力多值性的主要原因是汽水比体积不同，即在蒸发段发生了较大的汽水比容变化，进而导致了热水段和蒸发段的阻力比值 $\Delta p_{zf}/\Delta p_{rs}$ 发生变化。锅炉运行时，影响水动力多值性的具体因素比较复杂，主要因素有以下几个方面。

1）工作介质压力

压力对水动力多值性的影响具有多重性，即压力降低时，汽水比体积差增大，水动力多值性加剧。然而，因为此时工作介质汽化潜热也随之增大，在吸热量一定时，蒸发量减少；同时，压力降低，还会使受热面进口水欠焓相应减小，这又会减弱水动力多值性。综合影响是压力降低使汽水比容差变化得多，从而加剧了水动力多值性。压力升高，水动力特性趋向单值性。

但是，超临界压力直流锅炉也可能发生水动力多值性。这是因为超临界压力的相变区内，工作介质的比体积随温度的上升而急剧增大，与亚临界压力下水汽化成蒸汽时比体积急剧上升而密度急剧下降相似。因此，超临界压力直流锅炉的蒸发受热面也要防止发生水动力多值性。

2）质量流速

直流锅炉蒸发管内的质量流速随负荷而变。锅炉负荷越低，质量流速越小，工作介质流量分配越不均匀，越容易发生水动力多值性。

3）工作介质的入口焓值

加热水段的存在，说明蒸发管进口工作介质有欠焓。当管圈进口工作介质欠焓为零，即进口工作介质为饱和水时，在热负荷一定的情况下，蒸汽产量不随流量而变，则压降随着流量的增加而单值地增加。工作介质的欠焓越小，或管圈进口工作介质的温度越接近于对应管圈进口压力下的饱和温度，则水动力特性越趋向稳定。

工作介质欠焓增大主要发生在高加解列的场合，如果此时质量流速过小，则水动力多值性就难以避免。

在超临界压力下，由于沿管圈长度工作介质焓值变化时，工作介质的比体积也发生变化，尤其在最大比热容区的变化很大。因此，与低于临界压力时的情况一样，管圈入口工作介质的焓对水动力多值性也有影响。

4）管圈热负荷和锅炉负荷

当管圈热负荷增加时，水动力特性趋向于稳定。这是因为热负荷高时，缩短了加热区段的长度，即相当于减少了工作介质欠焓的影响，管圈中产生的蒸汽量多，阻力上升也快，水动力特性曲线上升也要陡一些，水动力特性趋向于稳定。

螺旋管圈型水冷壁在锅炉高负荷时，具有较高的水动力特性稳定性，这是因为锅炉负荷高时，压力和热负荷都相应提高，水动力特性较稳定。锅炉低负荷时，压力低、质量流速小、进口工作介质欠焓大、热负荷降低、热偏差增大，此时在多种不利因素的共同作用下，水动力不稳定性的程度必然增大。

5）重位压头

影响水平管水动力特性的因素同样影响着垂直管屏，而且受重位压头和热偏差的影响，垂直管屏不但可能出现水动力不稳定现象，还可能出现停滞和倒流问题。因此，垂直管屏水动力稳定性条件要求更高。

6）工作介质大比热特性

超临界压力锅炉的水冷壁管内工作介质虽然是单相流体，但由于工作介质的温度随吸热量增加而变化，同时比容也发生变化。当工作介质温度处于大比热区范围内，且吸热量同时增大时，比体积发生剧烈变化，引起工作介质的膨胀量急剧增大，容易产生水动力不稳定现象。

**6. 提高水动力稳定性的方法**

1）提高质量流速

现代直流锅炉为防止水动力不稳定性，选用的质量流速较高。提高质量流速，既可避免水动力多值性，又可防止停滞和倒流，因此，提高质量流速是提高水动力稳定性的最有效的方法。

2) 提高启动压力

采用变压运行的螺旋管圈水冷壁的直流锅炉，应避免低负荷时的工作压力过低。垂直管屏最好采用全压启动方式。

3) 采用节流圈

直流锅炉设计中，通常在水的加热段采用较小管径或在水冷壁入口处安装节流圈，增加热水段阻力，使水动力特性趋于稳定。加装节流圈后，管圈的总流动阻力增加，但能使水动力特性趋于稳定。节流圈孔径越小，节流圈的总阻力系数越大，水动力特性越稳定。但为了不使系统压降损失太大，在设计时应合理选取节流圈的阻力系数。

4) 减小进口工作介质欠焓

对于直流锅炉，水冷壁进口工作介质欠焓是必然存在的。但欠焓减小，有利于提高水动力的稳定性。

5) 减小受热偏差

运行实践表明，水动力不稳定性主要是由热偏差引起的。因此，减小水冷壁的受热偏差是提高水动力稳定性的重要条件。锅炉运行中，应及时吹灰，防止水冷壁结渣、积灰；防止火焰偏斜；在燃烧器区域投入再循环烟气并使燃烧器多层布置且增大喷口间距。这些措施均可以减小水冷壁管外的受热偏差。尤其要注意在低负荷运行时，热偏差增大的趋势。

6) 控制下辐射区水冷壁出口温度

下辐射区水冷壁处于热负荷最高的区域，吸热最强。为了避免工作介质的比体积剧烈变化，应使工作介质的大比热区避开热负荷较高的燃烧器区。这就要求控制下辐射区水冷壁出口工作介质的温度，使其低于临界温度以下。

## 5.2.2 强制流动工作介质脉动

**1. 脉动现象与危害**

脉动现象是指在强制流动锅炉蒸发受热面中，流量随时间发生周期性变化的现象。流量的脉动，会引起管子出口处蒸汽温度或热力状态的周期性波动，而整个管组的进水量及蒸汽量却无多大变化。流量的忽大、忽小，使加热、蒸发和过热区段的长度发生变化，受热面交界处的管壁交变地与不同状态的工作介质接触，致使该处的金属温度发生周期性的变化，导致金属的疲劳损伤，其变换规律如图 5-3 所示。

由图 5-3 可知，对一根管子来说，发生管间脉动时，管子入口水流量 $G_s$ 与出口蒸汽量 $G_q$ 都发生周期性变化，而且 $G_s$ 与 $G_q$ 的变化方向相反。对于同一管屏，当一部分管子的进水量 $G_s$ 减小时，另一部分管子的进水量 $G_s$ 增加；相反，$G_s$ 增加时，$G_q$ 减小。同时，当一部分管子出口蒸汽量 $G_q$ 增加时，另一部分管子出口蒸汽量 $G_q$ 减小。也就是说，发生脉动时，管子内的 $G_s$ 和 $G_q$ 都有周期性的变化，但 $G_s$ 与 $G_q$ 的变化方向相差 180°的相位角，这样就形成了管子之间的脉动。

脉动现象有管间脉动、屏间脉动和全炉脉动三种：

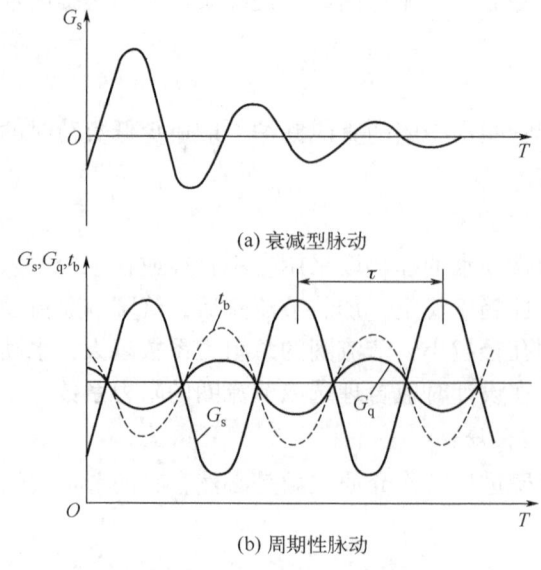

图 5-3 蒸发管的脉动现象

$G_s$—水流量；$G_q$—蒸汽流量；$t_b$—壁温；$T$—时间

(1) 发生管间脉动时，管屏的总流量和进、出口联箱之间的压差均不发生变化，但是各管中的流量却发生了周期性的变化。

(2) 屏间脉动是指发生在并列管屏之间的脉动现象。发生脉动时，进、出口总流量和总压差并无明显变化，只是各管屏间的流量发生变化。

(3) 整体脉动是整个锅炉的并联管子中进口水量和出口蒸汽量同时都发生周期性波动。这种脉动在燃料量、蒸汽量、给水量急剧波动时，以及给水泵、给水管道、给水调节系统不稳定时可能发生，但当这些扰动消除后这种脉动即可停止。

产生脉动的根本原因是饱和水与饱和蒸汽的密度差造成的。产生脉动的外因是管子在蒸发开始区段受到外界热负荷变动的扰动，而内因则是由于该区段工作介质及金属的蓄热量发生周期性变化。

### 2. 防止和减轻脉动的措施

(1) 提高工作压力。提高工作压力可减少脉动现象的产生。锅炉的工作压力越高，则汽与水的比体积越接近，局部压力升高的现象就不易发。实践证明，当压力在 14MPa 以上时，就不会发生脉动现象。

(2) 增大加热段与蒸发段的阻力比值。增加管圈加热段的阻力和降低蒸发段阻力可减小脉动现象的产生。在管圈进口装节流圈，或者加热区段采用较小直径的管子，都可增加热水段的阻力。此外，还可增加管圈进口工作介质欠焓，因热水段长度增加，从而增加了热水段阻力，对减少脉动现象也是有利的，但对水动力稳定性有不利影响。

(3) 提高质量流速提高工作介质在管圈进口处的质量流速。这样就可很快地把汽泡带走而不会使其在管内变大，管内就不会形成较大的局部压力，从而可以保持稳定的进口流量，减小和避免管间脉动的产生。

(4) 锅炉启停和运行方面的措施。为了防止产生脉动，直流炉在运行时应注意燃烧工况稳定和均匀的炉内温度场，以减小各并列管的受热不均；在启动时应保持足够的启动流量及一定的启动压力等。

## 5.3 直流锅炉运行特性

### 教学目标

**1. 知识目标**

（1）掌握直流锅炉的静态特性。
（2）掌握直流锅炉的动态特性。
（3）掌握直流锅炉运行调节特点。

**2. 能力目标**

（1）能够分析直流锅炉的静态特性和锅炉参数调节的原理。
（2）能够分析直流锅炉的动态特性和锅炉参数调节的原理。

**3. 素质目标**

（1）通过学生分析问题、培养学生逻辑思考的能力。
（2）培养学生严谨、认真的学习和工作态度。
（3）培养学生敬业精神，在教学中引导学生要坚守岗位、践行初心，爱岗敬业有担当。

### 任务描述

掌握直流锅炉的静态特性和动态特性，掌握直流锅炉的调节特点，合理选择调节信号，理解直流锅炉的调节逻辑，培养学生运行操作锅炉的能力。

### 相关知识

直流锅炉没有汽包，工作介质一次通过加热、蒸发和过热三个阶段。三个阶段的分界点不固定，是随着工况变化而变化的，这就使得直流锅炉的运行特性不同于自然循环锅炉。

锅炉在运行中的各种条件组成了运行工况，其工况总是处于不断变化之中。如锅炉的负荷、炉膛负压、给水温度及过量空气系数等，一般都在一定范围内波动、变化，从而引起锅炉蒸汽参数和运行指标的相应变化，这些工况的变化可以用锅炉的运行特性来描述。

在锅炉运行中，要求各状态参数不论在静态或动态情况下都应保证锅炉的安全性、经济性，即各状态参数都应在规定的允许范围内波动，这需要通过调节手段才能实现。锅炉调节可分人工调节和自动调节，现代大型锅炉采用高质量的自动调节来确保在大多数运行工况下各状态参数被控制在允许范围内，同时也要求运行人员掌握锅炉的静态特性和动态特性，能及时对其进行正确的分析和判断，并在手动情况下进行准确的操作。

## 5.3.1 直流锅炉的静态特性

锅炉在各个稳定状态下，各种状态参数都有确定的数值。各参数（或指标）与锅炉工况的对应关系称为静态特性，它与到达稳定状态之前的历程无关。一定的燃料供应量下就对应一定的蒸汽流量、炉膛出口烟温、受热面吸热量、蒸汽温度与蒸汽压力等。

**1. 汽温静态特性**

直流锅炉由省煤器、水冷壁、过热器串联而成，汽水状态无固定的分界点，由此而形成了直流锅炉不同于汽包锅炉的汽温静态特性，即通过维持直流锅炉燃料和给水流量的比值就能使汽温保持不变。

在燃料发热量不变，且锅炉热效率和给水焓值保持不变的前提下，过热蒸汽的焓值只与燃料量与给水量的比值有关。锅炉运行中，燃料量与给水量的比值称为煤水比。运行中，如果维持煤水比不变，则过热蒸汽温度可保持不变；如果煤水比增大，则过热蒸汽焓值升高，过热蒸汽温度升高；如果煤水比减小则相反。

如果考虑中间再热及不同负荷下锅炉效率和给水温度的变动等因素，那么在不同的负荷下，就应保持不同的煤水比，过热蒸汽温度才能维持稳定。例如，当给水温度降低或锅炉效率下降时，必须增大煤水比才能维持过热蒸汽温度稳定。

**2. 汽压静态特性**

直流锅炉内的汽水工质串联通过各级受热面流动，主蒸汽的压力由系统的质量平衡、能量平衡以及管路系统的流动压力降等因素决定。

1) 燃料量发生变化

（1）在给水流量与汽轮机调速阀门开度不变时，给水压力、汽轮机前汽压随燃料量变化的静态特性是：给水压力、汽轮机前汽压都随燃料量增大而上升。

（2）在给水压力不变，汽轮机调速阀门相应开大时，汽轮机前汽压随燃料量变化的静态特性是汽轮机进汽压力随燃料量增大而下降。

2) 给水流量变化

给水流量增加并稳定在一个新工况后，蒸汽流量也相应增加一个数值。在新的稳定工况下蒸汽温度低于原来的数值，蒸汽压力由汽温、流量综合决定，在汽轮机调速阀门开度不变时汽压有所上升。

## 5.3.2 直流锅炉的动态特性

锅炉从一个工况变动到另一个工况的过程中，各状态参数是变化的。状态参数随着时间而变化的过程，称为动态特性。动态特性描述的是各状态参数随着时间变化的方向、速度和历程，例如，锅炉燃料量发生变化后，蒸汽流量、压力、温度都相应地以不同的速度和方向发生变化，最终达到新的平衡状态。

研究锅炉的动态特性，着眼于工况变化的过程，而研究锅炉的静态特性则着眼于变化的结果。锅炉的静态特性与动态特性表明各种状态参数的变化和偏离设计值的规律。锅炉运行中，随时会受到各种内外因素的干扰，在一个动态过程尚未结束时，往往又来了另一个干扰，所以各状态参数的变化是绝对的，稳定是相对的。

动态特性指给水量、燃料量、功率（调门开度）变化而其他条件不变情况下蒸汽流量、汽温、汽压的变化。

**1. 锅炉工作介质存储量的变化**

直流锅炉受热面可简化成省煤器、水冷壁、过热器三个受热管段串联组成。水通过省煤器进行加热，水冷壁进口为欠焓水，在水冷壁中进行加热、汽化和蒸汽微过热，蒸汽通过过热器过热。

燃料量或给水流量扰动，会使水冷壁热水段、蒸发段和微过热段长度发生变化，从而使锅内工质储存量发生变化。例如，燃料量增加使受热面热负荷增大，水冷壁中热水段缩短、蒸发段缩短、水冷壁中蒸汽微过热段增长，部分空间的储水转变成蒸汽，短时间内蒸汽质量流量大于给水质量流量。由于锅内储存水量发生变化而使蒸汽质量流量增加或减小的部分称为附加蒸发量。

当直流锅炉的热负荷与给水量不相适应时，出口蒸汽温度会显著地变动。因此，一方面，在运行中热负荷与给水量应很好地匹配，也就是要保持精确的煤水比；另一方面，只要保持适当的煤水比，直流锅炉就可以在任何工况下维持一定的过热蒸汽温度。这种情况与自然循环锅炉有较大的区别。

**2. 汽温汽压动态特性**

锅炉运行中，燃料量、给水量及汽轮机调门开度等是经常变动的，以下分别分析在这三个因素的影响下，汽压、汽温及蒸汽流量的动态变化特性。

1) 燃料量增加时动态特性

（1）锅炉蒸发量先上升而后下降至等于给水流量。燃料量增加时，在其他条件不变的情况下，蒸发量在短暂延迟后先上升，后下降，最后稳定下来与给水量保持平衡。其原因是，在变化之初，由于热负荷立即变化，热水段逐步缩短；蒸发段将蒸发出更多的饱和蒸汽，使过热蒸汽流量增大，其长度也逐步缩短，当蒸发段和热水段的长度减少到使过热蒸汽流量重新与给水量相等时，即不再变化。在这段时间内，由于蒸发量始终大于给水量，锅炉内部的工质储存量不断减少。

（2）蒸汽温度开始时由于锅炉蒸发量上升而下降，后来由于燃料量增加而使汽温升高。

（3）燃料量增加，过热段加长，过热汽温升高。但在过渡过程的初始阶段，由于蒸发量与燃烧放热量近乎按比例变化，再加以管壁金属贮热所起的延缓作用，所以过热汽温要经过一定时滞后才逐渐变化。如果燃料量增加的速度和幅度都很急剧，有可能使锅炉瞬间排出大量蒸汽。在这种情况下，汽温将首先下降，然后再逐渐上升。

（4）蒸汽压力开始时由于锅炉蒸发量上升而上升，后来由于蒸汽温度上升而上升。

2) 给水流量增加时的动态特性

（1）锅炉蒸发量过一段时间后才逐渐上升至等于给水流量。

（2）给水量增加。由于壁面热负荷未变化，故热水段都要延长，蒸汽流量逐渐增大到扰动后的给水流量。

（3）蒸汽温度开始时不变，后来由于锅炉蒸发量上升而下降。

（4）随着蒸发量增加，由于燃料量没有增加，锅炉提供的热量不足，锅炉蒸汽温度下降。

（5）蒸汽压力开始时由于锅炉蒸发量上升而上升，后来由于蒸汽温度下降而下降。

3）汽轮机调速阀门开度扰动动态特性

汽轮机调速门开度加大，增加汽轮机功率，而燃料量、给水量不变化的情况，若调速汽门突然开大，蒸汽流量立即增加，汽压下降。汽压没有像蒸汽流量那样急剧变化。这是由于当汽压下降时，饱和温度下降，锅炉工质"闪蒸"、金属释放贮热，产生附加蒸发量，抑制汽压下降。随后，蒸汽流量因汽压降低而逐渐减少，最终与给水量相等，保持平衡，同时汽压降低速度也趋缓，最后达到一稳定值。

汽轮机调速阀门开度动态特性如下：

（1）调速阀门开度扰动增加时，蒸汽流量迅速增大，汽压迅速下降。如果给水压力不变，给水流量就会自动增加。最终蒸汽流量等于给水流量。

（2）因为燃料量不变，给水流量略有增加，使蒸汽温度略有下降。

## 5.3.3 单元机组变压运行

单元机组的运行方式有两种，即定压运行和变压运行。

定压运行是指汽轮机在不同运行工况下，只依靠改变调节汽门的开度（即改变新蒸汽流量）来适应外界负荷变化的运行方式，此时无论机组负荷如何变化，进入汽轮机的主蒸汽压力和温度是不变的，始终维持在额定值范围内。

变压运行又称滑压运行，它是依靠改变进入汽轮机的主蒸汽压力（同时也改变了进入汽轮机的新蒸汽量），来适应外界负荷的变化。而无论机组的负荷如何变化，汽轮机的主汽门和调节汽门的开度始终保持不变，即主汽门保持全开，调节汽门也基本上保持全开，进入汽轮机的主蒸汽温度维持额定值不变。

处在变压运行中的单元机组，当外界负荷变动时，在汽轮机跟随的控制方式中，负荷指令直接送至锅炉控制器，使锅炉按指令要求改变燃烧工况和给水量，调节主蒸汽出口的压力和流量满足外界负荷的需要。而在定压运行时，该负荷指令是送至汽轮机控制器的，改变的是调节汽门的开度。

**1. 变压运行的运行方式**

单元机组的变压运行方式主要有以下几种：

1）纯变压运行方式

纯变压运行是指在整个负荷变化范围内，汽轮机调节汽门全开的运行方式。这种方式单纯依靠锅炉主蒸汽压力的变化来调节机组负荷，汽轮机没有节流损失，给水泵耗电量最小，但机组对负荷的适应能力差，不能满足电网一次调频的需要，一般很少采用。

2）节流变压运行方式

节流变压运行是指在正常情况下，汽轮机调节汽门保持5%~15%的节流，当负荷突然增大时全开，利用锅炉的储热量来暂时满足负荷增加的需要，待锅炉蒸汽流量增加、汽压升高后，调节汽门恢复到原位。这种方式有节流损失，但可以快速响应外界负荷的变化。

3) 复合变压运行方式

复合变压运行是指机组在高负荷区（一般为80%～100%BMCR）保持定压运行，用增减喷嘴的开度来调节负荷；在中低负荷区（一般为30%～80%BMCR），全开部分调节汽门（如三阀全开）进行变压运行；在极低负荷区（一般为30%BMCR以下），恢复定压运行方式（但压力定值较低）。

这种运行方式使汽轮机在全负荷范围内均能保持较高的效率，同时还有较好的负荷响应能力，所以得到普遍的应用。

### 2. 复合变压运行方式的特点

（1）高负荷时定压运行，节流损失和高压缸内工质温度的变化都较小，可提高负荷变化的响应速度，同时调节阀门的运行方式与机组中低负荷阶段的运行方式衔接。

（2）汽轮机一般有四个调节阀门，每个阀门管理一组喷嘴。机组在中低负荷范围内运行时，一般三个调节阀门全开，它具有变压运行的优点；当外界负荷变化时临时调节第四个调速阀门开度，利用锅炉的储热能力快速响应外界负荷的变化。

（3）给水泵有一定的调速范围，当负荷低于给水泵的最低转速后，给水泵只能定速运行，此时再采用变压运行就不经济了。比如带内置式分离器的直流锅炉，负荷低于一定数值，分离器处于湿态，在此阶段进行变压运行，分离器壁易产生热应力，因此，在低负荷范围内适宜采用定压运行方式。

（4）变压运行的机组，锅炉压力随着负荷的变化而变化，并要经常处于低压运行状态，相应对锅炉的运行性能提出了一些特殊要求。

### 3. 几种典型锅炉的变压运行性能

1) 自然循环汽包锅炉的变压运行性能

（1）自然循环锅炉的变负荷速度主要受汽包上下壁温差和内外壁温差的限制，即变负荷速度首先决定于汽包的疲劳寿命。

（2）从锅炉点火到与汽轮机同步运行，变负荷速度决定于汽包和集汽联箱的壁温差、燃烧速率、过热汽温、再热汽温以及汽轮机升转速等因素。从汽轮机升转速到机组满负荷运行，决定机组变负荷速度的主要因素是汽轮机的热应力和胀差。以亚临界参数300MW机组为例，当机组热态启动时，从锅炉点火到与汽轮机同步运行，饱和蒸汽温度大约升高55℃，此过程的过热蒸汽升温速度控制在1.57℃/min，最大升温速度不超过2℃/min。从机、炉同步运行到机组满负荷，饱和汽温大约升高72℃，升温速度为1.3℃/min，低于汽包的允许升温速度。此时，限制变负荷速度的决定性因素不是锅炉，而是汽轮机。

（3）自然循环锅炉的循环倍率最大，水冷壁金属耗量最多，热惯性最大，进一步影响了锅炉的变负荷速度。

（4）自然循环锅炉在50%～100%BMCR范围内变压运行时，正常变负荷速度控制在3%BMCR/min，最大允许变负荷速度为5%BMCR/min。

2) 控制循环汽包锅炉的变压运行性能

（1）控制循环锅炉的汽包内有汽水夹层，基本消除了上下壁温差。热态启动时，变负荷速度不受汽包壁温差的限制。

（2）与自然循环锅炉相比，控制循环锅炉的循环倍率比较小，水冷壁金属耗量也相应减少，热惯性较小。同时，低负荷时可利用循环泵加快循环，提高蒸发速度，可进一步提高变负荷速度。

（3）在50%～100%BMCR范围内变压运行时，控制循环锅炉的变负荷速度高于自然循环锅炉，一般控制在4%BMCR/min，最大允许变负荷速度为6%BMCR/min。

（4）在温态和热态启动时，变负荷速度与自然循环锅炉相同。

3）螺旋管圈直流锅炉的变压运行性能

（1）直流锅炉无厚壁元件，可提高启动和变负荷速度，变负荷速度只受过热器集汽联箱和汽水分离器的壁温差的限制，壁温差较小，允许提高变负荷速度。

（2）直流锅炉的金属耗量最少，循环倍率最低，热惯性最小，变负荷速度最大。

（3）变压运行时，在50%～100%BMCR范围内，直流锅炉的变负荷速度可控制在5%BMCR/min的水平；最大允许变负荷速度为7%BMCR/min。

（4）汽温主要由煤水比调节，喷水量最少，汽温容易控制。

（5）螺旋管圈水冷壁在相变最大的区域无中间联箱，不存在工质的再分配，热偏差小，适合变压运行。

（6）直流锅炉的启动及变负荷速度主要受汽轮机的胀差和热应力的限制。

### 4. 变压运行机组锅炉的特点

1）负荷变化率

当采用变压运行时，蒸汽温度和汽轮机各部分的温度基本稳定，机组的负荷变化率取决于锅炉。锅炉的汽包等厚壁部件随负荷变化产生的热应力，限制了机组的负荷变化。

变压运行时，锅炉汽包内的蒸汽压力随机组负荷而下降，对应压力下的蒸汽饱和温度也相应下降。汽包内水汽温度变化引起汽包的内外壁温差，而汽包的上下壁温差由汽包上部的蒸汽放热系数和下部的水放热系数之间的差距所决定，在300～500℃范围内，后者比前者要大3～7倍。由于传热的差别，导致汽包的热应力增大，限制了锅炉的负荷变化能力。

一般规定，在负荷变化过程中，汽包的上下壁温差不能超过40～50℃。

对于直流锅炉，由于没有汽包，工质在水冷壁并联管中的流量分配合理，工质流速较快，所以允许的温度变化率比自然循环汽包锅炉快得多。但直流锅炉的联箱、混合器、汽水分离器等部件的壁厚也较大，温变率也要受到一定的限制。几种典型锅炉在50%～100%BMCR范围内的变负荷速度见表5-14。

表5-14　锅炉变负荷速度

| 炉型 | 变压运行负荷范围 | 正常变负荷速度 %BMCR/min | 最大允许变负荷速度 %BMCR/min |
| --- | --- | --- | --- |
| 自然循环汽包锅炉 | 50%～100%BMCR | 3 | 5 |
| 控制循环汽包锅炉 | 50%～100%00BMCR | 4 | 6 |
| 螺旋管圈直流锅炉 | 50%～100%BMCR | 5 | 7 |

2）锅炉低负荷运行技术

变压运行对锅炉的最低运行负荷提出了更高的要求，通常汽轮机允许的低负荷值比锅炉要低，一般来说，只要机组负荷不低于25%，其排汽缸温度、排汽温度、本体膨胀、胀差及振动等都变化不大。因此，单元机组的最低负荷取决于锅炉，而锅炉运行负荷的下限主要取决于燃烧的稳定和水动力工况的安全。

锅炉低负荷运行技术的关键如下：

(1) 燃烧系统。变压运行机组锅炉的燃烧系统的特点，主要是要求变负荷调节简便灵敏，变负荷与低负荷时燃烧稳定。锅炉燃烧器燃烧稳定性高，调节比大。

(2) 制粉系统。锅炉低负荷运行时常只有 2~3 台磨煤机投运，故给煤系统的可靠性十分重要。

(3) 运行管理。锅炉在运行中提高低负荷燃烧稳定性的措施有：适当降低一次风率，提高煤粉浓度；尽可能投用下层燃烧器，停用上层燃烧器；适当减小煤粉细度，提高一次风温；适当降低炉膛负压，减少漏风；加强火焰监视，一旦出现燃烧不稳定，要及时采取措施稳定燃烧。

(4) 过热器、再热器系统。机组在变压运行时，过热汽温与再热汽温额定值的负荷范围有所扩大，但负荷低到一定程度后，汽温仍会随负荷降低而下降。变负荷时，过热器与再热器受热面金属易超过其材料的许用温度，故对受热面金属材料有更高的要求。低负荷时，流经过热器和再热器的蒸汽流量偏小，而且流量分配不均匀，使个别管子因为冷却能力不足而超温过热；锅炉负荷低时，炉内燃烧容易偏斜，加上蒸汽流量在并联管中分配不均，将会造成较大的热偏差。所以，要加强运行调节，如注意维持过量空气系数不要过低，控制负荷变动率，增加管壁温度测点以加强监视，保持运行燃烧器的匀称等。

(5) 水冷壁系统。低负荷时炉膛热负荷不均匀性增大，并且热负荷高的水冷壁的循环流速比热负荷低的水冷壁高好几倍，个别热负荷低的管子在低于界限循环倍率下工作，可能发生循环停滞或倒流现象。一般对大容量锅炉，在 50%BMCR 以上，发生水循环事故的可能性不大。对于直流锅炉，当变压运行至某一较低负荷时，水冷壁系统压力低，汽水比体积变化较大，水动力特性变差，有可能影响各侧墙和后墙水冷壁的流量分配，发生部分水冷壁出口管的超温现象。变压运行时，提高水循环可靠性的措施主要是均匀炉膛热负荷，特别是提高角隅处的热负荷，改善角隅处水冷壁的水循环，如增加下降管断面积和导汽管的断面积等。

(6) 空气预热器。低负荷时，空气预热器容易堵灰和腐蚀，这就要求空气预热器在低负荷时能提供一定温度的空气，提高管壁温度以防止低温腐蚀。

## 5.3.4 直流锅炉的调节特点

直流锅炉参数调节的要求与汽包锅炉相同，燃烧调整也与汽包锅炉一样。下面主要分析直流锅炉参数调节方法与特点。

### 1. 燃料流量/给水比值（煤水比）

直流锅炉负荷改变时应同时改变燃料量与给水流量，保持煤水比 $\mu/g$，才能维持蒸汽温度与压力不变。如果只改变给水流量，虽然给水流量与蒸汽流量间的质量能平衡，但是由于能量不平衡，汽温发生变化，汽压也有所变化；如果只改变燃料量，由于受热面内工质质量的变化，能暂时适应负荷的变化，但是由于质量不平衡，很快会产生汽压下降，汽温上升。因此，直流锅炉负荷调节的关键是在不同的负荷下保持燃料/给水流量比例。

**2. 汽温信号**

直流锅炉发生燃料量或给水流量扰动时，由于受热面金属蓄热变化、受热面内工质质量的变化及流动时间等因素的影响，其延迟时间、飞升时间都较长，延迟时间达到 250~440s，飞升时间达到 320~940s，对汽温调节很不利。

为了改善直流锅炉过热汽温调节品质，取靠近过热器进口端的微过热蒸汽作为煤水比调节的依据，因为微过热蒸汽的延迟时间、时间常数相对较小，分别为 40~100s 和 100~300s。作为调节依据的微过热汽温称为中间点温度。选择合适的中间点温度，对汽温调节品质很重要。

## 5.3.5 主调节信号的选择

直流锅炉蒸汽参数的调节是蒸汽压力的调节和蒸汽温度的调节。蒸汽压力调节实质就是保证锅炉蒸发量与汽轮机负荷相适应。对直流锅炉进行正确可靠的操作和配用自动调节系统，首先应正确选择调节信号和调节手段。

主调节信号是指被调节参数或被调量。在直流锅炉蒸汽参数调节中，被调量是蒸汽压力和温度。但仅仅把锅炉出口蒸汽温度和蒸汽压力作为主调节信号，调节质量差，不能稳定地保证它们维持在规定值，因此还必须选择必要的辅助信号进行调节。

对于直流锅炉，各个区段（加热、蒸发和过热）在动态特性上紧密联系，所以可把整个锅炉作为一个调节段来处理。此时，蒸汽参数调节的主要任务是使燃料输入的热量与蒸汽输出的热量相匹配，亦即控制给水与燃料的比例，通常用蒸汽温度来间接判定。由于燃料与给水比和蒸汽温度之间不是简单的正比关系而是累积关系，每一工况的扰动要经过一定的时间之后才显现出来，即扰动后被调参数（蒸汽温度）总有一段延迟才开始变化。为了提高调节质量和便于操作人员进行判断，还应选用其他测量值作为主调节信号。

直流锅炉常用的主调节信号包括过热器后烟温、蒸发量、过热蒸汽出口压力和各级过热器出口蒸汽温度。

**1. 过热器后烟温**

调节蒸汽参数时，要求能迅速判断燃料所释放热量的变化。但通常很难及时测出燃用燃料在锅炉中释放热量的变化。利用过热器后烟温和锅炉蒸发量，可以迅速判断出燃料释放热量的变化方向和大小。过热器后烟气温度的变化和锅炉蒸发量有关，锅炉负荷升高时，燃料量增加，引起过热器后烟温度上升。利用过热器后烟温度作为主调节信号，比过热蒸汽出口温度的迟延要小得多。

**2. 蒸发量和过热蒸汽出口压力**

蒸发量的变化并不一定是燃料量变化引起的。外部扰动引起汽轮机功率变化时，同样会引起锅炉蒸发量的暂时增大或减少。因此，要正确判断蒸发量的变化是燃料扰动引起的还是汽轮机功率扰动所引起的，主调节信号就必须再加入过热器出口蒸汽压力。由直流锅炉动态特性可知：燃料量扰动引起蒸发量与过热蒸汽出口压力的变化是同方向的；汽轮机功率扰动引起蒸发量与过热蒸汽出口压力的变化是反方向的。

因此，利用蒸发量、过热器后烟气温度和过热蒸汽出口压力三个主调节信号，在锅炉带不变负荷时，可以用来稳定燃料量；当锅炉带变动负荷时，可以用来调节给水量。

直流锅炉是一次强制流动，因而给水量和燃料量直接影响汽水通道内各点的温度。反之，根据这些温度，可以正确地控制燃料和给水的比例，尤其是在锅炉负荷变动时，它们能校正两者的比例关系。但是，由于蒸汽温度的延迟相当大，所以只有在过热开始截面的工作介质温度的延迟时间在30s以内，才有可能校正两者的比例关系，因此，直流锅炉的调节过程必须全面使用上述几个主调节信号。

直流锅炉的另一个特点是锅炉出口和汽水通道所有中间截面的工作介质焓（温度）值的变化是相互关联的。例如，当给水与燃料的比例发生变化时，引起蒸发终点的移动，首先反映出变化的是过热区段开始截面处蒸汽温度的变化，必然引起过热区段各中间截面蒸汽温度的改变，最后导致过热蒸汽出口温度的变化。直流锅炉的调节质量，不仅在于准确地保持给定的蒸发量及额定的蒸汽压力和蒸汽温度，同时也只有保持住这些中间截面的工作介质温度，才能较好地稳定出口蒸汽温度。因此，在直流锅炉的蒸汽温度调节中还必须选择适当的中间点蒸汽温度作为主调节信号。

## 5.4 直流锅炉运行参数调节

### 教学目标

**1. 知识目标**

（1）掌握锅炉蒸汽参数调节的必要性。
（2）掌握锅炉蒸汽温度的影响因素。
（3）掌握锅炉蒸汽参数调节操作要求。

**2. 能力目标**

（1）能够分析蒸汽参数调节的逻辑关系。
（2）能够掌握蒸汽参数的调节过程，能够在锅炉仿真系统上进行蒸汽参数的调节操作。

**3. 素质目标**

（1）通过本章节的学习，提升学生职业技能，培养学生分析与创新能力。
（2）引导学生理解锅炉参数的影响因素，培养学生的独立思考、归纳总结和分析能力。
（3）通过引导学生解决仿真系统操作中出现的问题，培养学生分析与解决问题的能力。

### 任务描述

理解锅炉参数的影响因素，掌握蒸汽参数的调节逻辑和信号的选择及调节的方法，学生熟悉锅炉蒸汽参数调节操作要求，能够在锅炉仿真系统上进行蒸汽参数的调节操作，培养学生锅炉实操的技能。

## 相关知识

### 5.4.1 蒸汽参数调节必要性

**1. 蒸汽压力调节必要性**

1) 汽压过高

汽压过高将导致各承压部件内机械应力增大,影响安全性,严重时还会导致受热面爆炸。

2) 汽压过低

汽压过低,会使蒸汽做功能力降低,负荷不变时,汽耗量将增大,发电厂运行的经济性降低。同时汽压降低,为了维持机组负荷不变,则必须加大汽轮机的进汽量,会使汽轮机轴向推力增加,易发生推力瓦烧坏等事故。若汽压降低过多,会迫使汽轮机减负荷。

3) 汽压波动幅度过大

运行中汽压经常反复地变化,会使承压部件受到交变的机械应力的作用,若此时再加上温度应力的影响,则将导致受热面金属的疲劳损坏。

**2. 蒸汽温度调节必要性**

锅炉汽温包括主蒸汽温度和再热蒸汽温度。主蒸汽温度和再热蒸汽温度是机组正常运行的重要指标。在机组正常运行中,蒸汽温度将随着机组负荷、锅炉出力、给水温度、风量、汽压以及燃烧工况等的变化而变化,蒸汽温度偏离额定值过大时,会影响锅炉和汽轮机运行的安全性和经济性。

1) 汽温过高

过高的汽温会使锅炉受热面及蒸汽管道金属材料蠕变速度加快,影响使用寿命。若受热面严重超温,则会因材料强度的急剧下降而导致管发生爆破。同时,当汽温过高,超过允许值时,还会使汽轮机的汽缸、主汽阀、调节汽阀前几级喷嘴和叶片等部件的机械强度降低,部件温差、热应力、热变形增大,导致设备的损坏或使用寿命的缩短。

2) 汽温过低

过低的汽温还会使汽轮机末几级叶片的湿度增大,这不仅使汽轮机内效率降低,还会造成汽轮机末几级叶片的侵蚀加剧,汽温下降超过规定值时,需限制机组的出力,不允许机组继续带额定负荷运行。汽温快速下降会造成汽轮机金属部件产生过大的热应力和热变形,甚至会产生动静部件的摩擦严重时可能会导致汽轮机水击事故的发生、推力轴承严重损坏,对机组的安全运行是很不利的。

3) 汽温波动幅度过大

过热汽温和再热汽温变化幅度过大,除会使管材及有关部件产生蠕变和疲劳损坏外,还将引起汽轮机胀差的变化,甚至导致机组的强烈振动,危及机组的安全运行。

4) 汽温两侧偏差过大

过热汽温和再热汽温两侧偏差过大,将使汽轮机的高压缸和中压缸两侧受热不均,导致热膨胀不均,影响汽轮机的安全运行。

现代大型电厂锅炉对过热蒸汽温度和再热蒸汽温度有严格要求，通常要求蒸汽温度与额定汽温之间的偏差在-10～+5℃范围内。在规定允许偏差值的同时还需限制锅炉在允许偏差值下的累计运行时间，并且为防止过快的蒸汽温度变化速率造成某些高温工作部件内产生较大热应力，导致材料热疲劳甚至宏观裂纹，对厚壁蒸汽管道和联箱还规定了允许的温度变化速率，一般应限制在3℃/min内。

## 5.4.2 直流锅炉调节任务

直流锅炉运行调节是要保证向汽轮机提供所需要的蒸汽量，同时要维持蒸汽温度和蒸汽压力的稳定。直流锅炉的调节任务主要包括：

（1）迅速使蒸发量满足汽轮机负荷的要求。
（2）保持蒸汽的压力和温度。
（3）保持最佳的燃烧工况，使锅炉具有最高的燃烧效率。
（4）保持炉膛负压稳定。
（5）保持汽水行程中某些中间点的温度。

## 5.4.3 影响蒸汽温度的因素

**1. 煤水比**

直流锅炉是以调节煤水比作为基本的调温手段，以喷水作为精确调节。煤水比主要是维持中间点温度在规定范围内，即汽水分离器出口汽温。正常运行时重点监视的是该点的微过热度。为了防止出现大的扰动，该温度允许运行人员调节的幅度一般为±5℃以内，中间点微过热度正常时保持在10～20℃。

**2. 给水温度**

给水温度降低，其他不变，直流锅炉汽温会下降，相当于减少燃料热量。

**3. 受热面结焦或积灰**

直流锅炉炉膛结焦会使锅炉效率下降，在煤水比保持不变的情况下使过热汽温度会下降。再热汽由于过热汽温度下降的影响和炉膛出口烟温的上升的影响因素部分相抵消而变化不大，偏向于升高。在过、再热器区域结焦或积灰会使汽温下降。在调节煤水比时，若是炉膛结焦，可直接增大煤水比。但过热器结焦，则增大煤水比时应注意监视水冷壁出口温度，防止水冷壁超温，应加大吹灰力度。

**4. 过量空气系数**

过量空气系数增大时会引炉膛温度下降，锅炉辐射吸热量减少，而对流吸热量有所增加，实际运行中后者影响略大些，过热汽温会上升。由于锅炉再热器主要呈对流特性，所以再热汽温会有所上升。

**5. 火焰中心高度**

当火焰中心升高时，炉膛出口烟温显著上升，再热器无论显示何种汽温特性，其出口汽温均将升高。此时，水冷壁受热面的下部利用不充分，致使工质在锅炉内的总吸热量减少，所以过热蒸汽吸热减少，过热汽温降低。

直流锅炉的给水温度、过量空气系数、火焰中心位置、受热面结焦、积灰程度对过热汽温、再热汽温的影响与汽包锅炉有很大的不同。对于直流锅炉，上述后四种因素的影响相对较小，且变动幅度有限，它们都可以通过调节煤水比来消除。所以，直流锅炉只要调节好煤水比，在相当大的负荷范围内，过热汽温和再热汽温均可以保持在额定值。

## 5.4.4 汽温调节

**1. 汽温调节要求**

为了保证锅炉机组安全经济的运行，必须维持过热汽和再热汽温度稳定。

锅炉的过热蒸汽温度与再热蒸汽温度都是按金属材料的许用温度取安全限值。运行中汽温升高可能会引起过热器和再热器管壁及汽轮机汽缸、转子、汽门等金属的工作温度超过其允许温度，金属的热强度、热稳定性都将下降。如果汽温下降，将达不到设计热效率，热损失增大，如蒸汽压力在 12~25MPa 范围内，主蒸汽温度（过热器出口汽温）每降低 10℃，循环热效率下降 0.5%。再热汽温下降，还会增加汽轮机末级叶片蒸汽湿度。此外，汽温过大的波动，还会加速部件的疲劳损伤，甚至使汽轮机发生剧烈的振动。为此，一般要求当负荷在 70%~100% 额定负荷范围内时，其蒸汽温度与额定汽温的偏差值范围应为 −10~+5℃。在现代锅炉中，由于负荷变动较大，要求锅炉具有更大的运行机动性，保持额定汽温的负荷范围还应扩大。对于燃煤粉的自然循环锅炉，保持过热汽温的负荷范围为 60%~100% 额定负荷；对燃油锅炉，为 50%~100% 额定负荷；对直流锅炉可扩大到 30%~100% 额定负荷。再热汽温的负荷范围也扩大到 60%~100% 额定负荷。因此，对汽温调节的要求越来越高，必须设置可靠的汽温调节装置，以维持汽温的稳定。

**2. 汽温特性**

1) 过热器汽温特性

对于不同传热方式的过热器和再热器，当锅炉负荷变化时，其出口蒸汽温度的变化规律是不同的。蒸汽温度与锅炉负荷的关系，即 $t_q = f(D)$，称为汽温特性。

对于布置在炉膛中的辐射过热器，其吸热量决定于炉膛烟气的平均温度。当锅炉负荷增加时，辐射过热器中蒸汽流量按比例增大，而炉膛火焰的平均温度却变化不大，辐射传热量增加不多。这样，辐射传热量的增加小于蒸汽流量的增加，因此每千克蒸汽获得的热量减少，即蒸汽焓增减少。所以，随着锅炉负荷的增加，辐射过热器的出口汽温下降，如图 5-4 中曲线 1 所示。

对于布置在烟道中的对流过热器，锅炉负荷增加时，由于燃料消耗量增大，烟气量增大，烟气在对流过热器中的流速增高，对流放热系数增大；同时炉膛出口烟温也随着增加，对流过热器中烟气与蒸汽间的温度差增大。因而传热系数与传热温差同时增大，使对流传热

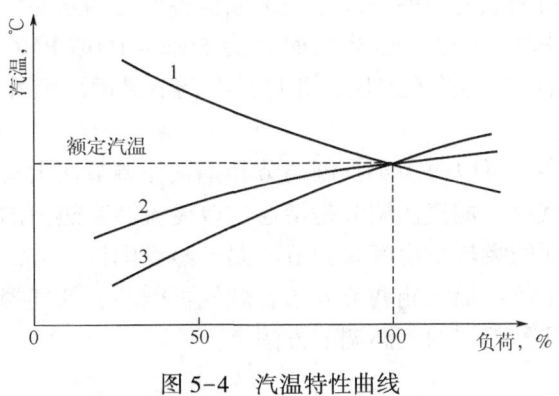

图 5-4 汽温特性曲线
1—辐射过热器；2、3—对流过热器

量的增加超过蒸汽流量的增加，对流过热器中蒸汽焓增大。所以，随着锅炉负荷的增加，对流过热器出口汽温升高，如图 5-4 中曲线 2 所示。对流过热器进口烟温越低，即离炉膛越远，辐射传热的影响越小，汽温随负荷增加而升高的幅度越大，如图 5-4 中曲线 3。

半辐射式过热器则介于辐射与对流过热器之间，汽温变化特性比较平稳，但仍具有一定的对流特性。

现代高参数大容量锅炉的过热器均由对流、辐射、半辐射三种形式组合而成，因此，能获得较平稳的汽温特性。在一般自然循环锅炉中，对流过热器的吸热仍然是主要的，因此过热汽温的变化具有对流特性，即过热汽温随锅炉负荷增加而增加，在 70%～100% 额定负荷范围内，过热汽温的变化为 30～50℃。

直流锅炉的汽温变化特性则与自然循环锅炉不同，直流锅炉在加热受热面、蒸发受热面与过热受热面之间没有固定的分界线，过热器的受热面是移动的，随工况的变动而变动。如在给水量保持不变时，如果减少燃料量，则加热段和蒸发段的长度增加，而过热段的长度减小，过热器的出口汽温就要降低。因此，直流锅炉过热蒸汽温度的调节方法也是与自然循环锅炉不同的，要维持汽温稳定，就必须保持一定的煤水比。

2) 再热器汽温特性

再热器的汽温变化特性原则上是与自然循环锅炉中过热器的汽温变化特性相一致的，但又有其不同的特点。在过热器中，负荷变化时，其进口工质温度是保持不变的，等于汽包压力下的饱和温度。而在再热器中，其工质进口参数决定于汽轮机高压缸排汽的参数。在负荷降低时，汽轮机高压缸排汽温度降低，再热器的进口汽温也随之降低。因此，为了保持再热器出口汽温不变，必须吸收更多的热量。一般当锅炉负荷从额定值降到 70% 负荷时，再热器进口汽温下降 30～50℃。此外，对流式再热器一般都布置在烟温较低的区域，加上再热蒸汽的比热容小，因此再热汽温的变化幅度较大。

在锅炉运行过程中，影响蒸汽温度变化的因素很多，其主要因素可分为烟气侧和蒸汽侧两个方面。烟气侧的影响因素有燃料量的变化，燃煤水分和灰分的变化，过量空气系数的变化，锅炉各处漏风系数的变化，燃烧器运行方式的变化，受热面的污染程度等。蒸汽侧的影响因素，除锅炉负荷的变化外，还有减温水量或水温的变化，给水温度的变化等。

## 3. 汽温调节装置

由于影响汽温波动的因素很多，在运行中汽温的波动是不可避免的，为了保证机组安全、经济运行,锅炉必须采取适当的调温方法来减少各运行因素对汽温波动的影响。汽温调节是指在一定的负荷范围内(对过热蒸汽而言为 50%~100%BMCR,对再热蒸汽而言为 60%~100%BMCR)保持额定的蒸汽温度,并且具有调节灵敏、惯性小、对电厂热效率影响小的特点。

汽温的调节方法很多,可以分为蒸汽侧调节和烟气侧调节两大类。蒸汽侧调节是指通过改变蒸汽的焓值来调节汽温;烟气侧调节是指通过改变流经受热面的烟气量或通过改变炉内辐射受热面和对流受热面的吸热量份额来调节汽温。蒸汽侧调节方法有喷水减温器、汽—汽热交换器法、蒸汽旁通法等;烟气侧调节方法有烟气再循环、烟气挡板、调节燃烧火焰中心位置等。下面分别介绍几种不同的汽温调节方法。

1) 喷水减温器

减温水通过喷嘴雾化后直接喷入蒸汽的减温器称混合式减温器,也称为喷水减温器。这种减温器是水在加热、汽化和过热过程中吸收了蒸汽的热量,从而达到调节汽温的目的。如图 5-5 所示为混合式减温器的一种型式,它由雾化喷嘴、连接管、保护管及外壳等组成。雾化喷嘴由多个 3~6mm 直径的小孔组成,减温水从小孔中喷出雾化。保护套管长 4~5m,保证水滴在套管长度内蒸发完毕,防止水滴接触外壳产生热应力。因外壳温度与蒸汽温度是一致的,喷管与外壳之间用套管连接,可防止较低温度的减温水使喷管与外壳之间产生较大的热应力。这种结构由于蒸汽对悬臂喷管的冲刷,喷管有可能发生振动,引起喷管断裂。

混合式减温结构简单、调节幅度大、惯性小、调节灵敏,有利于自动调节,因此,在现代大型锅炉中得到广泛的应用。

这种减温器的减温水直接与蒸汽接触,因而对水质要求高。我国 13.6MPa 以上锅炉的给水都除盐,可直接用给水作减温水,若给水品质不合格,可采用自制凝结水减温水系统,即由汽包引出饱和蒸汽冷凝(给水作为冷凝介质)后作为减温水喷入过热蒸汽。

减温器的作用是降低蒸汽温度。因此,采用减温器调节汽温时,过热器的设计吸热量大些,如图 5-6 曲线 1 所示,在低负荷时就能达到额定汽温,高负荷时高于额定汽温。这样,在高负荷时用减温器来降低高出部分的汽温,以维持汽温的额定值。没有汽温调节下的额定汽温对应负荷越低,通过调节能维持的额定汽温的负荷范围越宽,锅炉的性能越好。

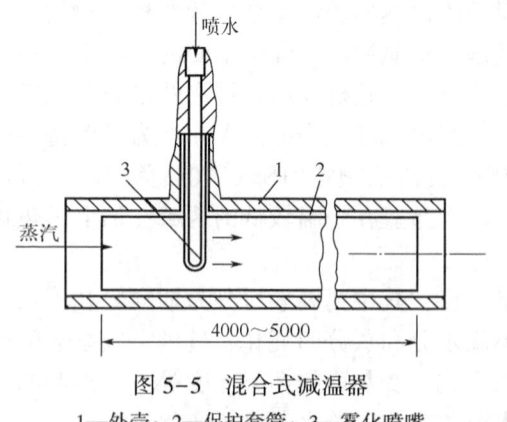

图 5-5 混合式减温器
1—外壳;2—保护套管;3—雾化喷嘴

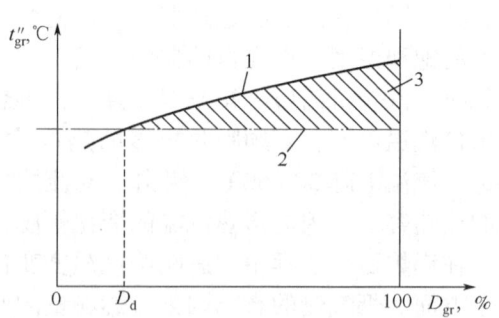

图 5-6 减温器调节汽温原理
1—汽温特性;2—额定汽温;3—减温器减温部分

混合式减温器适用于过热汽温的调节。而再热汽温的调节不宜用混合式减温器。因为水喷入再热蒸汽后汽轮机中低压缸蒸汽流量增加,在机组负荷一定时势必减少高压缸的蒸汽流量，也就是高压蒸汽的做功减少，低压蒸汽的做功增加，使机组的循环热效率降低。计算结果表明再热蒸汽中喷入1%减温水，循环热效率下降0.1%~0.2%。

混合式减温器在过热器系统中的布置如图5-7所示。

当混合式减温器位于过热器出口端时，进入过热器的蒸汽温度，沿着过热器长度逐渐升高如图5-7中的曲线 a 所示，在出口端通过减温器降低汽温至额定的蒸汽值。这种布置方式汽温调节灵敏，但在减温器前的汽温超过了正常值，其受热面的金属温度高，需要选用耐温高一级的金属材料。假如根据额定汽温选择金属材料，受热面金属将会超温。

混合式减温器布置在过热器进口端，汽温沿过热器受热面长度升高过程如图5-7中的曲线 c 所示，饱和蒸汽通过减温器后变成湿蒸汽，过热器受热面起始段用于蒸发湿蒸汽中的水分，汽温不变，水分蒸发完毕后再升温。这种方法虽然可保持过热器金属温度较低，但是由改变减温水量至过热器出口汽温改变所需时间长。此外，湿蒸汽中的水滴在分配联箱中很难分配均匀，特别是水滴接触减温器外壳、联箱壁，会产生热应力。

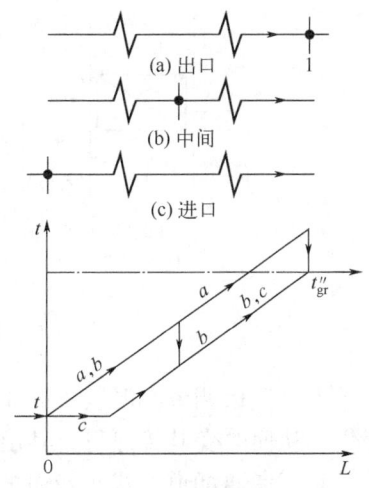

图5-7 混合式减温器在过热器系统中的位置
1—混合式减温器

混合式减温器位于过热器中间，汽温沿过热器受热面长度升高过程如图5-7中的曲线 b 所示，它能降低高温段过热器的管壁金属温度，汽温调节也较灵敏。减温器的位置越接近过热器出口端，汽温调节灵敏度越好。

现代锅炉有二级或三级减温器，都布置在过热器中间位置，它即可保护前屏，后屏及高温段过热器，使其管壁金属材料工作温度不超过许用温度，高温段过热器的减温器前的减温器又可得到较高的汽温调节灵敏度。

混合式减温器根据喷水的方式分为喷头式、文丘里式、旋涡式、笛形管式四种。

2）汽—汽热交换器

汽—汽热交换器用于调节再热汽温，它通过使用过热蒸汽来加热再热蒸汽，从而达到调节再热蒸汽的目的。汽—汽热交换器适用于以辐射过热器为主的锅炉中，由于此时过热汽温随负荷降低而升高，可用多余的热量来加热再热蒸汽。

3）蒸汽旁通法

蒸汽旁通法用于再热蒸汽温度的调节。通常将再热器分成两级，第一级设在低烟温区，第二级设在高烟温区。

在低温再热器进口联箱前设置三通调节阀，在炉外连接一旁通管道至低温再热器出口联箱。当再热汽温偏高时，调节三通阀，使旁通蒸汽流量增大、低温再热器内蒸汽流量减少，低温再热器出口汽温升高，烟温与低温再热器平均汽温之差降低，低温再热器吸热量减少；在低温再热器出口联箱内，低温再热器出来的蒸汽与未被加热的旁通蒸汽混合，使高温再热器入口汽温降低，由于高温再热器处于较高烟温区，进口汽温的降低对其传热温压的增加影响不大，吸热量增加不大，因此再热器的总吸热量降低，出口汽温下降；反之，当再热汽温偏低时，通过蒸汽旁通法可使再热汽温升高。

蒸汽旁通法结构简单，惯性小，对过热汽温没影响，但再热器金属耗量增加。

4) 烟气挡板调节汽温装置

烟汽挡板调节汽温是用来调节再热蒸汽温度，它有旁通烟道和平行烟道两种，如图 5-8 所示。平行烟道又可分再热器与省煤器并联和再热器与过热器并联两种。

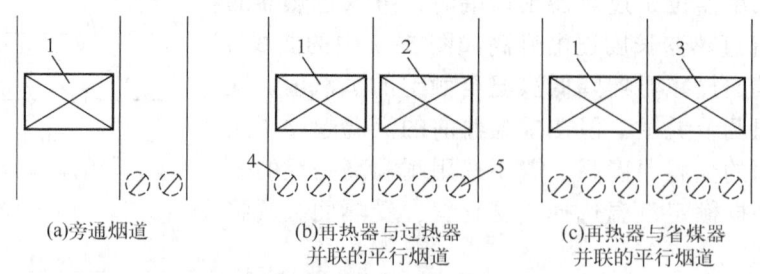

(a) 旁通烟道　　(b) 再热器与过热器并联的平行烟道　　(c) 再热器与省煤器并联的平行烟道

图 5-8　烟气挡板调节汽温装置
1—再热器；2—过热器；3—省煤器；4、5—烟气挡板

烟气挡板调节汽温装置的原理是通过挡板改变再热器的烟气流量，使烟气侧的放热系数变化，从而改变其传热量，其出口汽温随之变化。

对于旁通烟道方式，当锅炉负荷降低时，烟气挡板开度关小，再热器烟气流量增多，再热汽温上升至额定值。由于旁通烟道烟气流量减少，进入省煤器的烟气温度下降，省煤器吸热量减少，使过热汽温升高。旁通烟道方式的缺点是烟气挡板温度高，进入省煤器的烟气温度不均匀，有较大的烟温偏差。

再热器与省煤器并联的调节汽温原理与旁通烟道方式相似。再热汽温升高的同时过热汽温也有所升高。但是它没有了旁通烟道的缺点，挡板位于烟温较低处，下级省煤器的进口烟温比较均匀。

再热器与过热器并联方式挡板调节在锅炉负荷降低时，再热器侧挡板开大，过热器侧挡板关小，再热器烟气流量增加，过热器的烟气流量减小，前者使再热汽温升高，后者使过热器汽温下降，形成反相调节，在调节负荷范围内过热汽温都高于额定值，再用减温器降低其温度至额定值。

5) 改变燃烧器倾角的汽温调节

改变燃烧器倾角的汽温调节必须采用摆动式燃烧器。燃烧器的倾角在运行中可上下调节。倾角向上时火焰中心位置上移，炉膛出口烟气温度升高；倾角向下时火焰中心位置下移，炉膛出口烟气温度下降。炉膛出口烟气温度的变化，改变了炉膛辐射传热量和烟道对流传热量的分配比例。由于再热器与过热器都是对流传热为主的受热面，因而在调节倾角时，它们的吸热量发生了相应的变化，出口汽温也随着改变。在相同的燃烧器倾角改变幅度下，受热面吸热量变化的大小主要决定其布置位置，越靠近炉膛出口的受热面的吸热量变化越大。

用改变燃烧器倾角来调节再热汽温时，在调节过程中对过热汽温的影响用改变混合式减温器的喷水量来修正。为了达到理想的汽温调节效果，在锅炉设计中应注意再热器的主要受热面应尽可能布置在靠近炉膛出口处。燃烧器摆动角度与再热汽温的关系尽可能与再热器及过热器的负荷汽温特性匹配，以减少过热器的减温喷水量。

此外，改变燃烧器的倾角将会直接影响炉膛内的燃烧工况。燃烧器倾角向上摆动时煤粉在炉内燃烧时间缩短，飞灰中碳量增加，还可能在炉膛出口处发生结渣；燃烧器向下摆动时可能发生炉底冷灰斗结渣。一般燃烧器的倾角改变范围为±30°，在运行中应根据燃烧工况确定倾角上限与下限值。

改变燃烧器倾角调节再热汽温的优点是调节简便，灵敏度高；缺点是锅炉热效率下降，炉膛出口可能发生结渣。

### 5.4.5 直流锅炉蒸汽参数的手动控制

直流锅炉的蓄热能力小，工况扰动后被调参数变化往往快而剧烈，因此手动控制有一定的难度。如果掌握了它的动态特性，手动控制也是可行的。

**1. 直流锅炉负荷不变时蒸汽参数的调节**

对于带固定负荷的直流锅炉，蒸汽参数调节的主要任务是调节蒸汽温度，因而在给水量与燃料量比例确定后，操作中应尽量减少燃料量的改变。

锅炉运行的表盘上设有过热器后烟气温度测点，由于它的数值大小取决于蒸发量，因而过热器后的烟气温度值表示了所必需的燃料量，而这一燃料量可保证蒸汽温度达到给定值。所以运行中可以按过热器后的烟气温度值初步确定出所需要的燃料量，然后再根据过热器区段开始部分截面处的蒸汽温度或中间点温度校正燃料量。如燃料量保持得越精确，过热器后烟气的温度的变化范围越小。通常带固定负荷时，过热器后烟气的温度值可允许变化范围为±(5~7)℃，这时可不进行辅助调节。

调节燃料量的主调节信号中，蒸发量和过热器后的烟气温度值的延迟性最小，可迅速反映出它与给定值的偏差，因此按这两个信号进行调节可无明显过调而恢复到给定值。但是，如果为保持过热器后烟气的温度值而过于细致地调节，又往往会导致过调。因此，要十分严格地保证燃料量不变，实际上是难以做到的。为保持燃料量与给水量的比例还需调节给水。当然，燃料量越稳定，锅炉给水量的变化越少。

此外，燃料量的调节精度还受到燃料种类及其供应系统的限制。因此，为了进一步校正燃料量与给水的比例，可借助于喷水调温。喷水调温的延迟性小，可无过调现象。特别是以喷水点后蒸汽温度作为调节信号而调节喷水量时，从喷水开始变化到该喷水点汽温开始变化只需要 5~7s，所以，它很容易实现细调节。直流锅炉在带不变负荷时，蒸汽参数的调节是借助于喷水调节蒸汽温度而尽可能地稳定住燃料量。给水调节只有在喷水量已接近到达它们的限定值时才开始进行。喷水量不宜过大，因为喷水量过大会使喷水点前锅炉的辐射受热面中工作介质流量减小，使喷水点前温度水平过高。喷水量也不能接近于零，因为这将使工况变动时无法再减少喷水量而失去调节能力。

**2. 锅炉变负荷时蒸汽参数的调节**

锅炉主动变负荷运行时，调节的任务是在新的出力下确定给水量与燃料量之间必要的比例，以保证锅炉蒸汽参数。在手动控制时，正常的加、减负荷的速度是有限制的，以免调节过程发生振荡。通常每加（减）一次约为10%BMCR，时间间隔应为5~7min（必要时可稍快一些）。

改变锅炉负荷应先从燃料量的变动开始。由于燃料量所发出的热量的大小立即反映到过热器后烟温的值，所以可以根据预先在变负荷试验或计算中确定的过热器后烟温的值来加、减燃料量；然后改变给水量。如在此新工况下，过热器区段开始部分的蒸汽温度与规定值有较大偏差，则再对给水或燃料进行少量调节。此时，还可用锅炉蒸发量作为信号来调节给水量。

## 5.4.6　蒸汽参数调节方法

直流锅炉的蒸汽压力、蒸汽温度和蒸发量之间互相依赖紧密相关，一个调节手段不仅仅只影响一个被调参数。因此，蒸汽压力和蒸汽温度这两个被调参数的调节不能分开，而是一个调节过程的两个方面。直流锅炉的蓄热能力小，运行工况一旦被扰动，则蒸汽参数的变化会很快。

**1. 蒸汽压力的调节**

直流锅炉蒸汽压力调节的实质就是保持锅炉出力和汽轮机所需蒸汽量相等。蒸汽压力变化是由汽轮机负荷与锅炉不匹配引起的，反映了两者的不平衡。

在汽包锅炉中，调节锅炉的出力是依靠调节燃烧来实现的，与给水量无直接关系。给水量则是根据汽包水位来调节。

在直流锅炉中，炉内燃烧率的变化并不最终引起蒸发量的改变，而只是使出口汽温变化。由于锅炉送出的汽量等于进入的给水量，因而只有当给水量改变时才会引起锅炉蒸发量的变化。直流锅炉汽压的稳定，从根本上说是靠调节稳定给水量实现的。

但如果只改变给水量而不改变燃料量，则将造成过热汽温的变化。因此，直流锅炉在调节汽压时，必须使给水量和燃料量按一定的比例同时改变，才能保证在调节负荷或汽压的同时，确保汽温的稳定，这说明汽压的调节与汽温的调节是不能相对独立进行的。

从动态过程来看，炉内燃烧率的变化可以暂时改变蒸发量，与给水量的扰动相比，燃烧率的扰动更快使蒸发量（汽压）变化。因此，在外界需要锅炉变负荷时，如先改变燃料量，再改变给水量，就有利于保证在过程开始时蒸汽压力的稳定。所以直流锅炉一般选燃料为锅炉负荷的主调而不是选给水量。

当给水流量增加时，推出一部分蒸汽，使机前压力和功率都有瞬时增加，如果燃烧率保持不变，功率将逐渐回落到原来水平，基本保持不变，压力最后由于过热汽温的下降而有所回落，稳定在较原先压力稍高的水平。若协调投入，它对压力和功率的调节作用会短时间内改变燃烧率，并再对中间点温度造成扰动，有可能导致不稳定状况的发生。在燃料量的调节回路中引入中间点温度控制修正实际燃料量，将给水量和燃烧率的相互作用减小，稳定机组运行。

**2. 过热蒸汽温度的调节**

直流锅炉过热蒸汽温度的调节主要是调节燃料量与给水量。由于锅炉效率、燃料发热量和给水焓（温度）在运行中会发生变化，加上给煤量和燃料量在运行中有波动，在实际锅炉运行中要保证煤水比的精确值很难。因此，直流锅炉除采用煤水比作为粗调的手段外，还必须采用喷水减温作为辅助调节手段。有些锅炉也采用烟气再循环、烟气挡板和燃烧器摆动等作为调节手段，但国内常用这些方法调节再热蒸汽温度。

在运行中，为了维持锅炉出口过热蒸汽温度的稳定，通常在过热蒸汽区段取一个温度测点，将它固定在相应的数值上，这就是通常所说的中间点温度。国产机组一般采用汽水分离器出口处的工作介质温度或低温过热器的入口工作介质温度作为中间点温度。

直流锅炉带固定负荷时，压力波动小，主要的调节任务是蒸汽温度的调节。

在变负荷时，则蒸汽温度与蒸汽压力的调节过程必须同时进行。例如，当汽轮机功率增加引起蒸汽压力降低时，就必须加大给水量来提高压力，此时若燃料量不相应增加，就引起蒸汽温度的下降。因此，直流锅炉调压时必须同时调温，即燃料量必须随给水量相应地增加，才能在调压过程中同时稳定蒸汽温度。直流锅炉手动操作时：给水调压，燃料配合给水调温，抓住中间点，喷水微调，以这种"协调控制"的方法来达到蒸汽参数的稳定。

**3. 再热蒸汽温度的调节**

再热蒸汽流量与燃料量之间无直接的单值关系，不能用燃料量与蒸汽量的比值来调节蒸汽温度。因为大部分再热器布置在烟温相对较低的区域，再热器的蒸汽温度特性表现为对流特性，即随着锅炉负荷升高，蒸汽温度升高；锅炉负荷降低，蒸汽温度下降。所以，再热蒸汽温度一般通过烟气侧蒸汽温度调节方法进行调节，主要以烟气挡板调节或摆动式燃烧器调节为主，喷水减温作为事故情况下紧急调节手段。

**4. 蒸汽温度调节应注意的问题**

（1）运行中要控制好蒸汽温度，首先要监视好蒸汽温度，并经常根据有关工况的改变分析蒸汽温度的变化趋势，尽量使调节工作恰当地做在蒸汽温度变化之前。如果等蒸汽温度变化以后再采取调节措施，则必然形成较大的蒸汽温度波动。应特别注意对过热器中间点蒸汽温度的监视，保证好中间点蒸汽温度，才能使过热器出口蒸汽温度稳定。

（2）虽然现代锅炉一般都装有自动调节装置，但运行人员除应对蒸汽参数加强监视外，还需熟悉有关设备的性能，如过热器和再热器的蒸汽温度特性、喷水调节阀门开度与喷水量之间的关系、过热器和再热器管壁金属的耐温性能等，以便在必要的情况下由自动切换为远程手动操作时，仍能维持蒸汽温度的稳定并确保设备的安全。

（3）在进行蒸汽温度调节时，操作应平衡均匀。由于直流锅炉储水量少，锅炉运行中的储热量小，所以对工况变化反应灵敏，当锅炉运行工况发生变化时，锅炉参数变化迅速、剧烈。例如，对于减温水调节门的操作，不可大开、大关，以免引起急剧的温度变化，危害设备的安全。

（4）由于蒸汽量不均或者受热不均，过热器和再热器总存在热偏差，在并联工作的蛇形管中，可能会有少数蛇形管的蒸汽温度比平均汽温高，因此，运行中不能只满足于平均蒸汽温度不超限，而应该在调节上力求做到不使火焰偏斜，避免水冷壁发生局部结渣。注意烟道两侧的烟温变化，加强对过热器和再热器受热面壁温的监视等，以确保设备的安全并使蒸汽温度符合规定值。

## 5.4.7 蒸汽参数调节操作

**1. 机组负荷调节操作**

（1）在 AGC（Automatic Generation Control 自动发电控制）投入的情况下，机组在接收

到调度来的负荷指令后按照设定的升降负荷速率在机组设定的负荷上、下限内自动进行负荷调节，在协调运行良好的情况下控制系统自动进行燃料量、风量、给水量的调节并保持主汽压力和机组负荷相适应。

（2）在 AGC 未投入，协调系统投入的情况下，由运行人员手动输入负荷指令，由控制系统自动完成负荷改变。

（3）在机组协调解除的情况下调节机组负荷应注意：

① 风、煤、水的加减幅度不要过大，如果加减负荷的幅度超过 50MW 应分次进行操作，正常运行调节的升降负荷的速率不超过 6MW/min。

② 在进行负荷调节前要对画面进行一遍巡视，检查锅炉各运行参数是否正常；如果需要加负荷，运行磨煤机出力不足时，需要准备启动备用磨煤机的同时将运行磨煤机的负荷加到最大，尽量满足机组负荷需要。等备用磨煤机投入运行后，再将负荷加到需要值。

③ 减负荷过程中要注意检查燃烧器的点火能量在减负荷后是否满足，磨煤机平均煤量低到 20t/h 以下要根据低负荷时间决定停止一台磨煤机。

（4）机组调节负荷前值班员要根据当前燃料、风量、给水量初步计算锅炉的煤/风/水比率，根据需要调节的负荷初步计算需要调节的煤/风/水量。

（5）锅炉升负荷时要先加风，后加煤，减负荷要先减煤后减风；负荷调节结束后要根据炉膛出口氧量调节风量，将氧量控制在负荷对应的值。

（6）在负荷调节过程中要注意炉膛负压自动的跟踪情况或随着风、煤的变化随之手动调节负压。

（7）在升负荷前如果受热面沿程温度较高或减温水调门开度较大，可先适当加水后加风、加煤，在减负荷前如果受热面沿程温度较低或减温水调门开度较小，可先适当减水后减风、减煤。

（8）在调节负荷的过程中要注意蒸汽过热度的监视、分析，并以此作为煤水比调节的超前信号。

**2. 机组给水调节操作**

（1）锅炉启动及负荷低于 35%BMCR 且贮水箱液位在 2350～6400mm 之间时，锅炉启动系统处于贮水箱至启动疏水扩容器溢流阀控制方式，锅炉运行过程中主给水流量保持锅炉 35%BMCR 的最低流量（300～350t/h）。

（2）主给水流量在 25%BMCR 以下由主给水旁路调节阀来调节给水量；主给水流量超过 25%BMCR 时渐渐全开主给水电动阀、全关主给水旁路调节阀。

（3）汽动给水泵转速达到 3000r/min 以上时投入给水泵转速自动。

（4）在给水调节的过程中，应保持锅炉的负荷与煤水比的对应关系，防止煤水比失调造成参数的大幅度波动。

**3. 主蒸汽温度调节操作**

（1）锅炉正常运行时，主蒸汽温度在机组 35%～100%BMCR 负荷范围内能保持在 571℃，正常允许运行的温度范围为 566～576℃，两侧蒸汽温度偏差小于 5℃。同时受热面沿程工质温度、受热面金属温度不超过规定值。

（2）主蒸汽系统通过煤量和给水量的平衡调节来达到沿程受热面介质温度的平衡，汽水分离器内蒸汽温度是煤量和给水量是否匹配的超前控制信号。

（3）主蒸汽一、二级减温水是主汽温度调节的辅助手段，一级减温水在运行中起到保护屏式过热器的作用，同时也可调节低温过热器左、右侧的蒸汽温度偏差。二级减温水用来调节主蒸汽温度及其左、右侧的蒸汽温度的偏差，使过热蒸汽温度维持在额定值。在45%~100%负荷范围内汽水分离器内蒸汽过热度保持在15~25℃左右，屏式过热器出口蒸汽温度和主蒸汽温度在额定值的情况下，一、二级减温水调门开度在40%~60%范围内。如果减温水调门开度超过正常范围可适当修正煤水比定值，使一、二级减温水有较大的调节范围，防止系统扰动造成主蒸汽温度波动。

（4）锅炉正常运行中汽水分离器内蒸汽温度达到饱和值是煤水比严重失调的现象，要立即针对形成异常的根源进行果断处理（增加热负荷或减水）。如果是制粉系统运行方式或炉膛热负荷工况不正常引起的要对煤水比进行修正。如炉膛工况暂时难以更正，煤水比修正不能将分离器过热度调节至正常，要解除给水自动进行手动调节。启动疏水扩容器出现高水位要及时，开启启动疏水扩容器至凝汽器排水阀和溢流阀排水，锅炉点火后任何时候严禁贮水箱满水。

（5）在一、二级减温水手动调节时要考虑到受热面系统存在较大的热容量，汽温调节存在一定的惯性和延迟，在调节减温水时要注意监视减温器后的介质温度变化，注意不要猛增、猛减，要根据汽温偏离的大小及减温器后温度变化情况平稳地对蒸汽温度进行调节；锅炉低负荷运行时调节减温水要注意，减温后的温度必须保持20℃以上过热度，防止过热器积水。

（6）锅炉运行中在进行负荷调节、启/停制粉系统、炉膛或烟道吹灰等操作以及煤质发生变化时都将对主蒸汽系统产生扰动，在上述情况下要特别注意蒸汽温度的监视和调节。

（7）高加投停时，沿程受热面工质温度随着给水温度变化逐渐变化，要严密监视给水、省煤器出口、螺旋管出口工质温度的变化情况。待汽水分离器入口蒸汽温度开始变化，通过在协调模式下修正煤水比或手动调节的情况下维持燃料量不变调节给水量，参照汽水分离器入口蒸汽温度和一、二级减温水门开度控制沿程蒸汽温度在正常范围内。高加投、停后由于机组效率变化，在汽温调节稳定后应注意适当减、增燃料来维持机组要求的负荷。

（8）在主蒸汽温度调节过程中要加强受热面金属温度监视，蒸汽温度的调节要以金属温度不超限为前提进行调节，若金属温度超限必要时要适当降低蒸汽温度或降低机组负荷并积极查找原因进行处理。

（9）在20%BMCR负荷以下不允许投入一级减温水，减温水门将自动闭锁。在10%BMCR负荷以下不允许投入二级减温水，减温水门将自动闭锁。

（10）如果喷水调节门关闭超过10s之后且过热汽温低于控制的目标值，则每个截止阀自动关闭。若每个截止阀自动关闭则减温水调阀自动关闭。若减温水截止阀失去控制信号和电源时，减温水阀位固定不动。

（11）MFT动作后脉冲关闭各级减温水。

### 4. 再热蒸汽温度调节操作

（1）锅炉正常运行时，再热蒸汽温度在机组50%~100%BMCR负荷范围内能保持在569℃，正常运行时，允许温度范围为564~574℃，两侧蒸汽温度偏差小于5℃，烟气挡板开度应在40%~60%范围内，事故减温水全关。

（2）当再热汽温不能保持在正常范围、烟气挡板开度超过正常范围、事故减温水经常喷入时要对系统进行检查分析：

① 检查制粉系统运行方式是否合理。
② 燃烧器执行机构是否损坏，燃烧器配风挡板位置是否正确。
③ 燃烧器喷口是否损坏。
④ 煤质是否严重偏离设计值。
⑤ 炉膛和燃烧器是否严重结焦。
⑥ 蒸汽吹灰是否正常投入。
⑦ 烟气挡板是否损坏。
⑧ 锅炉受热面是否泄漏。

（3）再热蒸汽温度主要通过尾部烟道挡板进行调节，当再热器出口温度超过574℃，再热器事故减温水投入参与汽温控制。正常运行中要尽量避免采用事故减温水进行汽温调节，以免降低机组循环效率。

（4）再热蒸汽温度手动调节时要考虑到受热面系统存在较大的热容量，汽温调节存在一定的惯性和延迟，在调节再热蒸汽温度时注意不要猛开、猛关烟气挡板。

（5）再热器喷水量过多，高温再热器入口处蒸汽温差过大，对高再入口集箱可能会造成很大的热应力冲击，故应根据低再出口蒸汽温度超过正常工作状态下温度值的大小，确定喷水量的多少，减小高再入口集箱因温差而引起的热应力。

（6）为了减少减温器的热应力，应考虑以下事项：
① 负荷大幅上升时，为防止再热器的喷水延迟，应下调喷水设定值，但在负荷变化很微小时，应锁定设定值的转换，以免喷水阀频繁地开闭。
② 一旦减温水调节阀打开，应待其蒸汽温度稳定后，再慢慢地使之全闭。

（7）事故减温水的调节要注意减温器后蒸汽温度的变化，防止再热蒸汽温度频繁变动。锅炉低负荷运行时要尽量避免使用减温水，防止减温水不能及时蒸发造成受热面积水，事故减温水调节时要注意减温后的温度必须保持20℃以上过热度，防止再热器积水。

（8）在进行负荷调节、启/停制粉系统、炉膛或烟道吹灰等操作以及煤质发生变化时都将对再蒸汽系统产生扰动，在上述情况下要特别注意蒸汽温度的监视和调节。

（9）在再热蒸汽温度调节过程中要加强受热面金属温度监视，蒸汽温度的调节要以金属温度不超限为前提进行调节，必要时要适当降低蒸汽温度或降低机组负荷并积极查找原因进行处理。

### 5. 主蒸汽压力调节操作

（1）在额定工况下，锅炉出口主蒸汽压力为 25.4±0.5MPa。
（2）在机组未进入直流运行前：
① 用控制燃料量的大小来控制汽压，当汽压偏高时降低燃料量。
② 燃料量的增减应该保证各部件金属温度不超限。
③ 保证最低循环给水流量前提下尽量减少给水流量和保持给水流量的稳定。
（3）机组在直流工况下：
① 给水流量的变化会直接影响汽压的变化，给水流量增加汽压上升，温度下降。
② 当汽压变化较大时，应检查协调工作是否正常，煤水比是否正常，如果汽压高，温

度高，应降低燃料量，将汽压降到正常范围运行。如果汽压高、温度低，应适当降低给水量，将汽压维持在正常范围。

③ 当汽压低、温度高时应增加给水量，将汽压升到正常范围运行，如果汽压低、温度低，应适量增加给煤量，将汽压维持在正常范围。

（4）锅炉采用定压运行时，根据机组负荷的需要，相应调节锅炉蒸发量，维持汽轮机在额定压力运行，力求做到汽压稳定。

（5）锅炉在滑压运行时，注意主汽压力设定值随负荷的变化情况，当负荷波动大时及时退出滑压方式。定压和滑压方式相互切换时，注意做到无扰切换。

（6）机组最低负荷运行时，应保持给水流量不低于292t/h。机组正常运行时，机组负荷的增、减速度，每分钟不大于6MW/min。增、减过程中注意保持各段工质温度正常。

（7）每班至少应核对一次锅炉和汽轮机的主蒸汽压力表指示值以及锅炉各主蒸汽压力表指示值。若发现有误差，应及时通知热工人员修复。

（8）当高压加热器发生故障停用时，应相应降低锅炉负荷。

## 操作卡

（1）主蒸汽压力过高，锅炉运行调节操作步骤及要求见附录2.1。
（2）主蒸汽压力过低，锅炉运行调节操作步骤及要求见附录2.2。
（3）再热蒸汽温度过高，锅炉运行调节操作步骤及要求见附录2.3。

## 操作视频

（1）主蒸汽压力过高，锅炉运行调节操作见视频2.1。
（2）主蒸汽压力过低，锅炉运行调节操作见视频2.2。
（3）再热蒸汽温度过高，锅炉运行调节操作见视频2.3。

视频2.1 锅炉主蒸汽压力过高操作

视频2.2 锅炉主蒸汽温度过低操作

视频2.3 锅炉再热蒸汽温度过高操作

## 5.5 锅炉燃烧调整

### 教学目标

**1. 知识目标**

（1）掌握锅炉燃烧调整的必要性。
（2）掌握锅炉调节的控制原理。

（3）掌握锅炉燃烧调整的操作要求。

**2. 能力目标**

（1）能够分析锅炉燃烧调整的逻辑关系。
（2）能够掌握锅炉燃烧的调节过程，能够在锅炉仿真系统上进行锅炉燃烧的调节操作。

**3. 素质目标**

（1）通过本章节的学习，引导学生树立正确的就业观，做到爱岗敬业，忠于职守。
（2）通过学习锅炉燃烧调整的操作，培养学生善于动脑思考、动手操作的职业习惯。
（3）通过仿真实操练习，强化学生严谨、认真的学习和工作态度。

## 任务描述

理解锅炉燃烧调整的任务，掌握燃烧的调节逻辑和信号的选择及调节的方法，学生熟悉锅炉燃烧调整操作要求，能够在锅炉仿真系统上进行锅炉燃烧调整操作，培养学生锅炉实操的技能。

## 相关知识

锅炉燃烧调整的主要内容包括燃料量调节、风量（送风量和引风量）调节、配风调节及燃烧器运行方式的调节等。

### 5.5.1 燃烧调整的任务

锅炉炉内燃烧的好坏，决定了锅炉运行的安全性和经济性。进行锅炉燃烧调整的目的和任务如下：
（1）保证燃烧供热量适应外界负荷的需要，以维持蒸汽压力、温度在正常范围内。
（2）保证着火和燃烧稳定、火焰中心适当、分布均匀、不烧损燃烧器、不引起水冷壁及过热器结渣和超温爆管，燃烧完全，使机组运行处于最佳经济状况。
（3）对于平衡通风的锅炉，应当维持一定的炉膛负压。
（4）减少燃烧所产生的 $NO_x$ 等污染物排放。

保证锅炉安全与经济运行是锅炉燃烧调整的目的，这需要在运行中保持炉内良好的燃烧工况。良好的燃烧工况包括以下几个方面：
（1）煤粉细度合格，一、二次风量和排烟量合适，炉膛压力控制稳定。炉膛过剩空气系数合适。
（2）炉内火焰明亮而稳定（若负荷高，则火色偏白，低负荷时，火色偏黄）。
（3）火焰中心应在炉膛中部；火焰均匀充满整个炉膛，但不触及周围水冷壁。
（4）炉膛温度正常。

### 5.5.2 燃烧调整控制原理

燃烧过程的经济性要求：保持合理的风、粉配合，一、二次风配合，送、引风配合，同时还要保持较高的炉膛温度。

锅炉的燃烧调整控制工作原理如图 5-9 所示。来自锅炉主控制器的负荷指令，按预先设置的静态配合，同时去调节燃料量和进风量，并以送风机的位置指令作为引风调节的前馈信号，引风机同时按比例动作，使锅炉对机组负荷变化作出快速响应。

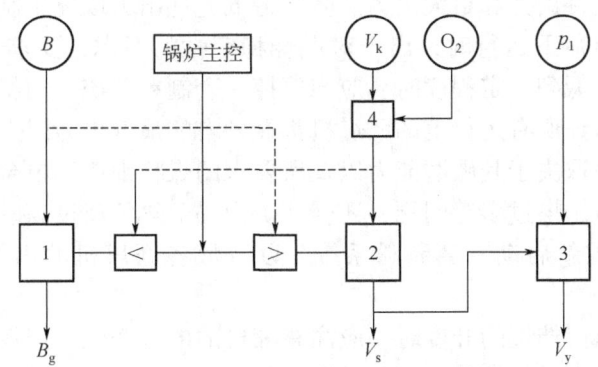

图 5-9 燃烧调整控制工作原理

$B$—燃料量；$V_k$——、二次总风量；$O_2$—烟气含氧量；$p_1$—炉膛压力；
1、2、3—给煤 $B_g$、送风机和引风机的调节装置；4—氧量校正器

在调节燃料量时，比较主控制指令与进风量后，取两者中变化幅度小的为依据；

在调节送风量时，又在主控制指令与燃料量中选择数量较大的为依据，从而保证在任何情况下，炉内的空气不致过少。

因为按主控制指令一次做的各种调节都不可能达到互相精确配合，所以还要根据各被调参数的偏差反馈，分别进行精确的调节。例如，在将小值选择出来的前馈信号送达燃煤调节机构的同时，还把当时的燃料量也反馈给燃料量调节机构，这样，燃料调节机构就根据两者差别的大小进行燃料调节。

燃烧过程是否正常，直接关系到锅炉运行的可靠性。例如，燃烧不稳，将引起蒸汽参数的波动；火焰偏斜会造成炉内温度场和热负荷不均匀，如果数值过大，可能引起水冷壁局部区域温度过高、出现结渣甚至爆管、引起过热器热偏差过大，产生超温损坏；炉膛温度过低，则着火困难、燃烧不稳，容易造成炉膛灭火、放炮等。

## 5.5.3 燃料量调节

燃料量调节的目的是使进入锅炉的燃料量随时与外界负荷要求相适应。当外界负荷发生变化时，根据煤水比，及时调节燃料供应。下面介绍冷一次风正压中速磨直吹系统的燃料量的调节。

配有直吹式制粉系统的锅炉，一般配有数台中速磨煤机，相应地具有数个独立的制粉系统。由于直吹式制粉系统出力的大小直接与锅炉蒸发量相匹配，所以当锅炉负荷有较大变动时，需要启动或停止一套制粉系统。在制订制粉系统启、停方案时，必须考虑到燃烧工况的合理与均衡。

因一次风量变化快于实际煤量的变化，因而可达到磨中蓄粉短时间适应负荷变化的目的。而机组负荷减小时，则应先降低给煤机的转速，然后再减少一次风量。这样调节的好处

有：(1) 无论是增负荷还是减负荷，都保持了一次风中较充分的风量，避免了工况变动导致炉内燃烧的恶化；(2) 利用了磨内存煤，提高了制粉系统对锅炉负荷的响应速度；(3) 增负荷时先加风，减负荷时先减煤，有利于减少磨煤机的石子煤排量（保证了风环速度）。

直吹式制粉系统煤粉炉，其燃料量的调节最终是要通过改变给煤量来实现的。

磨煤机都有最低允许出力和最大出力。其中最低允许出力取决于制粉的经济性和燃烧的稳定性。当锅炉在低负荷下运行时，出于对燃烧稳定性的考虑，要求煤粉较集中地送入炉内，所以，当锅炉负荷低到一定程度时，应当停掉一套制粉系统，而将它的出力分摊给其余运行的制粉系统，以保证所有运行着的磨煤机都在各自的最低出力以上工作。

磨煤机的最大出力取决于其碾磨能力以及所要求的煤粉细度。单台磨煤机出力过高，会导致煤粉质量变差、石子煤过多等问题，还会使炉内局部热负荷过高。所以，当锅炉负荷升高到一定程度时，应重新启动一套制粉系统，以分散各磨煤机的出力，同时分散炉内热负荷。

在调节给煤量及风门挡板的开度时，应注意辅机的电流变化、挡板开度的指示、风压的变化，以防止电流超限和堵管等异常现象的发生。

### 5.5.4 风量调节

锅炉的负荷变化时，送入炉膛的空气量必须与送入炉膛的燃料量相适应，同时，对引风量进行调节，使其与炉内的燃烧产物相适应。

**1. 送风调节**

1) 风量调节的依据

风量调节的基本任务是保证燃料在炉内燃烧有合适的氧量。合适的炉膛过剩空气系数是提高锅炉燃烧效率的关键。

锅炉燃料量变化后，必须相应地改变风量，才能保证燃烧所需要的氧量，如果进入炉膛的总风量过大或过小，将降低锅炉燃烧的热经济性。锅炉热效率最高对应的过量空气系数称为最佳过量空气系数。锅炉在不同负荷下运行时有不同的最佳过量空气系数。

运行中调节入炉总风量的原则就是维持最佳过量空气系数，以达到经济燃烧工况。反映过量空气系数大小的是炉内氧量表的指示值。在正常情况下，应按照锅炉负荷和氧量值来调节入炉总风量。

2) 送风的调节方法

送入锅炉的空气，主要是有组织的一、二次风，其次是少量的漏风。锅炉通常配有一次风机、送风机各两台。一次风携带煤粉进入炉内，所以，运行中的一次风量应按照一定的风煤比来控制；燃烧所需要的助燃空气主要是通过送风机送入炉膛的，因此，入炉总风量主要是通过调节二次风量来调节的送风量。调节的目标就是在不同负荷下维持相应的氧量设定值。

运行中，当锅炉的负荷增大时，燃料量相应增加。自动调节系统将按新负荷指令下的氧量定值信号确定出对应的风煤比，进而确定出新负荷下的风量定值，来改变送风机调节装置的位置，从而改变送风量，满足新负荷下的总风量需求。

送风机送风进入炉膛二次风箱，二次风风量由每个喷口入口处的调节挡板控制，经喷口进入炉膛。增负荷时应先增加送风量，再增加燃料量；减负荷时应先减少燃料量再减少送风量。但是，由于炉膛中总保持一定的过量空气，所以当负荷增幅较大或增速较快时，为了保持蒸汽压力不致有大幅度的下降，在实际操作中，也可以先增加燃料，紧接着再增加送风量；在锅炉低负荷运行时，由于炉膛中过量空气相对较多，因而在增加负荷时，也可以采用先增加燃料量再增加送风量的操作方法。动态中应始终保持适度的过量空气系数，确保锅炉燃烧安全并避免燃烧损失过大。

锅炉运行中，除了用氧量监视风量情况外，还要注意分析飞灰、灰渣中的可燃物含量，排烟中的CO含量，观察炉内火焰的颜色、位置、形状等，依此来分析判断送风量的调节是否适宜以及炉内燃烧工况是否正常。

现代大容量锅炉都装有两台送风机，当两台送风机都在运行时，一般应同时改变两台送风机的风量，以使烟道两侧的烟气流动工况均匀。风量调节时若出现风机的"喘振"，应立即调节，降低负荷运行；如果喘振是由于出口风门误关闭引起的，则应立即开启风门。

**2. 炉膛负压及引风调节**

电站锅炉都采用平衡通风方式，炉膛风压低于环境气压。由于炉内高温烟气有自生通风力，因而从炉底到炉顶烟气压力是逐渐增高的。另外，由于引风作用，烟气离开炉膛后，沿烟道流动需要克服沿程流动阻力，所以压力又逐渐降低，直到最终由引风机提高压头从烟囱排出。这样，整个炉膛和烟道内的烟气压力都是负压，其中以炉顶的烟气压力为最高（负压最小），炉膛的负压表测点就安装在炉顶。运行中，只要炉顶处保持合适的负压值，就不会出现烟气外漏的现象，也不会出现漏风偏大的情况。

在单位时间内，如果从炉膛排出的烟气量等于燃料燃烧产生的实际烟气量，炉膛压力就不会改变，否则炉膛负压就会有变化。例如，在引风量未增加时，先增加送风量，就会使炉膛压力增大，甚至出现正压。

1）炉膛负压监督

炉膛负压是反映炉内燃烧工况是否正常的重要运行参数之一。正常运行时，炉膛负压一般维持在规定的范围内。

锅炉运行中，如果炉膛负压过大，会增大炉膛和烟道的漏风。若冷风从炉膛底部漏入，会影响着火稳定性并抬高火焰中心，尤其是低负荷运行时极易造成锅炉灭火。若冷风从炉膛上部或氧量测点之前的烟道漏入，会使炉膛的主燃烧区相对缺风，使燃烧损失增大，同时使蒸汽温度降低。当炉膛压力为正压时，炉内的高温火焰就会外冒，这不但会影响环境、烧毁设备，还会威胁系统和人身安全。

炉膛负压还直接反映了炉内燃烧的状况。当燃烧系统出现故障或异常情况时，最先反映的就是炉膛负压的变化。例如，锅炉出现灭火，首先反应的是炉膛风压表指针剧烈摆动并向负方向甩到底，光字牌报警。在运行中，因为燃烧工况总有小量的变化，所以炉内风压是脉动的，风压指针总在控制值左右晃动。在燃烧不稳时，炉内风压将出现剧烈脉动，风压指针大幅度摆动，同时风压报警装置动作。此时，运行人员必须注意观察火焰情况，分析原因，进行适当处理。实践表明，炉膛负压表大幅度摆动往往是炉膛灭火的先兆，所以，运行中应严密监视和控制炉膛的负压。

2）引风量的调节

当锅炉增、减负荷时，进入炉内的燃料量和风量发生改变，燃烧后产生的烟气量也随之改变，从而导致炉内压力的波动。此时，必须对引风量进行相应的调节，才能将炉膛负压控制在合理的范围之内。所以,运行中锅炉引风量的调节应以保证合理的炉膛负压为依据。

当锅炉负荷变化需要进行风量调节时,为避免炉膛出现正压,火焰向炉膛外冒出,在增加负荷时,应先增加引风量,然后再增加送风量和燃料量;减少负荷时,则应先减少燃料量和送风量,然后再减少引风量。

引风量的调节方法与送风量的调节方法基本相同。对于轴流式风机采用改变风机动叶(或静叶)安装角的方法进行调节。大型锅炉一般配有两台引风机,调节引风量时需根据负荷大小和风机的工作特性来选择引风机的合理运行。

对于负压运行锅炉,由于炉内工况经常有变动,进行引风调节时,一般围绕炉膛风压表的某个允许的中间值调节;在进行吹灰、清渣时,炉膛负压值可以大一些。

3) 配风方式的调节

配风是指当总的送风量一定时,各层二次风喷口之间的风量分配。合理的配风,对于建立良好的炉内燃烧工况有着重要的意义。

配风的方式与燃烧器的种类和布置都有密切的关系。

**3. 燃烧器运行方式的调节**

除了配风方式,燃烧器的运行方式也是影响炉内燃烧工况的重要因素。燃烧器运行方式是指燃烧器的负荷分配和停投方式。负荷分配是指在总燃料量一定的前提下,各层喷口的燃料分配问题;而停投方式是指投入、停用燃烧器的只数和位置选择。

1) 燃烧器的负荷分配

各层燃烧器的负荷分配方式不同,炉内的温度分布也不同。通常根据煤种、参数调节需要等,并参考以下原则进行调节:

(1) 均匀分配原则。将总煤粉量均匀分配到各层燃烧器,有利于均匀炉内热负荷,防止局部温度过高而导致的结渣。但是由于热量较分散,当锅炉低负荷或者燃用低挥发分煤时,容易发生燃烧不稳定。

(2) 不均匀分配方式。在一些特殊情况下,可以利用各燃烧器不均匀分配方式。例如,增大上层喷口的负荷,减少下层喷口的负荷,可以提高火焰中心,利于低负荷下维持蒸汽温度;相反,下层喷口的负荷高于上层喷口,火焰中心靠下,可以防止炉膛出口受热面结渣,还可以增加燃料在炉内的停留时间,利于燃尽。

2) 燃烧器停投原则

锅炉在额定负荷下运行时,所有燃烧器均投入运行,当锅炉负荷降低到一定程度,则需要停运部分燃烧器,此时需要作出合理的选择。

(1) 停上、投下,降低火焰中心,有利于低负荷稳燃,有利于燃尽;停下、投上,有利于在低负荷下保持额定蒸汽温度。

(2) 停中间、投两端,可以减轻一次风的偏斜,防止炉膛结渣。

(3) 分层停投、对角停投,可以均衡炉内热负荷。

(4) 低负荷时减少运行燃烧器的只数,可以稳定燃烧,提高燃烧效率。

(5) 锅炉燃烧调整是锅炉运行调节的核心内容,通过上述分析可见,运行中应根据锅炉应用燃料的性质、燃烧设备的性能及运行工况等因素,综合分析和判断,从而找到最合适的燃烧调整方式,达到安全、经济运行的目的。

## 5.5.5 燃烧调整要求

（1）通过火焰电视的火焰显示，监视炉内燃烧情况及煤粉着火距离。正常的燃烧，火焰呈金黄色，不偏斜，不冲刷水冷壁，有良好的充满程度。

（2）掌握原煤仓来煤工业分析，以便根据燃料特性及时调节运行工况；当来煤品质偏离设计煤种或阴雨天来煤较湿时，运行人员应在班前做好事故预想。

（3）调节送、引风量，保持炉膛负压在$-50\sim-100$Pa，防止炉膛正压，炉膛上部不向外冒烟；炉膛出口氧量值在风量控制系统中根据负荷自动进行设置，当氧量控制在手动方式时，要根据机组负荷控制氧量值，在升负荷时先加风后加煤，减负荷时先减煤后减风。锅炉点火期间在30%~40%BMCR时，炉膛保持定风量燃烧（保持风量30%~40%BMCR不变），超过40%BMCR后要注意风量和燃料量相匹配，继续升负荷要先加风后加燃料。燃用灰熔点低的煤时，为防止炉膛结焦，可适当修正提高氧量设定值。

（4）为确保燃烧的经济性要定期对煤粉细度进行检查和调节；定期对飞灰、炉渣进行取样分析，以便及时对燃烧进行调节。

（5）当负荷变化时，如幅度不大，可用改变磨煤机负荷的方法来调节，如果幅度较大可用启停磨煤机来实现；需要手动调节时，欲增加负荷先增加二次风量后加一次风量，负荷降低时应先减少一次风量，再减少二次风量，适当调节燃烬风，尽可能保证燃烧完全。

（6）保证最佳的一、二次风量，保证氧量2.5%~3.5%，组织良好的炉内燃烧工况，前后墙燃烧器尽量对称投入，减少热偏差。调节好烟风挡板开度，保证锅炉排烟温度为110~120℃。

（7）在对锅炉进行正常监视调节的同时要加强运行参数和受热面金属温度的分析，如果受热面蒸汽温度或一、二级减温水两侧偏差大、各处受热面金属温度偏差大要及时组织分析并查找原因进行处理。

（8）检查制粉系统的运行方式是否合理，运行中的各制粉系统的出力尽量保持相同，并保持前、后墙对称运行，在制粉系统检修或其他原因不能保持对称运行时前、后墙运行磨煤机数量不得相差两台以上，禁止燃烧器单侧运行。

（9）检查燃烧器的二次风调节挡板调节机构是否有损坏，调节挡板的位置是否正确；检查各运行磨煤机的配煤是否一致，检查各磨煤机的实际给煤量是否均匀；检查和分析燃烧器是否存在结焦和损坏；校对氧量测点是否准确，氧量值是否和对应负荷相适应。

（10）锅炉的最低不投等离子稳燃负荷为50%BMCR，或者参考现场性能试验的最低不投等离子负荷执行。

（11）保证受热面的清洁，吹灰器应按要求正常投入，防止积灰和结焦。

（12）调节燃料量的同时，给水应配合调节，防止煤水比严重失调，造成参数的大幅度波动。

（13）根据负荷、煤质和燃烧情况，设定煤品质参数，调节燃烧器的投停，保持炉膛截面热负荷的均匀性。

（14）启停磨煤机过程中，机组负荷增减应主要调节该磨煤机出力，其他磨可以微调。需要注意的是停磨操作时，应保持或增加运行磨的负荷，防止运行磨负荷过低，不能维持自身燃烧器着火。

（15）经常观察火检系统运行情况，尤其是启停磨和低负荷期间，及时调节煤粉浓度，保证火检系统正常，如发现火检系统故障立即通知检修处理。

（16）检查炉内燃烧情况，炉内火焰充满度高，煤粉着火距离适中，防止火焰偏斜和冲刷水冷壁，各段受热面两侧烟温接近，降低排烟损失和飞灰可燃物。

（17）改变风量、燃料量以适应锅炉负荷的变化，维持适当的风/煤比。

（18）当机组负荷低于35%BMCR或燃烧不稳时，投入等离子点火装置稳燃。

（19）检查燃烧器和受热面，如有结焦、积灰、堵灰现象，及时采取有效措施。

（20）燃烧恶化时，停止打焦、吹灰工作。

## 思考题

（1）简述锅炉运行监测和调节的主要任务是什么。

（2）锅炉运行调节的主要参数有哪些？

（3）分析锅炉MFT动作保护条件中设定运行参数限值的意义是什么。

（4）影响直流锅炉水动力多值性的主要因素有哪些？

（5）提高直流锅炉水动力稳定性的方法有哪些？

（6）分析直流锅炉的汽温静态特性和汽压静态特性。

（7）分析直流锅炉的汽温动态特性和汽压动态特性。

（8）直流锅炉常用的主调节信号有哪些？

（9）锅炉主蒸汽温度过低对机组运行的危害有哪些？

（10）影响锅炉蒸汽温度的因素有哪些，分析这些因素如何影响蒸汽温度。

（11）锅炉运行中通常采用减温器调节主蒸汽温度，烟气挡板调节再热器温度，为什么？

（12）分析直流锅炉过热蒸汽压力的调节过程。

（13）简述锅炉燃烧调整控制原理。

（14）简述锅炉燃烧调整中送风量的调节方法。

（15）简述锅炉燃烧调整过程中燃烧器的投停原则。

# 项目 6　锅炉停运及保养

## 项目描述

锅炉停运是指锅炉从运行状态逐步转入停止燃烧、降压和冷却的过程。本章描述 350MW 超临界直流锅炉滑参数停运的过程以及锅炉停运后保养。锅炉停运操作过程配有操作卡和操作视频，学生通过学习，具备锅在炉机组仿真系统上操作锅炉停运过程的能力。

## 6.1　锅炉停运的分类和规定

### 教学目标

**1. 知识目标**

（1）掌握锅炉停运的分类。
（2）掌握滑参数停运的优点。
（3）掌握锅炉停运的准备要求。

**2. 能力目标**

（1）能够分析滑参数停运的优点。
（2）能够理解锅炉停运的要求。

**3. 素质目标**

（1）培养学生养成良好的职业习惯和严谨的工作作风。
（2）培养学生精益求精、耐心细致的职业素养。
（3）通过引导学生理解滑参数停运的优点，培养学生分析与解决问题的能力。

### 任务描述

通过学习锅炉停运的分类，掌握锅炉停运的要求，理解滑参数停运的优点，培养学生分析锅炉工作过程的能力。

## 相关知识

锅炉在停运过程中，设备降压冷却，停运过程中注意的主要问题是机组缓慢冷却，防止由于冷却过快而使锅炉部件产生过大的温差热应力造成设备损坏。

### 6.1.1 锅炉停运的分类

**1. 按停运的原因分**

按照锅炉停运原因，锅炉停运可分为正常停运和事故停运两种。

（1）正常停运。锅炉设备运行的连续性是有一定限度的。当锅炉运行一定时间后，为了恢复或者提高锅炉设备的性能、预防事故的发生，必须停止运行，进行有计划的检修，称为检修停运。当外界负荷减少，为了保证发电厂及电网运行的经济性和安全性，经调度计划，要求一部分锅炉停止运行转入备用，称为热备用停运。这两种停运都属于正常停运，也称计划停运。

（2）故障停运。在锅炉运行中，发生异常时，为防止事故的进一步扩大，而导致设备损坏或危及人员安全，就必须停止锅炉运行，这种情况下的停运称为事故停运。若事故严重需要立即停运，称为紧急停运；若事故不严重，但为了安全，不允许锅炉继续长时间运行，必须在一定时间内停止运行时，为故障停运，也称为非计划停运。

**2. 按停运的方式分**

正常停运按停运方式分，可分为额定参数停运和滑参数停运：

（1）额定参数停运。是指整个过程中基本上在额定参数下进行的停运。停运过程中，保持主蒸汽参数不变，随着锅炉减弱燃烧，汽轮机逐渐关小调门降负荷，维持主蒸汽压力和温度基本不变，当负荷达到解列负荷时，机组解列，锅炉停止燃烧，此时锅炉依然保持较高的温度水平。这种停运方式的特点是停运过程参数基本不变，通常用于紧急停运和热备用停运。因为锅炉熄火时蒸汽的温度和压力很高，有利于下一次启动。

（2）滑参数停运。滑参数停运是指汽轮机主汽门、调速汽门全开，锅炉滑压、滑温、降负荷，保证蒸汽压力、温度、流量适应于汽轮机滑压、滑温、降负荷的要求，直至负荷至零，汽轮机停机，锅炉熄火停运，随后进入冷却阶段。

滑参数停运的主要优点如下：

（1）缩短了停运时间。在滑参数停运时，将锅炉负荷减到零时的蒸汽参数已经很低，这就缩短了锅炉和汽轮机的冷却时间，以便及早开工检修。

（2）增加了机组的安全可靠性。在机组降负荷过程中，随着锅炉出口蒸汽参数逐渐降低，各部分工作介质的温度和压力也降低，但是工作介质的流量减少得较慢。

（3）能提高经济性。采用滑参数停运，除了可减少停运时间、减少燃料和工作介质损耗外，还可利用锅炉的余热发电。

### 6.1.2 锅炉停运的规定

（1）属计划停运及申请停运须有操作票才能执行，紧急停运可不需操作票而立即执行。

（2）锅炉大、小修或长时间备用，必须在24h前下达命令，热备用及申请停运必须在6小时前通知运行人员，以利于安排机组停运的准备工作。

（3）锅炉大、小修或停运备用可能超过15天时，停运前应提前计算好原煤仓内的进煤量，原煤仓内的煤应尽量用完。

（4）锅炉停运操作必须按操作票和规程规定执行。若在停运过程中，还需要做某些试验或有其他要求时，操作票签发人应在签发时书面交代清楚；若有重大操作试验或异常工况时，还应附有一定的安全技术措施。

### 6.1.3 锅炉正常停运前的准备

（1）锅炉的正常停止运行应根据调度命令，在明确机组停运的原因、时间和停运方式后，进行相应的各项准备工作。操作人员接到指令，按照停运操作规程，做好停运前的准备工作。

（2）锅炉停运前，对各系统、各设备进行一次全面检查，将所发现的缺陷记录在有关记录本内，以便检修人员查考、及时处理。

（3）准备好停机记录本、操作票及停机用的工具。

（4）对锅炉受热面进行全面吹灰，以保证各受热面在停运后处于清洁状态。

（5）通知值班员做好机组停运前的准备工作，对等离子点火装置试拉弧一次，处于备用状态。注意试拉弧时间不可过长，拉弧成功后立即停运，防止单个燃烧器区域热负荷超过设计值而出现结焦。

（6）停运前，应对贮水箱相关的各调节阀门作一次开关试验。

（7）仔细检查四管泄漏装置的历史记录值，分析受热面是否存在微漏。

（8）对电动给水泵各系统仔细检查，必要时进行试转，确保电泵处于完好备用。

（9）对要进行检修的设备参数进行详细记录，以便检修后对运行参数前后对比。

（10）做好机组停运期间脱硝的相关操作。根据机组停运期间的检修项目和停运周期确定是否需要用完液氨储罐内的液氨。及时用完关闭液氨储罐的液氨出口管道上阀门，停止供氨。

（11）做好辅助蒸汽汽源切换的准备工作，使汽源具备切换条件，对管道应送汽暖管。

（12）旁路系统的检查。滑参数停运过程中，要用旁路系统调整锅炉蒸汽参数以及维持锅炉最低稳燃负荷，因此必须检查旁路系统，保证其动作正常。

## 6.2 锅炉停运操作

### 教学目标

**1. 知识目标**

（1）掌握锅炉滑参数停炉曲线的意义。

（2）掌握锅炉停运操作过程。

(3) 掌握锅炉停运后冷却操作。

**2. 能力目标**

(1) 能够分析滑参数停炉曲线。
(2) 理解锅炉停运操作卡的内容及操作要求。
(3) 能够在锅炉机组仿真系统上进行锅炉停炉操作。

**3. 素质目标**

(1) 培养学生爱岗、敬业的精神。
(2) 培养学生团队意识与协作精神。
(3) 培养学生安全意识。

## 任务描述

理解滑参数停炉曲线各阶段的意义和参数的变化，学习操作卡，掌握停炉的操作步骤，熟练在锅炉机组仿真系统进行锅炉停炉操作，培养学生锅炉操作的能力。

## 相关知识

锅炉停运是指锅炉从运行状态逐步转入停止燃烧、降压和冷却的过程。在停炉过程中需要严格按操作要求进行，确保锅炉安全停运。

### 6.2.1 滑参数停炉曲线

在锅炉滑参数停运过程中，为防止机组由于降压、降温速度过快而产生的热应力使设备损坏，应严格按照制造厂规定的降压、降温速度，即滑参数停运曲线停运。滑参数停炉曲线如图6-1所示。滑参数停运曲线是一组关于停运过程中温度、压力和负荷随时间降低的曲线。

滑参数停炉曲线包括四个阶段。

**1. 第一阶段**

电负荷由350MW平稳缓慢地降至175MW。主蒸汽压力由24.2MPa逐渐降至14MPa，主蒸汽温度566℃、再热蒸汽温度566℃维持不变，稳定时间约为20min。滑参数停运第一阶段中，使汽轮机调速汽门逐渐全开直至全周进汽。负荷以6MW/min的速率减负荷，锅炉同时以1MPa/min的速率降低主蒸汽压力。并根据负荷情况逐渐停止部分制粉系统，以保持煤粉量和负荷相适应。在此期间，应注意调整风量、稳定燃烧，并根据汽轮机滑参数停机的需要控制参数的变化，视燃烧情况投入等离子助燃，以避免负荷进一步降低时发生锅炉灭火。

**2. 第二阶段**

当电负荷降至50%(175MW)额定负荷时，稳定20min左右，再以3MW/min额定负荷的速率继续降低负荷，并以0.1MPa/min的速率降低主蒸汽压力，将负荷降到120MW、主

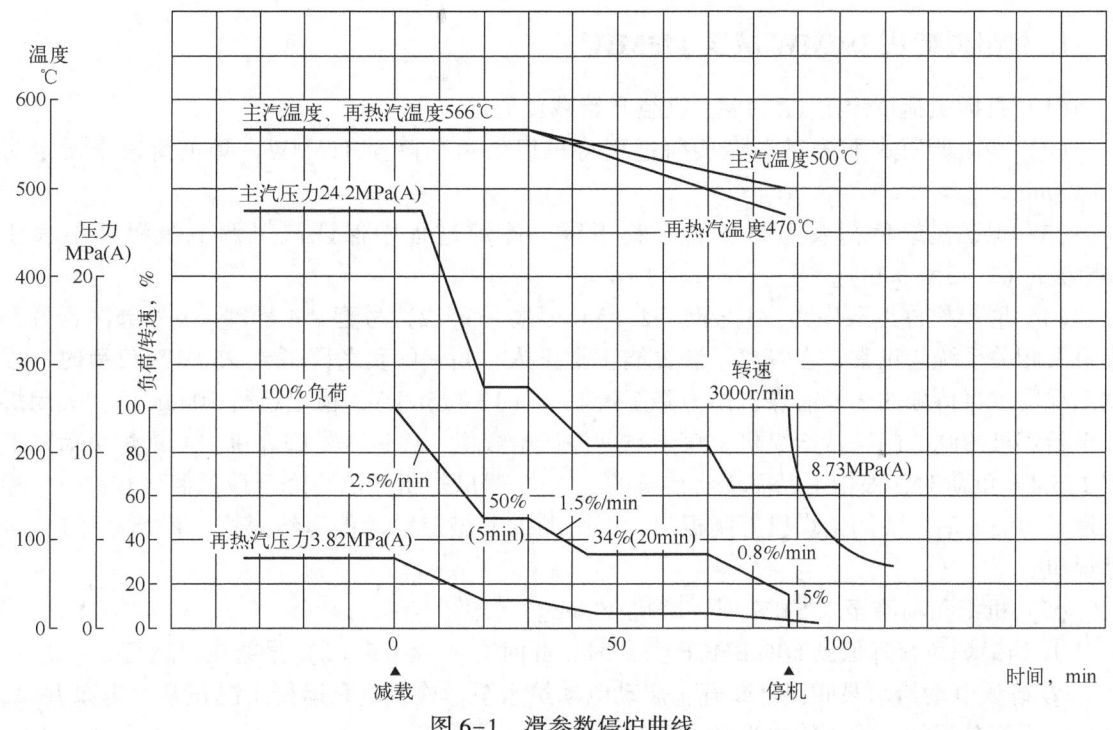

图 6-1 滑参数停炉曲线

蒸汽压力降到 10MPa、主蒸汽温度降到 550℃、再热蒸汽温度降到 540℃。在此期间，逐渐减少燃煤量，停止部分制粉系统，并及时调整锅炉总风量。注意给水压力、给水流量的变化，保证过热度在规定的范围内，并及时调整。

### 3. 第三阶段

负荷降至 34%（120MW）额定负荷时，稳定 20min，主蒸汽温度降到 525℃、再热蒸汽温度降到 500℃。然后以 1.5MW/min 的速率继续降低负荷，以 0.1MPa/min 的速率继续降低主蒸汽压力，以 1~2℃/min 的速率降低主、再热蒸汽温度。逐步将负荷降至 15%（52MW）额定负荷、主蒸汽压力降至 8.73MPa、主蒸汽温度降到 500℃、再热蒸汽温度降到 470℃。发电机解列、汽轮机停机后，锅炉熄火。关闭给水及各减温水隔绝门，解除锅炉联锁及保护。以总风量 35% 的吹扫风量对炉膛和烟道进行充分通风，然后停用送、引风机，并将暖风器退出运行。

### 4. 第四阶段

锅炉停运后，关闭取样、加药、排污门。保持回转式空气预热器继续运行，待其进口烟温低于某规定值后方可停用，防止因受热不均而发生变形。停炉后，应注意经常向锅炉进水，保持贮水箱的高水位。当汽压降至 0.8MPa、水冷壁壁温低于 200℃时，将所有空气门、排污门、疏水门、放水门打开，进行热炉快速放水。

## 6.2.2 锅炉停运的操作步骤

以锅炉在推荐的常规运行模式下运行为例（前墙上排燃烧器不投运，带 100% ECR 负荷），此时共 4 台磨煤机投运。

**1. 机组负荷从 350MW 减至 175MW**

(1) 目标负荷设定至 175MW，机组开始减负荷。

(2) 在协调模式下按正常降负荷过程将机组的负荷降至 175MW，降负荷速率设定为 6MW/min。

(3) 保证机组负荷及主汽压力平稳下降。停炉过程中保证汽机调节级温降不大于 165℃/h（2.75℃/min）。

(4) 磨煤机停运顺序为：3 号磨→2（5）号磨→5（2）号磨→4 号磨→1 号磨。若各磨煤机及相关系统均正常，在等离子装置能正常投入，当锅炉负荷降低到 250MW 负荷时，根据工况需求将待停的 3 号磨煤机出力降至最低值（12~15t/h），稳定运行 10min 后，关闭煤仓至给煤机的闸板门，待给煤机上煤走空后停运给煤机，停运 3 号磨煤机。当锅炉负荷降低到 175MW 负荷时，根据工况需求将待停的 2（5）号磨煤机磨出力降至最低值（10t/h），稳定运行 10min 后，关闭给煤机上闸板门，待给煤机上煤走空后停运给煤机，停运 2（5）号磨煤机。

(5) 机组负荷降至 175MW 时，暖机 20min。

① 当锅炉负荷降低到 50%BMCR 负荷时，此时有 1、4、5（2）号磨煤机运行。

② 确认电动给水泵联锁已断开，启动电动给水泵，检查电泵运行工况正常。电泵并泵，退出一台汽泵运行，检查给水自动控制正常。

③ 检查炉膛、受热面、空预器吹灰结束。

④ 在排烟温度低于 110℃前通知除尘值班员停止电除尘器运行。

⑤ 将锅炉主控切换至手动，汽机主控在自动，将机组控制方式置汽机跟随模式。

⑥ 将燃料主控自动切换到手动，在燃料主控手动调整锅炉燃料量。

⑦ 主、再热蒸汽温度尽量维持额定值，当一、二级减温水调节门全关后，解除一、二级减温水自动控制，再热蒸汽事故减温水和烟气挡板全关后解除再热蒸汽温度自动控制。

**2. 机组负荷从 175MW 减至 52MW，发电机解列**

(1) 停止 2（5）号磨煤机运行。

(2) 当机组负荷降至 110MW 以下时，汽机高加停运后应注意给水温度和中间点温度的变化。

(3) 在汽机跟随模式下将机组负荷降至 100MW，在降负荷过程中进行下列操作：

① 解除制粉系统给煤机自动控制，150MW 将 1、4 号磨切至"等离子模式"后投入 A、D 层等离子并及时投入空预器连续吹灰。

② 机组负荷减至 100MW 时，暖机 10min。

③ 将给水流量转移至电动给水泵，保持给水流量大于最小流量（220t/h），电泵运行正常后，退出第二台汽动给水泵，由电泵供水。

④ 锅炉正常停炉时，当锅炉负荷降到 30%BMCR、压力降至 10.5MPa 左右时，首先应关闭疏水扩容器溢流阀暖管管路，开启溢流阀进口电动阀，溢流阀应投入自动，当疏水扩容器中出现水位以后，疏水扩容器的水位由溢流阀自动调节。

⑤ 两台投运的磨煤机带 30%BMCR 负荷，并维持 20min 左右。

⑥ 将给水的给水工况切换为 AVT（氨、联氨）工况运行。

(4) 通过设定磨煤机给煤量的自动减少和控制燃料燃烧。

(5) 当锅炉负荷从30%BMCR开始降低时,将机组负荷变化率设定为1.5MW/min,开始停运1(4)号磨煤机。汽机控制转为DEH功率控制方式。

(6) 将高旁温度和压力控制投自动方式,设定高旁控制压力为8.73MPa。

(7) 检查高旁减温水阀自动开启,低压旁路阀后温度控制在70℃。

(8) 检查高旁自动维持主汽压力8.73MPa,高旁减温水自动跟踪良好。

(9) 在机组降负荷期间当疏水扩容器液位高于2.85m,检查疏水扩容器水位调节阀自动开启,维持水位在2.85~7.35m之间。

### 3. 机组负荷达到52MW

机组负荷降至52MW,主蒸汽压力8.73MPa、主蒸汽温度500℃、再热蒸汽温度470℃,汽轮机打闸停机,电气解列。

### 4. 锅炉MFT

锅炉MFT,检查锅炉熄火,等离子全部停止运行。

### 5. 锅炉MFT后操作

(1) 检查锅炉熄火,制粉系统全部停止运行;

(2) 停止电动给水泵运行;

(3) 炉膛通风5min后,依次停止送风机和引风机运行;

(4) 炉膛密闭。一般停炉备用应密闭18h以上,停炉转检修的密闭时间根据检修级别来确定;

(5) 锅炉长期停运,压力小于1.5MPa时,可以通过疏水带压将炉水排空。长期停运设备应放尽设备内部存水及系统内积水。

## 6.2.3 锅炉停运后的操作

(1) MFT保护动作后,检查确认所有制粉系统全部退出。

(2) 锅炉熄火后,确认空预器吹灰器停运,并切断吹灰气源。

(3) 关闭所有取样一次阀,通知化学值班人员。

(4) 停炉后,确认过热器、再热器减温水隔离阀、调节阀关闭。

(5) 待真空破坏后,开启再热器空气阀、进出口集箱疏水阀。

(6) 锅炉熄火后,维持正常的炉膛负压及30%以上额定风量,对炉膛连续吹扫5min后停运所有送、引风机,关闭锅炉所有风门、挡板、孔门,锅炉闷炉进行自然冷却。

(7) 锅炉停用后,若需要加速冷却,须上报批准,经过一定的时间后,开启一台送、引风机,并保持空气预热器运行。

(8) 当炉膛温度低于100℃以下时停止等离子冷却水泵。关压缩空气供等离子总阀,关等离子冷却水总阀。

(9) 风机停运后,应监视预热器进、出口烟温,一旦发现预热器出口温度不正常升高,应立即查明原因并处理。

（10）空预器进口烟气温度小于120℃，允许停运空预器。

（11）风箱温度低于70℃时，如果引送风机全停后，火检冷却风机可以停止运行，如没有检修要求，一般不停，避免炉内飞灰污染火检探头。脱硝稀释风机可以停止运行，如没有检修要求，一般不停，避免炉内飞灰阻塞喷头。

（12）待炉底渣斗排空后，停运干渣机，停运除灰系统。

（13）过热器出口压力未到零以前，应有专人监视各段壁温。

（14）在最后一燃烧器停运后，打开省煤器排气阀。

## 6.2.4　锅炉停炉后的冷却

**1. 自然冷却**

（1）锅炉MFT后，将炉前燃油系统进行隔离，检查所有减温水隔绝门关闭。

（2）维持炉膛风量在30%左右，对炉膛进行不少于5~10min的通风吹扫。

（3）吹扫结束后，维持两台空预器运行，停运送、引风机，关闭各风、烟挡板，锅炉闷炉。

（4）锅炉熄火后停运汽动给水泵，关闭361阀，锅炉停止进水。

（5）根据需要关闭有关的加药、取样门。

（6）停炉后6~8h，开启烟道挡板进行自然通风冷却。

（7）自然冷却过程中，要求水冷壁降温速度不超过0.25℃/min。

（8）利用过热器疏水阀控制降压速度不超过1.5MPa/h。

（9）锅炉放水按"机组停运后的保养"中的有关规定执行。

（10）当炉膛出口温度降至150℃以下时，可停运火检冷却风机。

（11）空预器入口烟温下降至150℃，停运空预器。

**2. 快速冷却**

若因受热面泄漏需快速冷却，必须得到批准后方可进行。快速冷却步骤如下：

（1）停所有燃烧器，全开主汽管道疏水阀。

（2）停炉熄火后，以不低于30%的风量对炉膛吹扫10min，停运送、引风机，关闭其进出口挡板，锅炉闷炉。闷炉期间若炉内泄漏量大，蒸汽外漏，可打开一侧引风机进出口挡板，稍开引风机动叶，维持炉膛负压在±20Pa。

（3）快速冷却期间，水冷壁降温速度不超过0.5℃/min，利用过热器疏水阀控制降压速度不超过2MPa/h。

（4）锅炉闷炉6~8h后，根据工作需要，可启动单侧引、送风机，以10%左右的风量对锅炉进行通风强制冷却。

（5）当水冷壁出口温度低于170℃时，向炉内加药进行保养。

（6）当主汽压力低于0.2MPa时，全关主汽疏水阀。

（7）下列条件满足时可以认为强制冷却完成，但这些条件取决于强制冷却的范围和时间：

① 分离器入口水温低于100℃；

② 空预器入口烟气温度低于100℃。
(8) 同锅炉热备用一样，停下列辅助设备：
① 停运给水泵；
② 停 A 送风机和 A 引风机；
③ 停 B 送风机和 B 引风机；
④ 停 A、B 空预器；
⑤ 停火检冷却风机。

## 6.2.5　锅炉滑停和冷却过程中的注意事项

(1) 参照机组滑参数停炉曲线参数控制主蒸汽、再热蒸汽的降温速度和降压速度：
① 过、再热蒸汽降温速度小于2℃/min。
② 过、再热蒸汽降压速度小于0.3MPa/min。
(2) 滑停过程中保证减温器后主蒸汽、再热蒸汽有20~30℃的过热度。
(3) 滑停过程中，主蒸汽、再热蒸汽温差不大于28℃，降温过程中再热汽温应尽量跟上主蒸汽温度。
(4) 在滑停过程中锅炉加强对燃烧、主再汽温调整，避免汽温突降或突升和大幅度波动。
(5) 在锅炉滑停过程中要严密监视锅炉热应力和锅炉受热面金属温度不得超过锅炉的允许报警值，否则要停止降负荷、降温、降压。
(6) 在整个停运过程中，应严格控制汽水分离器任意两点之间的壁温差不得超过规定值。
(7) 热备用停炉时，应严密关闭各孔门、风门及烟气挡板，尽量减少蒸汽压力的下降。
(8) 停炉后，应继续加强对贮水箱水位的监视，防止出现满水和缺水。
(9) 停运后，空气预热器应继续运行，直至进口烟温低于规定值方可停止。
(10) 冬季停炉后应做好防冻工作。

## 6.2.6　备用锅炉停运后的操作

(1) 锅炉停用后，锅炉作为备用时还应做好以下工作：
① 紧闭各门孔和关闭各风门、挡板，减少漏风；当汽、水系统压力不再自行升高后，即关闭各排汽门、疏水门、放水门，尽量减少热损失。
② 监视仪表及安全阀、锅炉保护、报警信号等安全监察装置，仍应处于投入或备用状态。未经批准，不可进行影响设备备用状态的检修工作。
(2) 在冬季应做好防冻工作。
(3) 锅炉附属的压缩空气系统、冷却水系统应继续维持运行，并正常检查。

### 操作卡

(1) 锅炉停运降负荷（350MW 至 175MW）操作步骤及要求见附录3.1。

(2) 锅炉停运降负荷（175MW 至 52MW）操作步骤及要求见附录 3.2。

(3) 主给水切换至旁路运行操作步骤及要求见附录 3.3。

## 6.3 锅炉停运后的保养

### 教学目标

**1. 知识目标**

(1) 掌握锅炉停运保养的目的。

(2) 掌握锅炉停运保养的方法。

**2. 能力目标**

(1) 能够描述锅炉停运保养方法和操作步骤。

(2) 掌握不同保养方法的适用场合。

**3. 素质目标**

(1) 培养学生的创新能力和严谨认真的工作态度。

(2) 通过学习分析锅炉不同保养方法，培养学生善于思考、求真务实的职业素养。

### 任务描述

理解不同停运保养方法的工作原理，分析不同保养方法的适应性，掌握锅炉停运后保养的操作要求，培养学生操作锅炉的技能。

### 相关知识

(1) 锅炉停止运行后，若在短时间内不再投入运行，则应将锅炉转入冷态备用。当锅炉停止运行后，进入冷备用或检修状态，如保护不当会发生金属腐蚀（水中溶解氧或漏入空气造成的氧化腐蚀），称为锅炉停用腐蚀。锅炉停用期间为防止锅内金属腐蚀而采取的措施称为停用保护。

(2) 锅炉在冷态备用期间的主要问题是防止腐蚀，尤其要防止金属氧化腐蚀。因此，应减少炉水中的溶解氧和防止外界空气的漏入。

(3) 锅炉在备用期间的主要问题是防止受热面金属腐蚀，减少锅炉设备的寿命损耗。

(4) 保养根据设备及实际情况确定合适保养方案避免设备腐蚀。

### 6.3.1 停运保养的方法

锅炉停运保养的方法原则上可分为湿法保护和干法保护。湿法保护是锅炉停运后，锅炉汽水系统和外界严密隔绝,用具有保护性的水溶液充满锅炉受热面,防止空气中的氧进入锅炉内。干法保护是使锅炉内表面处于干燥状态,以达到防腐蚀的目的。湿法保护可分为氨-联氨保护法,氨压保护法等多种方法。干法保护可分为充氮保护法、余热烘干法、钝化加热炉放水法、干空气吹扫保护法等。

锅炉停运后的保养,可根据保养期时间的长短,依照表6-1选择合适的保养方法。

表6-1 锅炉停运保养方法

| 停运保养时间 | 省煤器、水冷壁分离器、贮水箱 | 过热器 | 主蒸汽管 | 再热器 | 再热器进出口蒸汽管 |
|---|---|---|---|---|---|
| <60h | 热炉放水 余热烘干 | 热炉放水 余热烘干 | 热炉放水 余热烘干 | 热炉放水 余热烘干 | 热炉放水 余热烘干 |
| ≥60h <14d | 满水 pH值为9.4~9.5(25℃) | 充氮密封 | 充氮密封 | 充氮密封 | 充氮密封 |
| ≥14d | 充氮密封 | 充氮密封 | 充氮密封 | 充氮密封 | 充氮密封 |

## 1. 加热充压法

1~10天短期备用锅炉可采用加热充压法进行保护。其方法是在锅炉停运后降压至0.3MPa,关闭排汽门和疏水门,锅炉压力在0.3MPa以上,压力不足时应点火升压或炉底蒸汽辅助加热。在加热充压备用期间,每天取样炉水和蒸汽进行化验,要求含氧量不大于15μg/kg,每周化验炉水含铁量一次,要求炉水含铁量不大于30μg/kg。水质不合格时可用加热放水法除氧,或通过炉底放水除铁。

## 2. 热炉放水烘干法

冷备用停运时间较长或检修停运可采用热炉放水烘干法。

(1) 锅炉熄火,炉膛吹扫结束后,保持再热器各疏水阀、空气阀关闭,立即停止送引风机运行,紧闭各风门、挡板、检查孔,维持炉底水封正常,防止炉膛温度降低过快。同时保持汽轮机真空,打开中联门前疏水阀,对再热器抽真空,使剩余的冷凝水在再热器内闪蒸。

(2) 汽轮机真空破坏后,开再热器各疏水阀、空气阀,用锅炉余热将再热器烘干。

(3) 汽水分离器降压至0.8MPa以下,炉水温度小于180℃时,打开水冷壁、省煤器放水阀开始锅炉热炉放水,关闭烟风道挡板。

(4) 汽水分离器降压至0.2MPa以下,快速打开水冷壁各空气阀、过热器疏水阀进行疏水放空烘干。

(5) 热炉放水4h后,联系化学测试水冷壁、过热器、再热器出口空气湿度,然后每隔1h检测一次,炉内空气相对湿度小于70%或等于环境相对湿度时,停止通风干燥,关闭各受热面疏水阀、放空气阀,密闭受热面。

(6) 只有当烘干结束后,方可开启风门、挡板或引风机进行通风冷却。

(7) 锅炉降压操作必须控制降压速率不超过允许值。

采用热炉放水烘干法长期备用时应在汽包、联箱内放置吸水硅胶布袋,吸取锅内潮气,保养期间定期检查、添加或更换吸潮剂。

### 3. 抽真空干燥法

抽真空干燥法是与热炉放水烘干法配合进行的一种方法。它在锅炉停运后，先按热炉放水烘干法要求进行操作，紧接着再在汽水系统辅以抽真空操作，以降低锅炉存在的汽化温度，使潮气迅速抽至系统外，进一步提高了烘干效果。抽真空干燥法的负压由抽气器抽空气形成，负压一般大于 50kPa。

### 4. 氨及联氨浸泡法

1) 氨及联氨浸泡法原理

联氨（$N_2H_4$）是较强的还原剂，联氨与水中的氧或氧化物作用后，生成无腐蚀性的 $N_2H_4$ 化合物，从而达到防腐的目的。加氨的作用是调节水的 PH 值，使水保持一定的碱性，同时应在未充水的部位充进氮气，并保持一定的气压，以防止空气漏入。

2) 氨及联氨浸泡法操作要求

（1）适用范围为锅炉省煤器、水冷壁、过热器几天到两个月的停运保养。

（2）先将锅炉内存水放尽，开启空气门，其余阀门全关；用给水系统将氨及联氨标准溶液灌满锅炉内，标准溶液由加药泵把氨及联氨注入给水系统，其联氨浓度为 100~150mg/kg，控制联氨浓度上升的速度，用氨水控制 pH 值，保证炉水 pH 值为 9.5~10.5。每隔三天取样化验炉水溶液，当浓度低于 pH 值达到 10.2 的标准值时应补充加药。使用氨及联氨浸泡法时应注意与仪表等铜质元件隔离。

（3）联氨浓度开始上升后，凝结水精处理切至旁路运行。凝结水精处理运行时注意其入口联氨浓度不能超过 10ppm。

（4）在监视除氧器的入口的联氨浓度为控制目标浓度的同时，对除氧器的出口、省煤器入口、贮水箱的联氨浓度也应进行监测。

（5）贮水箱的联氨浓度上升后，炉水循环回凝汽器，因此应注意不要将系统的联氨浓度升得太高。

（6）确认系统全体检测点的联氨浓度达到目标值。

（7）快速停运给水系统、凝结水系统、联氨泵，破坏真空、停止轴封系统。

（8）凝结水泵停运后，若联氨泵未及时停止时，凝结水管联氨浓度会局部升高，因此上述系统的停止要及时。

（9）整个保养期间注意在凝汽器热井水位高时，不能将凝结水排到凝补水箱，以免污染其水质。

（10）炉水温度低于 50℃时，可以向过热器上水进行保养。

（11）经常对炉水进行取样分析，当联胺含量水平或 pH 值下降时，应加药维持。

### 5. 充氮法

1) 充氮法原理

当锅炉内部充满氮气并保持适当压力时，空气便不能漏入，可以防止氧气与金属接触，从而避免腐蚀，该方法在冬季也比较适用。

2) 充氮法操作要求

(1) 适用范围为长期停运备用保养，但要求系统应严密。

(2) 热炉放水余热烘干完毕，锅炉吹扫结束后，停止一侧引送风机，根据各部金属情况适当降低运行的另一侧风机的出力。

(3) 关闭锅炉各处疏水阀、空气阀及取样阀，强制关闭汽轮机主汽阀前各疏水阀。

(4) 向过热器、汽水分离器充入氮气，保证系统压力不低于1kPa，氧的体积含量不高于1%，在氮气压力保持在0.3~0.5kPa的条件下，微开水冷壁放水阀及省煤器入口放水阀，利用氮压放尽炉水及省煤器内余水，放空后关闭上述阀门。

(5) 每周在汽水分离器出口放空气管上取样，如果氧的体积含量上升到高于1%，应进一步充氮、置换。

## 6.3.2 停运保养的注意事项

停用的锅炉本身不再产生热量，且管道内的水处于静止状态，冬季气温很低时，为了防止冻坏管道和阀门，必须考虑锅炉的冬季防冻问题：

(1) 冬季应将锅炉各部分的伴热系统、各辅机油箱加热装置、各处取暖装置投入运行，确保正常。

(2) 冬季停运时，尽可能采用干式保养。若锅内有水，应投入水冷壁下联箱蒸汽加热。

(3) 将所有疏水放水阀门开启，把炉水和仪表管路内的存水全部放掉，以防止积水存在。

(4) 厂房及辅机室门窗关闭严密，设备系统的各处保温完好，发现缺陷应及时进行消除。

(5) 锅炉的化学清洗，是指保持受热面内表面清洁，防止受热面因结垢、腐蚀引起事故，以及保持汽水品质合格。锅炉化学清洗要求能除去新建锅炉在轧制、加工过程中形成的高温氧化轮皮，以及在存放、运输、安装过程中所产生的腐蚀产物、焊渣和泥沙污染物等；除去运行锅炉在金属受热面上积聚的氧化铁垢、钙镁水垢、铜垢、硅酸盐垢和油污等。

## 思考题

(1) 锅炉停运的分类有哪些？
(2) 结合锅炉滑参数停运曲线，分析各阶段机组的状态和变化过程。
(3) 简述锅炉停炉后自然冷却过程。
(4) 锅炉停运保养的目的是什么？
(5) 简述锅炉停炉保养的方法。

# 项目 7 锅炉运行故障及防治

## 项目描述

本项目主要学习锅炉在启停和运行工况时可能发生的异常和事故，学生根据事故现象判断事故种类，分析事故产生的原因，做出准确判断进行处理。通过运行故障的学习，提升学生对锅炉运行操作规程的理解，培养学生处理锅炉事故的技能以及锅炉运行情况进行监控与分析的能力。

## 7.1 锅炉 MFT

### 教学目标

**1. 知识目标**

（1）理解锅炉事故处理的原则。
（2）理解锅炉 MFT 的含义。
（3）掌握锅炉 MFT 保护动作条件。
（4）掌握锅炉 MFT 保护动作后联锁跳闸设备。

**2. 能力目标**

（1）能够根据现象判断 MFT 保护动作产生的原因。
（2）能够说出锅炉 MFT 动作的联锁设备状态。

**3. 素质目标**

（1）通过锅炉 MFT 学习，提高学生对锅炉事故的理解，培养学生安全意识。
（2）培养学生理论与实践结合的能力。
（3）通过故障处理过程，培养团队意识与协作精神。

### 任务描述

学生掌握 MFT 动作条件，掌握 MFT 动作后设备联锁过程，并且分析各设备的状态。学生根据 MFT 现象，分析 MFT 动作的原因，正确判断事故类型，判别设备状态及参数，保证系统安全。

## 相关知识

当锅炉发生的事故影响锅炉的安全时，必须紧急停炉，避免事故扩大。

锅炉 MFT 是锅炉安全保护的核心内容，是 FSSS 系统中最重要的安全功能。它的作用是连续监视预先确定的各种安全运行条件是否满足，在出现任何危及锅炉安全运行的危险工况时，锅炉 MFT 动作，快速切断所有进入炉膛的燃料，以保证锅炉安全。

### 7.1.1 事故处理原则和要求

火力发电厂生产的一个重要特点是发电设备的出力需要随外界负荷的变化而变化，这是由于电力不能大量储存的缘故。锅炉工作时，燃烧系统有煤、有灰、有高温烟气，汽水系统有高温、高压汽水，由于工作介质复杂且多变，锅炉故障是引起火力发电厂机组非计划停运的重要因素。

锅炉发生故障后，会造成机组减负荷甚至停运，给发电厂带来经济损失。发生重大事故时，还会造成设备损坏或留下事故隐患，甚至威胁人身安全，对用户和社会造成无法估量的损失。特别是大容量锅炉，其结构复杂，检修成本高、周期长，启停费用高，一旦因故障或事故停运，即使没有重大设备损坏，也会因为少发电和增加启动费用而造成较大损失，并且还会增加设备的寿命损耗。

造成锅炉发生故障的原因很多，除了与设备在制造、安装和检修过程中质量不好有关外，有相当部分是由于运行人员对设备不熟悉（或是技术不熟练）、工作疏忽大意、判断错误和错误操作造成的。因此，运行人员的责任应是积极预防锅炉故障的发生，严格按照有关规程操作运行，熟悉锅炉常见及重大故障的发生原因，掌握处理方法及预防措施。当事故发生时，应按下述原则进行处理：

（1）运行人员应沉着冷静，正确判断发生事故的原因，按有关规程迅速消除事故的根源，解除对人身安全和设备的威胁，防止事故进一步扩大。

（2）在保证设备不受损害和人身安全不受威胁的条件下，应先尽量保持机组运行，并将该机组负荷尽快转移到厂内其他正常运行的机组上，尽量保证对用户正常供电，并保证厂用电源的正常供给。

（3）当事故较为严重，不得不紧急停炉时，应通知上级有关部门，以便进行负荷调配。

在现场事故处理操作时，要按以下要求进行操作：

（1）机组发生事故时，应按"保人身、保设备、保电网、保供热"的原则，迅速按规程规定正确进行处理。发生故障时，各值班员应坚守本岗位，根据仪表指示、声光报警、保护动作情况以及其他现象，及时查清故障原因，故障范围，判明事故的性质、发展趋势、危害程度，然后及时进行处理并采取相应的措施。

（2）故障发生时，所有值班员应在上级部门统一指挥下及时正确地处理故障，不得擅自操作。值长应及时将故障情况通知非故障机组，使全厂各岗位做好事故预想，并判明故障性质和设备情况以决定机组是否可以再启动恢复运行。

（3）非当值人员到达故障现场时，未经当值值班员或值长同意，不得私自进行操作或处理。当故障危及人身或设备安全时，值班员应迅速停运相关设备，果断解除人身或设备危险，不要有侥幸心理，事后立即向上级值班员或值长汇报。

（4）在故障处理过程中，接到命令后应进行复诵，如果不清楚，应及时问清楚，操作应正确、迅速。操作完成后，应迅速向发令者汇报。值班员接到危及人身或设备安全的操作指令时，应坚决抵制，并报告上级值班员和领导。

（5）故障处理时，值班员应及时将有关参数、画面和故障打印记录收集备齐，以备故障分析。

（6）发生事故时，值班员外出检查和寻找故障点时，集控室值班员在未与其取得联系之前，无论情况如何紧急，不允许将被检查的设备强行送电启动。

（7）当事故危及厂用电时，应在保证人身和设备安全的基础上隔离故障点，尽力设法保住厂用电。

（8）在交接班期间发生事故时，应停止交接班，由交班者进行处理，接班者可在交班者同意下并由交班值长统一指挥协助处理，事故处理告一段落再进行交接班。

（9）事故处理过程中，必须遵守运行规程有关规定。

## 7.1.2 锅炉事故停炉

**1. 锅炉紧急停运原因**

（1）设备本身存在缺陷，包括结构缺陷、材料缺陷、制造缺陷、安装缺陷、检修缺陷等。设备方面出现事故，运行人员一般容易发现，当事故开始暴露时，运行人员如果能够及时发现，正确判断，采取措施进行处理，多数情况下能防止事故扩大。

（2）运行操作调整不当。运行操作不当往往是运行人员对设备结构、系统不够熟悉或责任心不强，没有按运行规程执行运行，以及当发生不正常现象时没有及时处理或处理不当。锅炉参数高、容量大，一旦发生事故，损失特别重大，因此应避免发生事故，正确处理事故，保证锅炉安全运行。

注意：当锅炉出现危及锅炉运行安全的危险情况，应紧急停运锅炉，避免发生设备损坏和人身事故，或限制事故进一步扩大。

**2. 锅炉紧急停运条件**

（1）锅炉任一 MFT 保护达到动作条件而故障拒动。

（2）锅炉承压部件、受热面管子和管道爆管难以维持运行。

（3）所有锅炉给水流量表计损坏，不能正常监视锅炉上水流量。

（4）炉墙发生裂缝或钢架、钢梁烧红。

（5）尾部烟道发生二次燃烧或排烟温度不正常升高时超过规定值。

（6）锅炉压力升高超过安全阀动作压力设定值，安全阀拒动，同时两个 PCV 电磁释放阀无法打开时。

（7）两台空气预热器故障均不能立即恢复运行。

（8）主、再热器安全阀动作后不回座，造成主、再热器蒸汽压力下降，汽温或各段工质温度变化达到不允许运行时。

（9）炉膛内或烟道内发生爆炸，使设备遭到严重损坏时。
（10）锅炉房发生火灾，直接影响到锅炉安全运行。

### 3. 锅炉 MFT 保护动作条件

当达到 MFT 动作条件时，MFT 动作，切断进入炉膛的燃料，避免事故发生和扩大。锅炉 MFT 保护动作条件见表 7-1。

表 7-1 锅炉 MFT 保护动作条件

| 序号 | MFT 保护动作条件 | 动作描述 |
| --- | --- | --- |
| 1 | 引风机全部停止 | 两台引风机全停，锅炉 MFT；<br>单台引风机停止发报警信号 |
| 2 | 送风机全部停止 | 两台送风机全停，锅炉 MFT；<br>单台送风机停止发报警信号 |
| 3 | 空气预热器（空预器）全部停止 | A、B 空预器主、辅马达全停，锅炉 MFT；<br>单台空预器停止发报警信号 |
| 4 | 一次风机全停 | 有任一煤层运行时两台一次风机停运，锅炉 MFT |
| 5 | 两台给水泵全停 | 锅炉 MFT |
| 6 | 炉膛压力高高 | 炉膛压力高二值≥+2.5kPa，锅炉 MFT（炉膛压力高三值≥+4kPa，联跳送风机） |
| 7 | 炉膛压力低低 | 炉膛压力低二值≤-2.5kPa，锅炉 MFT（炉膛压力高三值≤-4kPa，联跳引风机） |
| 8 | 锅炉总风量低 | 锅炉总风量<20%，锅炉 MFT |
| 9 | 火检冷却风机全停 | 丧失火检冷却风持续 15s，锅炉 MFT（两台冷却风机全停，或火检冷却风机出口母管压力低低≤3.0kPa） |
| 10 | 失去全部燃料 | 在有燃烧记忆（任一煤层投运）的情况下，所有给煤机全停延时 120s 或所有磨煤机全停，锅炉 MFT |
| 11 | 全炉膛灭火 | 在有燃烧记忆（任一煤层投运）的情况下，失去所有层火焰（脉冲），锅炉 MFT；<br>失去层火焰，同一层燃烧器中有 3 个或 3 个以上燃烧器失去火焰延时 3s |
| 12 | 给水流量低低 | 给水流量低，延时 30s 时，锅炉 MFT；<br>给水流量低低，延时 15s 时，锅炉 MFT |
| 13 | 再热器保护丧失 | 在总燃料量大于 25%，机组未并网的情况下，高旁阀门关闭且（左高压主汽门关闭或左侧两个高压调门关闭，且右高压主汽门关闭或右侧两个高压调门关闭）延时一段时间（10s），或低旁阀门均关闭且（左中压主汽门关闭或左侧中压调门关闭，且右中压主汽门关闭或右侧中压调门关闭）延时一段时间（10s） |
| 14 | 汽机、发电机跳闸 | 锅炉 MFT |
| 15 | 锅炉炉膛安全监控系统失电 | 锅炉 MFT |
| 16 | FGD 请求锅炉跳闸 | 脱硫触发 MFT 跳闸信号 |
| 17 | 手动 MFT | 手动停炉保护来自集控室操作盘上的总燃料跳闸两个按钮，两个按钮开接点串联必须一起按下时通过 DCS 锅炉跳闸，同时两个按钮为 MFT 跳闸柜提供 2 个相互并接的闭接点一起按下时通过硬接线跳闸锅炉 |

### 4. 锅炉 MFT 动件要求

锅炉 MFT 动作时应当联锁以下设备动作，否则应手动处理：
（1）一次风机全停，密封风机全停。

（2）所有磨煤机、给煤机跳闸。
（3）汽机及发电机跳闸，高、低压旁路自动时应投入，否则联系汽机投入旁路系统。
（4）吹灰器跳闸并自动退出。
（5）自动关闭过热器一、二级减温水快关阀和调节阀，再热器喷水快关阀和调节阀。
（6）自动打开各层燃料风挡板和辅助风挡板。
（7）两台汽动给水泵跳闸。
（8）强制关小引风机静叶开度到一定值，维持炉膛压力在-100Pa左右。

### 7.1.3 锅炉MFT现象及产生的原因

**1. 锅炉MFT现象**

（1）声光报警，FSSS闪烁显示灭火原因。
（2）汽轮机跳闸，发电机跳闸。
（3）机组负荷到零。
（4）切断所有燃料，炉膛负压急剧增大，氧量值骤增，炉膛熄火，火焰监视器看不到火焰。
（5）所有一次风机、密封风机、磨煤机、给煤机跳闸。

**2. 锅炉MFT原因**

（1）锅炉MFT保护动作条件满足，MFT动作。
（2）手动MFT。
（3）热工元件故障或保护误动作。
（4）机组、设备故障导致主保护动作。

### 7.1.4 锅炉MFT处理

（1）灭火保护投入正常，MFT动作条件满足的前提下而MFT拒动时，应立即手动MFT停炉。
（2）汽机及发电机跳闸，高、低压旁路自动时应投入，否则联系汽机投入旁路系统。
（3）检查所有运行磨煤机、给煤机跳闸，运行一次风机、密封风机跳闸，过热器一级减温水和二级减温水电动总门关闭，再热器事故减温水电动总门关闭，上述设备和阀门不动作要手动将其关闭。
（4）检查炉膛负压自动跟踪正常，炉膛负压自动跟踪不正常应解除自动，手动进行调整，防止炉膛负压超限引起送、引风机跳闸。
（5）锅炉主汽压力超压，PCV阀不动作，手动开启PCV阀泄压，保持汽压在正常范围。
（6）联系汽机人员启动电动给水泵向锅炉上水，保持汽水分离器可见水位。
（7）炉膛吹扫完毕，复位跳闸设备。
（8）注意监视锅炉排烟温度和热风温度，防止尾部受热面再燃烧。

（9）配合有关人员查找 MFT 原因，进行处理完毕，待值长下令后做机组启动准备工作。

## 7.2 锅炉燃烧事故

### 教学目标

**1. 知识目标**

（1）掌握炉膛灭火事故产生的原因、处理方法及防范措施。
（2）掌握炉膛爆炸产生的原因、处理方法及防范措施。
（3）掌握尾部烟道二次燃烧产生的原因、处理方法及防范措施。

**2. 能力目标**

（1）能判断炉膛灭火事故产生的原因。
（2）能在锅炉机组仿真系统处理炉膛灭火事故。
（3）能够分析炉膛爆炸事故。

**3. 素质目标**

（1）通过分析炉膛爆炸事故，培养学生安全、责任意识。
（2）培养学生刻苦钻研业务，爱岗敬业的精神。
（3）通过事故分析，培养逻辑思考的能力。

### 任务描述

学生根据炉膛灭火现象判断灭火产生的原因，并进行正确的处理。通过锅炉机组仿真系统的模拟处理，熟悉灭火事故处理步骤，培养学生处理事故的能力。学习分析炉膛爆炸事故的机理和控制过程，提高处理事故的能力。

### 相关知识

常见的锅炉燃烧事故有炉膛灭火、炉膛爆炸（打炮）和尾部烟道二次燃烧。锅炉燃烧事故若处置不当，将会造成锅炉设备严重损坏，还可能造成人身伤亡。

### 7.2.1 炉膛灭火事故

锅炉炉膛灭火事故是发电厂的常见事故。若处置不当，将会造成锅炉设备严重损坏，还可能造成人身伤亡。出现灭火事故时，如果能及时发现、正确处理，则能很快地恢复正常运行；如果不能及时发现，或发现后没有立即切断向炉膛供给的燃料，而是增加燃料企图用爆燃的方法来使炉膛恢复着火，则其后果往往是扩大事故，引起炉膛或烟道爆炸，造成更大的危害。

**1. 炉膛灭火时的现象**

（1）锅炉 MFT。

（2）炉膛负压急剧增大，氧量值骤增，炉膛熄火，火焰监视器看不到火焰。

（3）蒸汽温度、蒸汽压力及蒸汽流量急剧下降。

（4）灭火保护动作，有关辅机跳闸；若因辅机事故引起灭火，如引风机、送风机、一次风机跳闸等事故，则还伴有这些辅机事故的现象。

**2. 产生锅炉灭火事故的原因**

（1）燃料质量低劣。煤中挥发分低，水分、灰分高或燃油中的水分高、黏度大，都会造成着火困难，燃烧不稳。煤中水分高，还易发生煤斗、给煤机、给粉机及落煤管、煤粉管道堵塞，使下煤不均匀甚至中断，这些情况的发生都可能造成灭火。此外，燃用易结焦的煤种，往往出现大量塌焦，使锅炉熄火。因此，在燃用劣质燃料时，应加强检查，严密监视燃烧工况，精心调节，防止灭火；应及时了解煤种改变的情况，以便做好燃烧调节工作。

（2）燃烧调节不当。风粉比例配合不当，特别是在负荷低时，如果燃烧调节不当，都会造成火焰不稳定而灭火。燃烧调节不当会导致燃烧设备损坏，煤粉燃烧器喷口烧坏，使煤粉气流紊乱。

（3）煤粉供应不当。原煤仓煤位过低，使给煤机给煤不均或部分给煤机给煤中断。

（4）炉膛温度低。当燃料中的水分、灰分高时，极易使炉膛温度降低。此外，送风量或炉膛漏风量过大，除灰时开启放灰门，大量冷空气进入炉内，锅炉负荷降得太快，水冷壁管严重爆破，大量水汽泄露进入炉膛等，都会导致炉温降低。炉温降低除使燃料工况变坏外，严重时还会造成灭火。

（5）机械设备事故。全部引风机或送风机跳闸或停电、制粉系统的给煤机事故或停电都会造成灭火事故。

**3. 炉膛灭火的处理**

（1）炉膛发生灭火，MFT 应动作。若 MFT 未动作，应手动 MFT，禁止采用爆燃法点火。立即按下手动 MFT 两个"紧急停炉"按钮，并按"紧急停炉"的操作要点进行处理并确认已全部切断进入炉膛的燃料，否则立即手动切除。

（2）炉膛灭火后，应立即停止制粉系统，切断锅炉一切燃料供应。

（3）注意关闭各级减温水。

（4）对于锅炉灭火后汽轮发电机未跳闸的机组，应及时减小电负荷，以减少锅炉蓄热损失（减缓蒸汽温度和蒸汽压力下降速度）。

（5）减少锅炉送、引风量至30%额定风量，通风 5~10min，排出炉膛和烟道中的存粉。

（6）查明原因并消除后，进行炉膛吹扫，待吹扫完成后，重新点火启动。

**4. 防止锅炉灭火的措施**

（1）根据防止炉膛灭火放炮的相关规定以及设备的状况，制订防止锅炉灭火放炮的措施，包括煤质监督、混配煤、燃烧调节、低负荷运行等内容，并严格执行。

（2）燃煤煤质控制方面，必须加强燃煤入厂管理，减少劣质煤入厂。对指标偏离较大的煤种、新增矿点的煤种，必须事先取样做好煤质指标化验，掌握燃煤特性，便于掺配方式和燃烧调整措施的修订。

（3）加强燃煤掺配掺烧管理。制订锅炉入炉和入厂煤质量标准，加强入炉煤质化验管理，重视入炉煤的灰熔点，防止煤种灰熔点降低造成锅炉结焦结渣。新炉投产、锅炉改进性大修后或当使用燃料与设计燃烧有较大的差异时，应进行燃烧调节试验，以确定一、二次风量，风速，合理的过剩空气量，风煤比，煤粉细度。

（4）当炉膛已经灭火或已经局部灭火并濒临全部灭火时，严禁投等离子。当锅炉灭火后，要立即停止燃料供给，严禁用爆燃法恢复燃烧。重新点火前必须对锅炉进行充分通风吹扫，以排除炉膛和烟道内的可燃物质。

（5）装设锅炉灭火保护装置。加强锅炉灭火保护装置的维护和管理，防止火检探头烧毁、污染失灵、炉膛负压测点取样管堵塞等问题的发生。

（6）抓好运行培训、运行调整和应急管理工作。运行调整人员应精力集中，及早发现燃烧不稳定征兆，及时采取措施处理；定期试验等离子点火装置，保证随时处于良好备用状态。合理组织各燃烧器负荷分配和投停方式。在低负荷运行时不能出现监视不当而造成粉管堵塞的情况。正确、及时处理制粉系统启停、调整辅机故障事故；监盘人员要有事故预想应对措施。

（7）严格执行锅炉吹灰制度，防止大焦形成。加强对吹灰器的运行监视，优化锅炉吹灰，确保吹灰器运行正常。机组长时间高负荷运行时，适当增加吹灰次数，并加强对减温水流量、炉膛出口烟温的监视和控制，防止出现锅炉结焦，造成锅炉灭火。低负荷运行时，为了防止大量焦渣脱落造成灭火，吹灰时可考虑采取投运等离子点火装置助燃的防范措施。

（8）严禁随意退出火检探头或联锁装置，因设备缺陷需退出时，应上报批准并事前做好安全措施。热工仪表、保护、给粉控制电源应可靠，防止因瞬间失电造成锅炉灭火。

（9）加强设备检修管理，重点解决炉膛严重漏风、给煤机下粉不均匀和煤粉自流、一次风管不畅、送风机不正常运行、断煤和热工控制设备失灵等缺陷。

## 7.2.2 炉膛爆炸事故

炉膛爆炸有两种：一是正压爆炸，又称为外爆；二是负压爆炸，又称为内爆。炉膛灭火未能及时切断燃料，进入并积存于炉内的燃料又突然燃烧，炉膛内压力骤升，形成正压状态，炉墙受到炉内侧给予的巨大外向推力，称为外爆。对因某个突发因素使炉膛内压力骤然降低，因负压过大造成炉墙向内破坏的现象，称为炉膛内爆。

严重的炉膛爆炸事故将使炉墙破坏、水冷壁管破裂，造成锅炉设备严重损坏，甚至造成人身伤亡事故。因此，锅炉炉膛爆破事故是锅炉的重大事故之一。炉膛爆炸多数是外爆。

**1. 炉膛正压爆炸机理分析**

外爆是炉膛中积存的可燃混合物瞬间同时爆燃，从而使炉膛烟气侧压力突然升高，超过了结构设计的允许值，造成水冷壁、刚性梁及炉顶、炉墙破坏的现象。

锅炉产生炉膛外爆（爆燃）事故有三个必要条件，分别是：（1）足够的可燃物和氧气量；（2）可燃物和气体的混合物达到了爆燃浓度；（3）有足够的点火能量（明火）存在。

锅炉在灭火后如果未能及时切断燃料，在有明火的条件下，容易发生炉膛爆燃事故。切断燃料越迅速，积存在炉膛的燃料量越少，产生爆燃的可能性越小。

造成燃料积存的主要原因包括：
（1）发现炉膛灭火不及时；
（2）FSSS切断燃料的操作时间偏长；
（3）给煤机的滞后时间偏长；
（4）阀门和挡板的滞后及关闭不严；
（5）误判断、误操作（如继续投粉）等。

锅炉运行中发生炉膛可燃物积存的危险工况主要有：
（1）整个炉膛灭火未能及时发现，造成可燃混合物积存。全炉膛灭火的定义由FSSS确定。
（2）多个燃烧器正常运行时，一个或几个燃烧器突然失去火焰而不能在炉内被继续点燃时，从而积聚可燃混合物。
（3）燃料漏入停用锅炉的炉膛。

**2. 炉膛负压爆炸机理分析**

内爆的机理是在采用平衡通风的锅炉上，当主燃料点燃之前或燃料突然中断时，送风机突然停转，而引风机还在抽吸，因而使炉内的空气及烟气量骤减，在10~20s内烟气量减少到额定值的50%，因而烟气侧压力急降，使炉膛负压急剧下降，造成炉膛、刚性梁及炉墙向内挤压而破坏。

大型机组采用离心式引风机时，容易发生负压爆炸，这是因为离心式风机在低负荷时，达到最大压力，产生很大负压。而且在调节风机挡板时，挡板开度越小，特性越陡，这时流量稍有变化，压力就跳跃式升高很多。正常运行时，炉膛内燃料产生的烟气量大于送入炉膛内的空气量，并且燃烧温度很高，炉内气体的体积大，炉膛熄火将使炉膛内气体实际容积缩小5~6倍，因而炉膛风压剧降。

**3. 产生锅炉炉膛爆炸事故的原因**

对于具体的锅炉来说，可能有以下一些原因：
（1）锅炉启动或停止时，对一次风管或炉膛内所存在的可燃物未能进行必要清扫。
（2）启动、停炉以及低负荷运行过程中，由于燃烧不完全，使炉内可能积存相当数量的可燃物。
（3）煤粉仓粉位低或给粉机工作异常，燃料供应时断、时续，造成灭火而引起爆炸。
（4）锅炉灭火发现不及时，未能立即切断燃料供应及进行正确的处理。
（5）锅炉没有安装可靠的灭火保护装置和必要的防爆装置，以及炉膛结构不符合防爆要求。

**4. 防止锅炉炉膛爆炸事故的措施**

锅炉发生炉膛爆炸事故，会导致水冷壁焊缝开裂、刚性梁弯曲变形、顶棚被掀起、烟道膨胀节开裂等设备损伤，所以必须予以充分重视，并做好下列工作：
（1）为防止锅炉灭火及燃烧恶化，应加强煤质管理和燃烧调整，稳定燃烧，尤其是在低负荷运行时更为重要。

（2）为防止燃料进入停用的炉膛，应加强锅炉点火和停炉运行操作的监督。

（3）保持锅炉制粉系统、烟风系统正常运行是保证锅炉燃烧稳定的重要因素。

（4）锅炉一旦灭火，应立即切断全部燃料，严禁投油稳燃或采用爆燃法恢复燃烧。

（5）锅炉每次点火前，必须按规定进行通风吹扫。《电力工业技术管理法规》规定：锅炉在熄火后和点火前，炉膛和所有的烟道（包括再循环烟道）在燃气和燃油时，必须用送风机、引风机通风，时间不少于 10min；在燃用固体燃料时，通风时间不少于 5min。同时还规定：炉膛灭火后，严禁利用炉内余热强送燃料进行爆燃。

（6）锅炉炉膛结渣除影响锅炉受热面安全运行及经济性外，往往由于锅炉在掉渣的动态过程中，引起炉膛负压波动或灭火检测误判等因素而导致灭火保护动作，造成锅炉灭火。因此，除应加强燃烧调整和防止结渣外，还应保持吹灰器正常运行。

（7）加强锅炉灭火保护装置的维护与管理。

## 7.2.3 烟道再燃烧事故

锅炉烟道中沉积的可燃物质发生燃烧时，称为尾部烟道二次燃烧（再燃烧）。发生二次燃烧事故的常见部位是空气预热器。

**1. 尾部烟道二次燃烧的现象**

（1）二次燃烧部位之后的烟道各部分温度和排烟温度急剧上升，烟道和炉膛负压急剧波动，甚至变成正压。

（2）烟囱冒黑烟，氧量变小，严重时从烟道各孔、门处和引风机轴封处冒烟和火星；烟道防爆门动作。

（3）锅炉各运行参数不正常。参数的变化与燃烧在烟道中的位置有关，一般是空气预热器出口风温升高，空气预热器电流增大，严重时跳闸、变形卡涩等。

**2. 尾部烟道二次燃烧的原因**

发生尾部烟道二次燃烧是由于烟道中沉积了大量的可燃物质，在一定条件下重新燃烧。造成烟道中可燃物质积聚的原因有：

（1）燃烧工况失调。运行中煤粉过粗、风粉混合差、火焰中心偏高等均会造成煤粉未燃尽就进入烟道。

（2）锅炉长时间低负荷运行或频繁启、停，一方面，炉膛温度低，燃烧工况差，煤粉燃烧不充分；另一方面，烟气速度较低，易造成可燃物沉积。

（3）风量调节不当。

**3. 尾部烟道二次燃烧的处理**

（1）运行中发现烟道温度、排烟温度不正常地升高时，应检查风、粉配合情况及燃烧工况，并调节燃烧方式，投运吹灰装置对受热面进行吹灰，必要时降低锅炉负荷。

（2）若采取上述措施无效，烟道和排烟温度急剧升高，并检查判明已发生烟道二次燃烧时，应立即停炉，立即停止向炉内供应一切燃料，停止送风机、引风机和一次风机，关闭各风门挡板和烟道周围的门、孔，用蒸汽吹灰器或专用灭火管进行灭火；根据蒸汽温度的变化情况及时调节减温水；开启旁路系统保护再热器。待烟道各部分温度恢复至正常值，可关闭吹灰器，缓慢打开检查孔、门，确认烟道中已无火苗，小心启动引风机并逐渐打开其挡板，抽出烟道内的烟气。冷却后，对烟道受热面进行全面检查后方可重新启动。

**4. 防止锅炉尾部烟道二次燃烧事故措施**

（1）锅炉空气预热器在安装后第一次投运时，应将杂物彻底清理干净，经制造、施工、建设、生产等各方验收合格后方可投入运行。

（2）回转式空气预热器应设有可靠的停转报警装置、完善的水冲洗系统，并应有停炉时可随时投入的碱洗系统。回转式空预器在空气及烟气侧应装设消防水喷淋水管，喷淋面积覆盖整个受热面。

（3）调整锅炉制粉系统和燃烧系统运行工况，防止未完全燃烧的煤粉存积在尾部受热面或烟道上。

（4）运行过程应明确省煤器、空气预热器烟道在不同工况的烟气温度限制值，当烟气温度超过规定值时，应立即停炉，利用吹灰蒸汽管或专用消防蒸汽将烟道内充满蒸汽，并及时投入消防水进行灭火。

（5）回转式空气预热器出入口烟/风挡板应能投入且挡板能全开、关闭严密。

（6）回转式空气预热器冲洗水泵应设再循环，每次锅炉点火前必须进行短时间启动试验，以保证空气预热器冲洗水泵及其系统处于良好的备用状态，具备随时投运条件。

（7）若发现回转式空气预热器停转，应立即将其隔绝，投入消防蒸汽和盘车装置。若挡板隔绝不严或转子盘不动，应立即停炉。

（8）锅炉负荷低于25%BMCR时，空气预热器应连续吹灰；锅炉负荷大于25%额定负荷时，至少每8h空气预热器吹灰一次；当回转式空气预热器烟气侧压差增加应增加空气预热器吹灰次数。

（9）若锅炉较长时间低负荷燃烧时，可根据具体情况利用停炉对回转式空气预热器受热面进行检查。重点检查中层和下层传热元件，若发现有垢要碱洗。

（10）锅炉停炉1周以上必须对回转式空气预热器受热面进行检查，若有存挂油垢或积灰堵塞的现象，应及时清理并进行通风干燥。

# 7.3 给水流量低

## 教学目标

**1. 知识目标**

（1）掌握给水流量低的危害。

（2）掌握给水流量低的处理方法。

**2. 能力目标**

（1）根据现象判断给水流量低的原因。
（2）能够在锅炉机组仿真系统进行给水流量低的处理。

**3. 素质目标**

（1）培养学生爱岗、敬业、钻研业务的精神。
（2）培养学生团队意识与协作精神。
（3）通过引导学生分析运行中出现的问题，培养学生分析与解决问题的能力。

## 任务描述

学生根据流量低现象判断给水流量低产生的原因，并进行正确的处理。通过锅炉机组仿真运行系统的模拟处理，熟悉给水流量低事故处理步骤，培养学生处理事故的能力。

## 相关知识

### 1. 给水流量低的危害

直流锅炉运行时，由于没有水冷壁循环回路，水冷壁冷却的唯一方法是加大水冷壁工质质量流量，水冷壁的工质质量流量是水冷壁安全工作的重要指标，锅炉给水流量不低于25%~35%BMCR给水流量。给水流量低会造成水冷壁壁温超温，严重时会出现水冷壁爆管。

### 2. 给水流量低的现象及产生的原因

1）给水流量低事故的现象

（1）LCD上给水流量降低。
（2）机组负荷下降。
（3）锅炉受热面工质温度上升。
（4）给水流量、主汽温度超限、给水泵跳闸或调节系统故障等报警。
（5）锅炉MFT动作。

2）给水流量低事故的原因

（1）给水泵跳闸，控制系统跟踪不良或运行给水泵出力不满足当前给水流量需要。
（2）给水管道严重泄漏。
（3）给水阀门故障。
（4）给水自动失灵或给水调节阀误关。
（5）机组负荷骤减或其他原因造成汽动给泵汽源压力下降或中断。
（6）给水泵故障。

### 3. 给水流量低的处理及防范措施

1）给水流量低的处理

（1）负荷高于50%BMCR时，给水泵跳闸，RB投入并RB发生，应密切监视自动控制系统的工作情况，尽量不要手动干预。控制系统工作不正常应果断切为手动控制，将运行给水泵出力加至最大，同时降低制粉系统出力或停止部分制粉系统（运行磨煤机多于3台应保持3台磨煤机运行）。尽量满足电网需求负荷。

（2）负荷低于50%BMCR时，给水泵跳闸，自动控制系统工作不正常，立即切除给水自动，将运行泵给水流量增加至跳闸前的给水流量，同时迅速减燃料量，维持煤水比。

（3）给水管道泄漏，锅炉给水能维持运行，应根据情况适当降低机组负荷并调整煤水比，正常后申请停炉处理。高加泄漏应立即切除高加运行，根据给水温度降低情况逐渐降低给水流量。当给水管道或高加泄漏威胁设备及人身安全时，应立即停止机组运行。

（4）给水阀门故障造成给水流量低，应立即将负荷降低至对应给水流量负荷。机组运行稳定后，联系检修进行处理。如运行中无法对故障阀门进行处理，危及机组安全运行时，应申请停炉处理。

（5）给水自动装置工作不正常，应立即将自动切至手动，手动调节给水泵转速，维持给水流量正常后，联系热工对自动控制系统进行处理。

（6）机组负荷骤减或其他原因造成汽动给水泵汽源压力下降或中断，当给水流量未达保护动作值时，四抽压力低时应将给水泵汽源切至冷再汽源，同时迅速调整给水流量或减少燃料量，维持煤水比，确保锅炉沿程温度正常。

（7）当给水流量低（延时30s锅炉MFT动作），应紧急设法提高给水流量，并减少燃料量，使燃料量与给水流量相适应，维持合适的煤水比，并检查风量自动正常。控制锅炉的汽压、汽温正常，尽快恢复机组正常出力。

（8）当给水流量低时，延时15s，MFT动作。若MFT未动作时，应立即手动MFT。

2）给水流量低的防范措施

（1）机组低负荷运行或停机过程中给水流量过低时，应及时开启给水泵再循环门。

（2）机组启动过程中，加强对给水系统的监视，炉侧调节制粉系统及机侧调节旁路系统，防止主汽压上涨过快，导致给水流量急剧下降。

（3）严密监视小机汽源压力稳定，特别是当切换小机汽源时，为防止小机汽源压力波动导致给水流量大幅波动，应当提前做好暖管工作，缓慢操作阀门开度。

（4）低负荷做好磨煤机跳闸事故预想，防止发生磨煤机跳闸总煤量突降引起的给水流量突降。

（5）高负荷运行时，因控制好降负荷速率，防止发生大幅快速降负荷导致锅炉严重超压，从而导致给水与蒸汽压差增大影响锅炉上水。

（6）了解入炉煤质，根据煤质热值情况做好事故预想，防止过热度变化过大，导致给水流量变化大。

## 操作卡

小机主油泵故障跳闸故障处理操作步骤及要求见附录4.1。

## 7.4 锅炉"四管"泄漏

### 教学目标

**1. 知识目标**

(1) 掌握"四管"泄漏的现象及产生的原因。
(2) 掌握"四管"泄漏的处理方法。
(3) 掌握直流锅炉水冷壁的工质特性及安全运行要求。

**2. 能力目标**

(1) 根据"四管"泄漏现象判定泄漏产生的原因。
(2) 能熟练在锅炉机组仿真系统上处理"四管"泄漏。

**3. 素质目标**

(1) 培养学生安全、责任意识。
(2) 培养学生分析问题、逻辑思考的能力。
(3) 树立团队意识与协作精神。

### 任务描述

学生根据"四管"泄漏的现象判断"四管"泄漏产生的原因,并进行正确的处理。通过锅炉机组仿真系统的事故处理,熟悉"四管"泄漏事故处理步骤,培养学生处理事故的能力。分析直流锅炉水冷壁的工质特性及安全运行要求,提高学生分析问题的能力。

### 相关知识

"四管"是指锅炉的水冷壁管、省煤器管、过热器管、再热器管。

"四管"泄漏指这四种管子因各种原因,导致管子爆破、裂纹、砂眼等,而产生管内工质向外泄漏的现象。

锅炉一旦发生"四管"泄漏,不仅会造成锅炉本体设备受到损坏,泄漏的高温高压蒸汽还会对人身安全造成威胁,导致整个机组非计划停运,严重影响机组的经济运行以及稳定安全。随着机组容量的不断增大,过热蒸汽的压力和温度也相应增高,出现的问题后果也越来越严重。

### 7.4.1 超临界压力直流锅炉水冷壁的安全运行

随着工质压力的升高,工质的饱和温度升高,汽化潜热减少,当压力升高至 22.12MPa 时,水在 374.15℃ 直接变为蒸汽,汽化潜热为零,汽和水的密度差也等于零,该相变点温度称临界温度。工质压力超过临界压力后,相变点温度相应升高,与压力对应的相变点温度称为拟临界温度。工质低于拟临界温度时为水,高于拟临界温度时为汽。汽、水在相变点的热物理性质全都相同。

由于超临界压力下水直接转变成蒸汽,不再存在汽水两相区。所以,在超临界压力直流锅炉中,给水变成过热蒸汽只经历了两个阶段,即加热和过热,而工质的状态由未饱和的水变为干饱和蒸汽,再变为过热蒸汽。

**1. 水冷壁的工质特性**

1) 大比热容特性

超临界压力下,对应一定的压力,存在一个大比热容区。进入该区后,比热容随温度的增加而飞速升高,在拟临界温度处达到极值,然后迅速降低。将比热容超过 8.4kW/(kg·℃)的温度区间称为大比热容区。随着压力的升高,拟临界温度向高温区推移,大比热容特性逐渐减弱。

2) 其他特性

在超临界压力的大比热容区内,工质的比体积、黏度、热导率等也都剧烈变化,离开大比热容区后则变化趋缓。除了比热容以外,上述参数的变化都是单方向的,即随着温度的升高,比体积增大,黏度、热导率降低。

**2. 超临界压力下的水动力特性**

1) 水动力多值性

直流锅炉的水动力多值性是指平行工作的水冷壁管内,同一工作压差对应多个不同流量的情况。一旦发生水动力不稳定,运行中一些管子流量大,另一些管子则流量很小,且交互倒替。对于流量小的管子,其出口工质已是过热蒸汽;同时,由于质量流量减小,"蒸干"点也提前至炉内高温区,这两种情况都会导致管壁超温。

直流锅炉产生水动力多值性的主要原因是水预热段与蒸发段具有不同的水阻力关系,当汽和水的密度差大以及水冷壁入口水的欠焓超过一定值时即会出现。因此,工作压力越低,水冷壁入口水温越低,水动力多值性越严重。质量流速的提高则可改善水动力的稳定性。对于超临界压力的水冷壁,虽然没有汽水共存区,但由于在拟临界温度附近工质比体积变化极大,因此水平管圈水冷壁(重位压差在总流阻中的比例小)也有流动多值性的问题。锅炉要控制最低流速以避免出现水动力多值性。

2) 吸热偏差引起流量不均

直流锅炉的水冷壁管在蒸发时(低于临界压力)或大比热容区中(超临界压力),介质比体积将随加热偏差而急剧增大,偏差管中的介质流量可能明显低于平均值而导致偏差管出口温度可能非常高。超临界压力下,当管屏平均的出口工质焓落在大比热容区的范围内或者低于临界压力,管屏进口的含汽率小于 0.85 时,这种比体积急剧增大、个别管子出口介质温度很高的现象最为明显。

当介质出口焓落在大比热容区之外时,流量偏差和壁温偏差都很小。但对于在大比热容区工作的水冷壁,吸热不均的影响极大。而且管屏平均焓增越大,吸热不均系数越大,流动不均越厉害,出口汽温变化也越大。水力不均随工质进口焓的升高而恶化。超临界压力下,随着工作压力的升高，大比热容区的比体积变化趋缓，热力不均对流量偏差的作用减弱，管屏出口的温度不均也小得多。

超临界压力机组在75%BMCR以下负荷运行时为亚临界压力运行，随着压力的降低，汽水密度差增大，重位压头的作用削减，吸热不均的影响会更大些。因此当超临界机组在低负荷下运行时，同样的吸热偏差就要引起更大的流量降低，此时更应注意炉内火焰的均匀性。例如某600MW螺旋管圈水冷壁超临界压力锅炉，曾经因为燃烧调整不好，火焰向后墙偏斜，在50%BMCR以下的负荷范围内运行时，出现较多数量的管壁超温，其原因既有管屏间吸热不均引起的流量不均问题，也可能有较低压力下出现的流动不稳定现象，二者都会造成水冷壁管内的工质流量减小，质量流速降低，使各水冷壁的完全汽化点不同程度地提前。机组负荷高于60%BMCR后，火焰偏斜程度改善，水冷壁整体质量流量增大，超温现象逐渐减缓。

3) 水冷壁的壁温工况

超临界直流锅炉水冷壁管组的工作特点与亚临界压力锅炉不同，正常情况下水冷壁温度不再维持恒定值，而是随吸热量的增加而提高。在一定压力下，水冷壁管壁温沿管长不断升高，但在大比热容区工质温度提高得比较缓慢，有些类似于亚临界压力下的汽化区段。运行中水冷壁的金属温度受到煤水比、锅炉负荷和工作压力的影响，也与炉内的吸热不均有关。

超临界压力下，随着煤水比的增大，单位工质的炉内辐射吸热量增加，水冷壁的工质焓升增大，壁温升高。水冷壁管的热流密度与锅炉负荷成比例增加，故当负荷增加时，壁温与工质温度之差增大，因此壁温随负荷的增加很快升高。在相同的煤水比情况下，同一水冷壁高度上的工质温度将随压力的上升而增加。这是因为随着压力的升高，水的比热容降低。

对于管屏承担较大焓升的水冷壁，更应注意热力不均的影响。此种情况下热力不均匀性稍有一点增大，水力偏差以及管屏出口的工质温度就会急剧增大，水冷壁出现危险的可能性增大。

4) 超临界压力下的传热恶化

超临界压力下的传热恶化包括两种情况：

（1）当热流密度过高或质量流速过低引起的传热恶化，也称类膜态沸腾，它一般发生在拟临界温度附近的大比热容区。

（2）传热恶化与管子入口段边界层的形成过程有关，例如，位于分配联箱以后的管段上，对于热负荷较大的管子就可能出现传热恶化。

超临界压力下水冷壁管内可能发生的类膜态沸腾，主要是由于在管子内壁面附近流体的黏度、比热容、热导率、比体积等物性参数发生了激烈变化而引起的。管子中心处流体的温度与管子壁面处的温度不同，尽管温差不大，但在超临界压力下较小的温度差别也会导致流体黏度等参数的较大差异。例如，当工质温度在350~410℃范围内时，管内壁面处的工质黏度只有管子中心工质黏度的1/3左右，由此产生的黏度梯度和密度梯度，促使流体紊流边界层的层流化；壁面温度的降低，又使流体导热系数减小，这样导热性能差的轻相介质与壁面接触也会提高壁面与工质间的温差。在管子的热负荷较大时就可能导致传热恶化。这种由于物性参数变化而引起的传热恶化类似于亚临界参数下的膜态沸腾，称为"类膜态沸腾"。其壁温飞升值决定于管子热流密度和质量流速的大小。

质量流速越高，发生传热恶化的可能性越小。另外，压力对传热恶化也有影响，提高压力可减弱工质物性的变化梯度，因而可以在较高的热负荷下不出现传热恶化。

超临界压力锅炉在设计和运行中,以控制下辐射区水冷壁吸热量的办法避免或减缓类膜态沸腾,尤其是将下辐射区水冷壁出口的工质温度控制在对应工质压力的拟临界温度以下,使工质的大比热容区避开受热最强的燃烧器区域。

为了防止传热恶化,要求在水冷壁入口段内工质保持有足够高的质量流速,入口焓越高,热负荷越大,所要求的质量流速值也越大。在热负荷和质量流速一定的情况下,适当降低水冷壁进口水温对于防止传热恶化是有利的。

### 3. 水冷壁的安全运行措施

超临界参数直流锅炉为防止传热恶化、降低管壁温度,主要采取以下措施。

1) 采用内螺纹管或交叉来复线管

在可能发生传热恶化的区段采用内螺纹管,其机理是引起流体的旋转,迫使水流向内壁,在亚临界压力下运行时,可以将汽挤到管子中心,将"蒸干"点推迟至燃烧较弱区域,减小壁温的飞升值。在超临界压力运行时,可减小管子中心与管壁附近的温度差,从而抑制工质各物性沿径向的过大差异,提高管内壁对管内流体的放热系数。

2) 提高工质的质量流速

在管内工质呈泡状、柱状、环状流动时,提高质量流速可以提高界限热负荷,防止膜态沸腾的发生。而在发生膜态沸腾或类膜态沸腾后,提高可以显著提高膜态沸腾放热系数,把壁温限制在允许范围以内。额定负荷下水冷壁管内的质量流速,由设计的结构条件确定。垂直上升管屏采用多次上升、螺旋管圈水冷壁控制每管圈管数等,都是针对提高质量流速而采取的方法。锅炉低负荷运行时,质量流速按比例降低,水冷壁工作安全性受损,如果需要,则应根据传热恶化和壁温升高的程度,对锅炉的最低允许负荷做出限制。

3) 采用定压运行方式

复合变压运行的直流锅炉,在高负荷段采用定压方式,也可大大减小出现传热恶化的可能性。定压运行可保持水冷壁相对较高的工质压力,增大水冷壁管子重位压差与流动阻力的比值,改善吸热不均对水力偏差特性的影响以及减小工质比体积的变化幅度,使壁温的升高得到控制。

4) 限制水冷壁出口和进口工质温度

设计和运行中,控制下辐射区水冷壁出口的介质温度,使工质大比热容区避开热负荷较高的燃烧器区域,以避免吸热最强区域中工质热物理特性的剧烈变化。水冷壁进口工质温度过高会引起较大的水力不均。在低于临界压力运行时,由于欠焓太小,也易使分配联箱上的各管子内汽量不均匀,增大流量分配的偏差。进口欠焓过大则有可能导致传热恶化,因此对进口水温也应恰当加以控制。

5) 变工况运行时的水冷壁保护

变工况运行时的水冷壁保护,主要应注意以下几方面的问题:

(1) 汽压变化速度。低负荷运行时,由于质量流速减小,工作压力降低,工质流动的稳定性相应变差。负荷变动中,若压力变动过快,有可能使原为饱和状态的水发生汽化,使汽段流阻增加,蒸发开始点压力瞬间升高,进水流量小于出口流量,产生管间流量的脉动和水冷壁温的交替变化。因此,工况变动时应注意维持汽压的相对稳定,不可急速变化。

(2) 煤水比控制。在工况变动时,应始终保持合适的煤水比,避免出现减温水量过大而给水量偏小的不正常情况，否则将引起出口壁温的不正常升高。无论何种情况下，给水流量均不得低于启动流量。

（3）燃烧调整。在工况变化时，如出现加减负荷、投停高压加热器、投停燃烧器、启停制粉系统、风机切换、燃料性质变化等情况时，应及时并平稳调整燃烧工况，避免运行参数、水力工况和燃烧工况的大幅度波动；对于水冷壁安全来说，燃烧调整的基本要求是最大限度地减小炉膛热负荷分配不均。另外，进行水冷壁吹灰和除渣等工作时，应做好防止大焦块脱落、局部热负荷突增的预想或准备。

## 7.4.2 水冷壁泄漏现象及产生的原因

**1. 水冷壁泄漏现象**

（1）"四管"泄漏检测装置发出"炉管泄漏"报警。
（2）炉膛负压变小或变正，燃烧不稳，炉内有响声。
（3）引风机投自动时，动叶不正常的开大，引风机电流增大。
（4）就地检查可能听到炉膛内有泄漏声，炉膛不严密处有炉烟喷出，如果水冷壁炉膛外泄漏能看到泄漏处冒汽、冒水。
（5）给水投自动时，给水流量不正常地大于蒸汽流量，机组负荷降低。
（6）泄漏点后沿程壁温升高。
（7）各段烟气温度下降，排烟温度降低。
（8）水冷壁严重泄漏可能造成燃烧不稳，电除尘器工作不正常，特别严重时可能造成炉膛灭火。

**2. 水冷壁泄漏原因**

（1）水冷壁管材质存在缺陷、焊接质量不良或后期制造、安装对管材产生损伤。
（2）给水品质长期不合格，使水冷壁管内结垢严重，造成管材腐蚀减薄。
（3）水冷壁管内部杂物堵塞、水动力工况不正常等原因造成管内给水流量低。
（4）配风不合理、炉膛严重结焦等原因造成受热不均或炉膛局部热负荷高。
（5）炉膛内热负荷不均或水动力工况不正常造成水冷壁管间温差过大，炉膛膨胀受阻，锅炉冷却和升温速度过快造成应力撕裂水冷壁管。
（6）水冷壁吹灰器位置不正确，疏水未疏尽，吹损管壁。
（7）炉膛内大块焦渣脱落，砸坏水冷壁管或炉膛发生爆炸，使水冷壁管损坏。
（8）操作不当，锅炉经常超压导致管材应力疲劳。
（9）机组长期运行，管线磨损老化。
（10）邻近承压管泄漏，吹损水冷壁管。

**3. 水冷壁泄漏处理**

（1）水冷壁泄漏不严重，能维持运行时，汇报值长，退出机组协调控制和给水自动控制系统，调整并维持合理的煤水比及过热度，采取降压降负荷措施，维持锅炉各参数在规定值内运行，注意监视各受热面沿程温度和水冷壁金属温度，做好事故预想并请示值长申请停炉。

（2）在水冷壁泄漏处增设围栏并悬挂标示牌，防止汽水喷出伤人。

（3）若泄漏严重，爆破点后金属温度急剧升高或管间温度偏差超过允许值无法维持正常运行时，应立即紧急停炉。

（4）确认爆管后，应加强检查尾部烟道和空预器烟温变化情况。注意引风机振动、出力变化情况。

（5）通知除灰停止电除尘，防止电除尘、空预器等堵灰。

（6）停炉后继续向锅炉上水，应维持汽水分离器可见水位，若水冷壁泄漏严重，大量补水也不能维持汽水分离器可见水位时，汇报值长，关闭给水门，停止向锅炉上水。

（7）停炉后，应根据情况保留一台引风机运行，以排除炉膛内的烟气和蒸汽，但时间不宜过长，一般 20～30min 后停止引风机运行。

（8）锅炉灭火则按锅炉灭火有关规定进行处理。

**4. 预防水冷壁泄漏措施**

（1）保证锅炉进水均匀，在正常运行中不允许给水流量大幅度变化。

（2）应经常检查燃烧器的工作状态，及时除焦并保持燃烧稳定、均匀，保持汽压稳定。

（3）增减负荷应均匀，不应突增突减。

（4）水冷壁结焦应及时除掉，防止大块焦落下砸坏水冷壁。

（5）严格按规定进行定期排污，排污时间不能过长。

（6）根据积灰情况，按时进行吹灰，吹灰前应充分疏水，不允许有湿蒸汽进入吹灰器，严禁使用弯曲变形的吹灰器。

（7）在启动过程中，要特别注意水冷壁及联箱等膨胀是否均匀，上水前后及过程中应记录各处的膨胀值。在膨胀不正常时，可适当增加排污次数。

（8）进入锅炉的补水必须除硅合格，尤其在投入运行初期，锅炉启动频繁，必须保证供给足够的除盐水。

（9）停炉期间，必须根据停炉时间的长短，认真执行停炉保护措施。

## 7.4.3　省煤器泄漏现象及产生的原因

**1. 省煤器泄漏现象**

（1）"四管"泄漏检测装置报警。

（2）给水投自动时，给水流量不正常地大于蒸汽流量，机组负荷降低。

（3）就地检查省煤器附近有泄漏声，炉膛及烟道负压变小或变正，炉膛不严密处有烟、汽冒出。

（4）省煤器两侧烟气温差增大（泄漏侧低），泄漏侧排烟温度下降。

（5）空预器两侧出口风温偏差大（泄漏侧低），且风温降低。

（6）省煤器、空预器、电除尘器灰斗、仓泵、输灰管道可能堵灰，空预器可能积灰，电除尘可能工作不正常。

（7）引风机投自动时，动叶不正常地开大，引风机电流增大。

**2. 省煤器泄漏原因**

（1）省煤器管材质存在缺陷、焊接质量不良或后期制造、安装对管线产生损伤。
（2）省煤器防磨罩安装位置不正确或磨损掉落过多、检修周期过长造成管壁磨损减薄爆管。
（3）给水品质长期不合格，管线腐蚀减薄造成爆管。
（4）省煤器处烟道内发生二次燃烧造成省煤器管超温损坏。
（5）邻近承压管泄漏，吹损省煤器管。
（6）飞灰磨损严重，造成管壁变薄。
（7）安装或检修时，管子被异物堵塞，造成管壁局部过热。
（8）吹灰器位置不正确，疏水未疏尽，或吹灰过于频繁吹损管壁。

**3. 省煤器泄漏处理**

（1）省煤器泄漏不严重，能维持运行时，汇报值长，退出机组协调控制和给水自动控制系统，调整并维持合理的煤水比及过热度，采取降压降负荷措施，维持锅炉各参数在规定值内运行，并注意监视各受热面沿程温度，尤其是泄漏段及其后面省煤器金属温度，做好事故预想并请示值长申请停炉。
（2）在省煤器人孔、灰斗处增设围栏并悬挂标示牌，防止汽水喷出伤人。
（3）注意监视除灰系统和空预器的工作情况，加强巡视检查，如除灰系统或空预器堵灰严重，电除尘器无法正常工作应请示停炉处理。
（4）若泄漏严重无法维持运行或爆破点后工质温度急剧升高时，应立即停炉，注意监视给水流量以及泄漏情况，防止扩大损坏范围，注意除氧器水位，及时通知化学加强制水。
（5）停炉后继续向锅炉上水，应维持汽水分离器可见水位，若省煤器泄漏严重，大量补水也不能维持汽水分离器可见水位时，汇报值长，关闭给水门，停止向锅炉上水。
（6）停炉后，应根据情况保留一台引风机运行，以排除炉膛内的烟气和蒸汽，一般 20~30min 后停止引风机运行。

**4. 预防省煤器泄漏措施**

（1）安装焊接质量符合有关规范要求，设备进行大小修时，要检查管子磨损情况，发现问题及时处理。
（2）化学人员要严格化验制度，确保给水品质。
（3）省煤器区域吹灰要及时彻底，按规定进行，吹灰蒸汽的汽压、汽温符合规程要求，吹灰前要充分疏水，不可使用湿蒸汽吹灰，禁止使用弯曲变形的吹灰器并应及时修复。
（4）运行中应加强煤质的化验和炉膛的火焰观察，根据煤质调整燃烧，当燃用高灰分的煤时，应加强吹灰，局部积灰严重时，应加强该处的吹灰。

## 7.4.4 过热器泄漏现象及产生的原因

**1. 过热器泄漏现象**

（1）"四管"泄漏检测装置报警。

（2）就地检查泄漏处有泄漏声或爆破声，不严密处向外喷烟气和蒸汽，炉膛压力增高，负压变小或变正。

（3）引风机投自动时，动叶不正常地开大，引风机电流增大。

（4）给水流量不正常地大于蒸汽流量，机组负荷降低。

（5）过热器管损坏侧烟气温度下降，两侧过热器烟温偏差增大。

（6）电除尘可能工作不正常，除灰系统、空预器可能堵灰。

（7）沿蒸汽流动方向，泄漏点后减温水调节门不正常开大。

（8）过热汽温的变化随泄漏部位而异，高温段出口损坏时汽温下降，低温段损坏时汽温上升，两侧过热器蒸汽温度偏差增大。

### 2. 过热器泄漏原因

（1）过热器管材质存在缺陷、焊接质量不良或后期制造、安装对管线产生损伤。

（2）过热器防磨罩安装位置不正确、掉落过多、检修周期过长造成管壁磨损减薄爆管。

（3）蒸汽品质长期不合格，管内积盐造成管线长期超温爆管。

（4）制粉系统运行方式不合理造成炉膛热负荷不均或设计不当，部分过热器管长期超温爆管。

（5）过热器管内杂物堵塞造成流量低，管线超温爆管。

（6）调整不当造成过热器进水或过热器严重超温造成短期超温爆管。

（7）过热器超压或邻近承压管泄漏造成的吹损。

（8）过热器吹灰器位置不正确，疏水未疏尽，或吹灰过于频繁吹损管壁。

### 3. 过热器泄漏处理

（1）过热器泄漏不严重，泄漏点后沿程温度能维持正常运行时，应及时汇报退出机组协调控制和给水自动控制系统，调整并维持合理的煤水比及过热度，并降压降负荷运行，维持锅炉各参数在规定值内运行，密切注意其泄漏点发展情况，控制好壁温，为防止泄漏点吹损其他管屏或相邻管子损坏，请示值长申请尽快停炉并做好事故预想。

（2）维持运行期间，严密监视过热器管损坏情况，防止损坏扩大。

（3）注意监视除灰系统和空预器的工作情况，加强巡视检查，如除灰系统或空预器堵灰严重，电除尘器无法正常工作应请示停炉处理。

（4）如过热器泄漏严重或爆管，泄漏点后温度急剧升高无法维持正常运行或相邻管壁温严重超过允许温度应立即停炉处理。

（5）停炉后继续向锅炉上水，应维持汽水分离器可见水位。

（6）停炉后，应根据情况保留一台引风机运行，排除炉膛内的烟气和蒸汽，一般为20~30分钟后再停止引风机运行。

### 4. 过热器防止爆管措施

（1）过热系统结构复杂，使用多种钢材时，金属监督尤为重要，要求各部分材料符合设计要求，安装焊接质量符合有关规范要求，设备进行大小修时，要测量膨胀，割管取样检查，发现问题及时处理。

（2）化学人员要严格化验制度，确保汽、水品质。

(3) 加强燃烧调整，根据锅炉负荷，煤质的变化，及时调整风煤配合比例，保证省煤器出口烟气含氧量为4%～6%，过热器、再热器两侧烟气温度差不大于50℃。

(4) 严格监视过热器各段壁温测点的温度变化情况，不得超过其允许值。如发现超温或测点温度变化较大，应认真分析，查找原因及时处理。

(5) 控制壁温不超过规定值，必须保证各段汽温不超过规定值，应控制高温对流过热器的出口汽温；各段汽温都在规定范围内正常运行。发现汽温变化超过正常范围，应先用调整燃烧来处理，再用减温水调整，尤其在低负荷（包括点火、停炉时）运行时，尽量少用减温水来调汽温，因为压力低、流量小时减温水使用不当容易产生水塞，使局部管过热发生爆管。

(6) 过热器区域吹灰要及时彻底，按规定进行。吹灰蒸汽汽压、汽温符合规程要求，吹灰前要充分疏水，不可使用湿蒸汽吹灰。禁止使用弯曲变形的吹灰器，并应及时修复。

(7) 过热器的积灰结焦使热偏差增大，个别管子过热和磨损，易引起管子泄漏和爆破，运行中应加强煤质的化验和炉膛的火焰观察，根据煤质调整燃烧，当燃用高灰分的煤时，应加强吹灰，局部积灰严重时，应加强该处的吹灰。

(8) 在正常运行中，应尽量发挥自动调节装量的作用，保证主要参数稳定。

(9) 停炉后，按规定进行过热器的保养。

## 7.4.5　再热器泄漏现象及产生的原因

**1. 再热器泄漏现象**

(1) "四管"泄漏检测装置报警。

(2) 就地检查可能听到再热器泄漏处有响声，炉膛压力增大，负压变小或变正，不严密处有烟、汽冒出。

(3) 再热汽压下降，在机组负荷不变的情况下，主汽流量增加。

(4) 引风机动叶不正常地开大（投自动时），电流增大。

(5) 沿蒸汽流向，泄漏点后沿程烟温下降，两侧烟温偏差增大，泄漏侧排烟温度下降。

(6) 再热汽温变化随损坏部位的不同而异，高温段出口处损坏汽温下降，低温段损坏汽温上升，壁温亦上升，再热器两侧汽温偏差增大。

(7) 电除尘可能工作不正常，除灰系统、空预器可能堵灰。

**2. 再热器泄漏原因**

(1) 再热器管材质存在缺陷、焊接质量不良或后期制造、安装对管线产生损伤。

(2) 再热器防磨罩安装位置不正确、掉落过多、检修周期过长造成管壁磨损，减薄爆管。

(3) 蒸汽品质长期不合格，管内积盐造成管线长期超温爆管。

(4) 制粉系统运行方式不合理或炉膛热负荷不均或设计不当、管屏积灰不一致使再热器产生热偏差，部分再热器管长期超温爆管。

(5) 再热器管内杂物堵塞造成通流量低，管线超温爆管。

(6) 再热器长期超温运行造成长期超温爆管。

（7）事故减温水使用不当造成再热器进水或再热器严重超温造成短期超温爆管。

（8）锅炉启动期间再热器干烧，烟气温度超过再热器管材许用温度超温损坏。

（9）再热器吹灰器位置不正确，疏水未疏尽，或吹灰过于频繁吹损管壁。

### 3. 再热器泄漏处理

（1）再热器泄漏不严重，泄漏点后沿程温度能维持正常运行，应及时汇报并降压降负荷运行，调整、控制各段温度在正常及两侧温度偏差在额定范围内，严密监视泄漏点的发展趋势，做好事故预想，为防止泄漏点吹损其他管屏应及早安排停炉处理。

（2）在再热器泄漏处增设围栏并悬挂标示牌，防止汽水喷出伤人。

（3）维持运行期间注意监视除灰系统和空预器的工作情况，加强巡视检查，如除灰系统或空预器堵灰严重，电除尘器无法正常工作应请示停炉处理。

（4）如再热器爆管泄漏点后温度急剧升高，无法维持正常运行或相邻管壁温严重超过允许值时，应立即停炉处理。

（5）停炉后继续向锅炉上水，应维持汽水分离器可见水位。

（6）停炉后，应根据情况保留一台引风机运行，排除炉膛内的烟气和蒸汽，一般20~30min后再停止引风机运行。

### 4. 再热器防止泄漏措施

（1）调整燃烧，防止热偏差。再热蒸汽对热偏差比较敏感，比过热器更易超温。除了在设计中采取措施外，运行人员必须注意两侧烟温偏差不能超过允许值（30~50℃）。使氧量在4%~6%范围内，调整燃烧使火焰在炉膛中充满程度较好，中心不偏斜，燃烧良好。

（2）锅炉启停时，控制好炉膛出口烟温。要及时投入炉膛出口烟温探针，控制烟温不超过管材的允许值，两侧烟温偏差在30~50℃内。

（3）再热器区域吹灰要及时彻底，按规定进行，吹灰蒸汽的汽压、汽温符合要求，吹灰蒸汽汽压、汽温符合规程要求，吹灰前要充分疏水，不可使用湿蒸汽吹灰。禁止使用弯曲变形的吹灰器，并应及时修复。

（4）调整再热汽温要尽量不用或少用喷水减温，发现汽温升高或降低时要及时调整燃烧或烟气温度挡板，只有在超温事故情况下才允许使用事故喷水。

（5）防止结焦产生热偏差。再热器布置在炉膛出口处，煤质低劣，燃烧不好时，易在管外结焦，发现结焦时，要根据煤质调整负荷。及时进行吹灰，如结焦严重，两侧烟温偏差很大（50℃以上），又无法清除时，应及时汇报，申请停炉处理。

（6）严格监视高温再热器出口壁温，不得超过允许值。各壁温测点间的数值不应相差很大，如相差很大（20℃以上）时，应认真检查燃烧情况和炉内结焦情况，找出偏差大的原因并及时处理。

（7）停炉后，按规定进行再热器保养。

## 操作卡

（1）低温再热器泄漏故障处理操作步骤及要求见附录4.2。

（2）高温再热器泄漏故障处理操作步骤及要求见附录4.3。

（3）省煤器泄漏故障处理操作步骤及要求见附录4.4。

## 操作视频

（1）高温再热器泄漏故障处理操作见视频 3.1。
（2）省煤器泄漏故障处理操作见视频 3.2。

视频 3.1　高温再热器泄漏故障处理

视频 3.2　省煤器泄漏故障处理

## 7.5　蒸汽参数异常

### 教学目标

**1. 知识目标**

（1）掌握锅炉蒸汽参数异常的危害。
（2）掌握影响锅炉蒸汽参数的因素。

**2. 能力目标**

（1）能够根据现象判断锅炉参数异常。
（2）能够根据运行参数判断锅炉参数异常事故原因。
（3）能在锅炉机组仿真系统处理蒸汽参数异常事故。

**3. 素质目标**

（1）培养学生安全、责任意识。
（2）培养学生理论结合实践的能力。
（3）树立团队意识与协作精神。

### 任务描述

根据锅炉参数异常的现象，准确判断锅炉参数异常的原因，熟练地在火电机组仿真系统上进行事故处理，提高学生对锅炉蒸汽参数影响因素的理解，培养学生处理事故的能力。

### 相关知识

锅炉蒸汽参数涉及主蒸汽、再热蒸汽的温度和压力。锅炉蒸汽参数是锅炉安全、经济运行的一个重要指标，值班员需要实时监视蒸汽参数波动情况，对蒸汽参数异常情况进行调节干预。

锅炉蒸汽参数异常包括温度异常和压力异常。蒸汽温度过低时，蒸汽焓降减少，蒸汽湿度增大、蒸汽带水，汽轮机进水造成叶片水冲击。蒸汽温度过高时，金属在高温下发生蠕变，降低金属强度，甚至导致管道爆管，严重影响安全。

蒸汽压力超压，当超过受热面管道承压能力时，会造成锅炉受热面管道爆管。蒸汽压力过低影响蒸汽做功能力。

## 7.5.1 蒸汽参数异常现象及产生的原因

**1. 主蒸汽温度异常现象**

（1）主汽温度异常报警。

（2）主汽温度高于 575℃ 或低于 561℃，LCD 监视器上参数超限变红。

**2. 主蒸汽温度异常原因**

（1）给水自动调节失灵，或操作员手动调节失当，造成煤水比失衡。

（2）减温水自动失灵、阀门卡塞或减温器在解列后阀门内漏。

（3）给水泵切换操作失当，或给水泵跳闸，造成给水流量大幅度波动。

（4）给水系统及减温水系统阀门误开关。

（5）中间点温度或主汽温度测点故障，造成误调节。

（6）燃料特性突变，制粉系统启、停或跳闸，燃烧主控手动时燃料量变动太快太猛，RB 动作等原因造成炉内燃烧大幅度波动，给水调节虽然及时动作使煤水比相对稳定，但因蒸汽和烟气侧迟滞性不同，造成汽温超限。

（7）烟道内发生二次燃烧。

（8）受热面严重结焦、积灰，或锅炉风量不当。

（9）炉底水封破坏，漏入大量冷风。

（10）水冷壁、过热器泄漏或安全阀起、回座故障。

（11）高加投、退，造成给水温度和蒸汽流量大幅度变化。

（12）启动过程中，贮水箱溢流阀自动调节失灵或卡死在小开度，造成过热器进水。

**3. 主蒸汽压力异常现象**

（1）主蒸汽压力偏离当前负荷对应的正常值。

（2）主蒸汽沿程温度可能异常。

（3）机组负荷可能降低。

（4）主蒸汽安全门可能动作。

（5）主蒸汽安全门、旁路就地有泄漏声，旁路减温器后温度高或旁路减温水门开启。

（6）"四管"泄漏监测装置报警，就地可能听到泄漏声。

（7）主蒸汽流量可能不正常低于给水流量。

**4. 主蒸汽压力异常原因**

（1）主蒸汽安全门误动或严重内漏造成主蒸汽压力低。

（2）旁路误开或严重内漏造成主蒸汽压力低。

（3）高压自动主汽门或高压调门故障不正常开大或关小。

（4）主蒸汽系统严重泄漏。

（5）给水控制或燃料控制出现异常，煤水比可能出现较大偏差。

**5. 再热蒸汽温度异常现象**

（1）再热蒸汽温度异常报警。
（2）再热蒸汽温度高于575℃，LCD监视器上参数超限变红。
（3）烟气调节挡板和事故减温水全开或全关。

**6. 再蒸汽温度异常原因**

（1）调温烟气挡板自动失灵、执行机构销子断脱、卡塞或人员手动调节失当。
（2）水冷壁、过热器、再热器严重泄漏、高加投退或安全阀起、回座，均会造成烟气侧温度分布和蒸汽侧流量分配大幅度变化，导致再热汽温变化越限。
（3）炉膛风量失当或炉底水封破坏。
（4）燃料特性突变，制粉系统启、停或跳闸，燃烧主控手动时燃料量变动太快太猛，RB动作等原因造成炉内热负荷大幅度波动。
（5）事故减温水误开或阀门内漏。
（6）尾部烟道再燃烧。

## 7.5.2 影响锅炉蒸汽温度的因素

（1）锅炉负荷的影响。锅炉运行中负荷变化，蒸汽温度也会随之而变化。对不同形式的过、再热器，其汽温随锅炉负荷变化的特性也不相同。辐射式受热面的汽温是随着锅炉负荷的增加而降低的。对流受热面的蒸汽温度随锅炉负荷的增加而升高。
（2）炉膛火焰中心的影响。炉膛火焰中心升高时，炉膛辐射传热减小并使炉膛出口烟气温度上升，因而使汽温上升。相反，当火焰中心降低时，将使汽温下降。
（3）受热面清洁度的影响。水冷壁结渣，将引起过热蒸汽温度升高，而过热器本身结渣，严重积灰，将使蒸汽温度降低。
（4）减温水量的影响。在给水系统压力增高时，虽然减温水调节阀的开度未变，但这时减温水量增加了，汽温因而降低。喷水减温器若发生泄漏，也会在并未操作减温水调节阀的情况下，使减温水量增大，汽温降低。
（5）给水温度的影响。提高给水温度，将使过热汽温下降。这是因为产生每公斤蒸汽所需的燃料量减少，流过再热器的烟气量也减少了。在汽机运行中是否投入高压加热器也会使给水温度发生变化，这对过再热汽温有明显影响。
（6）主蒸汽压力变化的影响。主蒸汽压力的变化将直接影响中间点微过热蒸汽温度，影响主汽温度。

## 7.5.3 蒸汽参数异常处理

**1. 主蒸汽参数温度异常处理**

（1）正常运行中，操作员在手动方式调整燃烧、给水或风量等参数时，应平缓均匀，禁止大幅度波动调节，对各相关系统乃至相关专业的调节应加强联系和配合。

（2）发现汽温异常报警后，应根据表计综合指示，判断测点指示正确性，如系测点故障，及时联系热工人员处理，故障测点对给水、汽温调节有影响时，还应将给水或减温水自动切至手动调节。

（3）如确认系给水调节失灵，应立即将给水切手动，参照正常运行时段的煤水比进行给水流量粗调，稳定中间点温度保持适当过热度，汽温恢复正常后可试投给水自动调节，如失败应及时联系热工处理。

（4）减温水自动失灵，要及时切手动维持主汽温度在额定值，并联系热工处理。

（5）检查给水、减温水系统阀门有无误动作，有则恢复正常并查明原因作相应处理。

（6）减温水全开（全关）仍无法维持正常的汽温，可适当降低（提高）中间点温度设定值，适当降低（增大）锅炉风量，并及时调整过热器烟气温度挡板，检查受热面结焦、积灰情况，加强吹灰，必要且具备条件时（如负荷）可改变投运制粉系统台数或出力分配。

（7）因减温器阀门严重内漏造成汽温低时，应将内漏阀门关严，并作好记录，待条件具备时进行检修处理。汽温回升需要再次开启时，应先手动开启阀门少许，避免电机过载损坏或无法开启。

（8）给水泵跳闸、制粉系统跳闸、RB 动作、高加投、退时，应加强给水、汽温调节监视，必要时手动干预。

（9）机组启动过程中，加强对汽水分离器下贮水箱水位监视，杜绝出现过热器进水现象。

（10）因水冷壁、过热器泄漏或安全阀起、回座造成主汽温度异常，按相应受热面泄漏进行处理。

（11）烟道内发生二次燃烧，按尾部烟道再燃烧处理。

（12）蒸汽过热度不足使汽轮机发生水冲击，或过热汽温 10 分钟内突降 50℃以上时，应紧急停止机组运行。

**2. 主蒸汽参数压力异常处理**

（1）主蒸汽压力异常时应及时调整锅炉燃烧和给水流量恢复汽压正常，如加减负荷引起主蒸汽压力异常时应停止加减负荷，滑压运行时，按滑压曲线维持压力在正常值。

（2）主蒸汽安全门误动，应立即进行手动强制回座。

（3）如主蒸汽安全门就地强制回座无效或严重内漏无法恢复正常，应申请停炉处理。

（4）旁路误开造成主蒸汽压力低应立即进行手动关闭，手动关闭无效应到就地强制关闭后查找原因进行处理。

（5）如果旁路就地强制关闭无效而且内漏严重无法处理时，应申请停炉处理。

（6）高压主汽门或高压调门故障不正常开大或关小时，联系检修人员进行处理，经处理仍不能恢复正常，主蒸汽压力高影响机组正常带负荷或在额定负荷造成主蒸汽安全门动作时，应减少给水量和燃料量降压运行。

（7）主蒸汽系统严重泄漏按"过热器损坏"进行处理。

（8）主汽压力超压时，安全阀不动作时锅炉应手动 MFT。

**3. 再热蒸汽温度异常处理**

（1）综合各表计指示，判断其正确性，如表计指示有误，联系热控人员处理。

（2）在煤质变化、高加投退、安全阀起、回座、制粉系统启停时，应加强对再热汽温的监视和调整。

（3）温度偏高（偏低），可手动关小（开大）再热器侧烟温挡板，适当开大（关小）过热器侧烟温挡板，注意两侧开度和前后差压，严禁两侧烟温挡板同时关闭运行。

（4）发现调温烟气挡板自动失灵、执行机构销子断脱、卡塞，应及时联系处理。

（5）必要时可采用改变运行制粉系统台数、风量或机组负荷的方法调节再热汽温。温度超高限时，要及时适量开启事故减温水。

（6）如再热蒸汽温度异常是由受热面泄漏、烟道再燃烧引起的，应按上述方法控制好再热汽温，并按规程相关规定处理。

## 7.6　风烟系统故障

### 教学目标

**1. 知识目标**

（1）掌握空气预热器常见故障。
（2）掌握风机失速的原因和处理方法。
（3）掌握风机喘振的原因和处理方法。
（4）掌握风机抢风的原因和处理方法。

**2. 能力目标**

（1）能够分析风机喘振的机理，理解风机运行过程中的负荷控制过程。
（2）能够分析风机失速的机理及处理方法。
（3）能够分析风机抢风的原因，掌握解决的方法。

**3. 素质目标**

（1）通过学习风机故障，培养学生分析问题、解决问题的能力。
（2）培养学生刻苦钻研业务、爱岗敬业的精神。
（3）培养学习新知识、新技能的能力。

### 任务描述

学生能够判断风机和空预器故障原因。学生根据风机故障的现象判断故障的类别和原因，在锅炉机组仿真系统进行操作解除故障，提高学生处理锅炉故障的能力。

### 相关知识

大型锅炉风烟系统配有空预器、送风机、一次风机、引风机各两台，每台设备承担50%负荷，锅炉运行时两台设备同时运行。当其中1台设备出现故障时，锅炉降负荷运行。

快速检修事故设备，设备检修完成后投运，确保两台设备同时运行。

## 7.6.1 回转式空气预热器的常见故障

运行中空气预热器的常见故障是转子变形造成机械部分卡涩、液力耦合器或联轴器故障脱开、电动机故障或电气保护动作跳闸等。

由于机械原因引起空气预热器卡涩、空气预热器停转时，则在跳闸前空预器电动机电流先增大，而后因过流动作回零电动机跳闸，辅电动机联启后也跳闸。此时转子停转信号将报警，排烟温度升高而热风温度下降。若 RB 动作，则跳闸对应侧引风机、送风机，联锁关闭跳闸空气预热器出、入口风、烟挡板，跳闸部分磨煤机，负荷自动减至 50%。若 RB 未动作，则按照 RB 的处理原则减负荷，关挡板，紧急停用部分磨煤机，投等离子助燃，维持锅炉运行。若故障严重或空预器无法隔离，应停炉处理，并用吹灰器或开启烟气侧人孔门进行冷却，以免转子两侧温差过大引起严重变形。

## 7.6.2 引、送风机，一次风机的常见故障

**1. 风机的启动和防止启动过载**

离心式风机必须在关闭调节挡板后进行启动，以免启动过载。待达到额定转速、电流回到空载值后，逐渐开大调节挡板，直到满足规定的负荷为止。动叶可调式轴流风机应在关闭动叶及出口挡板的情况下启动。风机达到额定转速后，打开出口挡板，并逐渐开大动叶安装角度。若在较小动叶角度下打开出口挡板，则可能会遇到不稳定区。当一台风机已在运行，需并列另一台风机时，应先降低运行侧风机的压头至最低喘振压力以下，然后启动风机。待风机挡板打开后，逐渐增加启动风机的动叶开度，相应减小已运行风机的动叶开度，保持总风量不变，直至两台风机电流相等。

风机在正常启停和运行中，首先要监视好风机电流值。因为电流的大小不仅标志风机负荷的大小，也是发生异常事故的预报器。此外，运行人员还应经常监视风机的进、出口风压。根据 $p$-$Q$ 曲线，正常情况下流量下降，压头上升。因此监视好风压有助于更好监视风机的安全稳定运行。例如，若运行中动叶开度、风机电流和风压同时增大，说明锅炉管路的阻力特性发生改变，可判断是烟、风道发生了积灰堵塞。

风机的通流介质密度按一次方关系对风机特性和管路特性同时发生影响。因此对于一次风机和引风机，若运行中介质密度升高（如一次风温降低或排烟温度降低），也会使风压和风机电流升高。

**2. 喘振**

风机的喘振是指风机在不稳定工况区运行时，引起风量、压力、电流的大幅度脉动，噪声增加，风机和管道激烈振动的现象。以单台运行为例，喘振发生的原因可用图 7-1 加以说明。

当风机在曲线的单向下降部分工作时，其工作是稳定的，一直到工作点 $K$。但当负荷降到低于 $Q_k$ 时，进入不稳定区。此时，只要有微小扰动使管路压力稍稍升高，则由于风机流

量大于管路流量，工作点向右移动至 $K$ 点，当管路压力 $p_A$ 超过风机正向输送的最大压力时，工作点即改变到 $B$ 点（与 $A$ 点等压），风机抵抗管路压力产生的倒流而做功。此时管路中的气体向两个方向输送，一方面供给负荷需要，一方面倒送给风机，故压力迅速降低，至 $C$ 点时停止倒流，风机增加流量。但由于风机流量仍小于管路流量，即 $Q_C<Q_D$，所以管路压力仍下降至 $E$ 点，风机的工作点将瞬间由 $E$ 点跳到 $F$ 点（与 $E$ 点等压），此时风机输出流量为 $Q_F$。由于 $Q_F$ 大于管路的输

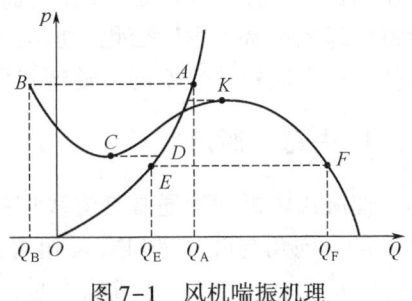

图 7-1 风机喘振机理

出流量，因此管路风压转而升高，风机的工作点又移到 $K$ 点。上述过程重复进行就形成风机的喘振。喘振时，风机流量在 $Q_B \sim Q_F$ 范围内变化，而管路的输出流量只在少得多的 $Q_E \sim Q_A$ 间变动。

只要运行中工作点不进入上述不稳定工作区，就可避免风机喘振。轴流风机当动叶安装角改变时，$K$ 点也相应变动。因此不同的动叶安装角下对应的不稳定工作区（负荷）是不同的。

大型机组一般设计了风机的喘振报警装置。其原理是将动叶（或静叶）各角度对应的性能曲线峰值点平滑连接，形成该风机的喘振边界线（图 7-2 中的实线），再将该喘振边界线向右下方移动一定距离，得到喘振报警线。为保证风机的可靠运行，其工作点必须在此边界线的右下方。一旦在某一角度下的工作点由于管路特性的改变或其他原因，沿曲线向左上方移动到喘振报警线时，即发出报警信号提醒运行人员进行处理，将风机工作点移回稳定区。

并联风机的风压都相等，因此负荷低的风机的动叶开度小，其性能曲线峰值点（$K$ 点）要低于另一台风机，负荷越低，$K$ 点低得越多，因此负荷低的风机的工作点就容易落在喘振区以内。所以调节风机负荷时，两台并列风机的负荷不宜偏差过大，以防止负荷低的风机进入不稳定的喘振区（但发生"抢风"时例外）。

当一台风机运行，另一台风机启动时，要求运行风机工况点压力比风机最低喘振压力（图 7-3 中 $C$ 点）低 10%，否则不能正常启动，如图 7-3 所示。当原运行风机工况点在 $A$ 点时，并列过程中运行风机的工况点将沿直线 $A_1A$ 移动，因为 $A_1A$ 线在稳定运行区，故并联过程不会出现喘振。但当原运行风机在 $B$ 点运行，而另一台风机与之并联时，则原风机的工况点将沿 $B_1B$ 线水平移动，$B_1B$ 线和喘振失速区相交。

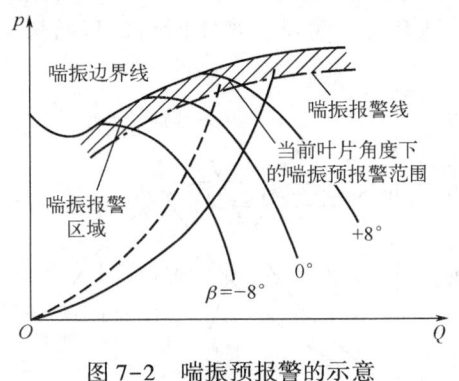

图 7-2 喘振预报警的示意

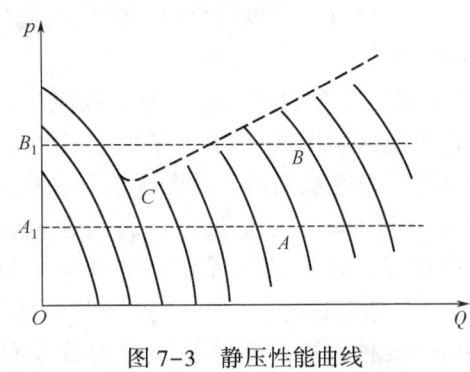

图 7-3 静压性能曲线

运行中烟、风道不畅或风量系统的进、出口挡板误关或不正确，系统阻力增加，会使风

机在喘振区工作；并列运行的风机动叶开度不一致或与执行器动作不符、自控失灵等情况，则将引起风机特性发生变化，也会导致风机的"喘振"。此外，应避免风机长期在低负荷下运行。由于风机特性不同，轴流式风机的喘振故障比离心式风机更容易发生。

### 3. 失速（脱流）

轴流式风机叶片通常是流线型的，设计工况下运行时，气流冲角 $\alpha$（即进口气流相对速度 $\omega$ 的方向角与叶片进口安装角之差）约为零，气流阻力最小，风机效率最高。当风机流量减小时，$\omega$ 的方向角改变，冲角逐渐增大。当冲角增至某一临界值时，叶背尾端产生涡流区，即所谓的脱流工况（失速），阻力急剧增加，而升力（压力）迅速降低；冲角再增大，脱流现象更为严重，甚至会出现部分叶道阻塞的情况（图7-4）。

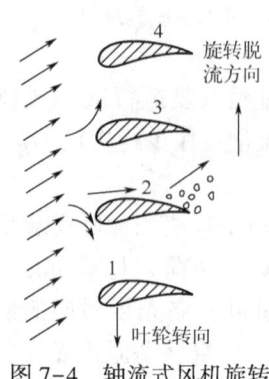

图7-4 轴流式风机旋转失速（脱流）工况

由于风机各叶片存在加工误差，安装角不完全一致，气流流场不均匀相等，因此失速现象并不是所有叶片同时发生而是首先在一个或几个叶片出现。若在叶道2中先出现脱流，叶道由于受脱流区的排挤变窄，流量减小，则气流分别进入相邻的1、3叶道，使1、3叶道的气流方向改变，结果使流入叶道1的气流冲角减小，叶道1保持正常流动；叶道3的冲角增大，加剧了脱流和阻塞。叶道3阻塞同理又影响相邻的叶道2和4的气流，使叶道2消除脱流，同时触发叶道4出现脱流。这就是说，脱流区是旋转的，其旋转方向与叶轮转向相反，这种现象称为旋转失速。

与喘振不同，旋转失速时风机可以继续运行，但它引起叶片振动和叶轮前压力的大幅度脉动，往往是造成叶片疲劳破坏的重要原因。从风机特性曲线来看，旋转失速区与喘振一样都位于马鞍型峰值点的左边的低风量区。为避免风机落入失速工况下运行，在锅炉点火及低负荷期间可采用单台风机运行以提高风机流量。另外，在风机启动时减小或关闭动叶，也可使安装角与气流冲角同向变化，限制失速工况的危害。

### 4. 风机"抢风"

"抢风"是指并联运行的两台风机，突然一台风机电流（流量）上升，另一台风机电流（流量）下降。此时若关小大流量的风机风门，试图平衡风量时，则会使另一台小流量风机跳至大流量运行。在风门投自动时则风机的动叶频繁地开大、关小，严重时可能导致风机超电流而烧坏。

"抢风"现象的出现是因为并列风机存在较大的不稳定工况区。图7-5示出了两台相同特性的轴流风机并联后总性能曲线。从图中看到，风机的并联特性中有一个"∞"字形区域，若两台风机在管路系统1中运行，则 $p_1$ 点为系统的工作点，每台风机都将在 $E_1$ 点稳定运行，此时"抢风"现象不会出现。如果由于某种原因，管路系统阻力改变至系统2时（如一次风机下游的磨煤机入口挡板开度关小），则风机进入"∞"字形区域内运行。

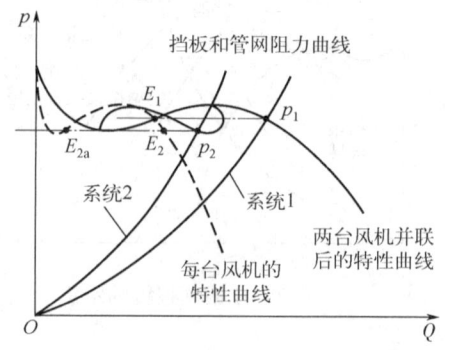

图7-5 两台风机并联后的特性曲线

再看点 $p_2$ 的情况，两台风机分别位于 $E_{2a}$ 和 $E_2$ 点工作。大流量的风机在稳定区工作，小流量的风机则在不稳定区工作，两台风机的工作平衡状态极容易被破坏。因此便出现两台风机的"抢风"现象。

为了消除"抢风"现象，对于送、引风机，可在锅炉点火或低负荷运行时采用单台运行方式，待单台风机不能满足锅炉的负荷需要时，再启动另一台投入并列运行。对于一次风机，可适当提高一次风母管压力。此外，一旦发生"抢风"，应手操两台风机保持适当的风量偏差（此时，风机并列特性的"∞"字形区域收缩）以避开"抢风"区域。

## 7.6.3 风机喘振事故处理

**1. 风机喘振的现象**

（1）风机喘振报警。
（2）炉膛压力或风量大幅度波动，风机动叶投自动时，另一侧风机动叶自动调节频繁，炉内燃烧不稳。
（3）喘振风机电流大幅度晃动，噪声加剧。
（4）风机喘振严重达跳闸值时，延时跳闸。

**2. 风机喘振的原因**

（1）受热面、空气预热器严重积灰或烟气系统挡板误关，引起系统阻力增大，造成风机动叶开度与进入的风量、烟气量不相适应，使风机进入不稳定工作区。
（2）操作风机动叶时，幅度过大使风机进入不稳定工作区。
（3）两风机并列运行时导叶开度偏差过大使开度小的风机落入进入不稳定工作区。

**3. 风机喘振的危害**

（1）气流的撞击，振动显著增加，此时风机叶片、机壳、风道均受到很大的交变力作用，会造成风机严重损坏。
（2）炉膛负压波动。
（3）风量波动，燃烧不稳，燃烧恶化。
（4）严重时会引起锅炉 MFT。
（5）送风机本体振动加剧，严重时造成设备损坏。

**4. 风机喘振事故的处理**

（1）若风机并列操作中发生喘振，应停止并列。
（2）负荷较高且送风机喘振严重时，将机组切至 TF 工作方式，紧急降负荷将机组的负荷控制在一台送风机能够承受的范围内，调节送风量，防止风量低灭火。
（3）适当降低二次风与炉膛压差，开大二次风门，增大风量，同时减小二次风压，使得运行风机远离临界点。
（4）做好送风机跳闸的事故预想，做好 RB 的准备。
（5）检查喘振送风机振动消除情况，查清喘振原因。

(6) 待喘振送风机振动消除后,将喘振送风机动叶缓慢开大,密切监视其出口压力,同时手动或自动关小另一台送风机动叶开度,直到两台送风机出力平衡后投入送风机压力自动。

**5. 预防风机喘振的措施**

(1) 当风机喘振信号触发报警时,运行人员应立即将失速风机动叶切手动并关小直至失速信号消失,防止损坏风机;同时在保证另一台正常运行的风机出力不超限的前提下开大动叶执行机构,以保证母管压力在正常范围内。

(2) 掌握风机的性能曲线,使风机工作点避开不稳定工作区。

(3) 对轴流式风机采用可调叶片调节。当系统需要的流景减小时,则减小其安装角,性能曲线下移,临界点向左下方移动,输出流量也相应减小。

(4) 最根本的措施是尽量避免采用具有驼峰形性能曲线的风机,而采用性能曲线平直向下倾斜的风机。

## 7.6.4 风机失速事故处理

**1. 风机失速现象**

(1) 风机失速报警。
(2) 风机电流与动叶开度不匹配。
(3) 在严重的失速情况下,风机可能会停机,无法继续运行。

**2. 风机失速危害**

(1) 风机失速时,风量、风压大幅降低,引起炉膛燃烧剧烈变化,易于发生灭火事故。
(2) 并联运行的另一台风机投入"自动"时,出力增大,容易造成电动机过负荷。
(3) 处理过程不正确时,易于引发风机"喘振",损坏设备。

**3. 风机失速原因**

(1) 受热面、空预热器严重积灰或烟气挡板误关,引起阻力增大,造成静叶开度与烟气量不适应。
(2) 静叶调节时,幅度过大,使风机进入失速区。
(3) 自动控制装置失灵,使一台风机进入失速区。
(4) 风机并列时,风机进入失速区。

**4. 风机失速处理**

(1) 如果并列时失速,应停止并列,恢复原状态,在调整风量等稳定后,再并列。
(2) 如风烟系统的风门、挡板误关引起,应立即打开同时调整静叶开度。
(3) 如风门、挡板故障引起,应立即降低锅炉负荷,联系检修。
(4) 已严重威胁设备的安全时,则立即停止该引风机运行。

**5. 防止风机失速措施**

(1) 调整动叶角度,使风机工作点远离风机不稳定区。

(2) 风机启动时减小或关闭动叶,使安装角和气流冲角同向发生变化。
(3) 避免风机在低负荷区工作。

### 7.6.5 风机抢风事故处理

**1. 风机抢风现象**

(1) 并联运行的两台风机在运转中以一台风机电流上升,另一台风机电流下降。
(2) 风门投自动时风机动叶频繁开大、关小。
(3) 严重时风机超电流。
(4) 风机有异常响声。

**2. 风机抢风危害**

(1) 发生抢风时,低流量的风机进入不稳定区工作,易发生喘振。
(2) 炉膛送、引风量发生变化,炉膛压力发生变化,燃烧不稳定。
(3) 一次风机发生抢风时,造成送粉不正常,影响燃烧器的正常工作。

**3. 风机抢风原因**

(1) 管路漏风是引风机发生抢风的常见原因。
(2) 受热面、空预热器严重积灰或烟气挡板误关,引起阻力增大,造成引风机抢风。
(3) 磨煤机一次风沿程阻力偏差大,会造成一次风机抢风。
(4) 两台风机风道阻力不一致,阻力大的风机位于不稳定区工作,被抢风。

**4. 风机抢风处理**

(1) 立即将风机动叶解除自动,手动调节动叶,降低抢风风机开度。
(2) 降负荷,注意炉膛负压。
(3) 手动调节两台风机的压力,避开抢风区域。
(4) 核查烟道、风道有无堵塞。

**5. 防止风机抢风措施**

(1) 做好吹灰,避免空预器堵塞。
(2) 减少烟道漏风。
(3) 检查烟道、风道,确保烟道、风道通畅,减少阻力。
(4) 避免风机在低负荷区工作,在低负荷时可以启动一台风机。

## 操作卡

(1) 引风机失速故障处理操作步骤及要求见附录4.5。
(2) 送风机动叶卡涩故障处理操作步骤及要求见附录4.6。
(3) 一次风机出口门误关故障处理操作步骤及要求见附录4.7。

## 7.7 制粉系统故障

### 教学目标

**1. 知识目标**

（1）掌握给煤机和磨煤机的常见故障。
（2）掌握制粉系统自燃和爆炸的原因。
（3）掌握制粉系统自燃和爆炸的防范措施。

**2. 能力目标**

（1）能判断给煤机和磨煤机的常见故障。
（2）能够在火电机组仿真运行系统制粉系统故障处理。

**3. 素质目标**

（1）培养学生安全、责任意识。
（2）培养学生刻苦钻研业务、爱岗敬业的精神。
（3）培养学习新知识、新技能的能力。

### 任务描述

学生判断制粉系统故障，并进行正确的处理。通过火电机组仿真运行系统的模拟处理，熟悉制粉系统故障处理步骤，培养学生处理事故的能力。

### 相关知识

制粉系统由原煤仓、给煤机、磨煤机等部分组成。因制粉系统设备运行频繁，运行环境恶劣等原因，造成制粉系统故障率较高。制粉系统故障造成锅炉燃料无法正常供应，严重时会造成锅炉停炉或自燃爆炸事故。

### 7.7.1 制粉系统设备故障

**1. 给煤机常见故障**

目前，发电站锅炉多采用刮板式给煤机和带式给煤机。给煤机运行中的常见故障一般有机械故障和电气故障。

1）刮板式给煤机常见故障

刮板式给煤机运行中常见的机械故障是当煤块过大或煤中有杂物时，给煤机卡死，造成磨煤机断煤，甚至给煤机链条拉断。为避免给煤机卡死，运行中应严密监视给煤机的运行状态并做好木块的清理工作。发现堵塞立即人工疏通。

2）带式给煤机常见故障

带式给煤机常见的机械故障是带跑偏、带过松打滑、带损坏、刮煤机停走等。

（1）给煤机带跑偏一般是由于给煤机端部张紧滚筒张紧力不一致造成的。发生跑偏时，带的一边将出现鼓凸，由于带歪斜，造成带的一侧露出滚筒面，另一侧则拱起，严重时还将造成带撕裂。因此，发现给煤机跑偏时，应及时处理，如跑偏严重时，应立即停给煤机，以免造成设备损坏。

（2）给煤机带过松一般是由于滚筒张紧力不够或带运行时发生自然涨长造成的。给煤机带过松将造成给煤量不均匀，严重时造成带打滑停走，磨煤机断煤。因此，运行中应定期检查和调整紧力，发生断煤时，应停用磨煤机和给煤机，并应及时调节锅炉燃烧。

（3）给煤机下部刮煤机（清扫电机）停走时，由于给煤机下面的剩煤不能及时清除，将造成给煤量指示不正确，带拱起、变形、卡住、跑偏等，因此应及时停运处理。

（4）给煤机电气故障有给煤机失电、给煤机电气保护动作跳闸等。

### 2. 磨煤机常见故障

在直吹式制粉系统中，磨煤机的形式通常为中速磨煤机或高速磨煤机，其常见故障是磨煤机断煤和磨煤机堵塞。

1）磨煤机断煤

磨煤机断煤的主要原因是落煤管或给煤管堵塞，给煤机故障断煤等。

运行中发生磨煤机断煤时，磨煤机电流下降，进、出口差压减小，若磨煤机风量和出口风温在自动方式下，热风门将自动关小，冷风门将自动开大。中速辊式磨煤机断煤时，由于磨辊和磨盘直接接触，将因摩擦而产生剧烈振动。

运行中磨煤机发生断煤时，应及时检查断煤原因，若落煤管、给煤机堵塞，应立即投用故障部位的振打装置进行振打或人工敲击故障部位，尽快恢复煤流正常。由于直吹式制粉系统的出力直接影响锅炉燃烧，因此发生磨煤机断煤时，应增加其他磨煤机出力，尽量保持总燃料量不变，同时应及时调节风量、给水量，合理组织燃烧，维持锅炉运行参数，必要时投油助燃或拉等离子稳燃。若由于给煤机故障断煤，则该磨煤机所属的一层燃烧器将出现火焰丧失，磨煤机可能跳闸，应首先投油稳定燃烧。

2）磨煤机堵塞

在直吹式制粉系统中，磨煤机一次风量过小或给煤量过大，导致煤粉无法及时排出磨煤机。另外，原煤水分过高，风温偏低或风量偏小，也易造成磨煤机堵塞。煤中较多石子煤排放不及时导致风环处堵塞，风量降低甚至消失，也易造成磨煤机堵塞。

运行中磨煤机发生堵塞时，磨煤机出口温度下降，一次风量下降，磨煤机出口风压下降，进、出口压差增大。严重堵塞时磨煤机电流减小。故障所属的一层煤粉燃烧器燃烧不稳，严重时出现层熄火保护动作造成磨煤机跳闸。

运行中发现磨煤机堵塞时，应将磨煤机煤量、风量等保护（自动）退出，迅速降低给煤量，增加一次风量，调节磨煤机出口风温在正常范围内，并及时调节锅炉燃烧，尽量维持锅炉负荷不变，必要时投入油枪助燃。对故障磨煤机的排渣箱加强清理。若采取上述措施仍不能消除故障,则停用该磨煤机,进入内部检查并人工清理。

## 7.7.2 制粉系统的自燃与爆炸

制粉系统的自燃与爆炸是危害性较大的一种事故。事故发生时,轻则中断制粉系统的正常运行,严重时还会危及人身和设备安全。

**1. 制粉系统自燃、爆炸的现象**

(1) 磨煤机出口温度大于 120℃ 并急剧上升。
(2) 自燃处风粉温度异常升高,煤粉管可能烧红及燃烧器进口煤粉管的管壁温度上升。
(3) 磨煤机磨盘前后差压晃动。
(4) 炉膛压力、一次风压力晃动,燃烧可能不稳。
(5) 检查门处有火苗或烟雾冒出。
(6) 有爆炸声。

**2. 制粉系统自燃、爆炸的原因**

(1) 原煤中混有易燃、易爆物品或外来火源。
(2) 分离器或磨煤机内部堆积煤粉。
(3) 石子煤斗清理不及时。
(4) 煤挥发分过高,磨煤机出口温度过高,煤粉过细。
(5) 制粉系统停运后热风门关闭不严。
(6) 制粉系统明火作业,未作好安全措施。
(7) 制粉系统的设备和管道内积粉,特别是挥发分较高的煤粉。
(8) 运行中磨煤机断煤时间较长,磨煤机出口风温过高,增加了自燃与爆炸的可能性。
(9) 制粉系统在启停和转换操作时,易搅起已沉积的煤粉,此时若磨煤机出口温度控制不当或磨煤机内有火源,容易引起爆炸。

**3. 制粉系统自燃、爆炸的处理**

(1) 停运给煤机,关闭磨煤机的冷热风隔离门、出口门、总风门及磨煤机和给煤机的密封门。
(2) 开启磨煤机的蒸汽灭火门约 5~10min。
(3) 关闭磨煤机蒸汽灭火门。
(4) 待磨煤机出口温度降至 60℃ 以下,方可进行磨煤机内部的检查和清理,并进行石子煤斗的清理工作。
(5) 当认为有着火或着火危险时,应投入惰化系统惰化以消除火险。维持盘车状态,切断风(包括密封风)、煤。通入惰化蒸汽,每个分离器出口粉管保留一根通畅,吹扫 15min。

（6）如认为仍有火险，重复惰化过程。

**4. 制粉系统爆炸的防范措施**

（1）制粉系统各种消防及报警装置应可靠备用，主要包括磨煤机蒸汽消防系统、原煤仓消防设施、磨煤机出口温度监测报警装置、磨煤机润滑油站消防设施、输煤带除尘设备可靠投入。保持空气流通，防止粉尘堆积。

（2）严格执行缺陷管理制度，发现制粉系统和输煤系统的粉尘泄漏点，要及时消除。

（3）加强原煤管理，防止易燃、易爆物混入原煤。

（4）磨煤机启动过程中应充分暖磨，避免因湿煤沉附引起磨煤机自燃着火。

（5）严格控制磨煤机出口温度不高于规定值。

（6）及时清理堵塞的石子煤，避免石子煤排出口堵塞，造成磨碗溢出煤量过多而在机体内沉积引起自燃着火。正常运行中当石子煤排渣箱渣量较少时也要定期检查、排渣，以防止渣箱自燃。

（7）磨煤机要定期切换运行，防止因长期停运导致原煤仓或磨煤机内部自燃。

（8）停炉前要尽量将原煤仓走空或保持较低的煤位，防止因长期停运导致原煤仓自燃。

（9）停磨时要先将磨出力降至最小，然后先停给煤机，吹扫后再停磨煤机，以防止磨煤机内积煤自燃。

（10）紧急停运后的再启动，必须对磨煤机进行吹扫。

## 操作卡

（1）磨煤机着火故障处理操作步骤及要求见附录 4.8。
（2）磨煤机堵煤故障处理操作步骤及要求见附录 4.9。

## 操作视频

磨煤机着火故障处理操作见视频 3.3。

视频 3.3 磨煤机着火故障处理

## 7.8 炉内结渣与防治

## 教学目标

**1. 知识目标**

（1）掌握锅炉炉内结渣的危害。
（2）掌握锅炉炉内结渣产生的原因。

**2. 能力目标**

（1）分析炉内结渣产生过程，掌握运行中防止结渣的措施。

(2) 分析燃烧过程对炉内结渣的影响，掌握燃烧操作的要求。

### 3. 素质目标

(1) 通过分析锅炉炉内结渣过程和结渣的危害，培养学生责任意识。
(2) 培养学生刻苦钻研业务、爱岗敬业的精神。
(3) 通过分析锅炉运行控制，培养逻辑思考、分析问题的能力。

## 任务描述

掌握锅炉结渣产生的原因及危害，分析在运行过程中防止结渣的措施及操作要求，提升学生运行锅炉的能力。

## 相关知识

在固态排渣煤粉炉中，熔融的灰黏结并积聚在受热面或炉壁上的现象，称为结渣。结渣不仅影响锅炉燃烧，降低热效率，而且影响锅炉运行的安全性。

## 7.8.1 结渣的危害

在固态排渣煤粉炉的炉膛中，火焰中心温度可达 1400～1600℃。在这样的高温下，灰分多呈熔化或软化状态。随着烟气的流动，烟温会因水冷壁吸热而不断降低。当接触到受热面或炉墙时，如果烟中的灰粒已冷却到固体状态，就不会造成结渣，如果烟中的灰粒仍保持软化状态或熔化状态，就会黏结在壁面上，形成结渣。发生结渣的部位通常在燃烧器区域水冷壁、炉膛折焰角、屏式过热器及其后的对流管束等处，有时也会发生在炉膛下部冷灰斗处。

结渣是一个自动加剧的过程。这是因为发生结渣后，由于传热受阻，炉内烟气温度和渣层表面温度都将升高，再加上渣层表面粗糙，渣与渣之间的黏附力很大，渣粒就更容易黏附上去，从而使结渣过程愈演愈烈。

结渣会严重危害及影响锅炉运行的安全性和经济性，并造成以下不良后果：

(1) 受热面上结渣时，会使传热减弱，工质吸热量减少，排烟温度升高，排烟热损失增加，锅炉效率降低。为了保持锅炉蒸发量，在增加燃料量的同时必须相应增加风量，这就使送、引风机负荷增加，厂用电增加。因此，结渣会降低锅炉运行的经济性。

(2) 受热面结渣时，为了保持蒸发量，就必须增加风量，若此时通风设备容量有限，加上结渣容易使烟气通道局部堵住，而使风量增加不上去，锅炉只好降低蒸发量运行。

(3) 炉内结渣时，炉膛出口烟温升高，导致过热汽温升高，加上结渣不均匀造成的热偏差，很容易引起过热器超温损坏。此时，为了不使过热器超温，也需要限锅炉蒸发量。

(4) 水冷壁结渣，会使自身各部分受热不均，以致膨胀不均或水循环不良，引起水冷壁管损坏。

(5) 炉膛上部结渣掉落时，可能会砸坏冷灰斗的水冷壁管。

(6) 冷灰斗处结渣严重时，会使冷灰斗出口逐渐堵住，使锅炉无法继续运行。

（7）燃烧器喷口结渣，会使炉内空气动力工况受破坏，从而影响燃烧过程的进行，喷口结渣严重而堵住时，锅炉只好降低蒸发量运行，甚至停炉。

（8）结渣严重时，除渣时间过长，可能导致灭火。

总之，结渣不但严重危及锅炉安全运行，还可能使锅炉降低蒸发量运行，甚至停炉，而且增加了锅炉运行和检修工作量，所以应尽最大努力来减轻和防止锅炉结渣。

## 7.8.2 影响炉膛结渣的因素

**1. 煤质**

锅炉要结焦的先决条件是煤中的灰熔化，而各种不同的煤，其灰熔化的温度相差很大，所以煤质的结焦性是影响锅炉炉膛结焦的重要因素。

灰熔点有三个特性温度：变形温度 DT、软化温度 ST、熔化温度 FT，一般以 ST 作为评价指标。大部分锅炉炉膛内的燃烧温度实际上只在很少的区域超过 1500℃，所以如果煤灰 ST 在这个温度之上，锅炉就不用考虑结焦问题。一般来说，ST 小于 1350℃才考虑该煤种的结焦性。

灰熔点虽然是煤灰结焦性的第一影响因素，但它不是全部因素，煤灰黏度随温度变化的特性（称为黏温特性）也对结焦性有很大的影响，很多发电厂燃用 ST 小于 1350℃的煤，都不发生结焦现象。

**2. 炉膛结构**

锅炉设计时，炉膛容积或截面偏小，容积热负荷或燃烧器区域热负荷偏高，炉膛最上排燃烧器与大屏底部距离过小，卫燃带敷设过多，水冷壁面积偏小等，都会造成炉膛温度过高，引起炉膛结渣，或造成煤灰粒子在炉内的停留时间短，燃烧不完全，引起炉膛出口烟温偏高，造成炉膛出口受热面的结渣。

**3. 炉内空气动力工况**

炉内空气动力场的特性对结渣的影响也很大。例如，直流燃烧器若存在整体高宽比过大、切圆直径偏大、炉膛火焰偏斜、一次风粉气流贴墙等情况，都容易造成结渣；旋流燃烧器若气流旋转过强，出现"飞边"，或一次风速过高冲击对面炉墙，也容易造成结渣。燃烧器出口结渣或者烧损变形后，会改变出口气流的方向，破坏正常的空气动力结构，使燃烧高温区结渣加剧。此外，如果风粉管路配风不均匀，使一部分燃烧器缺风，而另一部分燃烧器风量很大，也会影响炉内的燃烧工况和贴壁造成还原性气氛，引起结渣。

**4. 其他运行工况**

锅炉运行负荷过高、高压加热器不能投入等均会引起燃烧率增大。炉膛温度和炉膛出口温度升高，产生结渣；炉膛的漏风增大、热风温度不够或煤粉过粗等，会使火焰中心上移，造成炉膛出口处的受热面结渣。炉膛上部的漏风还会导致燃烧器区域风量减小，出现还原性气氛，使灰熔点降低。过粗的煤粉也会加剧颗粒对水冷壁的惯性撞击，使水冷壁结渣加剧。

## 7.8.3 运行中防止结渣的措施

**1. 加强燃煤的管理与控制**

发电厂燃煤供应应符合锅炉设计煤质或接近设计煤质的主要特性。如果煤质严重不符合锅炉的燃烧要求,发电厂应拒收。按时对燃煤进行煤质分析,特别是应准确地提供灰熔点的数据供运行人员参考,以利于锅炉燃烧的调节。

做好燃料管理,保持合适的煤粉细度和均匀度等。尽量固定燃料品种,避免燃料多变,清除煤中的石块,均可使炉膛结渣的可能性减小,或者因煤粉落入冷灰斗又燃烧而形成结渣。

**2. 组织良好的炉内空气动力场**

在煤粉炉中,燃烧中心温度高达 1400~1600℃,灰分在该温度下,大多处于熔化或软化状态。当灰渣撞击炉壁时,若仍保持软化或熔化状态,易黏附于炉壁形成结渣。因此必须保持燃烧中心适中,防止火焰中心偏斜和贴边。

**3. 加强锅炉运行工况的检查与分析**

运行人员应经常检查锅炉的结渣情况,发现结渣严重应及时汇报处理;定期分析锅炉运行工况,对易结渣的燃煤要重点分析减温水量的变化和炉膛出口温度的变化规律,以及过热器、再热器管壁温度变化的情况。锅炉在额定工况运行时,若发现减温水量异常增大和过热器、再热器管壁超温,或燃烧器全部下倾,减温水已用足,而仍有受热面管壁超温,应适当降低负荷运行并加强吹灰。

**4. 焦渣的清除**

利用夜间低谷运行,周期性地改变锅炉负荷是控制大量结渣、及时掉渣的一种有效手段,但要防止负荷骤然大幅度变化,以免造成大块渣从上部掉下打坏承压部件。运行人员要坚持按规程进行炉膛吹灰,并加强吹灰器的缺陷管理和维修管理。

**5. 加强燃烧调整**

灰熔点的一个重要特性是它的数值与气氛有关。当煤灰处在还原性气氛中时,灰中的 $Fe_2O_3$ 还原为 $FeO$,灰熔点降低,结渣性增强;当煤灰处在氧化性气氛中时,灰中的 $FeO$ 氧化为 $Fe_2O_3$,灰熔点升高,燃烧时不易结渣。因此,需要加强燃烧调整,保证煤燃烧时结焦性不发生恶化。

通过试验建立合理的燃烧工况,主要工作如下:

(1) 确定锅炉燃用不同煤种时的燃烧方式,在不同负荷下燃烧器及磨煤机的投运方式,防止燃烧器区域热负荷过于集中和单只燃烧器热功率过大。

(2) 确定锅炉不投油稳燃的最低负荷,尽量避免在高负荷时油煤混烧,造成燃烧器区域局部缺氧和热负荷过高;确定煤粉经济细度。

(3) 保证各个燃烧器热功率尽量相等,且煤粉浓度尽量均匀;确定摆动式燃烧器允许摆动的范围，避免火焰中心过分上移造成屏区结渣，或火焰中心下移导致炉膛底部热负荷升高和火焰直接冲刷冷灰斗。

（4）确定适宜的一、二次风的风率、风速和风煤配比以及燃尽风的配比等。防止炉内生成过多还原性气体。保持合适的空气动力场，不使空气量过小，能使炉内减少还原性气体，防止结渣。

（5）避免火焰偏斜直接冲刷炉壁等。

预防结渣主要从防止局部炉温过高、避免灰熔点降低着手，运行中进行燃烧调节的具体措施有以下几方面：

（1）炉膛过量空气系数。增大炉内送风量时，理论燃烧温度降低，虽然炉膛出口温度变化不大，但炉膛平均温度却是降低的。炉内富氧燃烧，可抑制还原性气氛，因此有利于防止炉膛结渣。一般来讲，增大炉内的过量空气系数可以防止结渣。

（2）一次风速和风温。降低一次风初温可提高着火热，延迟着火，对减轻结渣是有利的；提高一次风风速可推迟着火点位置，有利于防止煤粉气流贴壁，防止燃烧器和炉膛结渣。若煤种的挥发分高，稳燃一般不成问题，可适当增大一次风速。但过高的一次风速会产生煤粉颗粒冲墙而加剧结渣。

（3）煤粉细度。煤粉中的粗颗粒极容易从气流中分离出来与水冷壁冲撞，由于颗粒较大，到达水冷壁之前的冷却固化不太容易；此外，粗煤粒都需要较长的燃尽时间，因而它们往往在贴壁处造成还原性气氛，使灰熔点降低。因此，在燃用易结渣的煤种时，适当减小煤粉细度、控制好煤粉的颗粒均匀度是很有意义的。

（4）中心风的利用。中心风对提高煤粉气流刚性、防止贴墙和煤粉离析都极为有利。因此，燃烧调节中可充分利用中心风防止结渣，对于结渣严重的锅炉，均应分散投运燃烧器。由于燃烧不集中，传热分散，会使炉膛温度降低，结渣缓解。

（5）吹灰。吹灰的目的是维持受热面的清洁，防止壁面的初次污染和壁温升高。壁温的升高会使其接收熔渣变得十分容易，因此，新锅炉的初次吹灰和正常运行吹灰操作的时间间隔的控制非常关键。否则，在沾污已较重时再去吹灰，清扫能力就大大减弱。

## 7.9 尾部受热面的积灰、磨损和低温腐蚀与防治

### 教学目标

**1. 知识目标**

（1）掌握尾部受热面积灰的危害。
（2）掌握尾部受热面磨损的危害。
（3）掌握尾部受热面低温腐蚀的危害。

**2. 能力目标**

（1）能判分析尾部受热面磨损的影响因素，采取相应措施。
（2）能判分析尾部受热面低温腐蚀的影响因素，采取相应措施。

**3. 素质目标**

（1）通过分析锅炉尾部受热面的积灰、磨损和低温腐蚀，培养学生爱岗敬业、遵守规程的职业态度。

（2）培养学生细心观察，工作中不断思考、探索的精神。

（3）通过运行操作过程理解，培养逻辑思考的能力。

## 任务描述

学生根据炉膛灭火现象判断灭火产生的原因，并进行正确的处理。通过火电机组仿真运行系统的模拟处理，熟悉灭火事故处理步骤，培养学生处理事故的能力。学习分析炉膛爆炸事故的机理和控制过程，提高处理事故的能力。

## 相关知识

锅炉尾部受热面由于烟气温度不高会出现尾部受热面积灰、磨损和低温腐蚀。尾部受热面积灰造成锅炉燃烧效率降低，磨损和低温腐蚀影响锅炉的安全运行。

### 7.9.1 尾部受热面的积灰

**1. 积灰及其危害**

当携带飞灰的烟气流经受热面时，部分灰粒会沉积到受热面上而形成积灰。在烟温低于 600~700℃ 的尾部受热面上，积灰有松散性积灰和低温黏结性积灰两种情况。当气流扰动使烟气中携带的一些灰粒沉积到受热面上时，形成松散性积灰；当烟气中硫酸蒸汽在低温金属壁面上凝结，将灰粒黏聚时，形成低温黏结性积灰。

积灰带来以下危害：

（1）由于灰的导热系数小，因此在锅炉对流受热面上一旦积灰，将会使受热面热阻增加，传热恶化，以致排烟温度升高，排烟热损失增加，锅炉效率降低。

（2）对于通道截面较小的对流受热面，积灰会堵塞烟气通道，甚至被迫停炉检修。

（3）由于积灰，烟气温度升高，还可能影响后面受热面的运行安全。

**2. 影响积灰的因素**

受热面积灰程度与烟气流速、飞灰颗粒度、管束结构特性和受热面金属壁温等因素有关。

1) 烟气流速

由分子引力和静电力作用沉积的灰量与烟速的一次方成正比，而冲刷掉的灰量与烟速的三次方成正比。因此，烟速越高，灰粒的冲刷作用就越大，积灰越轻。烟气流速越低，积灰越严重，当烟气流速降低到 2.5~3m/s 时，就很容易发生受热面堵灰。

2) 飞灰颗粒组成特性

烟气中的微小颗粒容易沉积，但大颗粒不仅不易沉积，且有冲刷受热面金属壁面的作用。

3) 管束结构特性

烟气横向冲刷管子时,因为错列布置的管束气流的扰动强,不仅迎风面受到冲刷,而且背风面也较容易受到冲刷,故积灰较轻。而顺列布置的管束气流扰动弱,除第一排管子外,烟气冲刷不到其余管子的正面和背面,只能冲刷到管子的两侧,因此,管子正面或背面均会发生较严重的积灰。烟气纵向冲刷管子时,因冲刷作用强,故比横向冲刷管子时的积灰轻。

4) 受热面金属壁温的影响

受热面金属壁温太低,会使烟气中的硫酸蒸汽在受热面上凝结,将飞灰黏结在受热面上,从而形成低温黏结性积灰。

**3. 减轻积灰的措施**

(1) 设计时选取合理的烟气流速。对燃用固体燃料的锅炉,为防止运行时烟速降低到 2.5~3m/s 而发生堵灰,在额定负荷时,烟气流速不应低于 6m/s,一般可保持在 8~10m/s,过大则会加剧磨损。

(2) 采用小管径、小节距、错列布置的管束。这种管束可以增强烟气的冲刷和扰动,使积灰减轻。

(3) 布置高效吹灰装置,制订合理的吹灰制度。运行人员应按要求定期吹灰,以减轻受热面的积灰。

## 7.9.2 尾部受热面的磨损

**1. 磨损及其危害**

携带有灰粒的高速烟气流过受热面时,灰粒对受热面的每次撞击都会削去微小金属屑,使受热面管壁逐渐减薄,强度逐渐降低,这就是灰粒对受热面的磨损。灰粒对管子表面的撞击力可分为垂直分力和切向分力。垂直分力引起撞击磨损,切向分力引起摩擦磨损,当灰粒斜向撞击受热面时,管子表面既受到撞击磨损又受到摩擦磨损。

受热面的磨损是不均匀的,不仅烟道截面不同部位受热面的磨损不均匀,而且沿管子周界的磨损也是不均匀的。严重的磨损都发生在某些特定的部位,如省煤器管子的弯头、穿墙部位及靠近后墙的管子。横向冲刷错列布置的管束,磨损是在管子迎风面两侧 30°~50° 内,横向冲刷顺列布置的管束磨损是在 60°处;纵向冲刷时(如管式空气预热器),只在管子进口 150~200mm 长的一段管子内发生磨损。

长时间受到磨损而变薄的管子,由于强度下降将导致泄漏或爆管,直接威胁锅炉安全运行,同时使设备的可用率降低,停炉更换时还要耗费大量的工时和钢材,造成经济损失。

**2. 影响磨损的主要因素**

1) 烟气速度

受热面金属表面的磨损正比于撞击管壁灰粒的动能和撞击次数,灰粒动能同速度的平方成正比,撞击次数同速度的一次方成正比,因此,金属磨损量与烟气速度的三次方成正比。可见烟速对磨损的影响很大,要减轻磨损,可降低烟速。但烟速降低,又会引起积灰,使得传热效果变差。

2) 飞灰浓度

烟气中飞灰浓度大，则灰粒撞击受热面的次数多，磨损严重。例如，省煤器管由水平烟道转向竖井烟道时，由于气流转弯，飞灰被抛向烟道后墙附近，该处飞灰浓度增高，因而靠近烟道后墙的管子磨损严重。另外形成"烟气走廊"的局部地方飞灰浓度也较高，磨损也严重。

3) 灰粒特性

灰粒越粗、越硬，撞击与切削作用越强，磨损越严重；另外具有锐利棱角的灰粒比球形灰粒磨损严重。例如，沿烟气流向，烟汽温度逐渐降低，灰粒变硬，磨损加重；又如燃烧工况恶化，灰中未燃尽的残碳增多，由于焦炭的硬度大，故磨损严重。

4) 管束的结构特性

烟气纵向冲刷时，因灰粒运动与管子平行，撞击管子的机会少，故比横向冲刷磨损轻，一般只在进口 150～200mm 处磨损较为严重。因为此处气流尚不稳定，由于气流的收缩和膨胀，灰粒多次撞击管壁，以后气流稳定了，磨损就较轻。

在错列管束中，第二、三排的管子磨损最严重，这是因为烟气进入管束后，流速增加，动能增大的缘故。经过第二、三排管子以后，由于动能被消耗，磨损又轻了。在顺列管束中，第五排及以后的管子磨损严重，因为烟气进入管束后有加速过程，到第五排管子时达到全速。

5) 运行中的因素

锅炉超负荷运行时，燃料消耗量和供应的空气量增大，烟气速度增大，烟气中的飞灰浓度也会增加，因而会加剧飞灰磨损。另外烟道漏风，也会增大烟速，增加磨损。例如，在高温省煤器处漏风系数每增加 0.1，金属的磨损就会增大 25%。

**3. 减轻磨损的措施**

(1) 正确选取烟气流速，同时尽量减小速度分布不均匀。降低烟气流速是减轻磨损的最有效方法。但烟气流速的降低，不仅会影响传热，还会增加积灰和堵灰，因此，应正确地选取烟气流速，如省煤器中烟气流速不宜超过 9m/s。为了防止在烟道内产生局部烟速和飞灰浓度过大，因此不允许烟道内出现"烟气走廊"，使烟速分布不均匀。

(2) 加装防磨保护装置。在受热面管子易受磨损的部位加装防磨保护装置，检修时只需更换这些部件即可。

(3) 搪瓷或涂防磨涂料。在管子外表面搪瓷，厚度为 0.15～0.3mm，一般可延长寿命 1～2 倍。在管子外表面涂防磨涂料或渗铝，也可有效地防止磨损。

(4) 省煤器采用螺旋鳍片管或肋片管，对防磨也能起到一定作用。

(5) 回转式空气预热器上层蓄热板容易受到磨损，因此上层蓄热板应采用耐热、耐磨且大的钢材制造。上层蓄热板总高度在 200～300mm 范围内，以便于拆除更换。

## 7.9.3 尾部受热面的低温腐蚀

**1. 低温腐蚀及其危害**

当燃用含硫燃料时，硫燃烧后形成二氧化硫，其中一部分会进一步氧化成三氧化硫，三氧化硫与烟气中的水蒸气结合成为硫酸蒸气。硫酸蒸气本身对受热面金属的工作影响不大，但当烟气进入尾部烟道，由于烟温降低或接触到温度较低的受热面金属，只要金属壁温低于酸露点，硫酸蒸气就会在受热面上凝结，使金属产生严重的酸腐蚀，称为低温腐蚀。

强烈的低温腐蚀通常发生在低温空气预热器中空气和烟气温度最低的区段，即低温空气预热器的冷端，甚至还会扩展到烟道、除尘器和引风机。

低温腐蚀对锅炉工作的危害主要有：凝结的酸液导致空气预热器管子穿孔，这使大量空气漏入烟气，造成炉内供风不足，燃烧恶化，锅炉效率降低；腐蚀严重时，将导致大量受热面更换，造成经济损失；低温腐蚀的同时也加重堵灰，使烟道流动阻力增大，引风机过载，造成锅炉出力降低，甚至被迫停炉清灰。

**2. 影响低温腐蚀的因素**

影响低温腐蚀及其规律的因素主要有以下几个方面。

1）烟气中三氧化硫的含量

烟气中引起低温腐蚀的硫酸蒸汽主要来自燃烧反应形成的 $SO_3$，烟气中 $SO_3$ 含量越多，对受热面腐蚀越严重。烟气中 $SO_2$ 进一步氧化成 $SO_3$ 是在一定条件下发生的：（1）在炉膛高温作用下，部分氧分子会离解成原子状态，它能将 $SO_2$ 氧化成 $SO_3$，因此火焰中心温度越高，过量空气系数越多，生成的 $SO_3$ 就越多；（2）烟气流过对流受热面时，$SO_2$ 在一些催化剂作用下与烟气中剩余的氧结合而生成 $SO_3$。

2）烟气露点的高低

烟气露点越高低温腐蚀的范围越广，腐蚀也越严重。烟气露点的高低与燃料含硫量和单位时间送入炉内的总硫量有关，燃料折算硫分越高，燃烧生成的 $SO_2$ 就越多，进而 $SO_3$ 也将越多，致使烟气露点升高。另外燃烧固体燃料时，烟气中带有大量的飞灰粒子，灰粒中含有钙和其他碱金属化合物，它们可以部分吸收烟气中的硫酸蒸汽，使烟气露点降低。

3）硫酸浓度和管壁上凝结的酸量

浓硫酸开始凝结时，对钢材的腐蚀作用较轻，当浓度上升时，腐蚀速度加大达到最高，随着硫酸浓度进一步降低，腐蚀速度也逐渐降低。

单位时间在管壁上凝结的酸量也是影响腐蚀速度的一个因素，一般当凝结酸量增加时，腐蚀速度也随之加快。

顺着烟气流向，受热面壁温达到烟气露点时，硫酸蒸气开始凝结，腐蚀即发生。此时虽然壁温较高，但凝结酸量少，且浓度也高，故腐蚀速度较低；随着壁温下降，硫酸凝结量逐渐增多，浓度却降低，并逐渐过渡到强烈的腐蚀浓度区，因此腐蚀速度是逐渐增大的；壁温继续降低，凝结酸量又逐渐减少，酸浓度也降至较弱的腐蚀浓度区，此时腐蚀速度是随壁温降低而逐渐减小的。

当壁温到达水露点时，壁面上的凝结水膜会同烟气中 $SO_2$ 结合，生成亚硫酸 $H_2SO_3$，它对受热面金属也会产生强烈的腐蚀。此外，烟气中的 HCl 也会溶于水膜中，对受热面金属有一定的腐蚀作用，因此，随着壁温降低，腐蚀重又加剧。

**3. 减轻低温腐蚀的措施**

防止或减轻低温腐蚀主要有两个途径：一是减少烟气中三氧化硫的生成量；二是提高空气预热器冷段壁温，使之高于烟气露点温度。

1) 提高空气预热器冷段壁温

(1) 采用暖风器。采用暖风器可提高空气预热器进口冷空气的温度，从而提高其冷段壁温。暖风器装在送风机、一次风机进入空气预热器之前的风道上，如图7-6(a) 所示，它是利用汽轮机抽汽加热空气的面式加热器，通过调节蒸汽流量可改变空气出口温度。

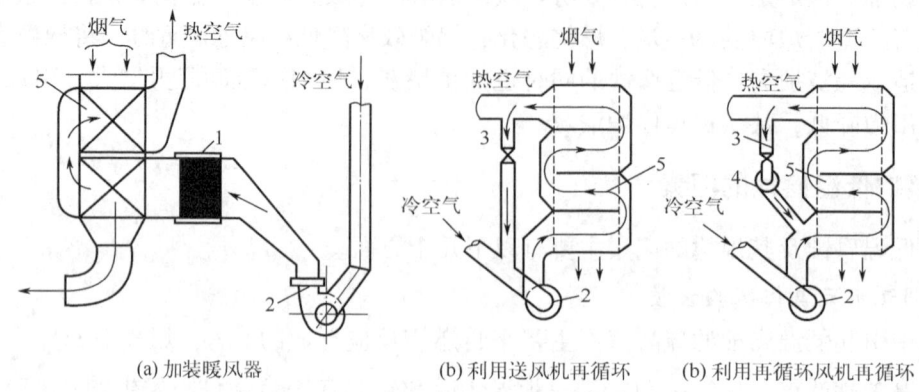

(a) 加装暖风器　　(b) 利用送风机再循环　　(b) 利用再循环风机再循环

图 7-6　暖风器和热风再循环系统

1—暖风器；2—送风机；3—调节挡板；4—再循环风机；5—空气预热器

(2) 热风再循环。热风再循环是指将空气预热器出口的部分热空气送回其入口进行再循环，以提高其入口风温，从而提高预热器冷段壁温。实现热风再循环有两种方式，一是利用送风机再循环 [图7-6(b)]；二是利用再循环风机再循环 [图7-6(c)]。热风再循环的方法只适合于将冷空气温度加热到 50~65℃，否则锅炉排烟温度升高，锅炉热效率降低。

(3) 采用回转式空气预热器。在相同条件下，回转式比管式预热器壁温高 10~15℃。

2) 减少烟气中三氧化硫的生成量

(1) 燃料脱硫。煤中的黄铁矿在煤粉制备前可利用重力分离方法分离出，从而减少煤中的含硫量。但这种方法只能去除煤中的一部分硫，而有机硫则难以去除。

(2) 低氧燃烧。在燃烧过程中用降低过量空气系数来减少烟气中的剩余氧气，以使 $SO_2$ 转化为 $SO_3$ 的量减少，但低氧燃烧必须保证燃烧的完全，否则将使锅炉的燃烧效率降低，影响经济性。

(3) 空气预热器冷段采用耐腐蚀材料。在燃用高硫分燃料的锅炉中，管式空气预热器的低温段可用耐腐蚀的玻璃管、搪瓷管等。回转式空气预热器的冷端受热面可采用耐腐蚀的搪瓷、陶瓷或玻璃等材料制造。

(4) 采用降低酸露点和抑制腐蚀的添加剂。将粉末状的石灰石或白云石混入燃料中直接吹入炉膛，或吹入过热器后的烟道中，它会与烟气中的 $SO_3$ 或 $H_2SO_4$ 发生作用而生成 $CaSO_4$ 或 $MgSO_4$，从而能降低烟气中的 $SO_3$ 或 $H_2SO_4$ 的分压力，降低酸露点，并减轻腐蚀。但反应生成的硫酸盐是一种松散的粉末，容易附在金属壁面上，必须加强除灰来予以清除。

## 思考题

(1) 锅炉紧急停运的条件是什么？

(2) 哪些故障会导致炉膛灭火？

(3) 描述锅炉爆炸的机理，分析锅炉发生爆炸事故的原因是什么。

(4) 描述锅炉尾部烟道二次燃烧的原因及处理方法。
(5) 描述给水流量低的处理及防范措施。
(6) 描述"四管"泄漏的原因及处理方法。
(7) 影响锅炉蒸汽温度的因素有哪些？蒸汽参数异常的处理方法是什么？
(8) 分析风机喘振的原因，风烟系统运行过程中如何避免风机喘振。
(9) 分析风机失速的原因，风烟系统运行过程中风机失速的处理方法。
(10) 描述两台风机并联时，发生抢风的原因是什么。
(11) 描述制粉系统发生自然和爆炸的原因。
(12) 简述制粉系统运行过程中，如何避免发生自然和爆炸。
(13) 分析炉内结渣产生过程，运行中防止结渣的措施有哪些。
(14) 分析尾部受热面积灰的影响因素，减轻积灰的措施有哪些。
(15) 分析尾部受热面磨损的影响因素，减轻磨损的措施有哪些。
(16) 分析尾部受热面低温腐蚀的影响因素，减轻低温腐蚀的措施有哪些。

# 附录 1  锅炉设备启动操作

## 附录 1.1  锅炉启动前的检查和准备操作

| 操作任务 | 锅炉启动前的检查和准备操作 | | | |
|---|---|---|---|---|
| 操作系统 | 锅炉系统 | | 操作员 | |
| 开始时间: | 年 月 日 时 分 | 结束时间: | 年 月 日 时 分 | |
| 序号 | 操作项目 | | 执行情况 | 时间 |
| 1 | 汇报值(单元)长:进行锅炉启动前的检查和准备工作。 | | | |
| 2 | 各岗位均应确认所有工作票均已注销,各专业现场工作均已结束,检修人员已撤出,工作场地已清理完毕。 | | | |
| 3 | 集控室和就地控制盘、柜完整,各种指示记录仪表、报警装置、操作、控制开关完整。 | | | |
| 4 | 6kV及380V厂用电系统已恢复,确认直流系统、UPS系统、保安电源系统运行正常。 | | | |
| 5 | 各主、辅设备联锁、保护传动试验结束,各保护和联锁定值正确,设备联动正常,报警信号正常。各电动阀门、气动阀门传动正常,检修后的辅机试运合格。 | | | |
| 6 | 燃烧室、烟道内部:受热面完整、清洁。锅炉本体、烟风道、热室及辅机本体内无人工作、检修措施拆除后关闭各人孔、检查孔。 | | | |
| 7 | 燃烧室外部:锅炉本体膨胀指示仪指示位置正确,符合相关规定。本体及汽水管道弹簧支吊架完好,锅炉本体及汽水管道弹簧支吊架临时加固设施拆除。 | | | |
| 8 | 锅炉汽水系统的检查:管道阀门完整,标志正确,传动装置完整好用,远方操作试验合格。各阀门处于启动前的位置。锅炉上所有安全阀的试验堵头去掉。核查分布于汽水系统内各壁温,介质温度测点的可用性。锅炉启动系统及减温水系统正常。 | | | |
| 9 | 制粉系统的检查:各风门挡板的操作灵活,远方操作试验合格。制粉系统各试验合格。等离子装置完整,等离子载体冷却风系统、等离子冷却水系统及炉膛火检冷却系统正常。 | | | |
| 10 | 风烟系统的检查:所有阀门和挡板的运作灵活,控制机构的功能应正确。 | | | |
| 11 | 锅炉闭式水系统、消防水系统、化学除盐水、水处理系统、废水处理系统均已具备投运条件。 | | | |
| 12 | 吹灰系统的检查:吹灰装置管道阀门完整、严密关闭,传动装置完整,操作灵活,并在退出位置。 | | | |
| 13 | 厂用、仪用压缩空气系统正常投运。 | | | |
| 14 | 除灰、除渣系统设备完好,具备投运条件,炉底捞渣机就位正常,向水封槽注水。 | | | |
| 15 | 炉膛烟温探针完好且伸入炉膛测量炉膛出口烟温。炉膛火焰电视摄像镜头完好。 | | | |
| 16 | 检查机组及所有系统设备符合启动条件,各系统阀门在启动前位置。 | | | |
| 17 | 全面确认汽机、电气系统和有关设备完好,符合启动条件。 | | | |
| 18 | 汇报值(单元)长:锅炉启动前的检查和准备工作结束。 | | | |
| 危险点 | | | | |

## 附录1.2 锅炉辅机设备及系统投运操作

| 操作任务 | 锅炉辅机设备及系统投运操作 | | | |
|---|---|---|---|---|
| 操作系统 | 锅炉辅机系统 | | 操作员 | |
| 开始时间： | 年 月 日 时 分 | 结束时间： | 年 月 日 时 分 | |
| 序号 | 操作项目 | | 执行情况 | 时间 |
| 1 | 汇报值（单元）长：进行锅炉辅机设备及系统投运工作。 | | | |
| 2 | 检查系统具备启动条件，相关工作票结束，检修人员已撤离现场。检查系统内人孔门、观察孔、检修孔及防爆门等完好，确认各设备内部无人、无遗留物后，以上各门应关闭严密。 | | | |
| 3 | 检查辅机转动设备轴承油位正常（油杯或玻璃油位计油位在2/3左右），油质良好。检查辅机冷却水回路畅通，冷却水流量正常。 | | | |
| 4 | 检查辅机电动机接线及外壳接地线完整，电动机绝缘合格。检查旋转辅机及其电动机地脚螺栓牢固，无松动现象，靠背轮盘动灵活。 | | | |
| 5 | 投工业水系统运行，根据需要投入机组工业水用户。生活水、消防水系统投入运行。 | | | |
| 6 | 投压缩空气系统。启动空压机及干燥器运行，向系统供气，压缩空气压力____MPa，检查仪用及检修用气储气罐压力正常。 | | | |
| 7 | 投开式冷却水系统。开式冷却水系统充水放空气后，启动一台开式冷却水泵运行正常，投另一台备用，根据需要开启开式冷却水用户供回水阀门。 | | | |
| 8 | 投闭式冷却水系统。除盐水注入闭式水箱，水位投自动。 | | | |
| 9 | 启动引、送风机及磨煤机油站，油质合格，检查送风机、引风机、一次风机、磨煤机油站油位正常系统无泄漏，油站冷却水投入良好。 | | | |
| 10 | 投运辅汽系统。开启辅汽至蒸汽联箱沿程疏水进行暖管，对辅汽联箱充分暖管疏水结束后，投入辅汽联箱运行，检查辅汽联箱参数正常。辅助蒸汽压力____MPa、温度____℃。 | | | |
| 11 | 投锅炉渣水系统。通知除灰值班人员投炉膛冷灰斗水封，启动捞渣机。 | | | |
| 12 | 全面检查锅炉系统运行正常。 | | | |
| 13 | 汇报值（单元）长：锅炉____号辅机设备及系统投运工作结束。 | | | |
| 危险点 | | | | |

# 附录1.3  空预器启动操作

| 操作任务 | 锅炉____号空预器启动操作 | | | |
|---|---|---|---|---|
| 操作系统 | 锅炉烟风系统 | | 操作员 | |
| 开始时间： | 年 月 日 时 分 | 结束时间： | 年 月 日 时 分 | |

| 序号 | 操作项目 | 执行情况 | 时间 |
|---|---|---|---|
| 1 | 汇报值（单元）长：进行锅炉____号空预器投运工作。 | | |
| 2 | 空预器相关工作票已终结，安全措施已拆除；检查转子冷、热端无杂物，检查孔、人孔已关闭，盘车手轮已拆下。 | | |
| 3 | 检查空预器主驱动电动机和辅助驱动电动机接线完整，接线盒安装牢固，电动机外壳接地线完整并接地良好。主驱动电动机和辅助驱动电动机已送电，就地事故按钮已复位。 | | |
| 4 | 空预器各风、烟挡板连杆完整、销子无脱落，电源送上。各烟风道压力、温度测量探头正常，DCS信号指示正确。 | | |
| 5 | 检查空预器导向轴承、支持轴承油位正常，油质良好；导向轴承冷却水畅通，水压正常。变频控制柜控制按钮位置正确，变频器内部设定参数正确，面板没有报警。 | | |
| 6 | 空预器一、二次风进出口差压变送器及烟气进出口差压变送器一次门开启。 | | |
| 7 | 检查空预器火灾报警装置电源完好，投入火灾报警装置运行。 | | |
| 8 | 空预器吹灰器在退出位置。 | | |
| 9 | 检查消防水、冲洗水阀门及放水门已关闭。 | | |
| 10 | 空预器各联锁保护联锁已试验合格，并已投入。空预器红外线热点探测装置、转子停转报警装置已投用。 | | |
| 11 | 检查空预器允许启动条件满足：<br>(1) 空预器电动机远方控制。<br>(2) 无空预器电动机控制电源消失。<br>(3) 无空预器电动机事故跳闸。 | | |
| 12 | 启动主电动机，观察电流_____A左右，电流波动幅度不大于0.5A，检查空预器出口一、二次风挡板及入口烟气挡板应开启。转入正常运行，就地无摩擦卡涩声音，电动机声音正常，空预器各门孔处无漏风、漏烟现象，各油管路无渗漏现象。 | | |
| 13 | 投入空预器辅助电动机备用联锁，停止主电动机，辅电动机联锁启动，参数正常后运行3分钟通过联锁倒至主电动机运行，投辅助电动机备用。 | | |
| 14 | 汇报值（单元）长：锅炉____号空预器投运工作结束。 | | |
| 15 | 空预器启动后应进行以下检查：<br>(1) 检查电动机、减速箱及机械部分振动符合要求；检查各转动部位有无异声；<br>(2) 检查电动机电流正常；<br>(3) 检查电动机温度及轴承油温应正常；<br>(4) 空预器热态运行时，检查空预器扇形板位置符合厂家对上下限的要求。 | | |

续表

| 序号 | 操作项目 | 执行情况 | 时间 |
|---|---|---|---|
| 16 | 空预器在运行期间应做好以下工作：<br>（1）在锅炉带负荷期间，冷端平均壁温<70℃，应投入暖风器或热风再循环。<br>（2）运行中应经常监视空预器的电流变化，发现异常，及时处理。<br>（3）空气预热器运行时，定期对电动机、机械部分、附属设备及系统进行全面检查，发现缺陷及时联系检修处理。<br>（4）锅炉运行中应经常对预热器进、出口的氧量、烟风温、风压差、烟温差进行检查和分析，从而判断空气预热器的漏风及堵灰情况，以及判断是否发生再燃烧。任何一点的温度不正常上升10℃应对空预器进行检查。<br>（5）检查轴承，油位正常，系统无泄漏，正常油温：导向轴承油温60~70℃，支撑轴承油温50~60℃，连续运行时工作油温不大于70℃。推荐的不停车更换润滑油周期为2400h，发生油质变化或变脏，应及时换油。<br>（6）定期进行空气预热器的吹灰工作。<br>（7）检查运行中预热器应无异音，传动装置平稳无异音；主电动机运行时，辅助电动机不跟转或只有缓慢跟转，辅助电动机运行时，主电动机跟转。<br>（8）支承、导向轴承油系统每年至少换油一次。<br>（9）减速机在运行中不允许有渗漏现象，箱体油位不超过油标上刻度线。 | | |
| 危险点 | | | |

# 附录1.4　空预器烟气侧退出操作

| 操作任务 | 锅炉__号空预器烟气侧退出操作<br>（单侧全部停运） | | | |
|---|---|---|---|---|
| 操作系统 | 锅炉风烟系统 | | 操作员 | |
| 开始时间： | 年　月　日　时　分 | 结束时间： | 年　月　日　时　分 | |
| 序号 | 操作项目 | | 执行情况 | 时间 |
| 1 | 汇报值（单元）长：进行锅炉____号空预器烟气侧退出工作。 | | | |
| 2 | 减负荷前视减温器开度情况进行吹灰一次，视情况通知热工屏蔽最小总风量、磨煤机火检信号等。解除单侧引送风机联锁，将RB切至"退出"位置。 | | | |
| 3 | 机组负荷减至175MW，保持A号、B号、E号三台磨煤机运行，投入A磨煤机等离子运行，汇报值长。 | | | |
| 4 | 通知除灰、脱硫、脱硝相关专业__号引风机停运，做好事故预想。 | | | |
| 5 | 送风机动叶"自动"切为"手动"调整，维持送风量、二次风压及炉膛负压正常；逐步转移__号送风机负荷至运行送风机；加强监视1、2号送风机喘振及振动变化情况，出现异常及时调整。 | | | |
| 6 | 当__号送风机动叶关至10%时，应迅速关小至零，停运__号送风机，调整送风量及炉膛负压正常；检查停运送风机出口挡板联动关闭。加强对运行送风机运行工况的检查。 | | | |
| 7 | 1号、2号引风机"自动"切为"手动"调整，逐步关小__号引风机动叶，开启运行引风机动叶，调整时防止运行引风机过负荷，引风机电流保证在额定值内。 | | | |
| 8 | 保持运行引风机动叶开度有一定的调节余量，直至__号引风机动叶关至0%，保持炉膛压力-100Pa左右，加强对运行引风机运行工况的检查。 | | | |
| 9 | 停止__号引风机的运行，炉膛负压维持在-100Pa±50Pa，引风机入口挡板联动关闭，关闭出口挡板。 | | | |
| 10 | 关闭__号空预器烟气侧挡板，炉膛负压变小，适当增大运行侧引风机的出力。 | | | |
| 11 | 关闭__号空预器出口热二次风挡板，注意维持炉膛负压正常。以上挡板门关闭后均挂起。 | | | |
| 12 | 将两台一次风机变频调节由"自动"为"手动"，逐渐减小__号一次风机转速并且按比例关小其入口风门，当频率降至35Hz时，逐渐关闭入口风门，关闭冷风出口门。 | | | |
| 13 | 派人就地缓慢关闭热一次总门，同时开大正常运行的运行一次风机变频转速，维持一次风母管压力6~7kPa。注意运行一次风机不超过额定电流，并通知电气人员对变频温度加强监视。 | | | |
| 14 | 将__号一次风机转速减至0，同时调整运行侧一次风机的出力。停止__号一次风机运行；检查__号一次风机出口挡板联动关闭；关闭__号空预器热一次风总门及一次风机出口冷风门，注意一次风母管压力。 | | | |
| 15 | 在停运过程中调整各风机的偏置，以保证两侧空预器出口烟温差在规定范围内，超过时应及时进行调整或适当降低机组负荷。 | | | |
| 16 | 通知检修打开空预器烟气侧检查孔，待空预器入口烟气温度低于120℃时，停止空预器的运行。 | | | |
| 17 | 汇报值（单元）长：锅炉____号空预器烟气侧退出工作结束。 | | | |
| 危险点 | | | | |

## 附录1.5  空预器主、辅电动机倒换操作

| 操作任务 | \_\_\_号空预器主、辅电动机倒换操作 | | | |
|---|---|---|---|---|
| 操作系统 | 锅炉风烟系统 | | 操作员 | |
| 开始时间： | 年 月 日 时 分 | 结束时间： | 年 月 日 时 分 | |
| 序号 | 操作项目 | | 执行情况 | 时间 |
| 1 | 汇报值（单元）长：进行\_\_\_号空预器主、辅电动机倒换工作。 | | | |
| 2 | 检查空预器主电动机电流\_\_\_\_A，电流波动幅度不大于0.5A，就地无摩擦卡涩声音，电动机声音正常，空预器各门孔处无漏风、漏烟现象，各油管路无渗漏现象。 | | | |
| 3 | 检查空预器辅助电动机接线完整，接线盒安装牢固，电动机外壳接地线完整并接地良好。空预器主辅电动机联锁投入。 | | | |
| 4 | 屏蔽锅炉低风量保护，空预器跳闸后连锁跳闸引风机的条件。 | | | |
| 5 | 回报值长，开始倒辅助电动机操作。 | | | |
| 6 | 停止主电动机运行，辅助电动机联锁启动。 | | | |
| 7 | 检查辅助电动机电流\_\_\_\_A，波动幅度不大于0.5A，就地无摩擦卡涩声音，电动机声音正常，各油管路无渗漏现象。 | | | |
| 8 | 检查空预器辅助电动机正常，空预器主、辅电动机联锁投入。 | | | |
| 9 | 汇报值（单元）长：锅炉\_\_\_号空预器主、辅电动机倒换工作结束。 | | | |
| 10 | 空预器辅电动机启动后应进行以下检查：<br>(1) 检查电动机、减速箱及机械部分振动符合要求；检查各转动部位有无异声；<br>(2) 检查电动机电流正常；<br>(3) 检查电动机温度及轴承油温应正常。 | | | |
| 11 | 空预器在运行期间应做好一下工作：<br>(1) 在锅炉带负荷期间，冷端平均壁温<70℃，应投入暖风器或热风再循环。<br>(2) 运行中应经常监视空预器的电流变化，发现异常，及时处理。<br>(3) 锅炉运行中应经常对预热器进、出口的氧量、烟风温、风压差、烟温差进行检查和分析，从而判断空气预热器的漏风及堵灰情况，以及判断是否发生再燃烧。任何一点的温度不正常上升10℃应对空预器进行检查。<br>(4) 空气预热器运行时，定期对电动机、机械部分、附属设备及系统进行全面检查，发现缺陷及时联系检修处理。<br>(5) 检查轴承，油位正常，系统无泄漏，正常油温：导向轴承温60~70℃，支撑轴承温50~60℃，连续运行时工作油温不大于70℃。推荐的不停车更换润滑油周期为2400h，发生油质变化或变脏，应及时换油。<br>(6) 定期进行空气预热器的吹灰工作。<br>(7) 检查运行中预热器应无异音，传动装置平稳无异音；主电动机运行时，辅助电动机不跟转或只有缓慢跟转，辅助电动机运行时，主电动机跟转。<br>(8) 支承、导向轴承油系统每年至少换油一次。<br>(9) 减速机在运行中不允许有渗漏现象，箱体油位不超过油标上刻度线。 | | | |
| 危险点 | | | | |

## 附录1.6  引风机油站投运操作

| 操作任务 | ___号引风机油站投运操作 | | | |
|---|---|---|---|---|
| 操作系统 | 锅炉辅机辅助系统 | | 操作员 | |
| 开始时间： | 年 月 日 时 分 | 结束时间： | 年 月 日 时 分 | |
| 序号 | 操作项目 | | 执行情况 | 时间 |
| 1 | 汇报值（单元）长：进行锅炉___号引风机油站投运工作。 | | | |
| 2 | 检查油箱油位三分之二以上，油质良好，油温在正常。 | | | |
| 3 | 检查油站无漏、滴、渗油现象。 | | | |
| 4 | 检查油泵及电动机完整、清洁，电源送上。 | | | |
| 5 | 检查冷油器投入，冷却水畅通，压力正常，无漏、渗水现象，回水观察窗清晰。 | | | |
| 6 | 将滤油器的手柄扳到一个工作位置，根据现场的油温判断是否投入电加热装置。 | | | |
| 7 | 各压力表、压力开关、温度表投入。将油站控制箱远方/就地转换开关置于"远方程控"位。 | | | |
| 8 | 在DCS上启动一台液压油泵，检查液压油泵运行正常，备用油泵投入"备用"位。 | | | |
| 9 | 检查无润滑油流量低报警信号、无调节油压低报警信号。 | | | |
| 10 | 检查润滑油压表油压>2.5MPa，控制在2.5~3.5MPa运行。 | | | |
| 11 | 就地检查润滑油泵、液压油泵振动正常，电动机外壳温度正常，电动机风扇运行正常。 | | | |
| 12 | 就地检查油站系统各管道无渗漏现象。 | | | |
| 13 | 检查DCS画面无流量低、压力低、油箱油位低等报警。 | | | |
| 14 | 检查油站控制柜上其他各指示灯指示正常。 | | | |
| 15 | 记录润滑油压：___MPa；控制油压：___MPa；油温：___℃；油位：___mm。 | | | |
| 16 | 检查并缓慢地开启冷却水进、回水门。 | | | |
| 17 | 汇报值（单元）长：锅炉___号引风机油站投运工作结束。 | | | |
| 危险点 | （1）油站停运后或油压不正常时禁止操作送风机动叶；<br>（2）送风机正常运行中，如果就地油泵开关位置在"关"位置，严禁将"远方/就地"转换开关置于"就地"位置，以防油泵停运而引起送风机跳闸；<br>（3）转换开关互相转换时应一步到位。 | | | |

## 附录1.7 引风机油站停运操作

| 操作任务 | ___号引风机油站停运操作 | | | |
|---|---|---|---|---|
| 操作系统 | 锅炉辅机辅助系统 | | 操作员 | |
| 开始时间： | 年 月 日 时 分 | 结束时间： | 年 月 日 时 分 | |

| 序号 | 操作项目 | 执行情况 | 时间 |
|---|---|---|---|
| 1 | 汇报值（单元）长：进行__号引风机油站停运工作。 | | |
| 2 | 检查引风机确已停运，动叶在关闭位。 | | |
| 3 | 检查引风机轴承温度小于50℃。 | | |
| 4 | 停运前对油站系统进行一次全面检查，并记录存在的缺陷。 | | |
| 5 | 检查"远方/就地"开关在远控位置，停运液压油泵，检查液压油压为零。就地检查液压油泵停运，液压油压回零，润滑油压回零。 | | |
| 6 | 解列润滑油泵联锁，停运1（2）号润滑油泵，检查润滑油压为零。就地检查润滑油泵停运，润滑油压回零。 | | |
| 7 | 检查加热器应退出运行，相应指示灯亮；否则应手动停止其运行，并查找原因及时处理。 | | |
| 8 | 关闭油站冷却水进出口门。 | | |
| 9 | 将油站控制柜内各电源开关均置于"关"位置。 | | |
| 10 | 检查油泵确已停止、压力表压力回零。 | | |
| 11 | 汇报值（单元）长：__号引风机油站停运工作结束。 | | |
| 危险点 | (1) 引风机油站停运前应检查静叶在关闭位，油站停运后不得操作其动叶，以防止反馈值与实际位置不相符；<br>(2) 引风机油站停运后检查加热器应停运；<br>(3) 油站停运后油箱应无溢油现象；<br>(4) 在冬季，油站停运后应做好油站防冻工作。 | | |
| 备注 | | | |

## 附录1.8  引风机轴承冷却风机启动操作

| 操作任务 | ___号引风机___号轴承冷却风机启动操作 | | | |
|---|---|---|---|---|
| 操作系统 | 锅炉辅机系统 | | 操作员 | |
| 开始时间： | 年  月  日  时  分 | 结束时间： | 年  月  日  时  分 | |
| 序号 | 操作项目 | | 执行情况 | 时间 |
| 1 | 汇报值（单元）长：进行__号引风机___号轴承冷却风机投运工作。 | | | |
| 2 | 就地检查__号引风机停运，相关工作票已终结，安全措施已拆除；检查现场无人、无杂物。 | | | |
| 3 | 就地检查本体、烟风道外观正常，连接牢靠，表计完整、可靠；检查轴承冷却风机轴承油位正常，电动机接线正常，保护罩完整。 | | | |
| 4 | 确认__号引风机__号轴承冷却风机电源送上，电源指示完好，开关在"远方"位；具备启动条件。 | | | |
| 5 | 启动__号引风机__号轴承冷却风机，检查冷却风母管压力正常。 | | | |
| 6 | 检查__号引风机__号冷却风机运行声音、振动正常。 | | | |
| 7 | 检查__号引风机__号冷却风机不倒转，投入备用联锁。 | | | |
| 8 | 汇报值（单元）长：__号引风机__号轴承冷却风机启动工作结束。 | | | |
| 危险点 | | | | |

## 附录1.9  引风机轴承冷却风机倒换操作

| 操作任务 | ___号引风机轴承冷却风机倒换操作 | | | |
|---|---|---|---|---|
| 操作系统 | 锅炉辅机系统 | | 操作员 | |
| 开始时间： 年 月 日 时 分 | | 结束时间： 年 月 日 时 分 | | |
| 序号 | 操作项目 | | 执行情况 | 时间 |
| 1 | 汇报值（单元）长：进行__号引风机轴承冷却风机由1号切换至2号工作。 | | | |
| 2 | 就地检查引风机2号轴承冷却风机相关工作票已终结，安全措施已拆除；检查现场无人、无杂物。 | | | |
| 3 | 就地检查引风机2号轴承冷却风机轴承油位正常，电动机接线正常，保护罩完整。 | | | |
| 4 | 确认引风机2号冷却风机电源送上，电源指示完好，开关在"远方"位；具备启动条件。 | | | |
| 5 | 解除引风机2号冷却风机备用联锁。 | | | |
| 6 | 启动引风机2号冷却风机，检查冷却风母管压力正常。 | | | |
| 7 | 检查引风机2号冷却风机运行声音、振动正常。 | | | |
| 8 | 停止引风机1号冷却风机运行，投入备用联锁。检查冷却风母管压力正常。 | | | |
| 9 | 检查引风机1号冷却风机不倒转。 | | | |
| 10 | 汇报值（单元）长：__号引风机1号冷却风机切换为2号冷却风机运行工作结束。 | | | |
| 危险点 | 备用冷却风机停止运行后应立即投入备用。 | | | |

## 附录 1.10　引风机油站液压油泵倒换操作

| 操作任务 | \_\_\_\_号引风机油站液压油泵倒换操作 | | | |
|---|---|---|---|---|
| 操作系统 | 锅炉辅机系统 | | 操作员 | |
| 开始时间： 年 月 日 时 分 | | 结束时间： 年 月 日 时 分 | | |
| 序号 | 操作项目 | | 执行情况 | 时间 |
| 1 | 汇报值（单元）长：进行引风机油站液压油泵切换运行工作。 | | | |
| 2 | 检查油箱油位三分之二以上，油质良好，油温在正常。 | | | |
| 3 | 检查油站无漏、滴、渗油现象。 | | | |
| 4 | 检查冷却水进、回水门开启，冷却器投入，冷却水畅通，压力正常，无漏、渗水现象，回水观察窗清晰。 | | | |
| 5 | 就地检查确认引风机 1 号液压油泵电源送上，电源指示完好，具备启动条件。 | | | |
| 6 | 检查引风机运行正常，润滑油压、调节油压正常无异常波动。 | | | |
| 7 | 解除引风机 1 号液压油泵备用联锁。 | | | |
| 8 | DCS 上将 1 号液压油泵启动运行，检查润滑油压、调节油压正常。 | | | |
| 9 | 停止 2 号液压油泵运行。 | | | |
| 10 | 投入引风机 2 号液压油泵备用联锁。 | | | |
| 11 | 检查引风机前后轴承润滑油压正常，无漏、滴、渗油现象。 | | | |
| 12 | 检查"滤网差压高信号""油箱油位低信号""引风机润滑油流量低信号"无报警。 | | | |
| 13 | 汇报值（单元）长：引风机 2 号液压油泵切换为 1 号液压油泵运行工作结束。 | | | |
| 危险点 | （1）备用润滑油泵停止运行后应立即投入备用联锁；<br>（2）油站投运正常后，全面检查油站有没有漏油现象；<br>（3）如果润滑油泵切换后，备用泵联启，则立即联系检修进行检查。 | | | |

## 附录 1.11　送风机油站投运操作

| 操作任务 | ____号送风机油站投运操作 | | | |
|---|---|---|---|---|
| 操作系统 | 锅炉辅机系统 | | 操作员 | |
| 开始时间： | 年　月　日　时　分 | 结束时间： | 年　月　日　时　分 | |

| 序号 | 操作项目 | 执行情况 | 时间 |
|---|---|---|---|
| 1 | 汇报值（单元）长：进行锅炉____号送风机油站投运工作。 | | |
| 2 | 检查油站本体及管路良好并可备用。（调节动叶在关闭位） | | |
| 3 | 检查油站无漏、滴、渗油现象，油箱油位三分之二以上，油质良好，油温在正常范围。 | | |
| 4 | 检查油泵及电动机完整、清洁，电源送上。 | | |
| 5 | 检查冷油器投入，冷却水畅通，压力正常，无漏、渗水现象，回水观察窗清晰。 | | |
| 6 | 将滤油器的手柄扳到一个工作位置，根据现场的油温判断是否投入电加热装置。 | | |
| 7 | 各压力表、压力开关、温度表投入。将油站控制箱"远方/就地"转换开关置于"远方程控"位。 | | |
| 8 | 在 DCS 上启动 1 号液压油泵，检查 1 号液压油泵运行正常，2 号液压油泵投入"备用"位。 | | |
| 9 | 检查无润滑油流量低报警信号、无调节油压低报警信号。 | | |
| 10 | 检查控制油压>2.5MPa，控制在 2.5~3.4MPa 运行。 | | |
| 11 | 就地检查 1 号液压油泵振动正常，电动机外壳温度正常，电动机风扇运行正常。 | | |
| 12 | 就地检查油站系统各管道无渗漏现象。 | | |
| 13 | DCS 画面检查润滑油压力低信号无报警、调节油压力低信号无报警，油箱油位低信号无报警，油站过滤器差压大无报警。 | | |
| 14 | 检查油站控制柜上其他各指示灯指示正常。 | | |
| 15 | 记录润滑油压：__MPa；控制油压：__MPa；油温：__℃；油位：__mm。 | | |
| 16 | 检查并缓慢地开启冷却水进、回水门。 | | |
| 17 | 汇报值（单元）长：锅炉____号送风机油站投运工作结束。 | | |
| 危险点 | (1) 油站停运后或油压不正常时禁止操作送风机动叶；<br>(2) 送风机正常运行中，如果就地油泵开关位置在"关"位置，严禁将"远方/就地"转换开关置于"就地"位置，以防油泵停运而引起送风机跳闸；<br>(3) 转换开关互相转换时应一步到位。 | | |

## 附录 1.12　送风机油站停运操作

| 操作任务 | \_\_\_号送风机油站停运操作 | | | |
|---|---|---|---|---|
| 操作系统 | 锅炉辅机系统 | | 操作员 | |
| 开始时间： | 年　月　日　时　分 | 结束时间： | 年　月　日　时　分 | |
| 序号 | 操作项目 | | 执行情况 | 时间 |
| 1 | 汇报值（单元）长：进行\_\_\_号送风机油站停运工作。 | | | |
| 2 | 检查\_\_号送风机确已停运，动叶在关闭位。 | | | |
| 3 | 停运前对油站系统进行一次全面细致的检查，并记录存在的缺陷。 | | | |
| 4 | 检查"远方/就地"开关在远控位置，停运液压油泵，检查液压油压为零。就地检查液压油泵停运，液压油压回零。 | | | |
| 5 | 解列 2 号液压油泵联锁，停运 1 号液压油泵，检查润滑油压为零。就地检查液压油泵停运，润滑油压回零，调节油压回零。 | | | |
| 6 | 检查加热器退出运行，相应指示灯亮；否则应手动停止其运行，并查找原因及时处理。 | | | |
| 7 | 关闭油站冷却水进、回水门。 | | | |
| 8 | 将油站控制柜内各电源开关均置于"关"位置。 | | | |
| 9 | 检查油泵确已停止、压力表压力回零。 | | | |
| 10 | 汇报值（单元）长：\_\_号引风机油站停运工作结束。 | | | |
| 危险点 | (1) 送风机油站停运前应检查动叶在关闭位，油站停运后不得操作其动叶，以防止反馈值与实际位置不相符；<br>(2) 送风机油站停运后检查加热器应停运；<br>(3) 油站停运后油箱应无溢油现象；<br>(4) 在冬季，油站停运后应做好油站防冻工作。 | | | |

## 附录1.13  磨煤机油站投运操作

| 操作任务 | _____号磨煤机油站投运操作 | | | |
|---|---|---|---|---|
| 操作系统 | 锅炉制粉系统 | | 操作员 | |
| 开始时间：年 月 日 时 分 | | 结束时间：年 月 日 时 分 | | |
| 序号 | 操作项目 | | 执行情况 | 时间 |
| 1 | 汇报值（单元）长：进行_____号磨煤机油站投运工作。 | | | |
| 2 | 检查磨煤机检修工作结束，安全措施已拆除。 | | | |
| 3 | 检查磨煤机油站油质合格、管路系统阀门齐全正确、各表计投入良好。 | | | |
| 4 | 检查磨煤机油站具备投运条件，各电源已良好送上。 | | | |
| 5 | 检查磨煤机减速箱油池油位正常。 | | | |
| 6 | 全开磨煤机油站冷却水回水门。 | | | |
| 7 | 稍开磨煤机油站冷却水进水门。 | | | |
| 8 | 检查磨煤机油站冷却水回水观察窗干净、水流正常。 | | | |
| 9 | DCS画面启动磨煤机润滑油泵、启动磨煤机液压油泵。检查润滑油泵、液压油泵运转正常。 | | | |
| 10 | 所有压力表、开关等正确校准并正确安装，检查设定值是否准确。 | | | |
| 11 | 启动磨煤机油泵。 | | | |
| 12 | 切磨煤机程控控制切换开关至"远控"位，程控指示灯亮。 | | | |
| 13 | 检查油站油泵运转正常，油压、油温、差压均正常。 | | | |
| 14 | 记录油压、油温。液压油压：>5.4MPa；润滑油压：>0.12MPa；油温：30~40℃；差压：<0.04MPa。 | | | |
| 15 | 检查油系统无漏油、渗油现象。 | | | |
| 16 | 根据油温上升情况，适当开启冷却水。 | | | |
| 17 | 汇报值（单元）长：____号磨煤机油站投运工作结束。 | | | |
| 危险点 | (1) 如果油温小于25℃，则退出冷却水的运行；<br>(2) 注意检查磨煤机油站冷油器运行正常，未泄漏；<br>(3) 当润滑油系统内的油不流动时，禁止投用电加热器，否则将会导致润滑油碳化，引起齿轮箱轴承故障。 | | | |

# 附录 1.14　磨煤机油站停运操作

| 操作任务 | \_\_\_号磨煤机油站停运操作 | | | |
|---|---|---|---|---|
| 操作系统 | 锅炉制粉系统 | | 操作员 | |
| 开始时间： | 年　月　日　时　分 | 结束时间： | 年　月　日　时　分 | |
| 序号 | 操作项目 | | 执行情况 | 时间 |
| 1 | 汇报值（单元）长：进行\_\_\_号磨煤机油站停运工作。 | | | |
| 2 | 全面检查并记录磨煤机油站缺陷。 | | | |
| 3 | 检查磨煤机确已停运。 | | | |
| 4 | 检查磨煤机密封风门已关闭。 | | | |
| 5 | 检查磨煤机磨辊在下降位。 | | | |
| 6 | 检查磨煤机油站具备停运条件。 | | | |
| 7 | 停运磨煤机液压油泵，停运磨煤机润滑油泵。 | | | |
| 8 | 检查磨煤机液压油泵和润滑油泵已停运，润滑油压回零，加载油压回零。 | | | |
| 9 | 检查磨煤机油站加热器停运。 | | | |
| 10 | 磨煤机油站已停运后，关闭冷油器进水、回水门。 | | | |
| 11 | 汇报值（单元）长：\_\_\_号煤机油站停运操作工作结束。 | | | |
| 危险点 | 注意检查磨煤机油站冷油器运行正常，未泄漏现象。 | | | |

## 附录1.15  送风机油站液压油泵倒换操作

| 操作任务 | \_\_\_\_号送风机油站液压油泵倒换操作 | | | |
|---|---|---|---|---|
| 操作系统 | 送风机系统 | | 操作员 | |
| 开始时间： | 年 月 日 时 分 | 结束时间： | 年 月 日 时 分 | |

| 序号 | 操作项目 | 执行情况 | 时间 |
|---|---|---|---|
| 1 | 汇报值（单元）长：进行\_\_号送风机油站液压油泵倒换工作。 | | |
| 2 | 检查油箱油位三分之二以上，油质良好，油温在正常范围。 | | |
| 3 | 检查油站无漏、滴、渗油现象。 | | |
| 4 | 检查冷却水进、回水门开启，冷油器投入，冷却水畅通，压力正常，无漏、渗水现象，回水观察窗清晰。 | | |
| 5 | 就地检查确认\_\_\_\_号送风机\_1\_号液压油泵电源送上，电源指示完好，具备启动条件。 | | |
| 6 | 检查\_\_\_\_号送风机运行正常，调节油压正常，无异常波动。 | | |
| 7 | 解除\_\_\_\_号送风机\_1\_号液压油泵备用联锁。 | | |
| 8 | 启动\_1\_号液压油泵，检查调节油压在正常范围。 | | |
| 9 | 就地检查\_\_\_\_号送风机\_1\_号液压油泵运行无异音、温度及振动正常。 | | |
| 10 | DCS上停止\_\_\_\_号送风机\_2\_号液压油泵，并投入备用。 | | |
| 11 | 检查\_\_\_\_号送风机\_2\_号液压油泵已停运。 | | |
| 12 | 汇报值（单元）长：\_\_\_\_号送风机\_2\_号液压油泵切换为\_1\_号液压油泵倒换工作结束。 | | |
| 危险点 | (1) 备用润滑油泵停止运行后应立即投入备用；<br>(2) 油站投运正常后，全面检查油站有没有漏油现象；<br>(3) 如果润滑油泵切换后，备用泵联启，则立即联系检修进行检查。 | | |

## 附录1.16  火检冷却风机投运操作

| 操作任务 | \_\_\_\_号火检冷却风机投运操作 | | | |
|---|---|---|---|---|
| 操作系统 | 锅炉辅机系统 | | 操作员 | |
| 开始时间： | 年 月 日 时 分 | 结束时间： | 年 月 日 时 分 | |
| 序号 | 操作项目 | | 执行情况 | 时间 |
| 1 | 汇报值（单元）长：进行__1__号火检冷却风机投运工作。 | | | |
| 2 | 检查炉膛内部无人工作，人孔门关闭。 | | | |
| 3 | 检查火检冷却风机系统管道完好，风机轴承油位正常，电动机接线正常，保护罩完整。 | | | |
| 4 | 确认__1__号火检冷却风机电源送上，电源指示完好，滤网无杂物完好，具备启动条件。 | | | |
| 5 | 启动__1__号火检冷却风机，电流____A，检查出口风压____kPa。 | | | |
| 6 | 检查__1__号火检冷却风机无异音、温度及振动正常。 | | | |
| 7 | 投入__2__号火检冷却风机备用联锁。 | | | |
| 8 | 检查三通挡板已经打向停止风机侧。 | | | |
| 9 | 汇报值（单元）长：__1__号火检冷却风机启动工作结束。 | | | |
| 危险点 | | | | |

## 附录1.17  火检冷却风机倒换操作

| 操作任务 | 火检冷却风机倒换操作 | | | |
|---|---|---|---|---|
| 操作系统 | 锅炉辅机系统 | | 操作员 | |
| 开始时间： | 年　月　日　时　分 | 结束时间： | 年　月　日　时　分 | |

| 序号 | 操作项目 | 执行情况 | 时间 |
|---|---|---|---|
| 1 | 汇报值（单元）长进行__1__号火检风机倒换至__2__号火检风机工作。 | | |
| 2 | 检查火检风机系统管道完好，风机轴承油位正常，电动机接线正常，保护罩完整。 | | |
| 3 | 确认__2__号火检风机电源送上，电源指示完好，滤网无杂物完好，具备启动条件。 | | |
| 4 | 解除__2__号火检风机备用联锁。 | | |
| 5 | 启动__2__号火检风机，检查出口风压____kPa。 | | |
| 6 | 检查__2__号火检风机无异音、温度及振动正常。 | | |
| 7 | 停止__1__号火检风机运行，投入备用联锁。检查出口风压____kPa。 | | |
| 8 | 检查三通挡板已经打向停止风机侧。 | | |
| 9 | 汇报值（单元）长__1__号火检风机切换为__2__号火检风机运行工作结束。 | | |
| 危险点 | (1) 备用火检冷却风机停运后应立即投入备用。<br>(2) 倒换操作过程中火检风机出口风压不得低于3.2kPa。<br>(3) 防止倒换操作过程中锅炉MFT动作。 | | |

# 附录1.18  等离子冷却水泵投运操作

| 操作任务 | 等离子冷却水泵投运操作 | | | |
|---|---|---|---|---|
| 操作系统 | 锅炉辅机系统 | | 操作员 | |
| 开始时间： | 年 月 日 时 分 | 结束时间： | 年 月 日 时 分 | |
| 序号 | 操作项目 | | 执行情况 | 时间 |
| 1 | 汇报值（单元）长：进行 1 号等离子冷却水泵投运工作。 | | | |
| 2 | 检查等离子点火装置系统无工作票。 | | | |
| 3 | 检查等离子点火装置系统管道完好，等离子冷却水泵轴承油位正常，电动机接线正常，保护罩完整。 | | | |
| 4 | 确认 1 号等离子冷却水泵电源送上，电源指示完好，闭冷水运行正常，具备启动条件。 | | | |
| 5 | 启动 1 号等离子冷却水泵，检查出口压力 ＿＿kPa。 | | | |
| 6 | 检查 1 号等离子冷却水泵无异音、温度及振动正常。 | | | |
| 7 | 投入 2 号等离子冷却水泵备用联锁。 | | | |
| 8 | 检查等离子点火装置系统无泄漏。 | | | |
| 9 | 汇报值（单元）长： 1 号等离子冷却水泵启动工作结束。 | | | |
| 危险点 | | | | |

## 附录1.19  等离子冷却水泵倒换操作

| 操作任务 | 等离子冷却水泵倒换操作 | | | |
|---|---|---|---|---|
| 操作系统 | 锅炉辅机系统 | | 操作员 | |
| 开始时间: | 年 月 日 时 分 | | 结束时间: 年 月 日 时 分 | |
| 序号 | 操作项目 | | 执行情况 | 时间 |
| 1 | 汇报值(单元)长:进行等离子冷却水泵倒换工作。 | | | |
| 2 | 检查等离子点火装置系统管道完好,等离子冷却水泵轴承油位正常,电动机接线正常,保护罩完整。 | | | |
| 3 | 确认__2__号离子冷却水泵电源送上,电源指示完好,闭冷水运行正常,具备启动条件。 | | | |
| 4 | DCS上解除__2__号等离子冷却水泵备用联锁。 | | | |
| 5 | 启动__2__号等离子冷却水泵,检查出口压力____kPa。 | | | |
| 6 | 检查__2__号等离子冷却水泵无异音、温度及振动正常。 | | | |
| 7 | 停止__1__号等离子冷却水泵运行,投入备用联锁。 | | | |
| 8 | 检查出口压力____kPa。 | | | |
| 9 | 汇报值(单元)长:__1__号等离子冷却水泵切换为__2__号等离子冷却水泵工作结束。 | | | |
| 危险点 | 倒换操作过程中防止等离子冷却水泵冷却水压力低于0.3MPa。 | | | |

## 附录1.20  引风机投运操作

| 操作任务 | 　　　号引风机投运操作 | | | |
|---|---|---|---|---|
| 操作系统 | 锅炉风烟系统 | | 操作员 | |
| 开始时间： | 年 月 日 时 分 | 结束时间： | 年 月 日 时 分 | |
| 序号 | 操作项目 | | 执行情况 | 时间 |
| 1 | 汇报值（单元）长：进行　　　号引风机投运工作。 | | | |
| 2 | 　　　号引风机相关工作票已终结，安措已拆除；检查现场无人、无杂物。 | | | |
| 3 | 检查本体、烟风道、外观正常，连接牢靠，表计完整、可靠；检查电动机润滑油站油压、油温正常；轴承润滑油油质合格，油位及冷却系统正常。 | | | |
| 4 | 检查　　　号引风机进出口风门执行器在"远控"位置，引风机动叶执行器在"远控"位置，执行机构连接牢固。 | | | |
| 5 | 检查　　　号引风机电动机绝缘已测合格，并送电。 | | | |
| 6 | 各热工、电气保护及仪表已投入。 | | | |
| 7 | 启动引风机液压油泵、润滑油泵和一台轴承冷却风机，检查引风机液压、润滑油泵运行正常，引风机液压、润滑油系统油压在正常范围，将备用油泵和冷却风机投入"备用联锁"。 | | | |
| 8 | 开启空预器入口烟气挡板和引风机出口挡板，关闭引风机入口挡板及动叶，检查省煤器出口调温挡板（烟气挡板）已开启（过热器侧开度+再热器侧开度>100%）。 | | | |
| 9 | 确认DCS引风机启动条件已经满足，与现场检查人员联系，在DCS画面上启动　　　号引风机，电流　　　A，监视电流返回正常。启动引风机时应注意监视该段6kV母线的电压和电流，并注意监视引风机的启动电流和启动时间。 | | | |
| 10 | 检查　　　号引风机电流不超过额定值，并记录空载电流及启动电流返回空载电流的时间，启动引风机后，检查入口挡板在60s内是否自动开启，否则手动开启，同时就地检查引风机声音、振动、温度等正常。 | | | |
| 11 | 启动后现场检查无异常后，逐渐调整引风机动叶开度，维持一定的炉膛负压。 | | | |
| 12 | 将本侧送引风机联锁开关切至"投入"位置。 | | | |
| 13 | 汇报值（单元）长：　　　号引风机投运工作结束。 | | | |
| 危险点 | (1) 在启动引风机前应确认引风机的冷却风机正常，在引风机启动2h前投入冷却风机运行。<br>(2) 检查引风机油站油泵运行正常，各油压和流量均在正常规定范围内，将备用泵联锁投入。<br>(3) 引风机运行后应进行以下检查：<br>①电动机定子线圈温度正常；<br>②引风机轴承温度正常；<br>③引风机电动机轴承温度正常。 | | | |
| 备注 | 如果在正常运行时启动引风机应注意以下事项：<br>(1) 对准备启动的风机进行检查，符合启动条件后，维持炉膛负压在-50Pa，启动引风机后，检查引风机入口挡板开启正常。<br>(2) 逐步转移引风机，调整一次风机偏置，以保证两侧空预器出口烟温差在规定范围内。<br>(3) 待1、2号引风机负荷平衡后，投入1、2号引风机动叶"自动"调整，炉膛负压维持在-100Pa左右，监视风机出口压力及电动机电流，防止电动机过载。<br>(4) 在风机启动时要注意锅炉参数的变化，监盘人员要分工明确，各自把主要的参数监视好。 | | | |

## 附录1.21　引风机的停运操作

| 操作任务 | ___1___号引风机的停运操作 | | | |
|---|---|---|---|---|
| 操作系统 | 锅炉风烟系统 | | 操作员 | |
| 开始时间： | 年　月　日　时　分 | 结束时间： | 年　月　日　时　分 | |

| 序号 | 操作项目 | 执行情况 | 时间 |
|---|---|---|---|
| 1 | 汇报值长，进行____号引风机停运工作。通知除灰脱硫、脱硝专业工作人员，防止炉膛负压大幅度波动。 | | |
| 2 | 根据情况必要时进行一次锅炉吹灰，将锅炉负荷降至175MW以下。保持3台磨煤机运行，且不允许隔层燃烧，投入等离子运行。 | | |
| 3 | 通知热工人员解除本侧引风机跳闸联跳送风机联锁。解除最低风量保护。根据磨煤机火检信号的强弱看是否通知热工人员屏蔽磨煤机火检信号。 | | |
| 4 | 检查RB切至"退出"位置。 | | |
| 5 | 将__1__号引风机入口动叶自动切为手动调节；逐渐关小引风机动叶到"0"，同时将__2__号引风机动叶应逐渐开大，转移引风机负荷时操作应平稳，维持炉膛压力−100Pa左右。 | | |
| 6 | 将__1__号引风机入口动叶关至0以后，检查__2__号引风机运行正常，电流在额定值以内，并具有一定的调节余量。 | | |
| 7 | 维持炉膛负压正常范围内，停运__1__号引风机，调整炉膛负压正常，检查停运的____1__号引风机出入口挡板关闭。 | | |
| 8 | 调整炉膛负压后，注意监视一次风机及送风机，保持两侧烟温差在正常范围内。 | | |
| 9 | 注意锅炉燃烧稳定，汽温、汽压正常。 | | |
| 10 | 就地检查__2__号引风机运行正常，确认油站、电动机参数正常。 | | |
| 11 | 汇报值（单元）长：__1__号引风机停运工作结束。 | | |
| 危险点 | (1) 在关小引风机动叶时要防止风机喘振。<br>(2) 引风机停止运行后禁止立即停止冷却风机的运行，轴承冷却正常后，才停止冷却风机。<br>(3) 加强监视运行侧引风机电流、轴承温度、电动机线圈温度以防止超限。<br>(4) 在风机停运时要注意锅炉参数的变化，监盘人员要分工明确，各自把主要的参数监视好。<br>(5) 保持运行引风机有一定的调节余量，禁止引风机超负荷运行。 | | |

## 附录1.22　送风机投运操作

| 操作任务 | ＿＿＿号送风机投运操作 | | | |
|---|---|---|---|---|
| 操作系统 | 锅炉风烟系统 | | 操作员 | |
| 开始时间： | 年　月　日　时　分 | 结束时间： | 年　月　日　时　分 | |
| 序号 | 操作项目 | | 执行情况 | 时间 |
| 1 | 汇报值（单元）长：进行＿＿＿号送风机投动工作。 | | | |
| 2 | 送风机及其相关工作票已终结，安全措施已拆除；检查现场整洁、具备启动条件。 | | | |
| 3 | 检查送风机本体、风道、润滑油及冷却系统外观正常，表计完整；风机、电动机地脚螺丝无松动，靠背轮防护罩齐全良好，就地事故按钮完整良好。 | | | |
| 4 | 检查送风机所有检查门及人孔门均已关闭，风门挡板开关灵活，电动门执行机构电源已送、DCS画面反馈与就地反馈一致。 | | | |
| 5 | 检查送风机出口风门执行器在"远控"位置，送风机动叶执行器在"远控"位置。执行机构连接牢固。风机、电动机有关仪表已全部投入。 | | | |
| 6 | 送风机电动机绝缘已测合格，并送电。 | | | |
| 7 | 检查送风机油站电源正常，油位＿＿＿mm，油温＿＿＿℃，检查油站方式开关在"远控"位。 | | | |
| 8 | 风机润滑油系统的检查：<br>（1）油箱油位正常，油质良好，油温正常；<br>（2）油泵及电动机完整、清洁，电源送上；<br>（3）冷油器投入，冷却水畅通，压力正常；<br>（4）各压力表、压力开关、温度表投入；<br>（5）电加热器电源送上。电加热器在"自动"位；<br>（6）启动油站一台油泵运行，油泵联启试验后，另一台投入"备用"位；<br>（7）检查＿＿＿号油泵运行正常，润滑油压力＿＿＿MPa，控制油压力＿＿＿MPa；<br>（8）检查DCS画面无流量低、压力低、油箱油位低等报警。 | | | |
| 9 | 热工、电气保护及仪表已投入。 | | | |
| 10 | 检查空预器出口二次风门、各二次风箱阀门应开启，确认DCS送风机启动条件已经满足，与现场检查人员联系，在DCS画面上启动＿＿＿号送风机，电流＿＿＿A，监视电流返回正常。 | | | |
| 11 | 检查送风机电流不超过＿＿＿A，并记录空载电流及启动电流返回空载电流的时间，送风机启动后延时5s，出口挡板自动开启。 | | | |
| 12 | 送风机动叶迅速开至10%以上，防止送风机喘振，同时就地检查送风机本体与电动机声音、振动、温度显示等正常。 | | | |
| 13 | 根据风量需求，逐渐调整送风机动叶开度，维持炉膛负压-50Pa~-100Pa。 | | | |
| 14 | 将本侧送引风机联锁开关切至"投入"位置。 | | | |
| 15 | 汇报值（单元）长：＿＿＿号送风机投运工作结束。 | | | |
| 危险点 | （1）如果风机在低温下或长时间未启动，则应在启动风机前1h启动送风机油站，并在叶片调节范围内进行多次调节操作。检查各油压和流量均在正常规定范围内，将备用泵联锁投入。<br>（2）送风机运行后应进行以下检查：<br>①电动机定子线圈温度正常；<br>②送风机轴承温度正常；<br>③送风机电动机轴承温度正常。 | | | |

## 附录1.23  送风机停运操作

| 操作任务 | \_\_\_号送风机停运操作 | | | |
|---|---|---|---|---|
| 操作系统 | 锅炉风烟系统 | | 操作员 | |
| 开始时间： | 年 月 日 时 分 | 结束时间： | 年 月 日 时 分 | |

| 序号 | 操作项目 | 执行情况 | 时间 |
|---|---|---|---|
| 1 | 汇报值（单元）长，进行 1 号送风机停运工作。通知除灰脱硫、脱硝专业工作人员，防止炉膛负压大幅度波动。 | | |
| 2 | 检查1、2号送风机出口联络门开启。 | | |
| 3 | 根据情况必要时进行一次锅炉吹灰，将锅炉负荷降至175MW以下。保持3台磨煤机运行，且不允许隔层燃烧，投入1号磨等离子运行。 | | |
| 4 | 检查RB切至"退出"位置。 | | |
| 5 | 通知热工人员解除本侧送风机跳闸联跳引风机联锁。解除最低风量保护。根据磨煤机火检信号的强弱看是否通知热工人员屏蔽磨煤机火检信号。 | | |
| 6 | 将送风机动叶自动切为手动，逐渐关小送风机动叶，同时注意增加运行送风机动叶，保持总风量在正常范围，维持二次风箱差压、炉膛负压稳定不变。 | | |
| 7 | 同时调整两台一次风机及引风机的风量，维持两侧烟温偏差在正常范围内。 | | |
| 8 | 当将准备停止的送风机动叶关小至10%时，检查 2 号送风机运行正常，并适当降低炉膛负压，迅速关闭送风机动叶至0后，停运 1 号送风机，检查 1 号送风机出口挡板关闭，调整 2 号送风机出力，维持送风量及氧量正常。 | | |
| 9 | 就地检查 1 送风机，确认油站、电动机一切参数正常。 | | |
| 10 | 汇报值（单元）长： 1 号送风机停运工作结束。 | | |
| 危险点 | (1) 在关闭送风机动叶时要防止送风机失速和喘振。<br>(2) 单台送风机运行时注意电流不要超限，对运行的风机要做好巡检工作。<br>(3) 在风机停运时要注意锅炉参数变化，监盘人员要分工明确，各自把主要的参数监视好。<br>(4) 单送风机运行时要做好燃烧调整，调整好一次风机及引风机的偏置，保持两侧烟温偏差不要超过规定值。<br>(5) 转移送风机负荷时操作应平稳，且应保持运行送风机有一定的调节余量，禁止送风机超负荷运行。 | | |

# 附录 1.24  一次风机投运操作

| 操作任务 | \_\_\_号一次风机投运操作 | | | |
|---|---|---|---|---|
| 操作系统 | 锅炉风烟系统 | | 操作员 | |
| 开始时间： | 年 月 日 时 分 | 结束时间： | 年 月 日 时 分 | |

| 序号 | 操作项目 | 执行情况 | 时间 |
|---|---|---|---|
| 1 | 汇报值（单元）长：进行\_\_\_号一次风机投运工作。 | | |
| 2 | 一次风机所有工作票已终结，安全措施已拆除；检查现场无人、无杂物。 | | |
| 3 | 检查一次风机本体、风道、外观正常，连接牢靠，表计完整。 | | |
| 4 | 检查各阀门位置正确，风机轴承油位正常，油质合格，检查确认一次风机冷却水进、出口阀已开启，水温、水压正常，轴承冷却水畅通。 | | |
| 5 | 检查一次风机进口调节挡板执行器在"远控"位置，执行机构连接牢固。 | | |
| 6 | 联系电气工作人员检测一次风机电动机绝缘合格，并送电。已启动一次风机电动机冷却风机运行。（根据电动机温度决定是否开启） | | |
| 7 | 各热工、电气保护及仪表已投入。各风门 DCS 上操作正常。 | | |
| 8 | 关闭一次风机出口风门、入口调节导叶，检查一次风机变频指令应关至零，开启空预器出口一次风门，开启一次风机至磨煤机热、冷一次风风门，建立一次风通道。 | | |
| 9 | 启动\_\_\_号一次风机运行，变频启动一次风机时：先合闸变频器前后开关，5min 后合闸一次风机高压侧电源开关，1min 后合上变频器开关，检查一次风机启动并出口挡板应联开，电流\_\_\_A，一次风机变频开关合上以后立即将变频指令开至 15% 以上，待一次风机出口挡板全开后，开启一次风机入口导叶至 100%，通过变频器调节一次风机出口风压\_\_\_kPa；保持磨煤机入口风量 45t/h 以上。 | | |
| 10 | 就地检查一次风机声音、振动、温度等参数正常。 | | |
| 11 | 汇报值（单元）长：\_\_\_号一次风机投运工作结束。 | | |
| 危险点 | (1) 启动前应对一次风机全面检查。轴承冷却水畅通，润滑油正常，油质合格。<br>(2) 启动后就地检查一次风机各轴承声音、振动、温度等参数正常。 | | |

## 附录 1.25　一次风机停运操作

| 操作任务 | ＿＿号一次风机停运操作 | | | |
|---|---|---|---|---|
| 操作系统 | 锅炉风烟系统 | | 操作员 | |
| 开始时间： | 年　月　日　时　分 | 结束时间： | 年　月　日　时　分 | |
| 序号 | 操作项目 | | 执行情况 | 时间 |
| 1 | 汇报值（单元）长：进行＿＿号一次风机停运工作。 | | | |
| 2 | 联系热工屏蔽磨煤机入口风量低保护，视燃烧情况看是否退出磨煤机火检信号。 | | | |
| 3 | 检查运行一次风机各参数正常。 | | | |
| 4 | 提前对 1、4 号磨等离子装置拉弧试运一次，将锅炉负荷降至 170MW 左右，投入 1 号磨等离子运行，保持三台磨运行，禁止磨煤机隔层运行。 | | | |
| 5 | 将 RB 切至"退出"位置。 | | | |
| 6 | 将两台一次风机变频调节由自动切为手动，逐渐减小停运一次风机变频调节并且按比例关小其入口风门，关闭停运侧一次风机冷风门，当变频频率降至 35Hz 时，逐渐关闭入口风门，关闭冷风出口门，派人到就地缓慢关闭热一次总门，同时开大正常运行的一次风机变频调节，维持一次风母管压力 6kPa、磨煤机入口风量 65t/h 以上。注意运行一次风机不超过额定电流不超过额定值，并通知电气人员对变频温度加强监视。 | | | |
| 7 | 将一次风机变频调节减至 10%，同时调整运行侧一次风机的出力。 | | | |
| 8 | 停止＿＿号一次风机运行（停之前工频开关"挂起"），注意运行磨煤机入口风量，入口风量低于 65t/h 不能满足磨煤机正常运行时，联系值长减负荷，必要时再停一台磨煤机。 | | | |
| 9 | 检查一次风机出口挡板联动关闭；关闭空预器热一次风总门及一次风机出口冷风门，并挂起，注意一次风母管压力及炉膛负压，如炉膛负压波动大时引风机手动调整。 | | | |
| 10 | 就地检查运行一次风机，确认一切正常。 | | | |
| 11 | 调整送风机、引风机偏置，以满足两侧烟温差在规定范围内。 | | | |
| 12 | 汇报值（单元）长：＿＿号一次风机停运工作结束。 | | | |
| 危险点 | （1）一次风机停止运行后应确认入口风门和出口风门已经严密关闭，防止风门不严母管一次风倒流，造成母管一次风压降低。<br>（2）调整时防止运行一次风机过负荷（一次风机额定电流 177A）。<br>（3）调整引、送风机偏差，防止烟温差太大及停运侧空预器出口烟温超温。<br>（4）一次风机停运过程中加强对空预器电流的监视。<br>注意：<br>（1）单侧一次风机运行期间不得随意开启备用磨煤机的冷、热风挡板，防止引起一次风压突降。<br>（2）加强监视运行侧一次风机电流、轴承温度、电动机线圈温度以防止超限。<br>（3）做好单侧一次风机跳闸引起 MFT 的事故预想。 | | | |

# 附录1.26  密封风机投运操作

| 操作任务 | ____号密封风机投运操作 | | | |
|---|---|---|---|---|
| 操作系统 | 锅炉制粉系统 | | 操作员 | |
| 开始时间： | 年 月 日 时 分 | 结束时间： | 年 月 日 时 分 | |
| 序号 | 操作项目 | | 执行情况 | 时间 |
| 1 | 汇报值（单元）长：进行____号密封风机投运工作。 | | | |
| 2 | 密封风机工作票已终结，安措已拆除；检查现场无人、无杂物。机体、风烟道外观正常，连接牢靠。 | | | |
| 3 | 检查密封风机温度表计完整，轴承油位在1/2以上。 | | | |
| 4 | 检查密封风机进口风门完好，位置正确，连接牢固，调节挡板执行器在"远控"位置。各热工、电气保护及仪表已投入。各风门DCS上操作开关正常。<br>（1）入口调节风门关闭；<br>（2）出口翻板门动作灵活；<br>（3）出口压力变送器一次门开启；<br>（4）入口滤网差压开关一次门开启。 | | | |
| 5 | 确认密封风机启动条件满足后，启动____号密封风机，开启入口挡板，调整入口风门，维持密封风出口风压。 | | | |
| 6 | 监视密封风机电流不超过240A，并记录空载电流及启动电流返回空载电流的时间，入口挡板自动开启。 | | | |
| 7 | 检查备用密封风机不倒转，运行密封风机出口风压8kPa以上，将备用密封风机投入备用联锁，打开备用密封风机入口挡板，稍开备用密封风机入口风门。 | | | |
| 8 | 检查运行密封风机轴承温度正常，同时就地检查声音、振动、温度，转动方向等正常。 | | | |
| 9 | 汇报值（单元）长：____号密封风机投运工作结束。 | | | |
| 危险点 | 调整密封风压与一次风风压之间的压差大于3.25kPa。 | | | |

## 附录1.27  密封风机的停运操作

| 操作任务 | \_\_\_号密封风机的停运操作 | | | |
|---|---|---|---|---|
| 操作系统 | 锅炉制粉系统 | | 操作员 | |
| 开始时间: 年 月 日 时 分 | | 结束时间: 年 月 日 时 分 | | |
| 序号 | 操作项目 | | 执行情况 | 时间 |
| 1 | 汇报值(单元)长:进行 1 号密封风机停运工作。 | | | |
| 2 | 检查磨煤机、给煤机均已停运。 | | | |
| 3 | 解除 2 号密封风机备用联锁。 | | | |
| 4 | 将 1 号密封风机入口调节风门关到"0"位。 | | | |
| 5 | 停止 1 号密封风机运行。 | | | |
| 6 | 就地检查停运密封风机已停止转动,出口风压为零,确认一切正常。 | | | |
| 7 | 汇报值(单元)长: 1 号密封风机停运工作结束。 | | | |
| 危险点 | 在两台一次风机全停的情况下或者另一台密封风机运行正常的情况下,才能停止密封风机的运行。 | | | |

## 附录1.28  制粉系统投运操作

| 操作任务 | \_\_\_\_号制粉系统投运操作 | | | |
|---|---|---|---|---|
| 操作系统 | 锅炉制粉系统 | | 操作员 | |
| 开始时间： | 年 月 日 时 分 | 结束时间： | 年 月 日 时 分 | |

| 序号 | 操作项目 | 执行情况 | 时间 |
|---|---|---|---|
| 1 | 汇报值（单元）长：进行\_\_1\_\_号制粉系统投运操作。 | | |
| 2 | 检查制粉系统现场无人工作，工作票已终结，安全措施已拆除。 | | |
| 3 | 检查制粉系统设备外观完整，各孔门关闭严密，地脚螺栓拧紧，各部件连接良好，转动部分保护罩完好。 | | |
| 4 | 检查\_\_1\_\_号磨煤机，\_\_1\_\_号给煤机密封风正常，各密封风门手动门已开 | | |
| 5 | 制粉系统所属的闸门，风门处于启动前位置，压缩空气压力1.6MPa。 | | |
| 6 | 联系电气工作人员检查磨煤机、给煤机电动机绝缘合格，并已送电。 | | |
| 7 | 检查制粉系统热工表计、保护装置投入，联锁试验合格。 | | |
| 8 | 检查磨煤机原煤仓煤位正常。 | | |
| 9 | 润滑油站油位正常，油温在正常范围，电加热器及冷却水根据需要已投运，各阀门状态正确。 | | |
| 10 | 检查消防蒸汽系统处于热备用状态：辅汽联箱至磨消防蒸汽电动总门开一圈，磨煤机消防蒸汽管道各疏水门开启，磨入口消防蒸汽电动门关闭备用。 | | |
| 11 | 磨煤机润滑油站电加热器投自动，油温正常后启动润滑油泵，并检查磨煤机油站和轴承冷却水已投入，润滑油出口油压应0.11MPa，油位在油位计2/3处，检查润滑油系统、液压油系统正常。 | | |
| 12 | 关闭液动换向阀后\_\_1\_\_号磨煤机磨辊提升，检查就地煤层厚度合适，指示在3~5cm之间；确认石子煤煤斗进、出口门开启。 | | |
| 13 | 开启磨煤机出口插板门、煤粉管闸板门，开启磨煤机进口一次风隔绝门及调节门，建立一次风通道，开启磨辊密封风、给煤机密封风电动门。 | | |
| 14 | 投入一次风机运行，调节一次风机入口挡板开度，调整一次风压至6.9kPa。 | | |
| 15 | 启动\_\_1\_\_号密封风机，\_\_2\_\_号密封风机投备用，开启密封风入口调节门，调整密封风压至10.5kPa。 | | |
| 16 | 通过调整冷、热风调节门，对磨煤机进行暖磨，同时加大磨入口风量至80t/h，使送粉管道风速不低于18.0m/s（当采用等离子点火模式时，对应风速不低于20.0m/s，以保证燃烧器冷却效果）。确认磨煤机二次风挡板开度50%左右，保证炉膛总风量大于30%。 | | |
| 17 | 采用等离子点火模式冷态开炉启动1号磨（4号磨）时，应先投入等离子暖风器。辅助蒸汽优先保证等离子暖风器。 | | |
| 18 | 检查磨煤机润滑站油泵、液压站油泵，加载方式切为变加载。 | | |

续表

| 序号 | 操作项目 | 执行情况 | 时间 |
|---|---|---|---|
| 19 | 检查等离子冷却风、冷却水系统正常。 | | |
| 20 | 当磨煤机出口温度达到70℃，调节磨煤机入口总风量至90t/h左右，检查磨煤机启动条件满足，等离子拉弧，等离子电流控制在___A。 | | |
| 21 | 启动磨煤机，就地检查运行正常，打开给煤机进、出口闸板门，启动给煤机，将给煤量调至最小给煤量，首次启动磨煤机，应布煤约60s，给煤机运行正常后，下降磨煤机磨辊，确证磨辊下降信号到位，此过程中应密切监视磨煤机振动情况，根据给煤量控制磨煤机加载油压。 | | |
| 22 | 维持磨煤机入口风量在96t/h左右，适当开大热风门、关小冷风门维持分离器出口温度70℃以上，磨煤机出口温度基本稳定后投入自动。 | | |
| 23 | 磨煤机运行稳定后，根据锅炉负荷的需要增加给煤量即可。严密监视等离子燃烧器的燃烧状况及壁温等。 | | |
| 24 | 安排人员定期排放磨煤机石子煤。 | | |
| 25 | 汇报值（单元）长：___号制粉系统投运工作结束。 | | |
| 危险点 | (1) 暖磨时，应控制磨煤机温升速率<3℃/min，冷态暖磨时间应不少于15min；<br>(2) 当给煤机运行60s以上而无煤层火焰证实应立即停止给煤机运行，待查清原因后再启动；<br>(3) 给煤机清扫电动机联动开关投入，给煤机启动后应确认清扫电动机工作正常；<br>(4) 磨煤机稀油站油温高于38℃时开冷却水进、回水手动门；<br>(5) 磨煤机运行稳定后，必须保证任一煤机出口温度65~75℃，磨煤机电流≤46A，同时必须保证空预器出口热一次风母管压力>8.5kPa；<br>(6) 运行过程中应监视磨煤机各轴温、振动以及线圈温度，发现异常应立即进行相应处理。 | | |

## 附录1.29 制粉系统（备用）投运操作

| 操作任务 | 制粉系统（备用）投运操作 | | |
|---|---|---|---|
| 操作系统 | 锅炉制粉系统 | 操作员 | |
| 开始时间： 年 月 日 时 分 | | 结束时间： 年 月 日 时 分 | |

| 序号 | 操作项目 | 执行情况 | 时间 |
|---|---|---|---|
| 1 | 汇报值（单元）长：进行 4 号制粉系统（备用）投运工作。 | | |
| 2 | 检查制粉系统现场无人工作，工作票已终结，安全措施已拆除。 | | |
| 3 | 检查制粉系统设备外观完整，各孔门关闭严密，地脚螺栓拧紧，各部件连接良好，转动部分保护罩完好。 | | |
| 4 | 检查磨煤机，给煤机密封风正常，各密封风手动门已开，检查磨煤机原煤仓煤位正常。 | | |
| 5 | 制粉系统所属的闸门，风门处于启动前位置，压缩空气压力1.6MPa。 | | |
| 6 | 检查制粉系统热工表计、保护装置投入，联锁试验合格。 | | |
| 7 | 磨煤机油位正常，油温在正常范围，电加热器及冷却水根据需要已投运，各阀门状态正确。 | | |
| 8 | 检查消防蒸汽系统，磨入口消防蒸汽电动门关闭备用。 | | |
| 9 | 磨煤机油站电加热器投自动，油温正常后启动润滑油泵，并检查磨煤机油站和轴承冷却水已投入，润滑油出口油压应0.11MPa，油位在油位计2/3处，检查液压油、润滑油系统正常。 | | |
| 10 | 检查 4 号磨煤机磨辊在提升位，检查就地煤层厚度合适，指示在3~5cm之间；确认石子煤煤斗进口门开启。 | | |
| 11 | 开启磨煤机出口插板门、煤粉管闸板门，开启磨煤机进口一次风隔绝门及调节门，建立一次风通道，开启磨辊密封风、给煤机密封风电动门。 | | |
| 12 | 调节一次风机入口挡板开度，调整一次风压调整至8.5kPa。 | | |
| 13 | 通过调整冷、热风调节门，对磨煤机进行暖磨，同时加大磨入口风量至60~65t/h，使送粉管道风速不低于18.0m/s（当采用等离子点火模式时，对应风速不低于20.0m/s，以保证燃烧器冷却效果）。确认启动磨煤机的二次风挡板开度50%左右。 | | |
| 14 | 检查磨煤机润滑站高压油泵、液压站油泵运行正常，加载方式切为变加载。 | | |
| 15 | 当磨煤机出口温度达到70℃以上时，调节磨煤机入口总风量，检查磨煤机启动条件满足。启动磨煤机，就地检查运行正常，打开给煤机进、出口闸板门，启动给煤机，将给煤量调至最小给煤量，首次启动磨煤机应布煤约60s，给煤机运行正常后，下降磨煤机磨辊，确证磨辊下降信号到位，此过程中应密切监视磨煤机振动情况，启动给煤机后，注意总给煤量及给水流量的变化，降磨辊前适当降低总给煤量，根据给煤量控制磨煤机加载油压。 | | |
| 16 | 维持磨煤机入口风量在85t/h左右，适当开大热风门、关小冷风门维持分离器出口温度80℃左右，磨煤机出口温度基本稳定后投入自动。 | | |
| 17 | 磨煤机运行稳定后，根据锅炉负荷的需要增加给煤量即可。 | | |
| 18 | 通知石子排放人员定期排放磨煤机石子煤。 | | |
| 19 | 汇报值（单元）长： 4 号制粉系统（备用）投运工作结束。 | | |
| 危险点 | (1) 暖磨时，应控制磨煤机温升速率<3℃/min，冷态暖磨时间应不少于15min；<br>(2) 当给煤机运行60s以上而无煤层火焰证实应立即停止给煤机运行，待查清原因后再启动；<br>(3) 给煤机清扫电动机联动开关投入，给煤机启动后应确认清扫电动机工作正常；<br>(4) 磨煤机稀油站油温高于38℃时开冷却水进、回水手动门；<br>(5) 磨煤机运行稳定后，必须保证任一磨煤机出口温度65~75℃，磨煤机电流≤46A，同时必须保证空预器出口热一次风母管压力>8.5kPa；<br>(6) 运行过程中应监视磨煤机各轴温、振动以及电动机线圈温度，发现异常应立即进行相应处理。 | | |

## 附录1.30  制粉系统停运操作

| 操作任务 | ____号制粉系统停运操作 | | | |
|---|---|---|---|---|
| 操作系统 | 锅炉制粉系统 | | 操作员 | |
| 开始时间： | 年 月 日 时 分 | 结束时间： | 年 月 日 时 分 | |

| 序号 | 操作项目 | 执行情况 | 时间 |
|---|---|---|---|
| 1 | 汇报值（单元）长：进行____号制粉系统停运工作。 | | |
| 2 | 解除给煤机自动、解除磨煤机风量、风温自动。 | | |
| 3 | 逐步降低给煤机转速直至最小值，维持磨煤机入口风量基本不变，开大冷风调节门，关小热风调节门直至0%后，关闭给煤机上插板门。 | | |
| 4 | 待给煤机皮带上煤走空后，停止给煤机，关闭给煤机下插板门。 | | |
| 5 | 提升磨辊，关闭给煤机入口插板、出口插板，热风调节门关闭后，对磨煤机进行通风冷却。 | | |
| 6 | 对石子煤系统进行清理排放。 | | |
| 7 | 磨煤机继续运行5min以上，清出磨碗的存煤，电流至空载值，停止磨煤机。 | | |
| 8 | 继续对该制粉系统进行通风吹扫和冷却，磨煤机出口温度降至50℃以下并稳定，10min后，关闭磨煤机进出门，关热风关断门。 | | |
| 9 | 开启磨煤机惰化蒸汽汽动门，惰化3~5min后关闭（视现场情况而定）。 | | |
| 10 | 停止油箱加热器，关闭磨煤机润滑油站冷油器冷却水进出口门。 | | |
| 11 | 检查磨煤机冷、热风隔离门、一次风管风粉闸板门是否关闭，如未关闭则手动关闭。 | | |
| 12 | 关闭给煤机、磨煤机密封风门。 | | |
| 13 | 就地检查制粉系统停运后一切正常。 | | |
| 14 | 汇报值长，制粉系统已正常停运。 | | |
| 15 | 汇报值（单元）长：____号制粉系统停运工作结束。 | | |
| 危险点 | (1) 锅炉在正常运行时停止磨煤机的运行后要注意其他磨煤机的运行工况，必要时减负荷；<br>(2) 停1号或4号磨煤机时应注意是否等离子运行，如运行停磨后退出该层等离子。 | | |

## 附录 1.31  锅炉上水操作

| 操作任务 | 锅炉上水操作 | | |
|---|---|---|---|
| 操作系统 | 锅炉系统 | 操作员 | |
| 开始时间： | 年 月 日 时 分 | 结束时间： | 年 月 日 时 分 |

| 序号 | 操作项目 | 执行情况 | 时间 |
|---|---|---|---|
| 1 | 汇报值（单元）长：进行锅炉上水工作。 | | |
| 2 | 进行锅炉上水前全面检查，确认锅炉所有放水门及所有充氮阀关闭，各空气门、过热器、再热器疏水门均已全开；汽机本体及主、再热蒸汽管道、抽汽管道各疏水门均已开启，检查完毕汇报值长。 | | |
| 3 | 控制凝结水上水速度，检查除氧器液位____mm，在正常范围。 | | |
| 4 | 开启辅助蒸汽至除氧器前后电动门及调节阀，向除氧器加热，除氧器给水温度60~80℃。 | | |
| 5 | 检查高压给水系统所有放水门关闭。 | | |
| 6 | 检查锅炉启动分离器前所有疏水门关闭。<br>（1）省煤器进口集箱疏水阀；<br>（2）水冷壁下集箱排空至地沟手动门；<br>（3）水冷壁进口集箱疏水阀；<br>（4）水冷壁中间集箱疏水阀；<br>（5）折焰角汇集集箱疏水阀。 | | |
| 7 | 锅炉受热面所有空气门开启。<br>（1）螺旋水冷壁出口联箱排空一、二次门（见水后关）；<br>（2）水冷壁出口联箱排气一、二次门（见水后关）；<br>（3）水冷壁中间联箱排气一、二次门（见水后关）；<br>（4）汽水分离器入口排气一、二次门；<br>（5）汽水分离器出口排气一、二次门；<br>（6）尾部包墙排气一、二次门；<br>（7）屏过出口排气一、二次门；<br>（8）高过出口左侧排气一、二次门；<br>（9）高过出口右侧排气一、二次门；<br>（10）高温再热器出口排空气一、二次门。 | | |
| 8 | 过热器出口至汽机的主汽管道疏水门开启。 | | |
| 9 | 开启贮水箱至锅炉疏水扩容器的溢流电动截止阀及手动门，开启疏水扩容器疏水箱放水门，关闭疏水泵出口电动门（疏水泵启动出口电动门联开），投入汽水分离器贮水箱溢流阀自动。 | | |
| 10 | 检查汽泵前置泵入口电动门开启；<br>检查 2 号给水泵出口电动门开启；<br>检查给水旁路调节阀前电动门开启；<br>检查给水旁路调节阀后电动门开启。 | | |
| 11 | 给水管道及高加注水。 | | |
| 12 | 除氧器水质化验 Fe=_____μg/L 合格（<500μg/L），除氧器给水水温_____℃，符合上水温度规定（60~80℃）。 | | |
| 13 | 锅炉上水前，记录锅炉膨胀指示一次。 | | |
| 14 | 锅炉上水开始，启动汽泵前置泵向锅炉上水。控制给水旁路调节门开度，给水流量____t/h。（上水时间一般为：夏季不小于 **1h**，冬季不小于 **2h**） | | |

续表

| 序号 | 操作项目 | 执行情况 | 时间 |
|---|---|---|---|
| 15 | 注意保持凝结器、除氧器水位应在正常范围。 | | |
| 16 | 通过贮水箱、分离器水位计排污管观察上水情况，炉上水至贮水箱水位达到2000mm以上时关闭锅炉汽水分离器前所有空气门，停止上水。 | | |
| 17 | 锅炉上水后，记录锅炉膨胀指示一次。 | | |
| 18 | 汇报值（单元）长：锅炉上水工作结束。 | | |
| 危险点 | | | |

## 附录1.32 锅炉冷态清洗操作

| 操作任务 | 锅炉冷态清洗操作 | | | |
|---|---|---|---|---|
| 操作系统 | 锅炉系统 | | 操作员 | |
| 开始时间： | 年 月 日 时 分 | 结束时间： | 年 月 日 时 分 | |
| 序号 | 操作项目 | | 执行情况 | 时间 |
| 1 | 汇报值（单元）长：进行锅炉冷态清洗工作。 | | | |
| 2 | 锅炉清洗前确认以下条件满足：<br>(1) 贮水罐压力低于686kPa；<br>(2) 已完成高压给水管路清洗注水；<br>(3) 贮水罐水位5m左右；<br>(4) 贮水罐至疏水扩容器溢流调节阀处于自动状态；<br>(5) 贮水罐出口至疏水扩容器溢流电动阀及手动门已处于开启状态；<br>(6) 锅炉冷态开式清洗过程中，疏水泵出口至凝汽器疏扩电动门关闭，疏水箱放水电动阀门开启，排水到机组排水槽。 | | | |
| 3 | 开启以下疏水阀直至冷态清洗结束：<br>(1) 省煤器进口集箱疏水阀；<br>(2) 水冷壁进口集箱疏水阀；<br>(3) 水冷壁中间集箱疏水阀；<br>(4) 折焰角汇集集箱疏水阀。 | | | |
| 4 | 开启贮水罐至疏水扩容器溢流调节阀和电动阀。 | | | |
| 5 | 用辅助蒸汽加热除氧器，维持除氧器出口水温在80℃左右。 | | | |
| 6 | 开启高加旁路门，采用不通过高加的方式上水。 | | | |
| 7 | 投入锅炉给水旁路调节门自动，控制汽动给水泵转速，将锅炉给水流量控制在100t/h进行冷态开式冲洗。 | | | |
| 8 | 锅炉冷态开式清洗过程中，汽水分离器溢流调节阀控制分离器水位在3~7m之间，疏水泵出口至凝汽器疏扩电动门关闭，冷凝水箱放水电动门开启，排水到机组排水槽。 | | | |
| 9 | 贮水罐下部出口水质达到Fe<200$\mu$g/L、油脂≤1ppm、pH值≤9.5，冷态开式清洗结束。 | | | |
| 10 | 开启贮水箱至疏水扩容器溢流管路电动门和手动门，投入溢流调节阀水位自动。 | | | |
| 11 | 开启疏水泵出口至凝汽器手动门，投入疏水泵出口至凝汽器疏扩调门自动，启动疏水泵。开启冷凝水箱水位调节阀，投自动，关闭冷凝水箱放水阀，清洗水由机组排水槽切换至凝汽器疏扩。 | | | |
| 12 | 投入精处理装置。 | | | |
| 13 | 维持不小于30%BMCR清洗流量进行闭式清洗，直至省煤器进口水质达到下列指标，冷态闭式清洗结束：<br>含Fe量＝_____$\mu$g/L（≤100）<br>电导度＝_____$\mu$S/cm（≤1）<br>$SiO_2$＝_____$\mu$g/L（≤30）<br>pH值＝_____（9.0~9.6）<br>给水硬度＝_____（0）<br>溶解氧＝_____$\mu$g/L（≤30） | | | |
| 14 | 汇报值（单元）长：锅炉冷态清洗工作结束。 | | | |
| 危险点 | | | | |

# 附录1.33  锅炉吹扫前准备操作

| 操作任务 | 锅炉吹扫前准备操作 | | | |
|---|---|---|---|---|
| 操作系统 | 锅炉系统 | | 操作员 | |
| 开始时间： | 年 月 日 时 分 | 结束时间： | 年 月 日 时 分 | |
| 序号 | 操作项目 | | 执行情况 | 时间 |
| 1 | 汇报值（单元）长：进行锅炉吹扫准备工作。 | | | |
| 2 | 开启锅炉汽水分离器后所有疏水门，开启再热器系统所有疏水门。 | | | |
| 3 | 检查确认以下阀门开启：<br>（1）尾部烟道包墙环形集箱疏水阀；<br>（2）低温过热器入口集箱疏水阀；<br>（3）屏式过热器汇集集箱疏水阀；<br>（4）冷再入口管道手动疏水阀；<br>（5）省煤器电动排汽阀；<br>（6）主蒸汽管道，冷/热段再热蒸汽管道疏水阀；<br>（7）高/低压旁路管道疏水阀。 | | | |
| 4 | 检查过热器出口 PCV 阀具备投运条件。 | | | |
| 5 | 通知除灰专业投运电除尘系统、脱硫系统。 | | | |
| 6 | 检查锅炉火焰监视电视正常投入。 | | | |
| 7 | 检查锅炉四管泄漏系统正常投入。 | | | |
| 8 | 检查全开过热器烟气挡板，全开再热器烟气挡板。 | | | |
| 9 | 检查各等离子点火装置电源均已正常投入。 | | | |
| 10 | 启动____号火检冷却风机，电流____A，出口母管压力____kPa（>6kPa），将另一台火检冷却风机投备用联锁，检查并开启各燃烧器火检风手动门。 | | | |
| 11 | 启动____号等离子冷却水泵，电流____A，出口母管压力____MPa，将另一台号等离子冷却水泵投备用联锁。 | | | |
| 12 | 启动____号等离子载体风机，电流____A，出口母管压力____kPa，将另一台等离子载体风机投备用联锁。 | | | |
| 13 | 启动 A 空预器，电流____A，启动 B 空预器，电流____A。开启空预器进口烟气挡板和出口热风挡板，开启引、送风机出口风道联络挡板。 | | | |
| 14 | 在空预器入口风温低时，应投入暖风器维持排烟温度超过 70℃ 的平均冷端温度。 | | | |
| 15 | 投入空预器吹灰器进行连续吹灰。 | | | |
| 16 | 启动____号脱硝系统稀释风机，电流_____A，出口母管压力_____kPa，将另一台稀释风机投备用联锁。 | | | |
| 17 | 检查开启所有压缩空气供气手动门。 | | | |
| 18 | 检查锅炉各项主保护必须投入。 | | | |
| 19 | 全面检查锅炉各系统阀门位置正确。 | | | |
| 20 | 汇报值（单元）长：锅炉吹扫前准备工作结束。 | | | |
| 危险点 | | | | |

## 附录1.34 锅炉吹扫操作

| 操作任务 | 锅炉吹扫操作 | | | |
|---|---|---|---|---|
| 操作系统 | 锅炉系统 | | 操作员 | |
| 开始时间： | 年 月 日 时 分 | 结束时间： | 年 月 日 时 分 | |
| 序号 | 操作项目 | | 执行情况 | 时间 |
| 1 | 汇报值（单元）长：进行锅炉吹扫工作。 | | | |
| 2 | 检查燃烧器各二次风控制档板开度70%左右，燃烬风控制挡板开度70%左右。 | | | |
| 3 | 检查过热器烟气挡板开启，再热器烟气挡板开启。 | | | |
| 4 | 检查__1__号引风机润滑油站油泵运行正常，满足引风机启动条件。 | | | |
| 5 | 启动__1__号引风机，电流____A，检查引风机运行正常。 | | | |
| 6 | 检查__1__号送风机润滑油站油泵运行正常，满足送风机启动条件。 | | | |
| 7 | 启动__1__号送风机，电流____A，检查引风机运行正常。 | | | |
| 8 | 通过送风机动叶调节吹扫风量大于30%BMCR。 | | | |
| 9 | 通过引风机静叶调节炉膛负压在-50~-100Pa范围，投入引风机自动。 | | | |
| 10 | 检查确认所有二次风、燃烬风控制挡板在吹扫位。 | | | |
| 11 | 检查以下炉膛吹扫条件满足：<br>（1）炉膛吹扫未完成；<br>（2）无MFT跳闸条件；<br>（3）所有磨煤机停运；<br>（4）所有给煤机停运；<br>（5）两台一次风机停运；<br>（6）两台空预器均运行；<br>（7）任一引风机运行；<br>（8）任一送风机运行；<br>（9）全炉膛火检无火；<br>（10）总风量≥30%；<br>（11）二次风挡板在吹扫位；<br>（12）两台除尘器均停。 | | | |
| 12 | 确认满足炉膛吹扫条件，启动锅炉吹扫程序，吹扫时间为5min。 | | | |
| 13 | 炉膛吹扫完成后，确认所有二次风挡板保持在在吹扫位置，中心风挡板在开位置。 | | | |
| 14 | 锅炉MFT复位，确认炉膛烟温探针正常伸进。 | | | |
| 15 | 汇报值（单元）长：锅炉吹扫工作结束。 | | | |
| 危险点 | | | | |

## 附录1.35　锅炉点火操作

| 操作任务 | 锅炉点火操作 | | |
|---|---|---|---|
| 操作系统 | 锅炉系统 | 操作员 | |
| 开始时间： | 年　月　日　时　分 | 结束时间： | 年　月　日　时　分 |

| 序号 | 操作项目 | 执行情况 | 时间 |
|---|---|---|---|
| 1 | 汇报值（单元）长：进行锅炉点火工作。 | | |
| 2 | 检查空预器已投入连续吹灰。 | | |
| 3 | 检查___号等离子载体风机运行，等离子点火装置入口载体风压5~10kPa。 | | |
| 4 | 检查等离子点火冷却水系统投运。冷却水压力0.4~0.8MPa，流量为8t/h，温度<40℃。 | | |
| 5 | 打开_1_号磨煤机出口插板门、总风门、一次风冷热风调门、热风关断门。 | | |
| 6 | 检查一次风机启动条件满足，启动_1_号一次风机运行，调整一次风压在7kPa左右。 | | |
| 7 | 打开_1_号磨密封风门、打开_1_号给煤机的密封风门。 | | |
| 8 | 启动_1_号密封风机运行，电流_____A，出口风压_____kPa，开启_1_号密封风机入口风门，将_2_号密封风机投入联锁备用。 | | |
| 9 | 将_1_号磨一次风暖风器通汽，疏水暖管结束后，投入_1_号磨入口一次风暖风器。调整暖风器出口风温在150~180℃。点火后空预器出口一次风温达200℃左右，可退出暖风器。 | | |
| 10 | 调节_1_号磨层等离子燃烧器的二次风，防止等离子燃烧器壁温过高。 | | |
| 11 | 调节_1_号磨煤机入口风量，维持磨出口一次风速在18m/s左右，进行暖磨。 | | |
| 12 | 按等离子点火装置的启动程序顺序启动1~4号等离子发生器，检查拉弧正常，调节电弧功率在70~120kW。 | | |
| 13 | 检查点火条件满足，等离子模式置"等离子模式投入"。 | | |
| 14 | 检查磨煤机满足启动条件，启动_1_号磨煤机，电流_____A，检查磨煤机运行正常。 | | |
| 15 | 检查给煤机满足启动条件，启动_1_号给煤机，电流_____A，调节给煤量为最低值15t/h运行，检查给煤机运行正常。 | | |
| 16 | 观察煤粉燃烧稳定后，适当提高一次风量，提高磨出口一次风速在18~22m/s左右，控制等离子燃烧器壁温小于400℃。 | | |
| 17 | 逐渐根据工况需求和燃烧器燃烧情况合理增加给煤量，控制好给粉浓度保证燃烧器稳定燃烧。 | | |
| 18 | 加强炉内燃烧状况监视，实地观察炉膛燃烧情况，火焰应明亮、燃烧充分，火炬长，火焰监视器显示燃烧正常。 | | |
| 19 | 当锅炉点火后，关闭省煤器电动排气阀。 | | |
| 20 | 汇报值（单元）长：锅炉点火工作结束。 | | |
| 危险点 | | | |

# 附录1.36 锅炉热态清洗操作

| 操作任务 | 锅炉热态清洗操作 | | |
|---|---|---|---|
| 操作类型 | 锅炉系统 | 操作员 | |
| 开始时间： | 年 月 日 时 分 | 结束时间： 年 月 日 时 分 | |

| 序号 | 操作项目 | 执行情况 | 时间 |
|---|---|---|---|
| 1 | 汇报值（单元）长：进行锅炉热态清洗工作。 | | |
| 2 | 锅炉点火后，检查空预器连续吹灰，就地检查吹灰器投运正常。 | | |
| 3 | 检查炉膛氧量正常，可适当调整送风机动叶挡板。 | | |
| 4 | 检查炉膛负压正常，可适当调整引风机动叶挡板。 | | |
| 5 | 检查炉膛内燃烧器燃烧情况良好，等离子装置运行正常。 | | |
| 6 | 检查制粉系统运行正常，电流____A，磨煤机一次风压____kPa，就地制粉系统运行无异常。 | | |
| 7 | 检查疏水扩容器液位正常，汽水分离器贮水罐至疏水扩容器溢流阀自动调节正常。 | | |
| 8 | 疏水箱液位正常，疏水泵出口至凝汽器手动门开启，疏水泵运行正常。 | | |
| 9 | 监视主蒸汽升温升压情况，控制燃烧稳定，控制饱和水温升温率小于1.5℃/min。 | | |
| 10 | 当汽水分离器进口温度达到190℃，锅炉开始热态清洗。 | | |
| 11 | 控制给煤量和疏水阀开度，维持汽水分离器入口温度190℃左右。 | | |
| 12 | 联系化学值班员取样化验蒸汽品质：<br>含Fe量＝_____$\mu g/L$（≤50）<br>电导度＝_____$\mu S/cm$（≤0.5）<br>$SiO_2$＝_____$\mu g/L$（≤30）<br>pH值＝_____（9.0~9.6）<br>给水硬度＝_____（0）<br>溶解氧＝_____$\mu g/L$（≤30） | | |
| 13 | 当疏水箱出口水质合格时，锅炉热态清洗完成，投入凝结水系统精处理。 | | |
| 14 | 汇报值（单元）长：锅炉热态清洗工作结束。 | | |
| 15 | 锅炉继续升温升压。 | | |
| 危险点 | | | |

## 附录1.37  汽轮机冲转前锅炉升温升压操作

| 操作任务 | 汽轮机冲转前锅炉升温升压操作 | | |
|---|---|---|---|
| 操作系统 | 锅炉系统 | 操作员 | |
| 开始时间： 年 月 日 时 分 | | 结束时间： 年 月 日 时 分 | |

| 序号 | 操作项目 | 执行情况 | 时间 |
|---|---|---|---|
| 1 | 汇报值（单元）长：进行汽轮机冲转前锅炉升温升压操作工作。 | | |
| 2 | 锅炉点火后，投入空预器连续吹灰，就地检查吹灰器投运正常，吹灰压力____MPa（>0.5MPa）。 | | |
| 3 | 当主蒸汽压力至0.1~0.2MPa时，检查所有排空门关闭。<br>（1）过热器一减左侧对空排气一、二次门；<br>（2）过热器一减右侧对空排气一、二次门；<br>（3）螺旋水冷壁出口联箱排空气一、二次门；<br>（4）水冷壁出口联箱排气一、二次门；<br>（5）水冷壁中间联箱排气一、二次门；<br>（6）汽水分离器入口排气一、二次门；<br>（7）汽水分离器出口排气一、二次门；<br>（8）尾部包墙排气一、二次门；<br>（9）屏过出口排气一、二次门；<br>（10）高过出口左侧排气一、二次门；<br>（11）高过出口右侧排气一、二次门。 | | |
| 4 | 主蒸汽压力升至0.2MPa时，开启主、再热蒸汽系统其他疏水门。 | | |
| 5 | 汽水分离器压力在0.5MPa时，开启汽水分离器电动排气阀，5min后关闭。 | | |
| 6 | 主蒸汽压力升至0.8MPa时，开启过热器出口PCV阀，1min后关闭。 | | |
| 7 | 主汽压力升至1.0MPa时，关闭主蒸汽系统所有疏水门。 | | |
| 8 | 当主蒸汽压力1.2MPa时，关闭尾部烟道环形集箱疏水门、中间隔墙下集箱疏水门。 | | |
| 9 | 当再热蒸汽压力升至0.8MPa时，关闭再热蒸汽系统所有疏水门。 | | |
| 10 | 当空预器出口热一次风温度150℃以上时，可退暖风器。 | | |
| 11 | 根据锅炉冷态启动曲线，控制高低压旁路阀开度，调整升温升压速率。 | | |
| 12 | 加强监视水冷壁、过热器和再热器壁温，严防超温。 | | |
| 13 | 确认旁路控制压力、温度上升率正常，适量投入主蒸汽二级减温水，控制主汽温度。 | | |
| 14 | 在升压开始阶段，饱和温度在100℃以下时，升速率不得超过1.1℃/min。在汽轮机冲转前，饱和温度升速率不得超过1.5℃/min。 | | |
| 15 | 检查疏水扩容器液位正常，汽水分离器贮水罐至疏水扩容器溢流阀自动调节正常。 | | |
| 16 | 达到汽轮机冲转条件：主蒸汽压力8.73MPa、主蒸汽温度380℃；再热蒸汽压力1.1MPa、再热蒸汽温度330℃。 | | |
| 17 | 汇报值（单元）长：汽轮机冲转前锅炉升温升压操作工作结束。 | | |
| 危险点 | | | |

## 附录1.38 机组冲转至并网操作

| 操作任务 | 机组冲转至并网操作 | | | |
|---|---|---|---|---|
| 操作系统 | 锅炉系统 | | 操作员 | |
| 开始时间： | 年 月 日 时 分 | 结束时间： | 年 月 日 时 分 | |
| 序号 | 操作项目 | | 执行情况 | 时间 |
| | 汇报值（单元）长：进行汽轮机冲转阶段的锅炉升温升压操作。 | | | |
| 1 | 主蒸汽压力____MPa、主蒸汽温度____℃；再热蒸汽压力____MPa、再热蒸汽温度____℃。 | | | |
| 2 | 加强监视水冷壁、过热器和再热器壁温，严防超温。 | | | |
| 3 | 检查贮水罐液位正常，汽水分离器贮水罐至疏水扩容器溢流阀自动调节正常。 | | | |
| 4 | 检查炉膛内燃烧器燃烧情况良好，等离子装置运行正常。 | | | |
| 5 | 检查炉膛氧量正常，可适当调整送风机动叶挡板 | | | |
| 6 | 检查炉膛负压正常，可适当调整引风机静叶挡板 | | | |
| 7 | 检查制粉系统运行正常，电流____A，磨煤机一次风压____kPa，就地制粉系统运行无异常。 | | | |
| 8 | 检查汽轮机各疏水阀开启。 | | | |
| 9 | 确认机组满足冷态冲转参数，汽轮机开式冲转。 | | | |
| 10 | 在DEH"自动控制"画面中点击"汽机挂闸"下的"是"按钮，确认"已挂闸"指示灯亮。挂闸成功后，DEH系统默认为"自动""单阀"方式。检查所有主、调汽阀在全关状态。 | | | |
| 11 | 在DCS画面检查高、低压旁路阀及减温水阀已投入"自动"且跟踪正常。在DEH"自动控制"画面中点击"启动方式"按钮，选择"中压缸启动"。注意启动方式的选择必须在点击"运行"按钮之前，否则需重新挂闸后才能实现。 | | | |
| 12 | 在DEH"自动控制"画面中点击"运行"下的"是"按钮，检查高、中压主汽阀及供热调整蝶阀开启正常。 | | | |
| 13 | 检查通风阀（VV）开启，高排逆止阀关闭。 | | | |
| 14 | 检查汽轮机中压调阀逐渐开启，高压调阀保持关闭，汽轮机开始升速。 | | | |
| 15 | 汽轮机转速升至500r/min时，进行摩擦检查，汽轮机内部声音正常。 | | | |
| 16 | 汽轮机转速升至1500r/min时，按照由启动升负荷曲线确定的暖机时间进行中速暖机。 | | | |
| 17 | 中速暖机期间，注意维持主汽、再热器压力及温度稳定，确认机组旁路控制正常。 | | | |
| 18 | 汽轮机转速升至3000r/min时，对机组进行全面检查。 | | | |
| 19 | 主蒸汽压力____MPa、主蒸汽温度____℃；再热蒸汽压力____MPa、再热蒸汽温度____℃。 | | | |
| 20 | 机组准备并网操作。 | | | |
| 21 | 汇报值（单元）长：汽轮机冲转阶段的锅炉升温升压操作工作结束。 | | | |
| 危险点 | | | | |

# 附录 2　锅炉运行调节操作

## 附录 2.1　主蒸汽压力高，锅炉运行调节操作

| 操作任务 | 主蒸汽压力高，锅炉运行调节操作 | | | |
|---|---|---|---|---|
| 操作系统 | 锅炉系统 | | 操作员 | |
| 开始时间： | 年　月　日　时　分 | 结束时间： | 年　月　日　时　分 | |
| 序号 | 操作项目 | | 执行情况 | 时间 |
| 1 | 负荷 340MW，主蒸汽温度 565℃，主蒸汽压力 23.49MPa，再热蒸汽温度 565℃，再热蒸汽压力 3.6MPa。机组协调方式运行。 | | | |
| 2 | 检查发现主蒸汽压力 24.2MPa，持续上升，过热度 18.5℃，持续下降，负荷持续增加。 | | | |
| 3 | 检查发现主、再热汽温度持续下降，过热器一、二级减温水调节阀关闭再热减温水喷水调节阀关闭。 | | | |
| 4 | 确认引、送风机动叶自动调节正常，炉膛压力、氧量正常。确认一次风机动叶调节正常，一次风压正常。 | | | |
| 5 | 调整燃水比控制，检查给水流量略微下降，过热度有回头趋势。 | | | |
| 6 | 加强监视给水自动调整跟踪情况，如遇自动跟踪不灵，立即切为手动调整。 | | | |
| 7 | 加强监视中间点温度，控制过热度，配合过热蒸汽减温水阀，维持主汽温度正常。 | | | |
| 8 | 确认尾部烟道调节挡板动作正常，确认再热蒸汽减温水阀动作正常，维持再热汽温度正常。 | | | |
| 9 | 如主蒸汽压力继续上升无下降趋势，打开吹灰器各疏水进行泄压，可适当进行加负荷操作。 | | | |
| 10 | 若主蒸汽压力上升至额定值，打开 PCV 进行泄压。 | | | |
| 11 | 压力正常后，恢复原工况运行。 | | | |
| 12 | 检查确认锅炉水冷壁、过热器、再热器壁温正常。 | | | |
| 13 | 检查确认汽机本体参数瓦温、轴温、振动、轴移等正常，真空正常。 | | | |
| 14 | 确认凝结水系统运行正常，除氧器水位正常，凝汽器水位正常。 | | | |
| 15 | 全面检查锅炉、汽机、电气侧主要参数在正常范围内。 | | | |
| 危险点 | | | | |

## 附录 2.2  主蒸汽温度低，锅炉运行调节操作

| 操作任务 | 主蒸汽温度低，锅炉运行调节操作 | | | |
|---|---|---|---|---|
| 操作系统 | 锅炉系统 | | 操作员 | |
| 开始时间： | 年 月 日 时 分 | 结束时间： | 年 月 日 时 分 | |
| 序号 | 操作项目 | | 执行情况 | 时间 |
| 1 | 负荷 340MW，主蒸汽温度 565℃，主蒸汽压力 23.9MPa，再热蒸汽温度 565℃，再热蒸汽压力 3.6MPa，过热度 20℃，机组协调方式运行。 | | | |
| 2 | 检查发现主蒸汽温度 547℃继续下降。 | | | |
| 3 | 调整燃水比，检查给水流量略微下降，过热度持续上升，并监视各段壁温不超限。 | | | |
| 4 | 确认引、送风机动叶自动调节正常，炉膛压力、氧量正常。确认一次风机动叶调节正常，一次风压正常。 | | | |
| 5 | 确认尾部烟道调节挡板动作正常，确认过热器挡板开度在最大位。 | | | |
| 6 | 减少并停止屏过、再热器处吹灰器吹灰以及炉膛水冷壁处吹灰。 | | | |
| 7 | 检查并减少一二级减温水投入情况，并适当提高主蒸汽温度。 | | | |
| 8 | 适当调整上层制粉系统出力，保证运行磨不超出力的情况下增加燃料偏置，确认过热器一、二级减温水调节阀调节正常。过热器二级减温水调节阀 A 侧退出自动。主汽温度逐步升温，恢复正常。 | | | |
| 9 | 若主蒸汽温度继续下降，手动操作减少给水量、增加给煤量，观察汽温是否上升。 | | | |
| 10 | 若 10min 下降 50℃，手动打闸，按破坏真空停机处理。 | | | |
| 11 | 确认锅炉 MFT 动作后，所有磨煤机、给煤机、一次风机、密封风机跳闸，且均已正确隔离。确认所有供粉出口快关门关闭。 | | | |
| 12 | 检查确认发电动机开关及磁场开关已跳闸，确认厂用电切换正常。 | | | |
| 13 | 汽轮机惰走时，注意倾听机组各部分声音，检查机组振动、差胀、轴向位移、轴承温度、主机润滑油温等参数的变化，记录转子惰走时间，检查惰走弯曲值。转速至 1200r/min 确认顶轴油泵自启，否则手动启动。转速到 0 后，投入盘车运行。 | | | |
| 14 | 真空到零后，切断主机轴封和小机轴封。 | | | |
| 15 | 确认高、低压旁路有否动作，若打开，立即手动关闭。严禁开启。 | | | |
| 16 | 检查确认缸后喷水自动开启，关闭高压疏水至凝汽器的疏水阀。严密监视低压缸排汽温度。 | | | |
| 17 | 检查确认两台给水泵汽轮机跳闸，关闭给水泵中间抽头隔离阀，确认过热器、再热器减温水调节阀及隔离阀关闭。 | | | |
| 18 | 辅汽、热网切至邻机供应。 | | | |
| 19 | 调节引风机静叶和送风机动叶，维持风量 30%~40%进行吹扫。确认炉膛负压正常。 | | | |
| 20 | 汇报值长，机组已停运。 | | | |
| 危险点 | | | | |

## 附录2.3 再热蒸汽温度高,锅炉运行调节操作

| 操作任务 | | 再热蒸汽温度高,锅炉运行调节操作 | | | |
|---|---|---|---|---|---|
| 操作系统 | | 锅炉系统 | 操作员 | | |
| 开始时间: | 年 月 日 时 分 | | 结束时间: 年 月 日 时 分 | | |
| 序号 | 操作项目 | | | 执行情况 | 时间 |
| 1 | 负荷340MW,主蒸汽温度565℃,主蒸汽压力23.9MPa,再热蒸汽温度565℃,再热蒸汽压力3.6MPa,过热度20℃,机组协调方式运行。 | | | | |
| 2 | 检查发现再热蒸汽温度579℃继续上升。 | | | | |
| 3 | 调整过热度设定值至10℃以下,检查给水流量略微上升,过热度有下降趋势,检查并开启再热器减温水电动门及调门全开,并监视各段壁温不超限。 | | | | |
| 4 | 确认引、送风机动叶自动调节正常,炉膛压力、氧量正常。确认一次风机变频自动调节正常,一次风压正常。 | | | | |
| 5 | 确认尾部烟道调节挡板动作正常,确认再热器挡板开度在最小位。 | | | | |
| 6 | 加强屏过、再热器处吹灰器吹灰以及炉膛水冷壁处吹灰。 | | | | |
| 7 | 必要时开启顶层燃尽风调门降低炉膛火焰中心。 | | | | |
| 8 | 若再热汽温继续上升,手动操作增加给水量、减少给煤量,观察主蒸汽温度是否下降。 | | | | |
| 9 | 若上升到594℃,手动打闸,按破坏真空停机处理。 | | | | |
| 10 | 确认锅炉MFT动作后,所有磨煤机、给煤机、一次风机、密封风机跳闸,且均已正确隔离。确认所有供粉出口快关门关闭。 | | | | |
| 11 | 检查确认发电动机开关及磁场开关已跳闸,确认厂用电切换正常。 | | | | |
| 12 | 汽轮机惰走时,注意倾听机组各部分声音,检查机组振动、差胀、轴向位移、轴承温度,主机润滑油温等参数的变化,记录转子惰走时间,检查惰走弯曲值。转速至1200r/min,确认顶轴油泵自启,否则手动启动。转速到0后,投入盘车运行。 | | | | |
| 13 | 真空到零后,切断主机轴封和小机轴封。 | | | | |
| 14 | 确认高、低压旁路有否动作,若打开,立即手动关闭。严禁开启。 | | | | |
| 15 | 检查确认后缸喷水自动开启,关闭高压疏水至凝汽器的疏水阀。严密监视低压缸排汽温度。 | | | | |
| 16 | 检查确认两台给水泵汽轮机跳闸,关闭给水泵中间抽头隔离阀,确认过热器、再热器减温水调节阀及隔离阀关闭。 | | | | |
| 17 | 辅汽、热网切至邻机供应。 | | | | |
| 18 | 调节引风机动叶和送风机动叶,维持风量30%~40%进行吹扫。确认炉膛负压正常。 | | | | |
| 19 | 汇报值长,机组已停运。 | | | | |
| 危险点 | | | | | |

# 附录 3 锅炉停运操作

## 附录 3.1 锅炉停运降负荷（350MW 至 175MW）操作

| 操作任务 | 锅炉停运降负荷（350MW 至 175MW）操作 | | | |
|---|---|---|---|---|
| 操作系统 | 锅炉系统 | | 操作员 | |
| 开始时间： | 年 月 日 时 分 | 结束时间： | 年 月 日 时 分 | |
| 序号 | 操作项目 | | 执行情况 | 时间 |
| 1 | 接到值长滑参数停机命令，联系相关专业做好停机前准备工作。 | | | |
| 2 | 停炉前对锅炉设备全面检查一次，将所发现的设备缺陷记录在缺陷本中。 | | | |
| 3 | 停炉前对锅炉受热面进行一次全面吹灰，并检查所有伸缩式吹灰器已退出。 | | | |
| 4 | 联系燃料停止上煤，控制好各煤仓煤位。锅炉停炉备用或检修时间超过七天，应将原煤仓、落煤管内的存煤燃尽，以防煤在其中结块和自燃。 | | | |
| 5 | 确认各自动调节装置的状态正常，DCS 上的所有设备正常，检查 1 号磨或 4 号磨等离子点火器拉试一次正常后备用，停炉前抄录各膨胀指示。 | | | |
| 6 | ___时___分接值长命令，按照规定减负荷率减负荷，选择机跟随方式或手动方式减负荷。减负荷率 4.5MW/min，压降 0.15MPa/min，主再温降 1℃/min，并有 30℃以上过热度。 | | | |
| 7 | 负荷至 240MW，降低负荷时，均匀减少各运行磨煤给煤量，汽机调门全开。减负荷的过程中，主汽温度、再热汽温度保持不变。 | | | |
| 8 | 随负荷的下降逐渐减少给煤量，最上层给煤机煤量降至 15t/h 左右，煤仓走空后立刻停止给煤机，吹空磨煤机后停磨（1 号或 4 号磨除外），在此期间注意调整风量，稳定燃烧，总风量最低不得低于 35% 直至停炉保持不变。 | | | |
| 9 | 负荷降至 180MW，视情况磨煤机减少给煤量（若 A 制粉系统不在运行，应切换至 A 制粉系统运行）。负荷降视情况均匀减少各运行磨煤量或停磨，留 3 台磨运行。 | | | |
| 10 | 负荷降至 170MW，投入 1 号磨或 4 号磨等离子 1~4 号发生器逐步拉弧稳燃，投入空气预热器连续吹灰。 | | | |
| 11 | 全面检查机组运行正常。 | | | |
| 危险点 | 滑参数停炉注意事项：<br>（1）滑参数停炉前 6h 应汇报值长，通知燃料 1 号或 4 号磨煤机原煤斗的煤质必须保持低位发热量大于 19MJ/kg，全水小于 15%，灰分含量小于 25%；<br>（2）锅炉滑参数停炉期间要注意燃烧的调整，不允许隔层燃烧，保证燃烧稳定，等离子投入后空预器要进行连续吹灰。 | | | |

## 附录3.2　锅炉停运降负荷（175MW 至 52MW）操作

| 操作任务 | 锅炉停运降负荷（175MW 至 52MW）操作 | | | |
|---|---|---|---|---|
| 操作系统 | 锅炉系统 | | 操作员 | |
| 开始时间： | 年　月　日　时　分 | 结束时间： | 年　月　日　时　分 | |
| 序号 | 操作项目 | | 执行情况 | 时间 |
| 1 | 机组负荷 170MW，稳定运行 20min。检查等离子点火装置运行正常，空气预热器连续吹灰。 | | | |
| 2 | 机组负荷降至 40%BMCR（140MW）负荷，保留三台磨煤机运行，在临界压力以下，锅炉仍在直流运行时，分离器出口蒸汽温度还是微过热的。此时必须先降低水冷壁出口温度到饱和温度，所以要减少燃料，根据原煤斗烧空情况再停一台磨，留二台磨运行。联系汽机停一台汽动给水泵。 | | | |
| 3 | 在负荷低于 35%BMCR 时，锅炉水冷壁出口将是湿蒸汽状态。根据煤质情况保留 2 台磨运行。根据自动装置投入情况将过热器减温水调节、再热器事故减温水调节自动切为手动，抄炉膨胀指示。 | | | |
| 4 | 机组负荷降至 25%BMCR（约 90MW）将给水主路切换旁路运行：<br>(1) 开启给水小旁路调节门前、后截止门，缓慢开启给水旁路调节门，根据给水流量的变化，调节汽动给水泵转速维持给水流量变化不要太大。<br>(2) 当给水小旁路调节门开度开至 50%后，点动关闭主给水电动门，给水流量减小时暂停关闭，开大给水小旁路调节门开度，同时开大汽动给水泵转速，保持给水流量变化不要太大，重复以上操作，直至主给水电动门全关。 | | | |
| 5 | 机组负荷降至 25%BMCR（约 90MW）在锅炉各项参数都正常情况下，联系汽机启动电动给水泵，停汽动给水泵，逐步加大给水小旁路调节门开度、降低汽泵转速，倒泵过程中注意给水流量的变化，保证停泵前后给水流量稳定，操作给水泵再循环门时给水流量的变化不能太大，汽动给水泵负荷移到电泵后停止汽动给水泵运行。 | | | |
| 6 | 根据原煤斗烧空情况烧空后停 1 号磨或 4 号磨，留一台磨运行。 | | | |
| 7 | 最后一台磨原煤斗烧空时，汇报值长，接到停炉熄火命令后，关闭给煤机上闸板走空给煤机（原煤斗不需要烧空时，保持给煤机转速不变，关闭给煤机上闸板，直至走空给煤机）。在最后一台煤机停运后，停一次风机和密封风机运行，停电动给水泵。 | | | |
| 8 | 锅炉停运后，打开省煤器排气阀，退出空气预热器吹灰器。 | | | |
| 9 | 保持 30%以上风量吹扫炉膛 5min，停止引送风机的运行，关闭所有风门及人孔门，尽可能地保持炉膛处于密封状态。 | | | |
| 10 | 当汽轮机负荷下降到 15%BMCR 时，打开锅炉下列疏水阀，以保证过热器中没有凝结水：<br>(1) 包墙环形集箱疏水阀；<br>(2) 折焰角汇集集箱疏水阀；<br>(3) 一级过热器入口/分隔墙出口疏水阀；<br>(4) 主蒸汽及再热蒸汽管道低点疏水阀。 | | | |
| 11 | 汽机打闸后，联系汽机投入高、低旁路，待锅炉过热器，再热器压力不再上升后退出高、低旁路。 | | | |
| 12 | 空预器进口烟温小于 120℃时，可停止预热器运行。 | | | |
| 13 | 低温过热器进口烟温小于 45℃时，停火检冷却风机。 | | | |
| 14 | 风机停止后，仍应监视空气预热器的出口烟温，如发现该处烟温有不正常的升高，应立即检查原因，如是二次燃烧，则空气预热器按着火处理。 | | | |

续表

| 序号 | 操作项目 | 执行情况 | 时间 |
|---|---|---|---|
| 危险点 | 滑参数停炉注意事项：<br>（1）滑参数停炉前 6h 应汇报值长，通知燃料 1 号或 4 号磨煤机原煤斗的煤质必须保持低位发热量大于 19MJ/kg，全水小于 15%，灰分含量小于 25%；<br>（2）锅炉滑参数停炉期间要注意燃烧的调整，不允许隔层燃烧，保证燃烧稳定，等离子投入后空预器要进行连续吹灰；<br>（3）主再热汽温度压力下滑速度必须满足汽机的要求；<br>（4）如果需要将原煤斗烧空，在参数下滑前应先将 3 号磨煤机原煤斗烧空，根据煤质的情况，保留 1 号、2 号、4 号、5 号磨煤机原煤斗适当煤位，依次从上层开始逐渐将原煤斗烧空。做好与燃料的联系工作，注意原煤斗煤位的变化。防止滑参数过程中应煤位控制不当造成锅炉灭火。 | | |

# 附录3.3 锅炉主给水切换至旁路运行操作

| 操作任务 | 锅炉主给水切换至旁路运行操作 | | | |
|---|---|---|---|---|
| 操作系统 | 锅炉系统 | | 操作员 | |
| 开始时间： | 年 月 日 时 分 | 结束时间： | 年 月 日 时 分 | |
| 序号 | 操作项目 | | 执行情况 | 时间 |
| 1 | 汇报值（单元）长：锅炉主给水切换至旁路操作。 | | | |
| 2 | 机组负荷25%BMCR（约90MW）左右时，稳定负荷运行。 | | | |
| 3 | 检查锅炉燃烧情况良好，等离子点火装置运行正常。 | | | |
| 4 | 检查引、送风机动叶自动调节正常，炉膛压力、氧量正常。确认一次风机变频自动调节正常，一次风压正常。必要时，手动调节。 | | | |
| 5 | 锅炉各项参数正常，锅炉给水均衡稳定。给水流量在300t/h以内。 | | | |
| 6 | 检查汽动给水泵各运行参数正常，各给水门可以正常操作，给水小旁路调节门开关灵活。 | | | |
| 7 | 开启给水旁路调节门前、后截止门，缓慢开启给水旁路调节门，根据给水流量的变化，调节汽动给水泵转速维持给水流量变化不要太大。 | | | |
| 8 | 当给水旁路调节门开度开至50%后，点动关闭主给水电动门，给水流量减小时暂停关闭，开大给水小旁路调节门开度，同时开大汽动给水泵转速，保持给水流量变化不要太大，重复以上操作，直至主给水电动门全关。 | | | |
| 9 | 主给水关闭后，在锅炉各项参数都正常情况下，联系汽机启动电动给水泵，停汽动给水泵，倒泵过程中注意给水流量的变化，操作给水泵再循环门时给水流量的变化不能太大，汽动给水泵退出运行后，倒换操作完毕。 | | | |
| 10 | 在倒换操作时因给水压力的变化必然引起过热度及减温水流量的变化，因此在倒换操作时要注意对主汽温度和再热汽温度的调整。 | | | |
| 11 | 倒换操作时必须做好与汽机的联系工作。 | | | |
| 12 | 汇报值（单元）长：锅炉主给水切换至旁路操作工作结束。 | | | |
| 危险点 | (1) 倒换操作时保持给水流量不低于200t/h，给水泵入口压力不低于1.4MPa，如果给水流量较大时（大于300t/h）应保持两台给水泵运行，然后再进行倒换操作，防止因水泵入口压力低而引起给水泵跳闸；<br>(2) 倒换操作时控制好给水流量，防止过热度，防止主再热汽温度突变；<br>(3) 倒换操作时运行人员应分工明确，各自监视好各项参数。 | | | |

# 附录 4 锅炉故障处理

## 附录 4.1 小机主油泵跳闸故障处理

| 事故名称 | | 1号小机1号主油泵故障跳闸，2号主油泵、直流油泵不联启 | 操作员 | |
|---|---|---|---|---|
| 故障现象 | | "1号汽动给水泵跳闸"报警。 | | |
| 事故处理 | 序号 | 处理步骤及要求 | | 执行情况 |
| | 1 | 发现"1号汽动给水泵跳闸"报警，给水流量下降。 | | |
| | 2 | 汇报值长，1号汽泵跳闸，减负荷至170MW。 | | |
| | 3 | 紧急停运2、3号磨煤机跳闸，目标负荷170MW。机组控制切至汽机跟随或功率闭环。 | | |
| | 4 | 减负荷过程中，加强监视水煤比，控制过热度，配合过热蒸汽减温水阀，维持主汽温度正常。 | | |
| | 5 | 确认尾部烟道调节挡板动作正常，确认再热蒸汽减温水阀动作正常，维持再热汽温正常。 | | |
| | 6 | 投运等离子助燃，投运空预器连续吹灰。 | | |
| | 7 | 检查确认1号汽动给水泵跳闸，发现小机1号主油泵故障跳闸，2号主油泵、直流油泵不联启。立即试投2号主油泵，不成功。立即试投直流油泵，不成功。 | | |
| | 8 | 检查1号汽泵主汽门、调门关闭，转速下降，给水泵出口电动门关闭，再循环开启；关闭1号小机高、低压供汽电动阀。检查轴承温度、振动。 | | |
| | 9 | 检查2号汽动给水泵运行参数正常。 | | |
| | 10 | 关闭1号小机排汽电动阀、小机低压缸喷水减温电动阀、中间抽头电动阀，确认小机真空下降。真空到零，关闭1号小机轴封供汽门，隔离轴封。 | | |
| | 11 | 联系巡检就地检查1号主油泵跳闸及2号主油泵、直流油泵不联启原因。小机停运过程中，严密监视轴承温度、振动情况。 | | |
| | 12 | 确认1、4、5号磨煤机运行正常，电流正常，出口温度正常，出力不超限。 | | |
| | 13 | 确认停运的2、3号磨煤机可靠隔离：出口挡板、冷、热风、密封风电动门以及给煤机下闸门均关闭。 | | |
| | 14 | 汇报值长，通知检修人员到位。 | | |
| | 15 | 确认除氧器压力、水位正常，确认凝汽器水位正常。 | | |

续表

| | 序号 | 处理步骤及要求 | 执行情况 |
|---|---|---|---|
| 事故处理 | 16 | 确认引、送风机动叶自动调节正常，炉膛压力、氧量正常。确认一次风机变频自动调节正常，一次风压正常。必要时，手动调节。 | |
| | 17 | 检查确认锅炉水冷壁、过、再热器壁温正常。 | |
| | 18 | 检查确认汽机本体参数瓦温、轴温、振动、轴移等正常，真空正常。 | |
| | 19 | 停1号小机1、2号主油泵，直流油泵电源，联系检修开票处理。 | |
| | 20 | 机组负荷稳定在170MW左右。 | |
| | 21 | 全面检查锅炉、汽机、电气侧主要参数在正常范围内。 | |
| | 22 | 询问检修，1号小机1、2主油泵故障处理情况。（值长：正在处理中，结束） | |

## 附录4.2 低温再热器泄漏故障处理

| 事故名称 | 低温再热器 B 侧泄漏 | | 操作员 | |
|---|---|---|---|---|
| 故障现象 | "锅炉炉管泄漏"报警,负荷下降,主蒸汽压力下降,给水流量增加,炉膛负压波动,引风机动叶开度不正常增大。 | | | |
| 事故处理 | 序号 | 处理步骤及要求 | | 执行情况 |
| | 1 | 发现"锅炉炉管泄漏"报警,进一步检查发现主机负荷下降,给水及蒸汽流量均上升。 | | |
| | 2 | 进一步检查发现再热汽温度两侧汽温偏差大,再热器管壁温度升高。 | | |
| | 3 | 检查发现炉膛压力波动,引风机动叶不正常地开大,电流增加。 | | |
| | 4 | 检查发现空气预热器入口烟温下降,且 A、B 侧有偏差,B 侧烟温低于正常值。 | | |
| | 5 | 初步判断为低温再热器 B 侧泄漏。 | | |
| | 6 | 汇报值长,低温再热器 B 侧泄漏,申请减负荷至 300MW,降低主汽压力。监视汽泵出力不超限;监视磨组出力不超限。(值长:同意) | | |
| | 7 | 通知巡检就地检查低温再热器区域受热面是否有异声。(值长:低温再热器 B 侧有异声) | | |
| | 8 | 汇报值长,低再 B 侧泄漏,申请故障停炉。联系检修到场。(值长告知减负荷至 150MW,准备停炉) | | |
| | 9 | 逐渐正常停运磨煤机 C、B,减负荷。确认运行磨煤机参数正常。 | | |
| | 10 | 负荷低于 160MW,投运等离子运行,投运空预器连续吹灰。 | | |
| | 11 | 停机过程中严密监视泄漏情况,监视泄漏区的壁温。 | | |
| | 12 | 确认引、送风机动叶自动调节正常,炉膛压力、氧量正常。确认一次风机变频自动调节正常,一次风压正常。必要时,手动调节。 | | |
| | 13 | 检查确认汽机本体参数瓦温、轴温、振动、轴移等正常,真空正常。 | | |
| | 14 | 确认凝结水系统运行正常,除氧器水位正常,凝汽器水位正常。 | | |
| | 15 | 减负荷至 150MW 将 1 号(或 2 号)汽泵撤出运行;将 1 号(或 2 号)小机的转速切至手动,逐渐减小其转速至 3000r/min,将负荷倒至 2 号(或 1 号)汽泵运行。确认待停运小机的再循环阀及时开启。 | | |
| | 16 | 确认运行的汽泵转速自动调节正常,出力不超限。 | | |
| | 17 | 待停运小机转速到 3000r/min,关闭给泵出口电动门。手动打闸小机,确认小机高、低压主汽门、调门关闭,转速下降。确认小机汽缸调节级疏水门开启。关闭小机高、低压供汽电动门。小机转速到零,确认盘车自投,否则,手动投运。关闭小机排汽电动门。真空到零,关闭小机轴封供汽门,隔离轴封。 | | |
| | 18 | 减负荷过程中,加强监视水煤比,控制过热度,配合过热蒸汽减温水阀,维持主汽温度正常。 | | |
| | 19 | 确认尾部烟道调节挡板动作正常,确认再热蒸汽减温水阀动作正常,维持再热汽温度正常。 | | |
| | 20 | 目标负荷 180MW。 | | |
| | 21 | 全面检查锅炉、汽机、电气侧主要参数在正常范围内。 | | |

# 附录 4.3　高温再热器泄漏故障处理

| 事故名称 | 高温再热器左侧泄漏 | | 操作员 | |
|---|---|---|---|---|
| 故障现象 | "锅炉炉管泄漏"报警，负荷下降，主蒸汽压力下降，给水流量增加，炉膛负压波动，引风机动叶开度不正常增大。 | | | |
| 事故处理 | 序号 | 处理步骤及要求 | | 执行情况 |
| | 1 | 发现"左侧烟气飞灰含碳量高"报警、"炉膛压力高"报警、"主蒸汽温度低"报警，进一步检查发现主机负荷下降，给水及蒸汽流量不正常增大。 | | |
| | 2 | 进一步检查发现再热汽温度快速上升，高再出口金属温度逐渐上升。 | | |
| | 3 | 检查发现炉膛压力波动，引风机动叶不正常地开大，电流增加。 | | |
| | 4 | 检查发现空气预热器入口烟温下降，高温再热器左侧烟气温度下降。 | | |
| | 5 | 初步判断为高温再热器左侧泄漏。 | | |
| | 6 | 汇报值长，高温再热器左侧泄漏，申请减负荷至300MW，降低主汽压力。监视汽泵出力不超限；监视制粉系统不超限。(值长：同意) | | |
| | 7 | 通知巡检就地检查高温再热器区域受热面是否有异声。(值长：高温再热器左侧有异声) | | |
| | 8 | 汇报值长，高再左侧泄漏，申请减负荷故障停炉。联系检修到场。(值长：减负荷至150MW，准备停炉) | | |
| | 9 | 逐渐正常停运磨煤机，减负荷。确认运行磨煤机参数正常。 | | |
| | 10 | 负荷低于180MW，投运等离子运行，投运空预器连续吹灰。 | | |
| | 11 | 减负荷过程中严密监视泄漏情况，监视泄漏区的壁温。 | | |
| | 12 | 确认引、送风机动叶自动调节正常，炉膛压力、氧量正常。确认一次风机变频自动调节正常，一次风压正常。必要时，手动调节。 | | |
| | 13 | 检查确认汽机本体参数瓦温、轴温、振动、轴移等正常，真空正常。 | | |
| | 14 | 确认凝结水系统运行正常，除氧器水位正常，凝汽器水位正常。 | | |
| | 15 | 减负荷至150MW将1号（或2号）汽泵撤出运行；将1号（或2号）小机的转速切至手动，逐渐减小其转速至3000r/min，将负荷倒至2号（或1号）汽泵运行。确认待停运小机的再循环阀及时开启。 | | |
| | 16 | 确认运行的汽泵转速自动调节正常，出力不超限。 | | |
| | 17 | 待停运小机转速到3000r/min，关闭给泵出口电动门。手动打闸小机，确认小机高、低压主汽门、调门关闭，转速下降。确认小机汽缸调节级疏水门开启。关闭小机高、低压供汽电动门。小机转速到零，确认盘车自投，否则，手动投运。关闭小机排汽电动门。真空到零，关闭小机轴封供汽门，隔离轴封。 | | |
| | 18 | 减负荷过程中，加强监视水煤比，控制过热度，配合过热蒸汽减温水阀，维持主汽温度正常。 | | |
| | 19 | 确认尾部烟道调节挡板动作正常，确认再热蒸汽减温水阀动作正常，维持再热汽温度正常。 | | |
| | 20 | 目标负荷30MW，手动打闸停机。 | | |
| | 21 | 全面检查锅炉、汽机、电气侧主要参数在正常范围内。 | | |

## 附录4.4　省煤器泄漏故障处理

| 事故名称 | 省煤器左侧泄漏 | | 操作员 | |
|---|---|---|---|---|
| 故障现象 | 负荷下降，主蒸汽压力下降，给水流量增加，炉膛负压波动，"锅炉炉管泄漏"报警。 | | | |
| 事故处理 | 序号 | 处理步骤及要求 | | 执行情况 |
| | 1 | 发现"左侧烟气飞灰含碳量高"报警、"炉膛压力高"报警、"排烟温度高"报警，进一步检查发现主机负荷下降，主蒸汽压力下降，给水流量不正常地大于蒸汽流量。 | | |
| | 2 | 检查发现炉膛压力波动，引风机动叶不正常地开大，电流增加。 | | |
| | 3 | 检查发现空气预热器入口烟温下降，且左、右侧有偏差，左侧烟温低于正常值。 | | |
| | 4 | 检查发现过热器两侧汽温有偏差，检查各锅炉金属管壁温。 | | |
| | 5 | 进一步检查发现省煤器出水温度下降，左侧烟气温度下降。 | | |
| | 6 | 初步判断为省煤器A侧泄漏。 | | |
| | 7 | 汇报值长，省煤器A侧泄漏，申请减负荷至300MW，降低主汽压力。控制汽泵出力不超限；控制制粉系统出力不超限。（值长：同意） | | |
| | 8 | 立即通知巡检就地检查省煤器区域是否有异声。（值长：省煤器区域有异声） | | |
| | 9 | 汇报值长，省煤器左侧泄漏，申请故障停炉。联系检修到场。（值长：减负荷至30MW，准备停炉） | | |
| | 10 | 逐渐正常停运磨煤机，减负荷。确认运行磨煤机参数正常。 | | |
| | 11 | 负荷低于180MW，投运等离子运行，投运空预器连续吹灰。 | | |
| | 12 | 控制负荷与当前压力匹配。 | | |
| | 13 | 减负荷过程中严密监视泄漏情况，监视泄漏区域的壁温情况。 | | |
| | 14 | 确认引、送风机静叶自动调节正常，炉膛压力、氧量正常。确认一次风机变频自动调节正常，一次风压正常。必要时，手动调节。 | | |
| | 15 | 检查确认汽机本体参数瓦温、轴温、振动、轴移等正常，真空正常。 | | |
| | 16 | 确认凝结水系统运行正常，除氧器水位正常，凝汽器水位正常。 | | |
| | 17 | 将1号（或2号）汽泵撤出运行：将1号（或2号）小机的转速切至手动，逐渐减小机转速至3000r/min，将出力转移至2号（或1号）汽泵。确认停运小机再循环阀及时开启，确认运行小机再循环阀及时自动关闭。 | | |
| | 18 | 确认运行汽泵转速自动调节正常，出力不超限。 | | |
| | 19 | 小机转速到3000r/min，关闭汽泵出口电动门。手动打闸小机，确认小机高、低压主汽门、调门关闭，转速下降。确认小机汽缸调节级疏水门开启。关闭小机高、低压供汽电动门。小机转速到零，确认盘车自投，否则，手动投运。关闭小机排汽电动门，确认小机真空下降。真空到零，关闭小机轴封供汽门，隔离轴封。 | | |
| | 20 | 减负荷过程中，加强监视中间点温度，控制过热度，配合过热蒸汽减温水阀，维持主汽温度正常。 | | |
| | 21 | 确认尾部烟道调节挡板动作正常，确认再热蒸汽减温水阀动作正常，维持再热汽温度正常。 | | |
| | 22 | 待负荷减至30MW，手动打闸停机。 | | |
| | 23 | 全面检查锅炉、汽机、电气侧主要参数在正常范围内。 | | |

## 附录4.5 引风机失速故障处理

| 事故名称 | 引风机失速 | | 操作员 | |
|---|---|---|---|---|
| 故障现象 | \multicolumn{4}{l|}{1号引风机失速报警；炉膛压力大幅波动，炉内燃烧不稳；另一侧风机动叶调整频繁；失速风机电流大幅波动，就地检查声音异常。} |

| | 序号 | 处理步骤及要求 | 执行情况 |
|---|---|---|---|
| 事故处理 | 1 | 发现"1号引风机失速"报警；发现炉膛压力大幅波动，炉内燃烧不稳。发现另一侧风机动叶调整频繁；失速风机电流大幅波动。 | |
| | 2 | 进一步检查发现1号引风机电流下降，炉膛压力摆动大。 | |
| | 3 | 检查引风机本体，发现1号引风机电流大幅晃动，检查确认2号引风机动叶调整频繁，联系巡检人员就地检查。（值长：就地声音异常） | |
| | 4 | 判断1号引风机发生失速故障。 | |
| | 5 | 汇报值长，1号引风机失速，申请减负荷。（值长：同意） | |
| | 6 | 立即手动紧急停运C、B两台磨煤机运行。减负荷至175MW。 | |
| | 7 | 加强监视给水自动调整跟踪情况，如遇自动跟踪不灵，立即且为手动调整。 | |
| | 8 | 加强监视水煤比，控制过热度，配合过热蒸汽减温水阀，维持主汽温度正常。 | |
| | 9 | 确认尾部烟道调节挡板动作正常，确认再热蒸汽减温水阀动作正常，维持再热汽温度正常。 | |
| | 10 | 投运等离子运行，投运空预器连续吹灰。 | |
| | 11 | 联系巡检就地检查1号、2号引风机的本体情况，检查确认油站运行正常。 | |
| | 12 | 确认2号引风机运行正常，电流正常，风压正常，出力不超限。 | |
| | 13 | 将1号引风机动叶控制撤至手动方式，逐渐关小1号引风机动叶，适当开大2号引风机动叶开度；同时协调调整引、送风机出力，维持炉膛压力正常。 | |
| | 14 | 检查1号引风机轴承振动，温度正常，引风机B本体参数正常。 | |
| | 15 | 确认停运磨煤机C、B可靠隔离：出口挡板、冷、热风、密封风隔离挡板以及给煤机下闸门均关闭。 | |
| | 16 | 确认运行磨煤机出口温度，一次风流量正常，火检强度正常。 | |
| | 17 | 确认一次风机变频自动调节正常，一次风压正常。确认送风机动叶自动调节正常，氧量正常。必要时，手动调节。 | |
| | 18 | 检查确认锅炉水冷壁、过热器、再热器壁温正常。 | |
| | 19 | 检查确认汽机本体参数瓦温、轴温、振动、轴移等正常，真空正常。 | |
| | 20 | 确认凝结水系统运行正常，除氧器水位正常，凝汽器水位正常。 | |
| | 21 | 确认负荷减至175MW，确认其他参数正常，询问巡检1号引风机就地情况。（值长：就地情况正常） | |
| | 22 | 汇报值长，1号引风机失速现象消失，准备试并风机，恢复机组负荷。（值长：同意，示意撤销故障） | |

续表

| | 序号 | 处理步骤及要求 | 执行情况 |
|---|---|---|---|
| 事故处理 | 23 | 缓慢开大1号引风机动叶，并风机过程中严密监视1号引风机运行参数，确认入口风压，电流逐步回升，风机轴承振动，温度均正常。手动调节2号引风机动叶，维持炉膛压力正常。 | |
| | 24 | 将1号、2号引风机动叶开度调平后，确认炉膛压力正常，将引风机动叶调节投入自动。 | |
| | 25 | 启动磨煤机B，确认其电流正常，利用冷热风调节挡板控制好出口温度和一次风量。启动给煤机B，逐渐增加其出力。 | |
| | 26 | 启动磨煤机C，确认其电流正常，利用冷热风调节挡板控制好出口温度和一次风量。启动给煤机C，逐渐增加其出力。 | |
| | 27 | 恢复机组负荷。 | |
| | 28 | 加负荷过程中，加强监视水煤比，控制过热度，配合过热蒸汽减温水阀，维持主汽温度正常。 | |
| | 29 | 确认尾部烟道调节挡板动作正常，确认再热蒸汽减温水阀动作正常，维持再热汽温度正常。 | |
| | 30 | 全面检查锅炉、汽机、电气侧主要参数在正常范围内。 | |

# 附录4.6 送风机动叶卡涩故障处理

| 事故名称 | 送风机动叶卡涩 | | 操作员 | |
|---|---|---|---|---|
| 故障现象 | 主机负荷下降，主蒸汽温度、再热蒸汽温度下降；锅炉总风量下降，氧量下降。 | | | |
| 事故处理 | 序号 | 处理步骤及要求 | | 执行情况 |
| | 1 | 检查发现主机负荷下降，主、再热汽温下降，进一步检查发现锅炉风量下降，氧量下降，炉膛压力波动。 | | |
| | 2 | 进一步检查发现1号送风机出口风压、电流下降，动叶跳至手动方式，指令与反馈不符。 | | |
| | 3 | 手动操作1号送风机动叶，无效后将指令与反馈切至一致。 | | |
| | 4 | 判断1号送风机动叶卡涩。汇报值长，申请减负荷。（值长：同意） | | |
| | 5 | 立即手动紧急停运磨煤机C、B，手动调整煤量、给水流量。机组控制方式切至TF，降低机组负荷。确认主汽压力控制正常。 | | |
| | 6 | 加强监视水煤比，控制过热度，配合过热蒸汽减温水阀，维持主汽温度正常。 | | |
| | 7 | 确认尾部烟道调节挡板动作正常，确认再热蒸汽减温水阀动作正常，维持再热汽温度正常。 | | |
| | 8 | 检查确认2号送风机运行参数，电流、出口压力、本体参数正常，出力不超限。 | | |
| | 9 | 通知巡检就地核对1号送风机动叶实际开度并取电。（值长：送风机A动叶已取电） | | |
| | 10 | 汇报值长，联系检修可否在线处理。（值长：正在联系中） | | |
| | 11 | 确认跳闸磨煤机C、B可靠隔离：出口门、冷、热风、密封风隔离挡板以及给煤机进出口挡板均关闭。 | | |
| | 12 | 确认运行磨煤机出口温度，一次风流量正常，火检强度正常。 | | |
| | 13 | 确认引、送风机动叶自动调节正常，炉膛压力、氧量正常。确认一次风机变频自动调节正常，一次风压正常。必要时，手动调节。 | | |
| | 14 | 检查确认锅炉水冷壁、过热器、再热器壁温正常。 | | |
| | 15 | 检查确认汽机本体参数瓦温、轴温、振动、轴移等正常，真空正常。 | | |
| | 16 | 确认凝结水系统运行正常，除氧器水位正常，凝汽器水位正常。 | | |
| | 17 | 检查1号送风机本体参数正常，检查1号送风机液压油系统运行正常。 | | |
| | 18 | 工况稳定后，询问检修是否已将故障处理完毕。（值长：消除故障） | | |
| | 19 | 缓慢增大1号送风机动叶，手动减小2号送风机动叶，维持氧量正常。待两台风机动叶调平后，投入送风机动叶自动。两台风机并列运行。 | | |
| | 20 | 启动B磨组，逐渐增加其出力，逐渐加机组负荷。 | | |
| | 21 | 启动C磨组，逐渐增加其出力。 | | |
| | 22 | 逐渐增加机组负荷至额定值。 | | |
| | 23 | 加负荷过程中，加强监视水煤比，控制过热度，配合过热蒸汽减温水阀，维持主汽温度正常。 | | |
| | 24 | 确认尾部烟道调节挡板动作正常，确认再热蒸汽减温水阀动作正常，维持再热汽温度正常。 | | |
| | 25 | 全面检查锅炉、汽机、电气侧主要参数在正常范围内。 | | |

## 附录 4.7  一次风机出口门误关故障处理

| 事故名称 | 一次风机出口门误关 | | 操作员 | |
|---|---|---|---|---|
| 故障现象 | 锅炉总风量下降，氧量上升，磨煤机入口风量下降，主机负荷下降，主、再热汽温下降。 | | | |
| 事故处理 | 序号 | 处理步骤及要求 | | 执行情况 |
| | 1 | 进一步检查发现锅炉总风量下降，氧量上升，磨煤机入口风量下降，主机负荷下降，主、再热汽温下降。 | | |
| | 2 | 发现 2 号一次风机出口风压、电流下降，出口门显示关闭，2 号一次风机跳闸。 | | |
| | 3 | 判断 2 号一次风机出口门误关，并导致 2 号一次风机跳闸。 | | |
| | 4 | 汇报值长，2 号一次风机出口门关闭，2 号一次风机跳闸，申请减负荷。（值长：同意） | | |
| | 5 | 立即手动紧急停运磨煤机 C、B，机组控制切至 TF（汽机跟随）方式，手动快速降低机组负荷，目标负荷 175MW。控制主汽压力、温度正常。 | | |
| | 6 | 投入等离子运行，空预器连续吹回。 | | |
| | 7 | 监视运行磨煤机运行正常，一次风量回升，出口温度正常，监视火检强度增强。 | | |
| | 8 | 确认 1 号一次风机变频自动开大，增加风量，维持一次风母管压力正常（大于 7kPa），确认其电流正常。必要时，切至手动，防止出力超限。 | | |
| | 9 | 加强监视水煤比，控制过热度，配合过热蒸汽减温水阀，维持主汽温度正常。 | | |
| | 10 | 确认尾部烟道调节挡板动作正常，确认再热蒸汽减温水阀动作正常，维持再热汽温度正常。 | | |
| | 11 | 注意磨煤机一次风流量和一次风压正常。 | | |
| | 12 | 通知巡检就地检查 2 号一次风机出口门状态，检查其是否有异声。（值长：故障误关，声音正常） | | |
| | 13 | 汇报值长，2 号一次风机出口门误关故障，联系热工拉电（口述），联系检修处理。（值长：正在联系中） | | |
| | 14 | 检查确认 1 号一次风机运行正常，电流正常，不超出力。 | | |
| | 15 | 确认跳闸磨煤机正常隔离，冷、热一次风隔离挡板可靠关闭。其余运行磨煤机一次风流量、火检正常。密封风机运行正常。 | | |
| | 16 | 确认引风机动叶自动调节正常，炉膛压力正常。确认送风机动叶自动调节正常，氧量正常。必要时，手动调节。 | | |
| | 17 | 检查确认锅炉水冷壁、过热器、再热器壁温正常。 | | |
| | 18 | 检查确认汽机本体参数瓦温、轴温、振动、轴移等正常，真空正常。 | | |
| | 19 | 确认凝结水系统运行正常，除氧器水位正常，热井水位正常。 | | |
| | 20 | 工况稳定后，询问检修是否已将故障处理完毕。（值长：故障已处理好，示意撤销故障） | | |
| | 21 | 联系热工就地送电。 | | |
| | 22 | 逐渐增大 2 号一次风机变频，减小 1 号一次风机变频，进行并风机操作。调平后将风机投入自动。 | | |

续表

| | 序号 | 处理步骤及要求 | 执行情况 |
|---|---|---|---|
| 事故处理 | 23 | 启动磨煤机 B、C,确认其电流正常,利用冷热风调节挡板控制好出口温度和一次风量。 | |
| | 24 | 恢复机组负荷。 | |
| | 25 | 加负荷过程中,加强监视水煤比,控制过热度,配合过热蒸汽减温水阀,维持主汽温度正常。 | |
| | 26 | 确认尾部烟道调节挡板动作正常,确认再热蒸汽减温水阀动作正常,维持再热汽温度正常。 | |
| | 27 | 全面检查锅炉、汽机、电气侧主要参数在正常范围内。 | |

## 附录 4.8  磨煤机着火故障处理

| 事故名称 | E 磨煤机着火 | | 操作员 | |
|---|---|---|---|---|
| 故障现象 | E 磨煤机出口温度高报警。 | | | |
| 事故处理 | 序号 | 处理步骤及要求 | | 执行情况 |
| | 1 | E 磨煤机一次风流量低报警,进一步检查发现 E 磨冷风调节挡板全开,热风调节挡板逐渐关小,直至关闭,出口温度持续上升。 | | |
| | 2 | 做好 E 磨跳闸事故预想的准备,适当加大 B 给煤量,以控制磨煤机出口温度的上升。 | | |
| | 3 | 联系巡检就地检查 E 磨运行情况。(15s 后,值长:就地有火星。) | | |
| | 4 | 因 E 磨出口温度持续上升,判断为磨煤机 E 着火,紧急停运给煤机、磨煤机 E。启动备用制粉系统,增大 C 给煤给煤量。 | | |
| | 5 | 汇报值长,磨煤机 E 着火,已停运。通知检修、消防到场。 | | |
| | 6 | 汇报值长,申请降低机组负荷至 280MW,避免其他磨煤机超煤量。(值长:同意) | | |
| | 7 | 加强监视水煤比,控制过热度,配合过热蒸汽减温水阀,维持主汽温度正常。 | | |
| | 8 | 确认尾部烟道调节挡板动作正常,确认再热蒸汽减温水阀动作正常,维持再热汽温度正常。 | | |
| | 9 | 确认 E 给煤机入口挡板、给煤机出口挡板关闭,就地关其密封风门。 | | |
| | 10 | 确认 E 磨煤机热一次风调整门关到零,冷、热一次风闸板门关闭;磨煤机出口门关闭。开启磨煤机消防蒸汽电动门,确认其出口温度不再上升。 | | |
| | 11 | 停运 E 磨润滑油泵、液压油泵。将热一次风调节门关闭至零,对 E 磨煤机隔离,做好安全措施。 | | |
| | 12 | 汇报值长,安全措施已做好,通知检修到现场处理。 | | |
| | 13 | 灭火成功后通知加强石子煤排放。(值长:处理正常) | | |
| | 14 | 检查各运行磨煤机参数正常(电流、差压、风量、出口温度、火检)。 | | |
| | 15 | 检查确认六大风机运行正常,一次风压、总风量、氧量、负压正常。 | | |
| | 16 | 检查确认锅炉水冷壁、过过热器、再热器壁温正常。 | | |
| | 17 | 检查确认汽机本体参数瓦温、轴温、振动、轴移等正常,真空正常。 | | |
| | 18 | 确认凝结水系统运行正常,除氧器水位正常,热井水位正常。 | | |
| | 19 | 启动磨煤机 E,确认其电流正常,利用冷热风调节挡板控制好出口温度和一次风量。启动给煤机 E,逐渐增加其出力。 | | |
| | 20 | 逐渐增加机组负荷至额定值。 | | |
| | 21 | 加负荷过程中,加强监视水煤比,控制中间点温度,配合过热蒸汽减温水阀,维持主汽温度正常。 | | |
| | 22 | 确认尾部烟道调节挡板动作正常,确认再热蒸汽减温水阀动作正常,维持再热汽温度正常。 | | |
| | 23 | 全面检查锅炉、汽机、电气侧主要参数在正常范围内。 | | |

# 附录4.9  磨煤机堵煤故障处理

| 事故名称 | C磨煤机堵煤 | | 操作员 | |
|---|---|---|---|---|
| 故障现象 | C磨煤机电流上升，出口温度下降，进出口差压增大，机组负荷下降、主汽压力下降，主汽温、再热汽温下降；总煤量指令上升。 | | | |
| | 序号 | 处理步骤及要求 | | 执行情况 |
| | 1 | 确认负荷下降、主汽压力下降。 | | |
| | 2 | 检查发现主汽温、再热汽温下降。 | | |
| | 3 | 检查发现总煤量指令上升。 | | |
| | 4 | 检查制粉系统，发现C磨煤机电流不正常地增大、出口温度降低、磨煤机差压高、一次风量降低，火检强度下降。 | | |
| | 5 | 判断为C磨煤机堵煤。 | | |
| | 6 | 通知巡检就地检查磨煤机运行及石子煤排放情况。（值长：石子煤排放有堵） | | |
| | 7 | 汇报值长，申请降低机组负荷至300MW，避免其他磨煤机超煤量。（值长：同意） | | |
| | 8 | 加强监视水煤比，控制过热度，配合过热蒸汽减温水阀，维持主汽温度正常。 | | |
| | 9 | 确认尾部烟道调节挡板动作正常，确认再热蒸汽减温水阀动作正常，维持再热汽温度正常。 | | |
| | 10 | 汇报值长，经减出力，C堵煤现象有所改善但并未消除。（值长：就地石子煤内细粉多） | | |
| | 11 | 汇报值长，继续减负荷至280MW，停运C磨煤机。（值长：同意） | | |
| 事故处理 | 12 | 逐渐减少C给煤机出力至最小，停止C给煤机运行，停止C磨煤机运行。 | | |
| | 13 | 关闭给煤机入口挡板，停运C给煤机，关给煤机出口挡板及其密封风门。 | | |
| | 14 | 给煤机停运后，磨辊提升；磨煤机到空载电流后，停运C磨煤机；磨煤机停运60s后，磨辊下降；关闭磨煤机冷一次风调整门和冷、热一次风闸板门及锁紧门；关闭磨煤机出口门。 | | |
| | 15 | 汇报值长，C磨煤机已停运，安措已做好，通知检修到现场处理。 | | |
| | 16 | 确认引风机动叶自动调节正常，炉膛压力正常。确认送风机、一次风机动叶自动调节正常，氧量和一次风压正常。必要时，手动调节。 | | |
| | 17 | 检查确认锅炉水冷壁、过热器、再热器壁温正常。 | | |
| | 18 | 检查确认汽机本体参数瓦温、轴温、振动、轴移等正常，真空正常。 | | |
| | 19 | 检查确认除氧器压力、水位正常，凝汽器水位正常。 | | |
| | 20 | 检查确认其他磨煤机运行正常。（值长：C磨煤机检修正常） | | |
| | 21 | 启动C磨煤机，确认其电流正常，利用冷热风调节挡板控制好出口温度和一次风量。启动C给煤机，逐渐增加其出力。 | | |
| | 22 | 逐渐增加机组负荷至额定值。 | | |
| | 23 | 加负荷过程中，加强监视水煤比，控制过热度，配合过热蒸汽减温水阀，维持主汽温度正常。 | | |
| | 24 | 确认尾部烟道调节挡板动作正常，确认再热蒸汽减温水阀动作正常，维持再热汽温度正常。 | | |
| | 25 | 全面检查锅炉、汽机、电气侧主要参数在正常范围内。 | | |

## 参 考 文 献

[1] 冯德群. 电厂锅炉设备及运行维护 [M]. 北京：机械工业出版社，2012.
[2] 姜锡伦，屈卫东. 锅炉设备及运行 [M]. 北京：中国电力出版社，2012.
[3] 于洁，韩淑芬. 锅炉运行与维护 [M]. 北京：北京理工大学出版社，2014.
[4] 陈洁，齐强. 单元机组运行与仿真实训 [M]. 北京：中国电力出版社，2021.
[5] 杨建华. 循环流化床锅炉设备及运行 [M]. 北京：中国电力出版社，2018.